SCIENCE FICTION

Herausgegeben
von Wolfgang Jeschke

Von Gregory Benford erschien in der Reihe
HEYNE SCIENCE FICTION & FANTASY:

Der Artefakt · 06/4363
Cosm · 06/6356
Der Aufstieg der Foundation · 06/8301
Das Rennen zum Mars · 06/8308 (in Vorb.)
Fresser · (in Vorb.)

Contact-Zyklus
(auch Galaktischer Zyklus):

Im Meer der Nacht · 06/3770; auch ➹ 06/7027
Durchs Meer der Sonnen · 06/4237; auch ➹ 06/7028
Himmelsfluß · 06/4694; auch ➹ 06/7029
Lichtgezeiten · 06/4761; auch ➹ 06/7030
Im Herzen der Galaxis · 06/5990
In leuchtender Unendlichkeit · 06/5991

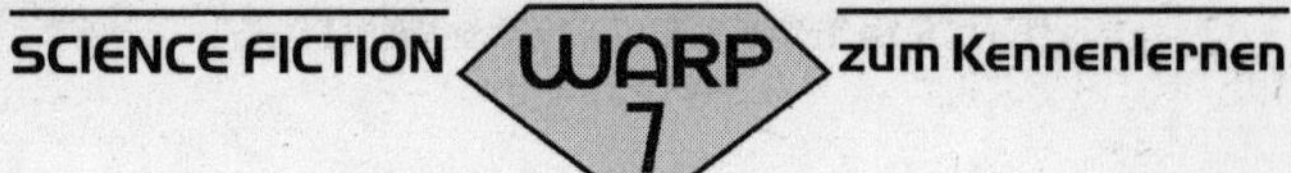

herausgegeben von
WOLFGANG JESCHKE

GREGORY BENFORD

LICHTGEZEITEN

CONTACT-ZYKLUS

VIERTER ROMAN

Bearbeitete Neuausgabe

WILHELM HEYNE VERLAG
MÜNCHEN

HEYNE SCIENCE FICTION & FANTASY
Band 06/7030

Titel der amerikanischen Originalausgabe
TIDES OF LIGHT
Deutsche Übersetzung von Winfried Petri
Das Umschlagbild ist von Bob Eggleton

Dieser Roman erschien
erstmals als Heyne-Taschenbuch
unter demselben Titel
mit der Nummer 06/4761

Umwelthinweis:
Dieses Buch wurde auf
chlor- und säurefreiem Papier gedruckt.

Redaktion: Wolfgang Jeschke

Erstausgabe by Bantam/Spectra, New York
Mit freundlicher Genehmigung des Autors
und Paul & Peter Fritz, Literarische Agentur, Zürich

http://www.heyne.de
Taschenbuchneuausgabe 11/2001
Printed in Germany 9/2001
Umschlaggestaltung: Nele Schütz Design, München
Technische Betreuung: M. Spinola
Satz: Schaber Satz- und Datentechnik, Wels
Druck und Bindung: Ebner Ulm

ISBN 3-453-19653-8

Dieser Roman ist für
zwei Träumer bestimmt,
die allem zum Trotz recht
behalten haben:

CHARLES N. BROWN
und
MARVIN MINSKY

INHALT

ERSTER TEIL

ABRAHAMS STERN

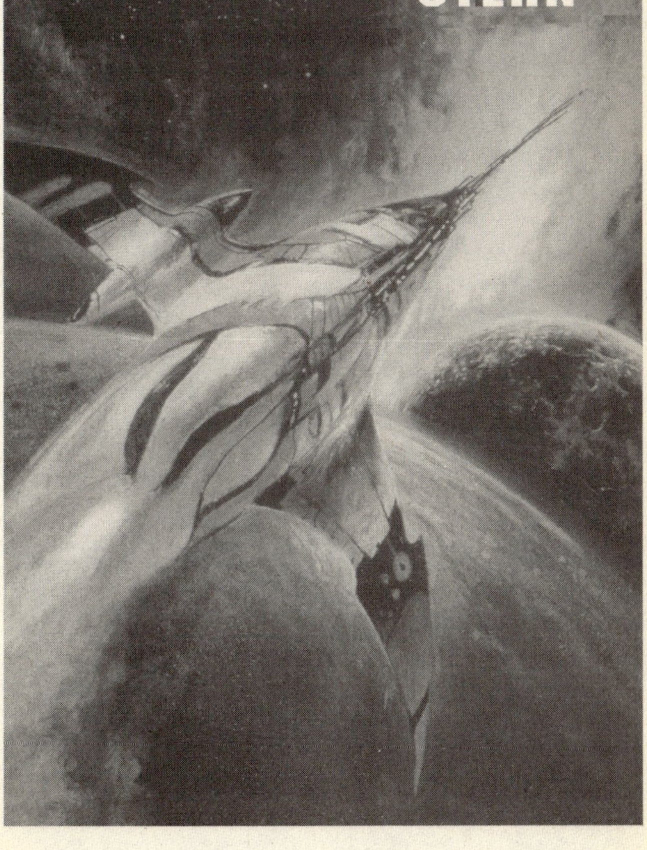

1. KAPITEL

Der Captain liebte es, draußen auf der Hülle des Raumschiffs spazierenzugehen. Dies war der einzige Ort, an dem er sich wirklich allein fühlen konnte. In Innern der *Argo* gab es stets ein Rascheln von Bewegungen, Reibereien zwischen Leuten, die seit zwei Jahren in dem engen, wenn auch zugegebenermaßen angenehmen Raum eines Sternenschiffs eingeschlossen waren.

Noch schlimmer war es, daß ihn, wenn er sich im Innern befand, immer jemand behelligen konnte. Es war besser, wenn die Sippe ihn am frühen Morgen in Ruhe ließ. Das hatte er ihnen klarmachen müssen. Er hatte sorgfältig eine kleine Legende aufgebaut, wonach er unmittelbar nach dem Aufwachen schlecht gelaunt wäre. Dies begann sich auszuzahlen. Wenn es auch noch vorkommen mochte, daß Kinder ihn bestürmten und mit einer Frage herausplatzten, so war doch später immer ein Erwachsener in der Nähe gewesen, um das lästige junge Volk abzuwimmeln.

Killeen haßte Notlügen – er war morgens nicht mehr reizbar als zu jeder anderen Tageszeit –, aber nur so konnte er sich wohl einen privaten Freiraum schaffen. Wenn er draußen war, rief ihn niemand über die Sprechanlage des Schiffs an. Und natürlich würde es auch kein Schiffsoffizier wagen, durch die Schleuse zu gehen, um mit ihm zusammenzukommen.

Und jetzt gab es einen noch viel triftigeren Grund, nicht herauszukommen. Wenn man sich auf der Hülle bewegte, bot man ein besseres Ziel für die stets wachsamen Augen von oben.

Hier draußen. Killeen hatte so sehr über die Probleme nachgedacht, mit denen er konfrontiert war, daß er, wie schon oft, völlig versäumt hatte, die Aussicht zu bewundern. Oder ihre feindliche Begleitung zu orten.

Als er den Kopf hob, um all diese Flut von Licht einströmen zu lassen, war sein erster Eindruck der eines brodelnden, von Wolken verhangenen Himmels. Er wußte, daß das eine Illusion war, daß es da überhaupt keinen Planetenhimmel gab und daß der polierte Rumpf der *Argo* keinen Horizont darstellte.

Aber der menschliche Geist beharrte bei den als Kind erlernten Vorstellungen. Die leuchtenden Farbmuster in Blau und Rosa, Elfenbein und Orange waren keine Wolken im herkömmlichen Sinne. Ihre Phosphoreszenz rührte von ganzen Sonnen her, die sie verschlungen hatten. Sie bestanden nicht aus Wasserdampf, sondern aus kunterbunten Schwärmen zusammenprallender Atome. Diese sandten Licht aus, weil sie durch die Sterne, deren Strahlung sie abdeckten, übermäßig angeregt waren.

Und seinerzeit auf Snowglade hatte kein Himmel je von der eingefangenen Energie geflimmert, die zwischen diesen Wolken launisch aufblitzte. Killeen sah, wie nahe einem großen orangefarbenen Fleck ein blauheißer Strahl erschien, dessen wabbelnde Kurven wie geplatzte Würstchen dicker wurden. Das Ding rollte sich zusammen, ballte sich wie eine träge Schlange zu funkelnden Furchen und zerbarst in gespenstisch zerquälte Teile.

Konnte dies das Wetter der Sterne sein? Snowglade hatte unter einem Klima gelitten, das jäh schlimm werden konnte; und Killeen nahm an, daß dies in unvergleichlich größerem Maßstab zwischen Sonnen zutreffen könnte. Da er nicht wußte, wie Planeten Wetter erzeugen oder das komplexe Muster von Gezeiten und Strömungen in Luft und Wasser, bedeutete es für ihn keinen großen Sprung zu vermuten, daß für die wilden Lebensäußerungen der Sterne ein ähnliches Mysterium gelten könnte.

Durch diesen Himmel bahnte sich ein Unheil seinen Weg. Hinter ihnen drehte sich die karmesinrote Scheibe des Fressers als ein großes bissiges Maul. Es fraß ganze Sonnen und rülpste heiße Gase aus. Bei dem Flug der *Argo* von Snowglade hatten sie mit hereinströmendem und auftreffendem Staub zu kämpfen gehabt, von dem sich das Monster ernährte. Seine große Scheibe war am Rande wie kandierter Zucker und wurde zum Zentrum hin rötlicher. Weiter innen wirbelte es leuchtend gelb, und noch weiter drinnen lebte noch eine blauweiße Wildheit, ein stabiler Feuerball.

Wenn er nach vorn schaute, konnte Killeen im großartigsten Ausmaß die Struktur sehen, die sich nach Aussage seiner Aspekte dort befinden mußte. Die ganze Galaxis lauerte wie ein silbriges Gespenst hinter den finsteren Staubbändern. Sie war wie der Fresser eine Scheibe, aber unvergleichlich größer. Killeen hatte alte Bilder von den Regionen jenseits des Zentrums gesehen – ein Meer von Sternen. Aber dieses Meer zeigte keine Wellen und Wirbel. Hier durchzogen Gezeiten des Lichts den Himmel, als ob irgendein Gott sich das Zentrum als letztes schimmerndes Kunstwerk erwählt hätte. Ihr Zielstern drehte sich vor ihnen, ein Stäubchen in wütendem Sturm; und all ihre Hoffnung richtete sich nun auf ihn.

Und in diesem Gebrodel befand sich ihr Feind.

Er kniff die Augen zusammen, um ihn zu finden. Die *Argo* näherte sich dem Rand einer kohlschwarzen Wolke. Das entfernte Mechano-Vehikel befand sich wahrscheinlich dort irgendwo in der Finsternis. Abrahams Stern kämpfte sich aus der massiven Hülle heraus. Bald würde die *Argo* durch die Wolkenfetzen blicken und seine Planeten erkennen können.

Killeen durchfuhr eine Idee; aber er verdrängte sie, fasziniert von dem Spektakel, das ihn umgab. Der Himmel betätigte sich mit geriffelten und schuppigen Leuchtkaskaden – wie schimmernde Tiere, die in tiefschwarzer See versinken.

Er fragte sich nach den Chancen, daß allein sein Auftauchen hier draußen das Mechano-Vehikel reizen könnte, ihn mit einem Bolzen zu durchbohren. Niemand wußte das; und eben darum mußte er, der paradoxen Logik der Führerrolle folgend, es tun.

Killeen hatte sein Ritual der Außenbordspaziergänge vor einem Jahr begonnen, auf das Drängen eines seiner hauptsächlichsten Aspekte hin, einer Persönlichkeit namens Ling. Dieser hoch geachtete und respektierte Aspekt war ihm in einer feierlichen Zeremonie in dem Zentralsaal der *Argo* von der Sippe übergeben worden. Ling war der letzte richtige Kapitän eines Sternschiffs im Chip-Inventar der Sippe gewesen. Der mikrominiaturisierte Geist hatte einen Vorläufer der *Argo* befehligt und Anlaß zu aufregenden, wenn auch oft unglaublichen Seemannsgarnen gegeben.

Ja, und wenn du meinem Rat folgst, ist das lohnend.

Durch den Gedanken an Ling war die entschlossene, kapitänsmäßige Stimme in Killeens Geist aufgeklungen. Er runzelte skeptisch die Stirn. Ling griff es auf.

Du hast diese Außenspaziergänge zusätzlich benutzt, angesichts des Feindes deine persönliche Ruhe und Gelassenheit zur Schau zu stellen.

Killeen sagte nichts. Sein mißmutiger Zweifel würde schließlich zu Ling durchsickern, wie die Nachwehen eines Gewitters. Er ging ruhig weiter und vergewisserte sich stets, daß sein Stiefel magnetisch fest auf der

Schiffshülle haftete, ehe er den anderen freimachte. Aber selbst wenn er sich durch einen Tritt vom Schiff löste, bestand gute Aussicht dafür, daß seine niedrige Flugbahn ihn zu einer Strebe oder Antenne weiter am Heck führen würde. Damit könnte er die Peinlichkeit vermeiden, die er oft empfunden hatte, als er mit dem Ritual begonnen hatte. Fünfmal hatte er sich gezwungen gesehen, sich mit Hilfe einer am Ende mit einem Magneten versehenen Wurfleine zurückzuziehen. Er war sicher, daß die Mannschaft das mit angesehen und schallend gelacht hatte.

Jetzt legte er Wert darauf, diese Leine nicht griffbereit am Gürtel zu tragen. Er bewahrte sie in einer Tasche am Bein auf. Jeder, der ihn von den großen Agrarfeldern aus beobachtete, würde sehen, wie ihr Captain ohne erkennbare Sicherheitsleine zuversichtlich über die breiten Wölbungen der *Argo* marschierte. Wenn schwierige Zeiten kommen sollten, wäre es angenehm, den Ruf unerschütterlichen Vertrauens in seine Fähigkeiten zu genießen.

Killeen drehte sich so um, daß er die blaßgelbe Scheibe von Abrahams Stern vor sich hatte. Schon seit Monaten wußten sie, daß er das Ziel ihrer jahrelangen Fahrt war – ein Stern so ähnlich wie der von Snowglade. Shibo hatte ihm gesagt, daß auch er von Planeten umkreist würde.

Killeen hatte keine Ahnung, was für Planeten das sein würden oder ob sie seiner Sippe eine Zuflucht bieten könnten. Aber das automatische Programm der *Argo* hatte sie hierher geführt aufgrund von Kenntnissen, die viel älter waren als ihre Ahnen. Vielleicht wußte das Schiff gut Bescheid.

Auf jeden Fall ging die lange Ruhepause der Sippe zu Ende. Eine Zeit der Heimsuchungen stand bevor. Und Killeen mußte sicher sein, daß sein Volk gerüstet war.

Er merkte, daß er eine schärfere Gangart eingeschlagen hatte und die Schiffshülle kaum berührte. Seine Gedanken trieben ihn voran, ungeachtet des lauten Schnaufens in dem engen Helm. Er nahm den widerlichen Moschusgeruch seines eigenen Schweißes wahr und rümpfte die Nase; aber er ging weiter. Diese Übung war gewiß gut; aber sie hielt auch seine Gedanken von der unsichtbaren Bedrohung da oben fern. Noch wichtiger – der scharfe Schritt machte ihm den Kopf frei zum Nachdenken, ehe er den offiziellen Tag begann.

Disziplin war sein wichtigstes Anliegen. Mit Lings Hilfe hatte er gedrillt und unterrichtet in dem Bemühen, die alten Geheimnisse der *Argo* auszuloten und seine Offiziere zu tüchtigen Raumfahrern zu machen.

So war seine Rolle zwiespältig: Captain einer Besatzung, die zugleich seine Sippe war – ein Umstand, der in der Erinnerung keines Zeitgenossen vorkam. Er hatte nur den nüchternen Rat seiner *Aspekte* oder die weniger bedeutenden *Gesichter*, um ihn zu leiten. Alte Stimmen aus Zeitaltern, die durch viel mehr Disziplin und Macht gekennzeichnet waren. Jetzt war die Menschheit ein zerzaustes Relikt, das um sein Leben rannte in den Winkeln einer riesigen Maschinenzivilisation, die das gesamte Zentrum der Galaxis umspannte. Sie waren wie Ratten in den Wänden.

Die Führung eines Raumschiffs war eine ganz andere Aufgabe als das Manövrieren über den kahlen, verwüsteten Ebenen des fernen Snowglade. Die Sippen hatten seit Jahrhunderten Verhaltensregeln angegeben, die nominell auf die Besatzung eines Schiffs abgestellt waren; aber diese Jahre unterwegs hatten gezeigt, wie groß die Lücke war. Killeen hatte keine Ahnung, wie seine Leute sich bei einem harten Zusammentreffen mit Tapferkeit und Präzision bewähren würden.

Ebenso wenig wußte er, was sie tun müßten. Die trüben Welten, die Abrahams Stern umkreisten, könnten ungeheure Gefahren oder ein sanftes Paradies in sich bergen. Sie waren von einer Maschinenintelligenz unbekannter Motivation, der *Mantis*, auf diesen Kurs gebracht worden. Vielleicht hatte die weitverstreute, bunt zusammengesetzte Intelligenz der Mantis sie zu einem der wenigen für Menschen bewohnbaren Planeten im galaktischen Zentrum geschickt. Oder vielleicht hatten sie einen Ort als Ziel, der den höheren Absichten der Mechano-Zivilisation dienlich war.

Killeen biß sich ärgerlich auf die Lippe, als er die Runde um das Heck der *Argo* machte und sich wieder der Mitte des Schiffs zuwandte. Sein Atem ging stoßweise; und wie immer hätte er sich gern die Stirn abgewischt.

Er hatte das Schicksal der Sippe aufs Spiel gesetzt in der Hoffnung, daß vor ihnen eine bessere Welt läge als das träge, besiegte Snowglade. Bald würden die Würfel fallen, und er würde Bescheid wissen.

Er schnaufte mächtig, als er um die vorgewölbten Biobereiche bog – riesige Blasen, die wie mächtige, zerquetschte Körper von Parasiten über die glatten Konturen der *Argo* herausragten. Drinnen liefen an den opaleszierenden Wänden Tautropfen herab wie schimmernde Juwelen, nur um die Stärke eines Fingers vom scharfen Vakuum getrennt. Grüne Zweige drängten sich hie und da gegen die ausgedehnten Wände – ein Anblick, der Killeen zuerst erschreckt hatte, bis er begriff, daß das gummiartige, aber gläserne Material den Druck lebendiger Substanz vertrug, ohne zu zersplittern. Trotz des wilden Pflanzenwuchses im Innern bestand nicht die Gefahr eines Lecks. Die *Argo* hatte ein Gleichgewicht erreicht zwischen den unablässigen Anforderungen des Lebens und den ebenso mächtigen Bedürfnissen von Maschinen. Eine solche Harmonie hatte die Menschheit auf Snowglade nie erreicht.

Während er um die langen, gekrümmten Wände der Biobereiche schlich, schaute hie und da ein verschwommenes Gesicht zu ihm heraus. Ein weibliches Mitglied der Besatzung hielt bei der Obsternte inne und winkte ihm zu. Killeen dankte mit einem knappen Gruß. Sie hing mit dem Kopf nach unten, da die Gewächshausblasen nicht an der Rotation der *Argo* teilnahmen.

Für die Frau mußte sein reflektierender Anzug so aussehen, als ob ein spiegelnder Mann unmöglich lange Schritte im Zeitlupentempo ausführte, wobei er Beinkleider aus dem Metall der Schiffshülle trug und ein Hemd anhatte, das einen verrückten Wirbel von verzerrten Wolken und Sternen bildete. Sein Anzug stammte aus den alten Beständen der *Argo* und war erstaunlich gut imstande, sowohl die Hitze wie auch die Kälte des Weltraums abzuhalten. Er hatte einmal gesehen, wie ein junger Offizier unvorsichtigerweise darin mit dem Rücken in eine Gasflamme geraten war und keine Spur der glühenden Hitze durch das silbrige Material empfunden hatte.

Sein Ling-Aspekt bemerkte:

Ein reflektierender Anzug ist auch eine gute Tarnung vor unserem Mechano-Begleiter.

Diese Bemerkung besagte, daß der Aspekt wieder einige Besorgnis empfand. Killeen entschloß sich, auf eine Konversation einzugehen. Damit könnte er wohl leichter das undeutliche Gefühl abschütteln, welches ihn fast des Bewußtseins beraubte. »Neulich hast du mir gesagt, daß das Ding überhaupt nicht an mir interessiert wäre.«

Das glaube ich immer noch. Es ist über uns gekommen, als ob es angreifen wollte; aber seit mehr als einer Woche hält es auf parallelem Kurs friedlich Distanz.

»Es scheint aber bewaffnet zu sein.«

Gewiß, aber es schießt nicht. Darum habe ich dir geraten, deine Außenspaziergänge wie gewohnt fortzusetzen. Der Besatzung wäre jede Zurückhaltung aufgefallen.

Killeen knurrte: »Extrarisiko ist dumm.«

Nicht in diesem Falle. Ich kenne die Stimmungen der Besatzung, besonders bei Gefahr. Laß dich von mir warnen! Ein Commander muß seinen Leuten in den Todesgefahren des Krieges Hoffnung einflößen. Darum erheben sich immer wieder die ewigen Fragen: »Wo ist unser Anführer? Ist er zu sehen? Was hat er uns zu sagen? Teilt er unsere Gefahren?« Wenn du auf dem Schiffsrumpf der Gefahr die Stirn bietest, schaut deine Mannschaft mit Respekt zu.

Killeen grinste bei den pompösen Tönen von Ling. Er erinnerte sich daran, daß Ling viel größere Schiffe als die *Argo* befehligt hatte. Und einige Leute schauten tatsächlich durch die beschlagenen Fenster der Biozonen auf ihren Captain.

Dennoch wurmte ihn die Schulmeisterei von Ling. Als ihm Lings Chip eingesetzt wurde, hatte er etliche kleinere Gesichter eingebüßt, weil in den Schlitzen seines oberen Rückgrats nicht genügend Platz gewesen war. Ling war in einem alten fünfeckigen Chip von Übergröße eingebettet und hatte sich sowohl wörtlich wie in übertragenem Sinne als Schmerz im Nacken erwiesen.

Killeen blickte noch einmal auf die fließende Strahlung, die sich in dem aufgewühlten Himmel gabelte. Da – sah er es. Der entfernte Fleck blieb vor einer dahinter verlaufenden Leuchterscheinung fest stehen. Er beobachtete den winzigen Punkt einige Zeit lang und schüttelte dann enttäuscht die Faust.

Gut. Die Mannschaft mag einen Kapitän, der das ausdrückt, was sie alle empfinden.

»Verdammt, es ist das, was *ich* empfinde!«

Natürlich. Darum sind derartige Gesten so wirksam.

»Ist bei dir denn *alles* berechnet?«

Nein – aber du wolltest lernen, Kapitän zu werden. Dies ist der Weg dazu.

Killeen verbannte Ling ärgerlich in sein Unterbewußtsein. Andere Aspekte und Gesichter begehrten freigelassen zu werden, um sich in den Vorderlappen seines Gehirns kurz zu erfrischen. Obwohl die ausgehungerten inneren Präsenzen einen leichten Schimmer von Killeens Empfindungen mitbekommen hatten, verlangten sie nach mehr. Dafür hatte er jetzt aber keine Zeit. Der flüchtige Gedanke entglitt ihm, und er erkannte, daß er einem Teil der Gereiztheit gegenüber Ling Raum gegeben hatte.

Wenn die Mannschaft schon bei der Ernte war, dann merkte Killeen, daß er sich ein wenig zu lange herumgetrieben hatte. Er benutzte absichtlich nicht die Zeitangabe auf seinem Anzug, da das Ding uralt war und seine Symbole ein verwirrendes Durcheinander von zu vielen Daten boten, die für seinen ungebildeten Verstand unlesbar waren. Statt dessen befragte er das System im Schiffsinnern. Die Anzeige stotterte eine nutzlose Informationsflut aus und sagte ihm dann, daß er fast eine Stunde lang unterwegs gewesen war. Er wußte nicht ganz genau, wie lange eine Stunde dauerte; aber über den Daumen gepeilt war es genug.

Er schraubte die Luftschleuse auf, schickte sich an hineinzugehen, warf noch einen letzten Blick auf die Aussicht – und unwillkürlich kam ihm die Idee.

Geschwind überdachte er sie, erwog alle ihre Nuancen und kam zu der Überzeugung, daß er recht hatte.

Er musterte den Himmel und sah den Kurs, den die *Argo* in dem sich allmählich lichtenden Dunkel des Wolkenschattens nehmen würde. Falls es sein müßte, würde der Ausblick für eine Navigation nach Sicht ausreichen.

Er passierte rasch die achsiale Schleuse und die enge Dampf-Duschkabine in Schwerelosigkeit und war binnen weniger Minuten wieder in den spiralig gewundenen Korridoren.

Leutnant Cermo erwartete ihn mittschiffs in der Zentrale. Er salutierte und sagte nichts über Killeens Verspätung, obwohl dem sein unvermeidliches Lächeln verriet, daß ihm dieser Punkt nicht entgangen war. Killeen erwiderte das Lächeln nicht und sagte ruhig: »Alles klar.« Die Art, wie Cermo höchst unangenehm überrascht die Mundwinkel herabzog, veranlaßte Killeen zu einem knappen Grinsen. Aber inzwischen hatte Cermo sich schon eilends umgedreht und in sein Armband-Kommandogerät ein Signal eingetastet, so daß ihm die Heiterkeit seines Kapitäns völlig entging.

2. KAPITEL

Killeen leitete den Angriff von der Schiffshülle aus selbst – nicht so sehr wegen Lings Windbag, sondern weil er draußen ein besseres Gespür für die Lage zu haben glaubte.

Also stand er bei Sonnenaufgang mit Hilfe seiner magnetischen Stiefel fest da draußen.

Es war kein allmähliches Aufkommen des Sonnenlichts über einem rotierenden Horizont oder eine anwachsende Gloriole.

Statt dessen erschien diese falsche Morgendämmerung als ein allmählich zunehmender Lichtschein – gesehen durch ein sich bauschendes und abschwächendes Netzwerk.

Killeen hatte festgestellt, daß die *Argo* die letzte Wand zusammengeballten Staubes passieren würde, die Abrahams Stern vor ihnen verbarg. Der Sonnenschein würde stark aufleuchten, wenn sein Schiff das Mechano-Vehikel nahezu abschattete, das sie auf der Fahrt zu dem Stern eskortierte.

»Ich verstehe immer noch nicht, warum das Mechano-Vehikel nicht reagieren sollte«, ließ sich Cermo vom Kontrollraum hören.

»Das wird es aber. Fragt sich nur, wie rasch.«

Killeen fühlte sich entspannt und fast euphorisch. Nach einer Woche ärgerlicher und anstrengender Bemühungen hatte er sich festgelegt. Wenn sie in das innere System um Abrahams Stern eintraten mit einem bewaffneten Mechano-Vehikel neben sich, würde ein einziger rascher Befehl von irgendwoher die *Argo* auslöschen. Besser, jetzt ranzugehen. Sollte sich das als unmöglich erweisen, würde man es nun erfahren.

Er suchte den bewölkten Himmel nach einem einzelnen Objekt ab.

»Annäherung auf geplantem Kurs«, sendete Gianini. Diese junge Frau hatte Jocelyn für Probleme der Mechanos ausgesucht. Killeen entsann sich, daß sie aus der Rook-Sippe kam und gut qualifiziert war. Es war eine von ihm geübte Standardpraxis, daß er es seinen Leutnanten überließ, für bestimmte Aufgaben selbst Leute auszusuchen; denn sie kannten viel besser als er die Finessen der Begabung und Veranlagung. Gianini hatte seinerzeit auf Snowglade mit Mechanos gekämpft, sich bewährt und war zweimal verwundet worden.

Und Killeen entdeckte einen weit entfernten Punkt, der braun und gelb funkelte, als Abrahams Stern durch die Wolkenhülle drang, die über seiner Schulter ein Viertel des Himmels ausfüllte. Die brodelnde Masse war dünner geworden und hatte dabei ihre Farbe von Ebenholzschwarz zu trübem Grau verändert. Fetzen von Sternlicht durchdrangen den Raum rings um die *Argo*. Und Gianini eilte auf das Mechano zu, wobei sie sich des plötzlichen Helligkeitsanstiegs in ihrem Rücken bediente, um ihr Näherkommen zu tarnen.

Eine Taktik. Ein Trick. Ein Leben.

Ein unvermeidliches Risiko, weil das Mechano zu weit entfernt war für ihre Waffen, die für Kämpfe am Boden gedacht waren. Die *Argo* selbst hatte keine Waffen oder Verteidigungsmöglichkeiten.

»Ich werde sie mit Mikrowelle und Infrarot treffen und dann zu stärkeren Mitteln übergehen.« Gianinis Stimme war ruhig und klang fast unbekümmert.

Killeen wagte nicht zu antworten und hatte Cermo angewiesen, keine Sendungen von der *Argo* zuzulassen, um nicht die Aufmerksamkeit des Mechanos in Richtung des Schiffs zu lenken. Andererseits konnten Gianinis nach hinten gerichtete Sendungen das Mechano-Vehikel nicht alarmieren.

So, wie sie es berechnet hatten, begann Abrahams Stern matt aufzuleuchten. Durch Killeens Helm drangen Strahlen und erzeugten gelbe Reflexe auf seinem faltigen Gesicht. Er merkte, daß er vergebens die Fäuste ballte und wieder entspannte.

Er dachte: *Tu es jetzt! Jetzt!*

– Feuer! –

Er strengte sich an, konnte aber keine Veränderung erkennen – weder in dem Punkt, den Gianini abgab, noch bei dem dunklen Punkt, wo sich das Mechano vor dem blauen Hintergrundleuchten einer Molekülwolke abzeichnete.

– Ich kann keine Wirkung erkennen. –

Killeen zog eine Grimasse. Er hätte gern einen Befehl erteilt, sei es auch nur, um seine innere Spannung abzubauen. Aber was sollte er sagen? Vorsichtig sein? Ein stupides, nichtssagendes Geschwätz. Und schon das Senden könnte sie gefährden.

– Kommt sehr rasch heran. –

Gianini war jetzt ein matt werdender gelber Fleck, der sich einer unbestimmten Dunkelheit näherte. Aktionen im Weltraum waren von einer unheimlichen, totenstillen Art, die Killeen entnervte. Der Tod raste ballistisch in die zarten Hüllen, die feuchtes Leben bargen.

Hinter ihm schwoll das Sternenlicht an, blitzte auf und warf harte Schatten auf die Hülle der *Argo*. Er fühlte, wie leer und unfruchtbar der Weltraum war, wie er menschliches Handeln in seinen unendlichen Weiten aufsog. Gianini war ein einsamer Punkt in einer Fülle unzählbar vieler ähnlicher sinnloser Punkte.

Er schüttelte den Gedanken ab und lechzte danach, etwas zu *tun*, loszurennen, zu brüllen und zu schießen inmitten eines plötzlich aufgekommenen Gefechtes, das er *fühlen* konnte.

Aber über ihm verschmolzen die Punkte in tiefster Stille. Das war alles. Keine Glut, nichts Festes, keine sichere Realität.

Blendendes Sonnenlicht überflutete den Schiffskörper rings um ihn. Er blinzelte in den Himmel und versuchte, in den stechenden Strahlen einen Sinn zu entdecken.

– Na, wenn das nicht alles zum Teufel gehen läßt. –

Was? dachte er. Sein Herz machte einen Sprung, als er Gianinis Stimme hörte; aber ihre langsamen, fast lässigen Worte besagten nichts.

– Dies Ding ist entmannt worden. Ruiniert. Alle die Antennen und Beiboote, die wir in Großaufnahme gesehen haben. Sie entsinnen sich? Deren ganze Energiequelle ist weggepustet. Hier funktioniert nichts mehr außer ein paar Antriebsaggregaten und einem Zentralgehirn. Ich vermute, daß dies es auf unsere Bahn gelenkt hat. –

Killeen fühlte, wie ein lange zurückgehaltener Atemzug aus seiner Brust drängte. Er wagte es, zu senden. »Sind Sie sicher, daß es nicht schießen kann?«

– Nein. Irgend etwas hat es total erwischt. Hier ist ein richtiges Durcheinander. –

»Also hauen Sie ab!«

– Wollen Sie, daß ich das Zentralgehirn demoliere? –

»Ja. Setzen Sie eine Sprengung an!«

– Bin schon dabei. –

In Killeens Ohren kreischte ein schrecklicher Stromstoß, ein langes, hohes, oszillierendes Gedröhn, als eine elektrische Ladung in den Raum hinausdrang und als unfreiwillige Antenne wirkte, während brutale Kraft durch sie hindurchströmte.

»Gianini! Gianini! Antworten Sie doch!«

Nichts. Das klingende Gewinsel ging zu tieferen Frequenzen über, ein abebbendes Klagelied – und war vorbei.

»Cermo! Spur verfolgen!«

– Kriege nichts herein. – Cermos Stimme war fest und ruhig und wirkte völlig unerschütterlich.

»Verdammt – das Zentralgehirn.«

– Vermute, es handelte sich um eine Zündmine? –

»Muß wohl.«

– Immer noch nichts. –

»Verdammt!«

– Vielleicht hat die Explosion nur ihr Nachrichtengerät blockiert. –

»Hoffen wir es! Lassen Sie nachprüfen!« Cermo gab einem Besatzungsmitglied Anweisung, dem Mechano-Vehikel nachzuspüren. Aber der Mann fand Gianini, wie sie neben dem manövrierunfähigen Schiff schwebte. Ihre Geräte explodiert und ihr Körper schon kalt und steif im unerbittlichen Vakuum des Weltraums.

3. KAPITEL

Killeen marschierte steif durch die gekachelten Korridore der *Argo*, mit einem Gesicht so starr wie deren Wände. Die Operation gegen das Mechano war ein Erfolg gewesen in dem Sinne, daß eine mutmaßliche Bedrohung des Schiffs eliminiert war. Sie hatten die Sprengladung ausgelöst, die Gianini dort angebracht hatte, und diese hatte das Vehikel in Fetzen gerissen.

Aber in Wirklichkeit hatte gar keine echte Gefahr bestanden, und Killeen hatte bei dieser Entdeckung ein weibliches Mitglied der Besatzung verloren.

Wenn er ihr Gespräch im Geist an sich vorüberziehen ließ, war er sicher, daß er nicht mehr hätte sagen oder tun können. Aber das Ergebnis war das gleiche – eine Sekunde der Nachlässigkeit, eine sinnlose Annäherung an das Zentralgehirn des Vehikels, hatte Gianini das Leben gekostet. Und hatte die Bishop-Sippe um ein weiteres unersetzliches Mitglied verkleinert.

Da sie weniger als zweihundert zählten, befanden sie sich gefährlich nahe am Minimalbereich von Genotypen, die eine Kolonie brauchte. Jede weitere Verminderung würde künftige Generationen durch genetische Mängel absinken lassen.

Soviel wußte Killeen, ohne auch nur eine Ahnung von den wissenschaftlichen Grundlagen zu haben. Die Computer der *Argo* enthielten sogenannte ›DNA-Datenbasis Operationen‹. Es gab ein biotechnisches Laboratorium. Aber die Sippe hatte keine Aspekte, die Gene manipulieren konnten. Fundamentale Bioingenieurmethoden waren nur am Rande nützlich. Er selbst hatte weder Zeit noch gar Lust, sich mehr um solche Probleme zu kümmern.

Aber Gianini, die er verloren hatte –, er konnte nicht so einfach die Erinnerung an sie aufgeben, indem er in ihr nur einen wertvollen Träger genetischer Information sah. Sie war lebensprühend, schwer arbeitend und begabt gewesen – und jetzt gab es sie nicht mehr. Man hatte sie vor einem Jahr auf Chips gespeichert, so daß ihre Fähigkeiten als ein gespenstisches Erbe weiterlebten. Aber dieser ihr geisterhafter Aspekt würde vielleicht erst in Jahrhunderten wieder zum Leben erweckt werden.

Killeen würde sie nicht vergessen. Er konnte es nicht.

Als er steif seine täglichen Rundgänge aufnahm, die durch den Angriff verspätet waren, zwang er sich, die düsteren Gedanken abzuweisen. Dafür war später noch Zeit.

Du handelst weise. Ein Commander kann Gewissensbisse empfinden und seine eigenen Befehle in Frage stellen; aber das sollte nie vor den Augen seiner Besatzung geschehen.

Killeen biß die Zähne zusammen. Ein scharfer, galliger Geschmack kam ihm in den Mund und wollte nicht verschwinden.

Sein Ling-Aspekt war bei alledem eine gute Führerin. Aber er mochte nicht jene ruhige, sichere Art, wie der alte Captain die Regeln des Führertums darlegte. Die Welt war komplexer und mehr von finsteren Gegenströmungen erfüllt, als Ling je zulassen wollte.

Du hegst zu viele Vermutungen. Ich habe alle Gezeiten kennengelernt, von denen du getrieben wirst, als ich noch im Fleisch existierte. Aber das sind oft Hindernisse und keine Hilfen.

»Ich werde meine ›Hindernisse‹ behalten, kleiner Aspekt!«

Killeen schob Ling beiseite. Er mußte jetzt eine wichtige Rolle spielen, und der kleine Chor von Mikro-Geistern, der deutlich nach ihm rief, konnte keine Hilfe sein. Er war Lings Rat gefolgt und hatte sich entschieden, trotz des Dramas beim Angriff die reguläre Schiffsordnung beizubehalten. Die Rückkehr zur alltäglichen Routine, als ob solche Vorfälle zum normalen Verlauf im Leben eines Schiffs gehörten, würde die Besatzung beruhigen.

Darum hatte er Cermo angewiesen, wie geplant weiterzumachen. Erst jetzt wurde ihm klar, was das bedeutete.

Killeen umrundete eine Ecke und ging zu der offenen Bucht, wo die Leute der Frühwache warteten. Auf halbem Wege dorthin begrüßte ihn Cermo mit: »Stunde der Bestrafung, Sir?«

Killeen enthielt sich einer bitteren Miene und nickte, eingedenk der Beleidigung tags zuvor.

Cermo hatte ein weibliches Besatzungsmitglied im Maschinensektor erwischt. Ohne mit dem Kapitän Rücksprache zu nehmen, hatte Cermo sie – ein sehniges, schwarzhaariges Weib namens Radanan – ohne Umstände in die Biozone gezerrt und sein Vergnügen über den Fang laut kundgetan. Die Sache war an die Öffentlichkeit gedrungen, ehe Killeen eine Gelegenheit fand, auf andere Weise damit fertig zu werden. Er war gezwungen, seinen Offizier im Namen der Disziplin zu decken. Sein Ling-Aspekt hatte ihm diesen Grundsatz eingebleut.

»Ja. Weitermachen!«

»Ich hätte ihr noch mehr verpassen können, wissen Sie.«

»Ich sage: Weitermachen!«

Er war fest entschlossen, während normaler Schiffsoperationen möglichst wenig mit seinen Offizieren zu sprechen. Er war wie ein Trinker, der sich nicht zutraut, Maß zu halten. Immerhin gab er sich bei Sippentreffen etwas lockerer. Dort waren ihm Beredsamkeit und sogar feierliche Sprache dienlich. Er wußte, daß er kein besonders guter Redner war und um so besser wirkte, je kürzer er sich faßte. Als die *Argo* sich diesem Sternsystem genähert hatte, war er immer wortkarger geworden. Es gab Tage, an denen die meisten Besatzungsmitglieder von ihm nur ein kurzes ›ah-mmm‹ zu hören bekamen, wenn er sich bei einem offenkundigen Versagen scharf räusperte.

Während sie sich zur Mittelachse begaben, setzte Killeen eine steinerne Miene auf. Er schämte sich seiner Abneigung, Bestrafungen beizuwohnen. Er wußte, daß die Bestrafung eines Besatzungsmitgliedes ein Zeichen eigenen Versagens war. Er hätte das Fehlverhalten erkennen und ihm gegensteuern müssen, ehe es so weit kam. Aber nachdem es einmal passiert war, gab es keine Umkehr.

In diesem Falle hatte Radanan versucht, während des Bremsmanövers in die dröhnenden Gefahren des Maschinensektors einzudringen. Das allein hätte eine leichte, wenn auch unglaublich dumme Verfehlung sein können. Als Cermo sie aber ertappte, hatte sie sich wütend gesträubt und einige befreundete Leute aus der Nähe angeschrien, um eine kleine Meuterei anzuzetteln.

Ein weiser Kapitän übt strengere Gerechtigkeit als diese.

Sein Ling-Aspekt äußerte das unaufgefordert. Killeen murmelte vor sich hin: »Sie hat bloß geschrien und geflucht. Das ist alles. Und sie war blöd genug, Cermo auf die Palme zu bringen.«

Meuterei ist ein Kapitalverbrechen.

»Nicht auf der *Argo.*«

Sie wird andere aufstacheln und Haß beibehalten ...

»Sie hat etwas zu essen gesucht, nur eine geringfügige ...«

Du wirst die Kontrolle darüber verlieren, wenn ...

Killeen ließ das selbstgerechte Gebell des Aspektes verstummen.

Offenbar hatte Radanan versucht, irgend etwas Besonderes zu ergattern, obwohl Killeen sich nicht vorstellen konnte, was sie zu finden erwartet hatte. Gewöhnlich ertappte man Leute beim Klauen von Nahrung – eine Folge der strengen Rationierung, die Killeen vor nunmehr einem Jahr eingeführt hatte.

Die Besatzung nahm eine etwas strammere Haltung an, als Killeen herzukam. Radanan befand sich im Mittelpunkt eines großen Kreises, da es sich um eine Angelegenheit sowohl des Schiffs wie der Sippe handelte. Sie blickte trübsinnig nach unten. Ihre Augen schienen schon begriffen zu haben, was die Handschellen bedeuteten, die sie an einem Tau festhielten.

Cermo brüllte das Urteil. Zwei Matrosen standen schon bereit, um Radanan an den Armen festzuhalten, falls sie sich der Bestrafung entwinden sollte. Mit starrem Blick sah sie zu, wie Cermo das kurze, schimmernde Eisen brachte.

Killeen zwang sich, nicht mit den Zähnen zu knirschen. Er mußte seine Anordnungen durchsetzen, sonst würde man keinem seiner Worte Glauben schenken. Und er machte sich auch keine Vorwürfe. Die Frau war nicht besonders intelligent. Ursprünglich hatte sie der Rook-Sippe angehört.

Durch Stammesbeschluß waren alle, die für den Aufbruch in der *Argo* auserwählt waren, neu eingeordnet, so daß sie eine neue Sippe bildeten, die sich aus den Bishops, Rooks und Kings formiert hatte. Man hatte beschlossen, weiter die Benennung Bishop zu gebrauchen; und Killeen war nie klar geworden, ob das eine Anerkennung für ihn, einen Bishop, war, oder einfache Bequemlichkeit.

Auf jeden Fall, als er jetzt zusah, wie das harte Eisen die Hinterbacken der Radanan traf, hielt er es für unwahrscheinlich, daß ein Weib, welches so töricht war, sich auf der Suche nach irgend etwas in gefährliches Gebiet zu wagen, von einer Prozedur wie Auspeitschen einen Nutzen haben würde. Aber Tradition war nun einmal Tradition. In dieser ungeheuren Finsternis hatten sie wenig mehr, an das sie sich halten konnten.

Als Strafe seitens der Sippe gab es ein Dutzend Hiebe mit dem Eisen, die einzeln von einem Midshipman gezählt wurden. Und als Strafe seitens des Schiffs noch zwölf mehr. Radanan hielt bei den ersten sechs starr still und begann dann zu zucken und mit zusammengebissenen Zähnen zu japsen. Killeen hätte Lust gehabt, sich abzuwenden, zwang sich aber, an etwas anderes zu denken, während Cermo bis zum zwanzigsten Schlag kam.

Dann brach sie auf dem Deck zusammen.

»Schluß damit!« sagte Killeen energisch, und die schreckliche Prozedur war vorbei. Die Frau war hingefallen und hing jetzt an den Handgelenken. Damit war jedes Maß überschritten, das er dulden konnte; und es gab ihm das Recht, vier Schläge früher abbrechen zu lassen.

Er bemühte sich, etwas zu sagen. »Ah-mmm. Sehr gut, Leutnant Cermo. Nun zur Tagesordnung!«

Killeen machte kehrt und verschwand rasch, in der Hoffnung, niemand möge bemerkt haben, daß er schwitzte.

4. KAPITEL

Er ging mißmutig durch die blinkenden Korridore, welche den Lebensbereich mit der zentralen Spiralachse verbanden. Den Ärger, den er über sich selbst empfand, konnte er nicht exakt formulieren. Er wußte, daß er gegenüber der Verhängung notwendiger Strafen hätte abgehärtet sein müssen. Außerdem hätte er mit Geschick einen Weg finden müssen, sich der ihm durch Cermos rasche Aktion aufgezwungenen Lage zu entziehen.

Ein leichter Fäkaliengeruch stieg ihm in die Nase. Er eilte vorbei. Das ganze dritte Deck war hermetisch abgeschlossen. Aber trotzdem war hier etwas Rieselschlamm in die Ventilation gesickert, den die Besatzung irgendwie nie ganz beseitigte. Das Problem hatte vor einem Jahr mit verstopften Toiletten angefangen. Reparaturversuche hatten die Ventile und Hilfsmotoren beschädigt. Der Unrat hatte sich über des dritte Deck ausgedehnt, bis Arbeitskommandos die Luft wegblieb, sie ohnmächtig wurden und es ablehnten hineinzugehen. Killeen hatte sich gezwungen gesehen, das Deck abzuschotten und damit Wohnräume und Werkstätten einzubüßen.

Gereizt fragte er seinen Ling-Aspekt: »Bist du wirklich sicher, daß du dich überhaupt nicht weiter an Rohre und dergleichen erinnern kannst?«

Lings Antwort war unerschüttert:

Nein. Ich habe dich oft genug informiert, daß ich bei den Kampftruppen ausgebildet wurde, nicht bei den

Ingenieuren. Hättest du nicht dumme Leute daran herummurksen lassen ...

»Mir stehen keine ingenieurmäßigen Kenntnisse darüber zu Gebote, weder auf Chips noch lebendig. Du weißt doch so viel, warum kannst du nicht ...?«

Wenn du das Flußdiagramm des Schiffes durchsiehst ...

»Kann ich nicht! Viel zu kompliziert. Das ist, als ob man herausbringen will, was eine Frau denkt, indem man alle Haare auf ihrem Kopfe zählt.«

Selbst ein Schiff wie dieses, soweit fortgeschritten es ist gegenüber solchen, wie ich sie befehligt habe, erfordert einige Intelligenz für den Betrieb. Wenn du die Lehrgänge einführen würdest, die ich schon längst empfohlen habe ...

»Wobei die Sippe dasitzen und wochenlang herumknobeln muß?« Killeen lachte trocken. »Du hast gesehen, wie weit ich damit gekommen bin.«

Deine Leute sind anders als alle, die ich je befehligt habe. Darauf kann ich schwören. Ihr stammt aus einer Gesellschaft, die Aas gefressen und gestohlen hat, um zu leben ...

»Du meinst, daß sie gegen die Mechanos Schlachten gewonnen hat. Was wir an Nahrung und Ausrüstung bekamen, war Kriegsbeute.«

Nenne es, wie du willst. Ein solches Training ist himmelweit unterschieden von der Disziplin und Erfahrung, die erforderlich sind, um auch nur eine gebrochene Abwasserleitung zu reparieren. Aber mit der Zeit und bei genügend Übung ...

Killeen pfiff den Ling-Aspekt wieder zurück. Er hatte all das schon früher gehört. Lings Kenntnisse stammten aus dem Kandelaber-Zeitalter, als die Menschen große Städte im Weltraum besessen hatten. Die Kapitäne hatten jahrelange Reisen zwischen den Kandelabern unternommen und gegen die zunehmenden Angriffe der Mechanos gekämpft. Ling selbst hatte damals als eine volle interaktive Persönlichkeit fungiert. Die Sippe konnte sich nicht länger solche Persönlichkeiten leisten. Daher stand Ling nur noch als kleinere, verstümmelte Projektion zur Verfügung – als ein Aspekt.

Ling empfahl unausgesetzt die strenge Disziplin, die im Kandelaber-Zeitalter erforderlich war. Und dem war noch ein älteres Thema überlagert. Die ursprüngliche, lebendige Ling stammte aus den sagenhaften Großen Zeiten oder war noch weit älter. Das Gedächtnis des Aspektes verwischte zeitliche Unterschiede. Daher war schwer zu sagen, welcher Teil von Ling gerade sprach. Das Gefühl, im eigenen Hinterkopf eine Stimme aus unvorstellbar ferner, großer Vergangenheit zu besitzen, in der die Menschen frei von Mechano-Herrschaft gelebt hatten, verursachte Killeen Unbehagen. Er fand es absurd, die Person eines zuversichtlichen Kapitäns beizubehalten, wenn er die ungeheuer viel größere Macht verlorener Zeiten spürte.

Als er die Achse emporstieg und im Vorbeigehen Mannschaftsmitglieder grüßte, wurden ihm die den Wänden widerfahrenen Stöße und Beschädigungen peinlich bewußt. Hier befand sich auf einer Klappe ein gelber Fleck. Dort hatte jemand versucht, ein Stück Pappe wegzuschneiden und mittendrin aufgehört, so daß ein gezackter Sägeschlitz zurückgeblieben war. Allerlei Teile alter Hilfsmotore und elektronischer Aggregate waren weggeschoben und liegengelassen worden, nachdem sie sich als nutzlos erwiesen hatten, für was auch immer man sie aus irgendeinem Fach herausgezerrt hatte.

Die Systeme der *Argo* konnten fast mit jeder Bedrohung fertig werden, aber nicht mit dem tückischen Hindernis, das die Ignoranz der Bishop-Sippe darstellte. Lebenslange Gewohnheiten hatten sie dazu geführt abzumontieren, wegzuwerfen und sich zu behelfen – in der Zuversicht, daß die mechanische Zivilisation unbekümmert alles ersetzen würde. So etwas paßte schlecht für die Besatzung eines Sternenschiffs. Killeen hatte es einige Zeit und mehrere strenge öffentliche Züchtigungen gekostet, die Leute dazu zu bringen, daß sie sich nicht an spektakulären geklauten Teilen des für den Schiffsbetrieb notwendigen Inventars gütlich taten.

Er würde wieder eine allgemeine Säuberung anordnen müssen. Sobald sich Unrat anhäufte, sank die Besatzung in ihre alten schlechten Gewohnheiten zurück. In der letzten Woche hatte er, durch die Mechano-Begleitung abgelenkt, die Zügel schleifen lassen.

In seinem engen Quartier erwartete ihn das Frühstück. Er schlürfte eine heiße Brühe aus saftigem Gemüse und knabberte an einem zähen Getreidewürfel. Auf dem Tisch flimmerte der Dienstplan des Tages – eine dreidimensionale graphische Darstellung dessen, was für das Schiff zu tun war.

Er wußte nicht, wie es dazu gekommen war, und wollte es auch gar nicht erfahren. Die letzten Jahre hatten ihn so mit der hierarchischen Tradition der *Argo* erfüllt, daß es ihm genügte, das zu beherrschen, was er tun mußte, und sonst das meiste der Besatzung zu überlassen. Shibo hatte diesen hübschen Zug herausbekommen. Sie hatte einen untrüglichen Instinkt für die Kontrollsysteme des Schiffs. Er wünschte, sie wäre jetzt hier, um mit ihm das Frühstück zu teilen; aber sie war schon am Steuer auf Wache.

Es wurde an die Tür geklopft, und Cermo trat ein. Killeen mußte über die Schnelligkeit des Mannes schmunzeln, der auf Snowglade als ›der Langsame‹ bekannt gewesen war. Irgend etwas in der Beengtheit der *Argo* hatte ihm eine Präzision verliehen, die mit seiner Muskelmasse in offenem Widerspruch stand. Cermo hatte jetzt eine wache Miene statt der früher gewohnten satt-zufriedenen. Geschmälerte Rationen ließen seine Backenknochen deutlich aus den rundlichen Muskeln hervortreten.

»Genehmigung, den Tagesverlauf zu rekapitulieren, Captain?« fragte Cermo kurz und knapp.

»Gewiß.« Killeen zeigte auf einen Stuhl neben dem Tisch.

Killeen fragte sich gelegentlich, ob einer von Cermos Aspekten zur Besatzung eines Sternenschiffs gehört hätte. Das könnte erklären, wieso sich der Mann so natürlich dem Leben an Bord anpaßte. Cermos rundes, glattes Gesicht verzog sich zu einem flüchtigen, erwartungsvollen Grinsen, sobald Killeen einen Befehl erteilte, als ob dadurch angenehme Erinnerungen geweckt würden. Killeen beneidete ihn deswegen. Er war mit seinen Aspekten nie gut zurechtgekommen.

Cermo begann mit einer Zusammenfassung all der minder bedeutsamen Schwierigkeiten, die jeder Tag mit sich brachte. Sie standen alle sehr unter Druck, da sie eine riesige, zwischen den Sternen fahrende Maschine zu betreiben hatten, die ihnen von ihren fernen Vorvätern und Urmüttern als Erbe zuteil geworden war. Obwohl jedes Besatzungsmitglied Aspekte früherer Sippenmitglieder in sich trug – was bei der geheimen Tradition des Schiffs manchmal hilfreich sein konnte –, erwuchsen doch jeden Tag ärgerliche Probleme.

Während Killeen mit Cermo sprach, klopfte seine linke Hand automatisch mit seinem Würfel aus gebackenem Mais auf den blanken Keramiktisch. Vor zwei Jahren hatte eine für das Getreide eingesetzte Matrosin in dem Agrarspeicher umhergestöbert. Sie hatte eine Aufschrift mißverstanden und sich nicht bemüßigt gesehen, deswegen einen ihrer Aspekte zu konsultieren. So war sie zufällig ganz munter an ein sich selbst erwärmendes Fläschchen mit gefrorenen Erdwürmern geraten. Das waren häßliche, schleimige Biester; und die Frau war so erschrocken, daß sie das Glas fallen ließ. Einige der Tiere hatten die Freiheit erlangt, ehe die Matrosin Alarm gab. In dem reichen Nährboden der Gärten hatten die Würmer, die nicht nur ihre eigenen Gene in sich trugen, sondern auch eine Auswahl aus kleinerem Ungeziefer, verrückt gespielt.

Killeen förderte durch sein Klopfen zwei kleine, krabbelnde Getreidekäfer zutage, die aus dem braunen Getreidewürfel krochen. Er wischte die winzigen Dinger weg und biß in den wohlschmeckenden, harten Klumpen. Es war hoffnungslos, sie jetzt, wo sie sich verbreitet hatten, zu töten. Außerdem mochte er nie Lebewesen umbringen. Maschinen waren die wirklichen Feinde. Wenn niedrige Lebensformen an die falsche Stelle gerieten, infolge menschlichen Versagens, dann war das noch keine Entschuldigung, Lebenssubstanz zu vernichten. Für Killeen war das kein moralisches Prinzip, sondern eine offenkundige Tatsache in seinem Universum und unausgesprochene Sippentradition.

Cermo saß unbequem auf seinem kleinen Stuhl und schwatzte vergnügt über die Bestrafung der Frau und alle Vorteile, die der Disziplin daraus erwachsen könnten.

Er ist es, der Ling in sich tragen sollte, nicht ich, dachte Killeen. Oder vielleicht war es auch leichter, einen harten Kurs zu halten, wenn man nicht selbst die letzte Verantwortung zu tragen hatte.

Das hatte er vor Jahren erlebt, als Fanny Kapitän war. Ihre Leutnants hatten oft zu strengen Maßnahmen geneigt, aber Fanny zog eine maßvollere und vorsichtigere Linie vor. Sie dachte immer an die Konsequenzen von

Entscheidungen, wobei ein Irrtum sich für alle als verhängnisvoll erweisen könnte.

Killeen kam der Gedanke, daß sein eigenes zögerndes Vorgehen in diesen Tagen der Grund hätte sein können, weshalb Fanny ihn auf der kleinen Machtpyramide der Sippe hatte aufsteigen lassen. Vielleicht hatte sie darin einen umsichtigen Sinn für Verhältnismäßigkeit gesehen. Dieser Gedanke belustigte ihn, aber er ließ ihn fallen. Fanny hatte ein viel besseres Urteilsvermögen besessen als er – besser als jeder, den er kannte, außer seinem Vater Abraham. Killeen konnte einige Erfolge aufweisen, die er größtenteils reinem Glück verdankte; aber er wußte, daß er nie an Fannys Fähigkeiten heranreichen würde.

»Die Rooks und Kings murren immer über eine Auspeitschung, wenn es jemand aus ihrer Sippe trifft«, sagte Cermo. »Aber so ist es eben auch.«

»Immer noch sauer drüber, wie ich meine Leutnants ausgewählt habe?«

Er hatte Cermo und Jocelyn, beide aus der Bishop-Sippe, zu seinen unmittelbaren Offiziersstellvertretern gemacht. Leutnant Shibo war sowohl Hauptgeschäftsführerin wie Pilotin. Sie war die letzte Überlebende der Knight-Sippe. Obwohl sie mit den Rooks gelebt hatte, galt sie allgemein als eine Bishop, weil sie Killeens Geliebte war.

Auf solchen byzantinistischen Praktiken beruhte die Politik. In den schwierigen Tagen nach dem Start von Snowglade hatte Killeen es mit Rooks und Knights als Leutnants versucht. Die schafften das einfach nicht. Er fragte sich, ob ihr Leben in einem etablierten Dorf sie weich gemacht haben könnte. Immerhin merkte er, daß seine Entscheidungen nicht immer klug gewesen waren. Abraham hätte die Angelegenheit irgendwie unauffällig bereinigt.

»Ja«, sagte Cermo, »aber nicht schlimmer als sonst.«

»Hören Sie sich auf Deck um und melden Sie mir die Latrinenparolen!«

»Klar. Da gibt es welche, die mehr schwatzen als arbeiten.«

»Das sind interne Sippen-Angelegenheiten.«

»Könnten einen leichten Jagdhieb vertragen, meine ich.«

Die Erfahrung lehrte ihn, daß man Cermo am besten einige Zeit weitermachen und das Thema der Mannschaftsdisziplin erschöpfen lassen sollte. Im übrigen wünschte er sich immer noch, mit Shibo zu frühstücken, deren warmes, angenehmes Schweigen ihm immer so wohltat. Sie verstanden einander ohne endloses Geplapper.

»... sie schulen und ihnen die Fachsprache der Schiffscomputer beibringen.«

»Glauben Sie, daß die Jüngeren sich dabei leichter tun werden?« fragte Killeen.

»Ja. Shibo – sie sagt ...«

Cermo brachte immer einen neuen Plan zum Vorschein, wie man mehr Sippenleute ausbilden könnte. Die einfache Tatsache war die, daß es sich um unverbesserliche Typen handelte, die nur schwer technische Dinge begriffen. Die Sippen tradierten Fachkenntnisse, aber dabei ging es seit alten Zeiten nur um handwerkliches Können und nicht um Wissenschaft.

Killeen nickte zu Cermos Begeisterung, hörte aber nur mit halbem Ohr zu, weil sein Interesse unablässig den nie aussetzenden Geräuschen des Schiffs galt. Das gedämpfte Stampfen von Schritten, ein Gurgeln von Flüssigkeit in Rohrleitungen, leises Knarren von Decks und Verbindungen. Aber jetzt gab es da noch einen Unterton, der durch die Reibung interstellaren Staubes an den gewaltigen Wölbungen der Biozonen entstand.

Dieser summende Ton war im Laufe der letzten Wochen stärker geworden, eine tiefe Stimme, die in unterschwelligen Baßtönen den gelben Zielstern ankündigte. Die *Argo* glitt während des Bremsmanövers durch Staubwolken zunehmender Dichte, die die näherkommende Sonne auf dieser Seite verhüllten. Gesprenkelte Staubbahnen, aschenschwarz, verhinderten die Sicht auf ihre inneren Planeten.

Die leise, widerhallende Baßnote behielt ihre entnervende Tonhöhe bei. Manchmal vermeinte er im tiefen Schlaf eine langsame, feierliche Stimme zu hören, die zu ihm sprach, wobei die Worte zu einem dumpfen Stöhnen gedehnt waren, das Unheil verhieß. In anderen Nächten war es das trunkene Dröhnen eines Riesen, der ihm verzerrte Worte zurief mit Tönen, die seinen Leib erschütterten.

Er hatte diese brutalen Visionen sofort abgeschüttelt. Ein Kapitän konnte es sich nicht leisten, derart düstere und irrationale Gedanken zu hegen. Dennoch kroch ihm das Summen noch in die Hände, wenn sie auf dem Tisch ruhten. Als Junge hatte er nicht gewußt, daß die Sterne andere Sonnen waren. Der überbordende Strom von Gas und glühendem Staub um das Galaktische Zentrum war ihm bedeutungslos und für immer stumm und fern erschienen.

Jetzt drang das Lied dieses zähen Wirbels auf die *Argo* ein, ein immer stärkerer Wind, angetrieben durch das Rad der Galaxis. Wie er wußte, hatte die *Argo* diesen Sturm ausgelöst und seine unsichtbare Dynamik angezapft. Die massiven Staubstürme überhäuften Sonnen und versandete Planeten mit Ruß – sagte sein Arthur-Aspekt. Das Stöhnen, welches das ganze Schiff durchdrang und erschütterte, schien über tote Welten zu klagen, von verlorenen Zeiten zu künden und von erstickten Visionen verlorener Rassen, die er nie kennenlernen würde.

Jäh flammte der Bildschirm auf dem Tisch zwischen

ihnen auf. Es erschienen die scharf geschnittenen Gesichtszüge von Shibo, geglättet und verzerrt durch den Blickwinkel. »Pardon«, sagte sie, als sie Leutnant Cermo erblickte. »Captain, wir haben jetzt klare Sicht.«

»Siehst du mehr innere Welten?«

»Jawohl, eine neue. War bisher hinter Staub verborgen.«

»Gutes Detail?«

»Aye, Sir«, sagte Shibo. Ihre blitzenden Augen verrieten strahlende Begeisterung. Wären sie nur zu zweit gewesen, hätte sie wahrscheinlich einen trockenen Witz eingeflochten.

Killeen zwang sich, die Schüssel mit grünem Gulasch zu leeren, und genoß dann den letzten Rest seines Tees. Langsam, fast beiläufig, sagte er: »Zuverlässige Beobachtungen machen, alle Detektoren einsetzen!«

»Klar!« sagte Shibo und zog die Mundwinkel etwas hoch als Zeichen dafür, daß sie verstand, es handelte sich um eine Show für Cermo.

»Dann werde ich in Kürze vorbeikommen«, sagte Killeen mit ruhiger Entschlossenheit. Sein Vater hatte diesen Trick vor langer Zeit in der Zitadelle benutzt.

Cermo rückte ungeduldig auf seinem Stuhl hin und her. Sie alle wollten doch wissen, zu was für einer Welt zwei Jahre der Reise sie geführt hatten. Viele meinten noch immer, daß die Mantis sie zu einer üppigen grünen Welt geschickt hätte. Aber Killeen war keineswegs so sicher. Er traute keinem Mechano. Er erinnerte sich noch mit Vergnügen, wie sie beim Abheben die Mantis mit dem Antrieb der *Argo* vernichtet hatten.

Er ließ sich Zeit mit dem Tee, um die möglichen Reaktionen der Sippe zu überdenken, wenn ihre Erwartungen nicht erfüllt wurden. Die Aussichten waren ernüchternd.

Er dachte an eine zweite Tasse Tee. Nein, das wäre für Cermo eine zu große Qual – obwohl der Mann vorher offenbar keine Rücksicht gegenüber der Radanan gekannt hatte.

Also ließ er den Tee, legte aber seine volle Montur an und ging langsamer als sonst um die Achse des Schiffs und auf ein höheres Deck.

Seine Offiziere waren schon im Kontrollsaal versammelt, als Killeen erschien. Sie starrten auf den großen Bildschirm, deuteten darauf und tuschelten miteinander. Killeen war klar, daß ein ordentlicher Kapitän kein solches Getümmel im Kontrollzentrum dulden würde, obwohl es sich diesmal um eine völlig natürliche Reaktion nach langen Jahren der Fahrt handelte.

Er sagte scharf: »Was? Hat keiner etwas zu tun? Leutnant Jocelyn, wie geht das Abdichten in der Trockenzone voran? Faldez, sind diese Rohre im Agrokamin immer noch verstopft?«

Seine unfreundliche Stimme vertrieb sie. Im Fortgehen warfen sie noch rasche Blicke zurück auf den Bildschirm. Er wollte, daß sie sahen, wie er das Bild dort noch keines Blickes würdigte, sondern sich zunächst um die Schiffsangelegenheiten gekümmert hatte.

Sie konnten nicht wissen, daß er seinen Hals absichtlich so gedreht hatte, daß seine Augen nicht in die Versuchung gerieten, durch einen Seitenblick einen Eindruck zu erhaschen. Er wechselte ein paar Worte mit einigen der abtretenden Offiziere, um sicher zu sein, daß er den gewünschten Eindruck erzielt hatte. Dann wandte er sich um, spannte die Lippen so an, daß seine Miene keinerlei Überraschung verraten konnte, und starrte direkt in ihr Schicksal.

5. KAPITEL

Zwei Jahre zuvor hatte Captain Killeen das Gesicht verzogen, als er die verfallene braune Oberfläche seines Heimatplaneten Snowglade erblickte, während die *Argo* sich in die Ferne erhob.

Jetzt sah er mit stürmischer Erleichterung, daß das schimmernde Bild vor ihm nicht jener ausgelaugten Hülse glich. Nahe den Polen drängten sich kleine blauweiße Flecken zusammen inmitten grauer Eiskappen, die krumme Finger zur Mitte der Welt ausstreckten. Aber diese Merkmale wurden ihm erst nach einer überraschenden Tatsache bewußt:

»Falsche Farben«, sagte er aufgeregt.

Shibo schüttelte den Kopf. »Keineswegs. Eis ist dunkel – na schön. Aber die Mitte ist grün, bewaldet – siehst du die großen Seen?«

»Blasse Gebiete mittendrin wirken wie tot.«

»Nicht viel Vegetation«, räumte Shibo ein.

»Wodurch konnte wohl ...?« Killeen runzelte die Stirn. Ihm wurde klar, daß er eine planetarische Evolution in Erfahrung bringen mußte – zusätzlich zu allem anderen.

Shibo sagte: »Könnten diese Wolken das bewirkt haben? Staub hat Pflanzen getötet, das Eis ausgetrocknet und grau gemacht.«

Killeen spürte, daß es besser wäre, vor Cermo, der dageblieben war, nicht als völliger Ignorant dazustehen.

»Vielleicht. Eine Menge Staub immer noch im Gelände. Darum gehen wir in einem steilen Winkel hinunter.«

Killeen suchte die Sichel des Planeten nach Zeichen menschlichen Lebens ab. Die Nachtseite war völlig finster. Wenn er dort Lichter gesehen hätte, könnten diese allerdings auch von Städten herrühren, welche Mechanos gebaut hatten.

Cermo sagte zögernd: »Sir, ich verstehe nicht ...«

Normalerweise war es keine gute Idee, untergebenen Offizieren die Gründe seiner Entscheidungen zu erläutern. So hatte sein Ling-Aspekt gesagt. Aber es war auch eine gute Idee, sie zu schulen. Die kommenden Tage könnten gefahrvoll sein; und falls Killeen fiel, würde sein Ersatzmann eine Menge wissen müssen.

»Diese kleinen schwarzen Flecke – sehen Sie die?« Killeen deutete darauf, als die Vergrößerung des Bildschirms zunahm und die heiße Scheibe des Zentralsterns zeigte. Jenseits davon hingen breit und gestreift grinsend zwei silbrige Riesenplaneten vor einer scheckigen Tapete aus Molekülwolken. Kleine Flecke verschmierten das Bild wie Stäubchen, die von Tag zu Tag verschwanden und wieder aufleuchteten.

»Dieser Stern hat eine vorbeiziehende Wolke zerfetzt. In der Ebene der Planeten gibt es eine Menge solcher Kleckse.«

Killeen machte eine Pause. Es war für ihn nicht schwierig gewesen, die dreidimensionale Geometrie in Simulationen zu verstehen, die von Aspekten geliefert wurden. Aber jetzt war es mühsam, sich in einer flachen Netzprojektion wie dieser hier zurechtzufinden.

»Also habe ich uns auf einen steilen Kurs gebracht«, sagte er, »der diese Ebene schneidet. Dadurch werden wir es vermeiden, in kleine Wolken einzudringen, die wir vielleicht nicht entdecken könnten. Der *Argo* würde es schlecht bekommen, blindlings da hineinzurasen.«

Er sah verliebt zu, wie Shibos Exoskelett summte, als ihre Hände über die Tastenfelder eilten. Das Polykarbongerüst machte rasche, sichere Bewegungen. Für Killeen gehörte zu den vielen Annehmlichkeiten der langsamen Achsendrehung der *Argo*, daß sie nur selten ihre mechanische Hilfe brauchte, außer für schnelle Präzision. In der hohen Schwere von Snowglade hatte sie diese Unterstützung ständig beansprucht, nur um mithalten zu können. Infolge eines genetischen Fehlers besaß sie nur normale menschliche Kraft; und das war weit unter dem Niveau der Sippen.

Ihr Anblick ließ ihn immer noch lächeln. Der Druck des Tages wurde sofort geringer.

Sie holte kraß unterschiedliche Bilder des Planetensystems herein, die intensiv rot, bräunlich golden und kühl blau schimmerten. Killeen wußte, daß diese Farben durch verschiedene Spektren entstanden, konnte aber nicht sagen, wie. Sie zeigten auch körnige Flecken, die zwischen den Planeten umliefen – kleine Kondensationsknoten, wie sie ständig auf alle Sterne beim Galaktischen Zentrum hinabhagelten. Diese hier waren von Abrahams Stern eingefangen worden und bombardierten jetzt unbarmherzig dessen Planeten.

»Ich wette, daß der Himmel da unten ziemlich staubig ist«, bemerkte Shibo nachdenklich. Sie ließ ein orangefarben geschecktes Bild erscheinen, das fünf Kometenschweife zeigte. Diese lagen über und unter der Bahnebene der Planeten – üppige Bänder, die wie anklagende Finger nach innen wiesen.

Killeen merkte, worauf sie hinauswollte. »Ich glaube aber doch nicht«, fuhr er mit einem Anschein lässiger Zuversicht fort, »daß der Staub Leben ersticken konnte. Dieser Planet hat schon früher Dreckfluten von oben erlebt. Du kannst sehen, daß die Wälder es überlebt haben. Er kann auch uns Schutz bieten.«

Shibo sah ihn schief von der Seite an. Manchmal ließ sie ihm solche Hinweise zukommen, damit es so aussehen konnte, als ob er Probleme überdacht hätte, ehe sie aufkamen. Killeen glaubte, daß es für den allmählichen

Aufbau einer Crew sehr hilfreich wäre, wenn der Kapitän zufällig den Leitenden Offizier liebte. Er widerstand der Versuchung zu lächeln in der Gewißheit, daß Cermo seine Gedanken erraten könnte.

»Irgendwelche Monde?« fragte er gelassen.

»Keine, soweit ich bisher sehen konnte«, sagte Shibo. »Aber da gibt es etwas anderes ...«

Ihre schlanken Finger liefen über die Tasten und riefen Funktionen auf, wobei Killeen kaum folgen konnte. Weit draußen sah er ein hartes bronzenes Nugget.

»Eine Station«, war die Antwort auf seine nicht ausgesprochene Frage.

Cermo schnappte nach Luft »Ein ... ein Kandelaber?«

»Ich kann es nicht deutlich genug erkennen. Könnte sein.«

Killeen fragte: »Können wir ein besseres Bild haben? Es dürfte gefährlich sein zu warten, bis wir näher kommen.«

Sie überlegte und tastete eine Frage ein. »Nein, so nicht. Es gibt aber ein anderes optisches System. Das muß draußen auf dem Schiffskörper von Hand installiert werden.«

»Mach das!« ordnete Killeen an. Cermo fragte er: »Wer hat Dienst für die Raumanzüge?«

»Besen«, sagte Cermo. »Aber die ist sehr jung. Ich würde ...«

»Setzen Sie die eingeteilte Mannschaft ein! Besen ist flink und geschickt.«

»Sehr wohl, Captain, aber ...«

»Die Leute werden nie etwas lernen, wenn sie nicht mit Problemen konfrontiert werden.« Killeen entsann sich, wie sein Vater genau dasselbe gesagt hatte, wenn er es ablehnte, Killeen von schwierigen Aufgaben abzuhalten, als er noch ein Junge war.

Er studierte den kleinen bronzenen Fleck einige Zeit und bat dann Shibo, den Anblick in natürlichem Licht zu zeigen. Im echten menschlichen Spektrum glitzerte das Ding warm wie ein Juwel; aber auch bei stärkster Vergrößerung konnte er keine Struktur ausmachen.

Es war durchaus möglich, daß es sich um eine menschliche Außenstation handelte. Vielleicht – Killeen empfand eine wilde Erregung – war es wirklich ein Kandelaber der Vorzeit, eine jener legendären Konstruktionen von kristalliner Perfektion.

Auf Snowglade hatte er einmal im Teleskop so ein Ding gesehen, aber es war so weit entfernt gewesen, daß er kein Detail erkennen konnte. Er hatte nur seine fremdartige schimmernde Präsenz erhascht, die Ahnung einer unvorstellbaren Schönheit. Die Möglichkeit, ein Erzeugnis von Menschenhand zu finden, das in diesem aufgewühlten Himmelsgewölbe schwebte, genügte ihm, um wieder seinen tiefen Respekt und seine Ehrfurcht vor den alten Meistern zu empfinden, die die *Argo* und die noch älteren Kandelaber geschaffen hatten. Daß er einen davon aus der Nähe sehen könnte – bei diesem Gedanken beugte er sich zu dem Schirm hin, als ob er Antworten von ihm erzwingen könnte.

Besen, eine junge Frau mit harten Augen und sanftem, sinnlichem Mund, kam herein. Sie verhielt sich streng dienstlich und nahm Haltung an, sobald sie das Kontrollgewölbe betreten hatte. »Sir, ich ...«

Da stürmte Toby, Killeens Sohn, durch die Luke, ehe sie zu Ende sprechen konnte. Er war hoch aufgeschossen, einen vollen Kopf größer als Besen, und japste heftig. »Ich ... ich habe gehört, daß es draußen etwas zu tun gibt.«

Killeen kniff die Augen zusammen. Sein Sohn war vor Aufregung errötet, und sein Blick flatterte. Aber kein Kapitän konnte solche Aufdringlichkeit dulden.

»Midshipman! Sie wurden nicht herbefohlen. Ich ...«

»Ich hörte, wie Besen gerufen wurde. Laßt mich doch ...«

»Sie nehmen sofort Haltung an und halten den Mund!«

»Papa, ich wollte bloß ...«

»Stehen Sie still und halten Sie Ihre Zunge im Zaum! Sie sind hier ein Mitglied der Mannschaft und nicht mein Sohn – kapiert?«

»Oh ... ja ... Ich ...«

»Stellen Sie sich auf Zehenspitzen!« sagte Killeen energisch. Er faltete hinter sich die Hände und schob das Kinn gegen den undisziplinierten jungen Mann vor, zu dem sein Sohn geworden war.

»W – was?«

»Sind Sie taub? Sie werden auf Zehenspitzen stehen, bis ich damit fertig bin, Midshipwoman Besen meine Befehle zu erteilen. Dann werden wir über die passende Strafe für Sie reden.«

Toby blinzelte, öffnete den Mund, um etwas zu sagen, überlegte es sich dann aber doch. Er schluckte und erhob sich auf Zehenspitzen, die Hände an der Seite.

»Nun«, sagte Killeen langsam zu Besen, die während dieser ganzen Zeit in strammer Haltung verblieben war, die Augen geradeaus gerichtet, obwohl bei der Äußerung ›Zunge im Zaum‹ ein flüchtiges Grinsen über ihr Gesicht gehuscht war. »Ich glaube, daß Officer Shibo Anweisungen für Sie hat. Erledigen Sie alles so rasch wie möglich!«

6. KAPITEL

Besen schaffte es, weisungsgemäß die benötigten optischen Teile in dem alten Schiff zu finden und herauszuholen. Der Hauptbildschirm folgte ihren Aktionen. Killeen erteilte Toby einen strengen Verweis vor Cermo und Shibo – wohl wissend, daß die Geschichte durch Cermo schneller im ganzen Schiff bekannt werden würde, als wenn er sie bei voller Kommunikation durchgezogen hätte. Während dieser ganzen Zeit mußte Toby auf Zehenspitzen stehen bleiben, selbst nachdem der Schmerz sein Gesicht zu Grimassen zwang und Schweißperlen auf seiner Stirn erschienen. Bei diesem Duell zwischen Vater und Sohn konnte es nur einen einzigen Sieger geben – das Sippenerbe und die Erfordernisse des Schiffs verlangten dies –, aber Toby hielt aus, solange er konnte. Schließlich, mitten in einer absichtlich lang hingezogenen Lektion seitens Killeens über die Notwendigkeit, Befehlen korrekt zu gehorchen, kippte Toby vornüber und krachte auf das Deck.

»Sehr gut! Lektion beendet«, sagte Killeen und wandte sich wieder dem Hauptbildschirm zu.

Besen hatte die durchsichtigen faseroptischen Teile geschickt montiert, die zu zart waren, als daß man sie ständiger Beanspruchung aussetzen konnte. Sie neigte die Plattform, um den winzigen schimmernden Planeten zu finden, der in den Staubarmen der Ekliptik des Sterns eingebettet war.

Shibo brachte rasch ein Bild von ihm zustande. Killeen sah, wie sich das verschwommene Licht auflöste, während Toby aufstand und Leutnant Cermo ihn zurück zur Station kommandierte. Es war eine harte Sache gewesen; aber Killeen war überzeugt, recht zu haben, und sein Ling-Aspekt stimmte zu. Die Widersprüche, die bei der Führung einer Mannschaft zwangsläufig mit auftraten, die zugleich eine Sippe war, forderten, sich nicht um Schwierigkeiten zu drücken.

»Was ... was ist das?« fragte Cermo. Er vergaß, daß es eine alte Regel war, niemals einem Kapitän eine Frage zu stellen. Killeen ließ ihm das durchgehen, weil er auch selbst dieselbe Frage hätte stellen können.

Vor einem fleckigen Hintergrund hing ein merkwürdiges perlartiges Ding, eine Scheibe, durch deren Zentrum ein dicker Stab führte. Killeen erkannte instinktiv, daß es sich nicht um einen Kandelaber handelte. Es hatte nichts von der sagenhaften Majestät und schimmernd geflochtenen Schönheit eines solchen.

»Könnte ein Mechano-Produkt sein«, sagte er.

Shibo nickte. »Es kreist über demselben Punkt auf dem Planeten.«

»Gibt es eine Möglichkeit, wie wir uns dem Planeten nähern können und dabei das Ding immer auf der anderen Seite halten?« fragte Killeen.

Er hatte nur einen leichten Schimmer von Himmelsmechanik. Sein Arthur-Aspekt hatte ihm viele Darstellungen von Schiffen und Sternen gezeigt, aber davon war nur wenig hängengeblieben. Solche Dinge waren weit entfernt von der Erfahrung eines Mannes, der sein Leben lang auf zernarbten Ebenen umhergerannt war und dort gearbeitet hatte.

Einmal, als Killeen gefragt hatte, ob ein Schiff stationär über dem Pol eines Planeten kreisen könnte, hatte Ling ihn ausgelacht – ein seltsamer Eindruck; denn die zarte Stimme schien Echos anderer Aspekte zu wecken, die Killeen nicht angesprochen hatte. Er hatte ziemlich lange gebraucht, um einzusehen, daß eine solche Bahn unmöglich war. Die Schwerkraft würde das stillstehende Schiff herunterziehen.

»Ich kann das versuchen, wenn wir nahe herankommen. Aber das Ding könnte uns schon jetzt gesehen haben.«

»Dann wollen wir es also vermeiden, Officer Shibo. Geben Sie mir eine geneigte Bahn, damit dieser Satellit uns nicht so gut sehen kann.«

Shibo nickte, aber an ihren flinken, blitzenden Augen erkannte er, daß sie seine wahren Gedanken verstand. Bald würde er entscheiden müssen, ob sie überhaupt in diesem System Station machen sollten. Die Mantis, jene eiskalte maschinelle Intelligenz auf Snowglade, hatte sie auf diesen Kurs gesetzt. Wenn es sich jedoch herausstellen sollte, daß der Planet vor ihnen von Mechanos betrieben wurde, dann müßte Killeen sie so schnell wie möglich aus dem System fortbringen. Aber wo war diese kritische Wahl zu treffen? Weder Erfahrung noch eine Sippentradition sagten ihm, wie oder gar wann er sich entscheiden mußte.

Er verließ das Kontrollgewölbe und ging durch die eng gewundenen spiraligen Korridore der *Argo*. Inspektionen warteten auf ihn, und er ließ sich damit Zeit. Er behielt eine mäßige Gangart bei und ließ die fieberhaften Überlegungen in seinem Innern nicht nach außen dringen, so daß die ihm begegnenden Matrosen ihren Kapitän mit unbekümmerter Miene vorbeikommen sahen.

Es lag eine zunehmend angespannte, summende Erwartung in der Luft, als sie auf ihren Zielstern zustürzten. Bald würde sich herausstellen, ob sie zu einem Paradies oder nur einer anderen von Mechanos betriebenen Welt kämen. Das seltsam farblose Aussehen des Planeten hatte ihnen keine Antwort erteilt; und Killeen würde Fragen von Sippenmitgliedern ausweichen müssen, die so verzweifelt nach Gewißheit verlangten.

Während er durch einen Seitenkorridor ging, hörte er aus einer Luftleitung ein leichtes kratzendes Geräusch. Sofort sprang er hoch, riß das Gitter auf und schaute hinein. Nichts.

Das Geräusch, wie kleine, davoneilende Füße, verschwand. Sicher ein Mikro-Mechano.

Wie sie sich auch bemüht hatten, es war nie gelungen, alle die kleinen Mechanos zu vernichten, die von der Mantis in der *Argo* zurückgelassen worden waren. Die verbliebenen Maschinen waren höchstwahrscheinlich unwichtig, dazu bestimmt, kleine Reparaturen und Säuberungen auszuführen. Aber ihre Anwesenheit störte Killeen. Er wußte, wieviel Intelligenz auf der Fläche eines Fingernagels untergebracht werden konnte; und schließlich enthielten alle längs seines Rückgrats angeordneten Chips ganze Persönlichkeiten. Wozu wären selbst so kleine Mechanos wohl fähig?

Er hatte keine Ahnung. Während der Fahrt hatte es lästige Vorfälle gegeben, wenn Probleme auf mysteriöse Weise geklärt wurden. Killeen hatte nie erfahren, ob das Schiff sich selbst mit Hilfe tief verborgener Subsysteme repariert hatte, oder ob die Mikro-Mechanos ihren eigenen Zwecken folgend am Werk gewesen waren.

Kein Kapitän mochte sein Schiff unter der Kontrolle von jemandem außer ihm selbst wissen, und Killeen konnte nie richtig schlafen, bis alle Mikro-Mechanos weg waren. Aber außer gewissen drastischen Maßnahmen sah er keine Möglichkeit, sich von diesen Belästigungen zu befreien.

Ärgerlich nahm er sich einen Augenblick Zeit und blieb bei einer kleinen Nische an der Seite gleich neben dem Spiralkorridor stehen. Hier war der einzige Ort im Schiff, der ausschließlich zu Ehren von Verbindungen mit der Vergangenheit diente. Er war groß genug für Zeremonien bei Hochzeiten und Sterbefällen, wie sie Killeen während der letzten zwei Jahre pflichtgemäß vollzogen hatte. Beherrscht wurde er durch zwei Platten von eisendunkler Farbe an zwei Wänden.

Dies waren die Legate, wie die Gedächtnisspeicher der *Argo* erklärten. Sie waren mit spinnwebartigen Mustern bedeckt, die in allen Farben glitzerten, wenn Licht darauf fiel. Offenbar eine digitale Sprache, obwohl in einer Weise codiert, die selbst die *Argo*-Programme nicht entschlüsseln konnten. Das Schiff hatte strenge Anweisung, diese in die keramischen Wände eingelassenen Tafeln aufzubewahren und vor jedem Schaden zu schützen. Sicher lag hier ein unverständlicher Hinweis auf die Herkunft von Menschen im Zentrum – und vielleicht noch viel mehr. Aber Killeen hatte keine Ahnung, wie er dem hätte nachgehen können.

Statt dessen kam er hierher, um auf einer einfachen Bank zu sitzen und nachzudenken. Die aufragende, düstere Präsenz der beiden Tafeln mit den Legaten gab ihm das seltsam beruhigende Gefühl einer festen Verbindung mit einer unbekannten, aber großartigen menschlichen Vergangenheit. In alten Tagen hatten Menschen ein Schiff wie dieses erbaut, die schwachen Ströme zwischen Sonnen durchpflügt und gut gelebt, frei von der zermürbenden Präsenz ungeheuer überlegener Wesen.

Killeen beneidete die Menschen jener Zeit. Er ließ seine Handflächen ruhig über die glatte Oberfläche der Legate gleiten, als ob daraus irgendein Fragment uralter Einsicht und Weisheit in ihn einsickern könnte.

Jetzt, da ihn die Probleme des Kapitänseins bedrängten, dachte er oft an Abraham und alle, die ihm vorangegangen waren. Sie hatten den mürrischen Rückzug vor den Mechanos angeführt. Sie hatten alles gegeben.

Für Killeen und die Bishops hatte das Schicksal einen Hoffnungsschimmer geboten. Eine frische Welt und neue Visionen. Er könnte sein Volk befreien oder aber ihr letztes Spiel verlieren.

Und diese Gelegenheit war gerade um eine Generation zu spät gekommen. Abraham hätte gewußt, was zu tun wäre. Abraham war eine geborene Führernatur. Seine sonnengebräunte, lässige Art hatte ohne sichtbare Anstrengung das Kommando geführt. Killeen vermißte seinen Vater viel mehr als in jenen Tagen nach seinem Verschwinden bei dem großen Unheil, als die Bishop-Zitadelle fiel. Immer wieder hatte er sich gefragt, was sein Vater wohl getan haben würde ...

Er seufzte und stand auf. Seine Hand streifte die Legate noch einmal. Dann wandte er sich um und ging. Das fleckige braune Gesicht des nahen Planeten sah er mit dem rechten Auge, so daß er neue Merkmale studieren konnte, wenn sie auftauchten.

Er war so tief in Gedanken versunken, daß er nicht das Geräusch laufender Füße im Spiralkorridor hörte. Ein Körper prallte gegen seine Schulter und drehte ihn um seine Achse. Er stemmte sich atemlos gegen die Wand. Sein Sohn blickte ihm ins Gesicht. »Geht es dir gut, Papa?«

»Ich ... habe nicht gehört ... wie du gekommen bist.«

Besen und drei andere kamen auch angelaufen. Ihre stürmische Verfolgung von Toby kam zum Stehen, als sie den Kapitän erblickten.

»Weißt du, wir haben gerade ein bißchen Stoßball gespielt«, sagte Toby hilflos und zeigte einen kleinen roten Ball vor.

»Das macht Spaß – in der Achse«, meinte ein anderer Junge.

»Ja, bei geringer Schwerkraft ist es besonders lustig«, erklärte Besen dazu. Ihre Augen strahlten vor Vergnügen.

Killeen nickte und sagte: »Ich freue mich, daß ihr eure Beine so in Form haltet.« Ein vielsagender Blick zu den anderen veranlaßte diese, ihn mit Toby allein zu lassen.

»Du warst wütend über das, was im Kontrollbunker passiert ist?«

Toby kaute an der Unterlippe. Seine Miene verriet heftige Konflikte. »Ich sehe nicht ein, warum du mich piesacken mußtest.«

»Ich wollte dir keine Lektion in Disziplin erteilen, aber ...«

»Freut mich. Habe von dir immer nur ›aber‹ zu hören bekommen.«

»Du hattest mir keine große Wahl gelassen.«

»Und du gibst *mir* auch nicht viel Chancen.«

»Wieso?«

Toby zuckte ärgerlich die Achseln. »Tyrannisierst mich die ganze Zeit.«

»Nur, wenn du mich dazu zwingst.«

»Schau – ich versuche es bloß; das ist alles.«

»Vielleicht versuchst du es zu hart.«

»Ich bin das dauernde Herumsitzen leid. Möchte irgend etwas tun.«

»Nur, wenn es dir befohlen wird.«

»Ach so? Kein ...«

»Und du hältst gefälligst den Rand, wenn ich dir einen Befehl erteile.«

Toby zog die Lippen zusammen. »Da spricht doch wieder dein alter Ling-Aspekt, nicht wahr? Und was soll das mit dem ›Rand‹ bedeuten?«

»Das Maul halten. Und meine Aspekte sind ...«

»Seit du ihn bekommen hast, scheint er dir Befehle zu erteilen.«

»Ich lasse mir raten, sicher ...«

»Sieht so aus, als ob irgendein altes Scheusal die *Argo* befehligt, und nicht mein Vater.«

»Ich halte meine Aspekte unter Kontrolle.« Killeen hörte, wie steif und formell seine Stimme klang, und bemühte sich um einen wärmeren Ton. »Du weißt doch selbst, wie das manchmal ist. Du hast jetzt zwei Gesichter seit – wie lange? – einem Jahr?«

Toby nickte. »Mit denen komme ich prima zurecht.«

»Davon bin ich überzeugt. Sie funktionieren gut?«

»So ziemlich. Sie bringen mir größtenteils den technischen Kram bei.«

»Aber dann kannst du auch sehen, wie manche Dinge anders auf dich wirken.«

»Ich habe es satt, herumzusitzen und bloß zu versuchen, irgendwelches Zeug zu reparieren.«

»Wenn die rechte Zeit kommt ...«

Toby verzog wütend den Mund. »Ich und die Jungs, Besen, wir alle – wir wollen dabei sein, wenn es losgeht.«

»Das werdet ihr. Haltet euch nur ein bißchen zurück, ja?«

Toby seufzte, und die Spannung entschwand langsam aus seinem Gesicht. »Papa, es ist so, als ob ... es keine Zeit mehr gäbe, wo wir bloß ...«

»Bloß für uns sein können?«

Toby nickte und schluckte heftig.

»Denk lieber daran, daß ich jetzt viel öfter Kapitän bin als dein Vater.«

Toby schob das Kinn vor. »Mir scheint, daß du in letzter Zeit besonders streng gegen mich bist.«

Killeen machte eine Pause, um zu überlegen, ob das so wäre. »Könnte sein.«

»Ich gebe mir bloß Mühe, das ist alles.«

»Ich auch«, sagte Killeen ruhig.

»Ich möchte nichts versäumen, wenn wir den Boden berühren.«

»Das wirst du auch nicht. Wir werden einen jeden brauchen.«

»Also übergeh mich nicht, bloß weil ich ... du weißt schon.«

»Mein Sohn? Nun, das wirst du immer bleiben, aber manchmal würdest du vielleicht wünschen, es nicht zu sein.«

»Niemals.«

»Erwartest du auch nicht, besondere Aufträge zu bekommen?«

»Nein.«

»Mein Sohn – nichts davon ändert etwas an dem, was wir sind. Das weißt du.«

»Vermutlich.« Tobys Gesicht sah in dem schimmernden Licht angespannt und flach aus. »Nur … es ist nicht wie in den alten Zeiten.«

»Als wir um unser Leben gerannt sind? Ich würde sagen, daß dies hier todsicher besser ist.«

»Ja, aber … nun …«

»Harte Zeiten sehen nur schön aus, wenn man aus guten Zeiten auf sie zurückblickt.«

Tobys Gesicht entspannte sich etwas. »Das kann ich mir denken.«

»Zwischen uns macht Zeit keinen Unterschied.«

»Das nehme ich an.«

7. KAPITEL

Toby ging wieder zu seinem Ballspiel in der Spiralachse. Killeen ermahnte sie zur Vorsicht und keinen Mitgliedern der Besatzung in die Quere zu kommen. Es kam ihm aber überhaupt nicht in den Sinn, ihrem Spiel Einhalt zu gebieten. Er war ziemlich davon überzeugt, daß die Menschheit sich unter ständiger Bewegung herausgebildet hatte, dazu bestimmt, Kleinwild zu jagen, das ganz ähnlich wie ein Ball herumsprang. Einem solchen fundamentalen Impuls wollte er sich nicht in den Weg stellen. Dadurch blieb die Crew in Form, und mancher Streit wurde beigelegt.

Aber nicht jeder. Als er an einer Wartungsbucht vorbeikam, traf er auf ein Dutzend Sippenangehörige, die um ein kleines Feuer aus Maishülsen und trockenen Kolben hockten. Killeen haßte die Rußflecken, welche so etwas an den Schiffswänden hinterließ. Er verstand aber die Beruhigung, die ein solches gemeinschaftliches Feuer ausstrahlte. In dem gedämpften Licht schossen die knisternden gelben Zungen empor wie wilde Geister und warfen flackernde Schatten auf Gesichter angespannt diskutierender Personen.

Er erwartete jetzt eine Menge ernster Äußerungen. Das Schiff hallte von Geschnatter und heftigem Tratsch wider. Zu seiner Überraschung befand sich in dem Haufen von Müßiggängern Oberleutnant Jocelyn.

»Käp'n!« rief sie ihn an. Sie war eine sehnige Frau in mittleren Jahren mit flinken, klugen Augen. Sie trug den für Arbeiten im Schiff geeigneten glatten Overall mit lauter Reißverschlüssen. Die Talente der Sippe für

Nähen und Metallarbeit waren während der zweijährigen Reise von Snowglade hierher an den Tag gekommen und hatten jedem Mitglied eine robuste Garderobe aus Organo-Gewebe und Pflanzenfasern der Biozonen beschert.

Killeen salutierte knapp – eine Geste, die er zur Vollkommenheit entwickelt hatte. Darin lag Gruß und Dank, aber auch die Erinnerung daran, daß er sich in seiner offiziellen Funktion als Kapitän befand und kein beliebiges Sippenmitglied war. Er wollte schon weitergehen, als Jocelyn laut sagte: »Wir malen es uns gerade aus, daß wir jene Station erobern, ja?«

Killeen war verblüfft. »Wie ...«, begann er, hielt dann aber inne. Er durfte sich nicht überrascht zeigen, daß die Kunde von der Station sich so schnell herumgesprochen hatte. Schiffsgerede war legendär. »... meinen?« schloß er.

Er wußte, daß der alte Formalismus der Sippensprache verlangte, ›meinen Sie?‹ zu sagen. Lange, mit seinen Aspekten verbrachte Stunden hatten die altertümliche, glattere Redeweise ihm fast zur zweiten Natur gemacht; und gewöhnlich benutzte er diese, um sich zu distanzieren. Aber jetzt könnte lässiger Mannschaftsjargon gerade recht sein.

»Habe gehört, da oben ist ein dickes Mechano-Ding vor uns«, sagte ein Matrose langsam.

»Sachen sprechen sich herum«, gab Killeen zu und hockte sich auf die Fersen. Das war die uralte Haltung, die die Sippe angenommen hatte, als sie noch nicht ansässig war, immer bereit, bei einer Überraschung aufzuspringen und davonzueilen. Hier war das natürlich sinnlos, aber es betonte ihre gemeinsame Vergangenheit und ihr Alter. Alle in dem Kreis hockten auch so da. Einige hielten kleine Flaschen mit aromatisiertem Wasser in den Händen. Ein Midshipman bot Killeen eine an, und er tat einen kräftigen Zug: kräftiger Aprikosengeschmack, von dem Obst, das gerade in den Biozonen reif war.

»Ja«, sagte Jocelyn. »Wird es eine Versammlung geben?«

»Ich sehe nicht ein, warum«, antwortete Killeen vorsichtig.

»Schlachtpläne!« rief laut ein stämmiger Matrose.

»Für welche Schlacht denn?« konterte Killeen ruhig.

»Na, gegen diesen Mechano-Komplex«, sagte der Mann. Aus dem Haufen kam mehrstimmig beifälliges Gegrunze.

»Sind Sie sicher, daß es ein Mechano-Komplex ist?« fragte Killeen sanft.

»Was denn sonst?« fragte ein weiblicher Deckoffizier.

Killeen zuckte die Achseln und sah die Leute scharf an. Sie schienen durch die Aussicht auf einen Kampf erregt zu sein. Die Gesichter waren verkniffen und verzerrt. »Wir werden sehen.«

»Kann nur entweder menschlich oder mechano sein«, sagte Jocelyn, »und menschlich ist es ganz bestimmt nicht.«

»Wir werden keinen Mechano-Komplex angreifen, ohne vorher seine Ausmaße zu kennen«, sagte Killeen.

»Man sollte es überraschen!« sagte der stämmige Bursche mit rauher Stimme. Killeen hatte den Verdacht, daß er noch etwas anderes getrunken hatte als aromatisiertes Wasser. Tatsächlich zeigten manche Gesichter eine gewisse sorglose Schlaffheit von Lippen und Augen, die ihm viel verriet. Eine klare Verletzung der Schiffsordnung. Aber er meinte, daß dies nicht der beste Moment wäre, um die Leute zu maßregeln. Da war noch mehr im Gange; und er mußte herausfinden, was.

»Wenn wir aus einem leeren Himmel darauf stoßen – ist das eine Überraschung?« Er lachte leise.

»Die Mechanos hier an Bord haben wir umgebracht«, erwiderte der Mann.

»Damals hatten wir das Überraschungsmoment für uns. Die waren nicht auf einen Angriff beim Abheben gefaßt. Wir hatten diese eine Chance, das Schiff reinzufegen; und wir haben sie genutzt.« Killeen schüttelte den Kopf. »Diese Chance werden wir nicht noch einmal bekommen.«

Dies schien die meisten zum Schweigen zu bringen. In den letzten Momenten hatte es in dem Kreis ständiges Gemurmel gegeben. Killeen konnte immer noch nicht erkennen, woher diese Ideen stammten. Einige Zeit hatte er beobachtet, daß die Sippe die üblichen schlechten Manieren annahm, wie es bei einem Volk passiert, das im Freien gelebt hat und dann gezwungen wird, in überfüllten Unterkünften zu wohnen: Trinken, Reizmittel, Glücksspiel und allerhand sinnloses Gezänk.

Über solches Fehlverhalten hinaus, dem er mit üblichen Mitteln beikommen konnte, war allmählich ein härteres Problem aufgetaucht. Die Leute traktierten einander mit bombastischen Schilderungen früherer Schlachten und großer, bis zur Unkenntlichkeit aufgeblähter Abenteuer. Killeen konnte sich allzu genau an jene bei der Flucht über Snowglade verbrachten Jahre erinnern – seine häufige eisige Angst, die quälende Unentschlossenheit, die vielen wirren Rückzüge nach beschämenden Niederlagen. Jetzt erweckten die Erzählungen den Eindruck, als ob ein jeder (aber gewöhnlich am meisten der Erzähler) tapfer, klug, flink und standfest gewesen wäre, eine schreckliche Geißel der Mechanos.

Aber hier gab es noch mehr als eitles Bramarbasieren. Er sah in die züngelnden Flammen. Rauch leckte an seinen Augen mit einem fast angenehmen Stechen. Der Geruch von Ruß brachte unzählige Erinnerungen hervor von rauhen Nächten, die er trübselig an prasselnden Lagerfeuern verbracht hatte, jeden seltsamen Laut fürchtend, der aus der Dunkelheit drang. Die Maiskolben rochen angenehmer als der beißende Rauch von Holz; und der dichte Qualm hüllte diesen Winkel in einen behaglichen blauen Dunst, ein momentanes Zeichen ihres aufeinander Angewiesenseins.

Er fühlte sich zunehmend entspannt gestimmt und bewahrte Schweigen. Schließlich brach Jocelyn dieses gereizt mit der Bemerkung: »Meines Wissens hat Fanny gesagt, daß sie nie einen Mechano-Komplex in ihrem Rücken lassen würde, wenn wir vorrückten.«

Rundum Kopfnicken. Killeen nippte an dem dicken Aprikosennektar, um seine Überraschung zu verbergen. Also Jocelyn war es, die diese Ideen aufgriff und auf Fanny, den alten Kapitän, verwies. Obwohl Fanny nun schon seit Jahren tot war, durch die Mantis auf Snowglade niedergemacht, übte sie in der Sippe immer noch einen großen Einfluß aus. Killeen selbst hatte sie unsäglich geachtet und geliebt. Unzählige Male hatte er sich während der langen Reise gefragt: *Was würde Fanny jetzt tun?* und sich von der Antwort leiten lassen.

Aber dies war anders. Jocelyn benutzte Fannys Legende, um unter der Besatzung Unruhe zu stiften.

»Sie hat auch gesagt: Nimm es nicht mit Gegnern auf, die du nicht nötig hast.« Killeen sah nacheinander jedem in der Runde scharf in die Augen. »Und besonders dann, wenn sie größer sind als du.«

Einiges Gemurmel stimmte ihm zu. Jocelyn sah Killeen nicht direkt an, sagte aber: »Wenn wir nicht einmal eine Station einnehmen können, wie wollen wir dann mit einem ganzen Planeten fertig werden?«

Killeen wußte, daß er hier vorsichtig sein mußte. Es lag eine gespannte Erwartung in der Luft, als ob Jocelyn die Gefühle aller zusammengefaßt hätte. Dies war ein Sippengespräch, und sie hatte es bis über die Grenzen der Schiffsdisziplin hinaus getrieben. Er konnte Jocelyn sofort den Mund verbieten und seinen Ärger zeigen;

aber dann würde es ungeklärte Fragen geben und Irritationen unter der Mannschaft. Also entschloß er sich, seinen Rang nicht ins Spiel zu bringen. Statt dessen lachte er.

Das hatte Jocelyn nicht erwartet. Sein trockenes Kichern regte sie auf.

Dann sagte er mit einem halben Lächeln: »Da spricht wieder Ihr Killer-Aspekt aus Ihnen, nicht wahr?« Er wandte sich an die übrigen: »Nun, Jocelyn hat gerade im letzten Jahr fünf neue Aspekt-Chips verpaßt bekommen. Einer davon ist ein Käp'n, der auf Attacken gegen die Mechanos spezialisiert ist. Das war ungefähr das einzige Manöver, das er verstand. So vermute ich wenigstens, weil er nicht lange gelebt hat. Dieser Aspekt erteilt mächtige Ratschläge, aber es ist immer nur derselbe.«

Einige in der Runde grinsten. Gewiß, die Sippe würde diese Reise nie überlebt haben ohne den riesigen Schatz an gutem Rat, den die Aspekte bargen hinsichtlich der alten menschlichen Technik, welche die *Argo* erbaut hatte. Aber ihre stets lauernden Präsenzen wollten immer mehr in das Netz der Sinnesempfindungen ihrer körperlichen Wirte eingeschaltet werden, um gierig die echte Luft und Würze des Lebens zu kosten. Aspekte konnten nie wirklich zufrieden sein. Sie kamen aus vielen Zeitaltern, und ihre Ratschläge waren oft widersprüchlich. Gelegentlich beherrschte ein einziger das Denken seines Wirtes. Es galt als Schande, einen Aspekt außer Kontrolle geraten zu lassen.

In Jocelyns Unterkiefer traten die Muskeln hervor. Sie rief wütend: »Ich spreche für mich selbst und nicht für irgendeinen verstaubten Aspekt.«

»Dann sollten Sie Kämpfe vermeiden, wenn Sie können.« Killeen behielt krampfhaft einen freundlichen Ton bei.

Sie sagte scharf: »Wie diesen jetzt?«

Sie hatte also den Hinweis verstanden und sich trotzdem entschlossen, den öffentlichen Disput fortzuführen. Nun wohl! »Jetzt, da Sie es erwähnen …«

»Manche von uns glauben, die Sippenehre verlangt …«

»Ehre ist das erste, was auf dem Schlachtfeld fällt«, sagte Killeen trocken.

Er bedauerte sofort, daß er sie unterbrochen hatte, weil ihre Augen sich gereizt zusammenzogen. »Wir sollten diesen Mechano-Komplex erobern, ehe er uns angreift.«

»Unser Ziel ist eine Welt und nicht eine Blechbüchse im Weltraum«, sagte Killeen lässig. Er wußte, daß er sich durchsetzen würde, wenn sie die Geduld verlöre.

»Wenn wir das Ding in Händen haben, können wir kontrollieren, was die Oberfläche erreicht«, sagte sie erregt.

»Und alles alarmieren, was sich auf der Oberfläche befinden mag, ehe wir die *Argo* landen können«, sagte er.

»Nun, Fanny würde nie …«

»Leutnant Jocelyn, Schluß mit dem Fanny-Quatsch! Jetzt bin *ich* der Kapitän.«

Sie schien bestürzt zu sein. Er hatte immer gedacht, daß sie am besten war, wenn es galt, eine geplante Taktik zu verfolgen. Sie wurde unsicher bei schneller Beinarbeit und einer Verschiebung der Attacke. »Oh … na ja, aber …«

»Und ich sage, daß wir direkt den Planeten anfliegen. Wir werden die Station außer acht lassen.«

»Verdammt, die Station wird uns …«

– Käp'n! –

Der Anruf kam nicht aus dem Kreis der Anwesenden, sondern aus Killeens Gürtel. Er war betroffen von der leisen Stimme, die aus seinem Koppel kam: Shibo.

»Ja«, antwortete er. Plötzlich interessierte Jocelyn ihn nicht mehr. Shibo meldete sich selten über das Schiffsnetz. Wenn sie es tat, bedeutete dies etwas Wichtiges.

– Das Pult –, begann Shibo, aber Killeen schaltete sofort ab. Er ließ es nie zu, daß Mannschaftsmitglieder Offiziersmeldungen mithörten, falls er nicht absichtlich etwas nach draußen dringen lassen wollte. Er stand auf, nickte Jocelyn nachdrücklich zu und machte sich durch die Spirale auf den Weg zum Kontrollsaal. Er ließ seinen Disput mit Jocelyn ungern in der Schwebe. Er hatte ihren Schwung gebrochen, aber noch einen Kern von Widerstand in ihr zurückgelassen. Und auch von Ehrgeiz.

Als er durch die Luke trat, stand Shibo völlig ungewohnt still und nachdenklich da, die Arme um den Leib geschlungen und die Daumen in die blanken Rippen des Exoskeletts gehakt. Normalerweise würden ihre Hände rastlos über die Tasten laufen und die Energien und Mikro-Intelligenzen der *Argo* steuern.

»Käp'n, ich habe ein Problem. Noch dazu ein neues.« Ihre funkelnden Augen und ein ärgerlicher Zug um den Mund konnten ihre Beunruhigung nicht verbergen.

»Ist es die Station?«

»Gewisserweise ja.« Ihr Exoskelett bewegte sich wie ein Käfig aus schwarzen Knochen und unterstrich ihre Geste – etwas in der Mitte zwischen einem Achselzucken und einer Verzichterklärung. »Das Paneel ist eingefroren. Ich kann keine Bahnen mehr eingeben.«

»Warum nicht?«

»Irgendein übergeordneter Sperrbefehl.«

»Von wo?«

»Vielleicht sollte man besser fragen: ›Von wann?‹«

»Von der Mantis?«

»Könnte sein. Es führt uns auf einen vom Rendezvous mit dem Planeten abweichenden Kurs.«

»Du kannst keinen Gegenbefehl durchsetzen?«

»Nein.«

Wenn Shibo eine Niederlage eingestand, so war er sicher, daß sie bis zum Ende ihrer Kraft gekämpft hatte. Er runzelte die Stirn. »Wohin fahren wir?«

»Auf jene Station zu. Unfreiwillig.«

8. KAPITEL

Ein Stöhnen in tiefem Baß lief längs durch die *Argo*, wie die Schreie großer aufgeblähter Tiere.

Der Staub draußen summte und rieb gegen die Blasen der Biozonen, als das Schiff bremste. Es war so, als ob das spärliche Treibgut des Galaktischen Zentrums, das auf Spiralbahnen dem verhüllten Stern vor ihnen zuströmte, auf der *Argo* wie auf einem riesigen, straff gespannten Instrument spielte. Um den polierten Rumpf tanzten Melodien roter Blitze.

Killeen beobachtete, wie die Station näherkam. Er stand mit dem Rücken zu der sich versammelnden Mannschaft und blickte durch die vordere Öffnung. Ihre Bahn voraus war klar. Die *Argo* senkte sich, um parallel zu der großen Kreisebene der Station zu fliegen, durch unsichtbare Kräfte dicht daran gebunden. Shibo konnte mit der Schiffssteuerung nichts ausrichten.

Killeen gestattete sich, über sich selbst zu lächeln. Seine kühne Vorstellung von Entschlossenheit war zunichte geworden. Jocelyns raffiniertes – und disziplinwidriges – Aufstacheln der Besatzung sowie ihr offener Widerspruch hatten ihn geärgert. Sie hatte den Vorteil der Sippenrunde ausgenutzt, um seine Entscheidungen als Führer anzugreifen. Jetzt diente es ironischerweise seinen Zwecken, daß sie den Appetit auf Aktionen geweckt hatte.

Er mußte seine Leute auf einen Angriff vorbereiten, der wenig Erfolg versprach. Sie hatten es mit unbekannten Gegnern zu tun auf einem mechanotechnischen Gebiet, wie sie es noch nie gesehen hatten. Schwer erlernte

Sippentaktik wäre hier sinnlos und vielleicht weniger wert als nichts, da sie gerade falsch am Platze sein könnte.

Die anschwellende Scheibe da unten offenbarte ihre silbrigen Feinheiten, während er hinschaute. Bei ihrer gegenwärtigen Geschwindigkeit, die mit zunehmender Annäherung von der Station irgendwie gedämpft wurde, müßte es mehr als eine Stunde dauern, bis der zentrale Tower erreicht wäre. Wenn der ihr Ziel darstellte, so hatte er noch Zeit, um die von ihm geplante List auszuführen. Wenn nicht, so gab es einen Überraschungstrupp, der auf eine Stelle angesetzt war, mit dem Mechanos kaum rechnen dürften.

Killeen trug über seinem grauen Overall den vollen feierlichen Waffenrock und darunter einen vollen Gürtel mit Gerät und Waffen. Er wollte keine Zeit mit Umkleiden verlieren, wenn irgendwelche Vorkommnisse die Zeremonie unterbrachen. Kampfeinheiten waren an jeder kleinen Luke des Schiffs stationiert, bereit, auf ein Signal hin loszustürmen. Die übrige Besatzung war hier versammelt um des Effektes willen. Killeen konnte auf keine Weise wissen, ob das, was auch immer die Station befehligte, am Schiffskörper Wanzen angebracht hatte, die Gespräche mithören konnten. Aber er mußte mit so etwas rechnen und dies nach Möglichkeit gegen den Feind benutzen.

Vor ihnen füllte die funkelnde, perfekt runde Scheibe den halben Himmel aus. Phosphoreszierende Wellen liefen spiralig darauf nach innen. Ihre Vertiefungen voller Silber, ihre Spitzen flackernde Goldkanten. Die Leuchterscheinung schwebte wie ein Nebel über der eigentlichen Metallkonstruktion der Scheibe. An deren Rand bildeten sich Bögen, die zu mancherlei Rinnsalen verschwammen und verblaßten.

Irgendwie löste dieses Chaos sich in deutliche Wellen auf, die mit jedem Wellenschlag anwuchsen und aufglühten. Nach innen strebten sie einem Wirbel zu, der sich mit magischer Entschlossenheit auf die emporragende Spitze im Zentrum der Scheibe hinschlängelte. Dieser axiale Stachel verschlang die nach innen rasenden Wellen in einer sprühenden, regenbogenfarbenen Gloriole, wenn sie gegen seine gerippte Basis hämmerten.

Über und unter der Scheibe ragte der in Licht gebettete Zentralturm mit abnehmendem Durchmesser viele Kilometer empor. An seiner Seite zogen sich wie Spinnweben Antennen hin. Das eine Ende des Towers stieß in einen Dampf sich gabelnder Strömung, die stetig, stumm und elfenbeinfarben vor dem Hintergrund einer vorbeiziehenden Staubwolke brannte. Das andere Ende lief in einen blanken Stummel aus.

Die Wellen schienen die *Argo* in einem langen, gekrümmten Gleitflug über die kreisförmige Fläche zu ziehen. Schotten krachten, und das Deck wogte mit träger Grazie wie ein Muskel, wenn man vom Schlaf erwacht. Killeen machte sich Sorgen, wie viele solcher Verspannungen das Schiff aushalten könnte.

»Mucksmäuschenstill bleiben?« sagte Shibo leise zu ihm, ohne daß es die Leute ringsum hören konnten.

»Noch ein Weilchen. Sieht so aus, als ob das, was uns hereinholt, keine weiteren Vorsichtsmaßnahmen träfe.«

»Vielleicht hält es uns für ein Mechano-Schiff?«

»Das hoffe ich.« Killeen sah, wie in der Ebene Lichtblitze aufflammten und sich zusammenballten. Er hatte das Gefühl, über ein riesiges Meer zu gleiten, und erinnerte sich daran, wie er einmal auf einem Floß gefahren war – auf der inneren digitalen Welt der Mantis, einem großen grauen Ozean des Verstandes.

»Was jetzt?« stieß sie hervor.

»Die machen Zick und wir machen dagegen Zack.«

Er wandte sich um, als er merkte, wie es im Raum still geworden war. Die Leutnants Cermo und Jocelyn hatten die Sippe exakt in Reih und Glied gebracht und stillstehen lassen.

Das war die Atmosphäre, wie er sie wollte und sorgsam programmiert hatte. Er dachte, daß hier der gesamte Teil der Menschheit versammelt war, den er wahrscheinlich je kennenlernen würde. Die nächsten Brüder befanden sich hinten auf Snowglade in unergründlicher Entfernung. Nach allem, was er wußte, konnte diese kleine Schar der letzte Splitter seiner Rasse sein, der noch am Leben war.

»Papa? Ach so, Käp'n?«

Er drehte sich überrascht um und fand Toby dicht an seiner Seite. »Sie haben sich aus der Formation entfernt, Midshipman«, sagte er streng.

»Na ja, aber ich soll dieses verdammte Ding schleppen, und zwar auf Ihre Veranlassung.« Toby verrenkte den Hals unbequem zu der Schutzhaube, die um seine Schultern lag und eng an den Helmring anschloß.

»Sie werden mit Ihrer vorgeschriebenen Ausrüstung in den Kampf ziehen«, sagte Killeen steif.

»Hierdurch werde ich bloß langsamer!«

»Es wird Ihnen gute Sicht für alle Aktionen ringsum und vor Ihnen bieten. Irgend jemand muß das Beobachtungsauge tragen.« Killeen drückte durch seine dienstliche Sprechweise Distanz und die einem Kapitän zukommende Reserviertheit aus.

Bei Toby klappte das nicht. »Sie haben mir doch dies aufgehalst, nicht wahr?«

»Leutnant Cermo bestimmt die Ausrüstung.«

Toby grinste höhnisch. »Der hat schon gewußt, was Sie wollten.«

»Cermo weist die Jobs zu und sucht die Geeignetsten dafür aus«, sagte Killeen knapp. »Ich bin stolz, daß er meinen Sohn für eine so wichtige Tätigkeit tauglich befunden hat.«

»Papa, mit diesem Gestell werde ich ein langsames

Ziel darstellen, wenn ich da unten umherkrabbele. Ich werde in die zweite Frontlinie zurückgeschubst werden.«

»Verdammt richtig. Ich will Bilder aus der zweiten Reihe haben, nicht der ersten.«

»Das ist nicht fair. Ich möchte ...«

»Sie werden sich wieder in Reih und Glied stellen. Sonst werden Sie nicht mit ausgebootet werden!« sagte Killeen scharf.

Toby machte den Mund auf, um zu protestieren. Aber der Kapitän zischte zurück: »Sofort!«

Toby zuckte umständlich die Achseln und marschierte steif wieder zu seiner Position in der dritten Gruppe links. Er stand neben Besen, der jungen Frau mit dunklen Augen. Killeen hatte die beiden in diesen letzten Tagen oft beisammen gesehen. Gewiß – sie dienten in derselben Abteilung; aber das hatte wahrscheinlich mehr verborgen als erklärt.

Killeen hoffte, daß die Sippe ihnen nicht zugehört hatte, sondern nur eine leichte Neckerei vermutete. Aber in Anbetracht seiner Unfähigkeit, Emotionen zu verbergen, wenn es sich um seinen Sohn handelte, bezweifelte er das. Und wie um es zu bestätigen, zwinkerte Besen Toby mit einem Auge zu. Killeen erkannte, daß er und Toby für alle in dem großen Raum ein deutliches Schauspiel geboten haben mußten.

Er unterdrückte ein gereiztes Grinsen und nickte Cermo kurz zu. Die Inspektion begann. Killeen ging an den Reihen entlang, Cermo, Jocelyn und Shibo einen Schritt hinter ihm. Er musterte jedes Mitglied der Crew gründlich. Die Gesichter waren ihm seit langem alle vertraut. Mit Ruhe und besserer Verpflegung sahen sie jetzt gesünder aus. Aber es waren auch Gesichter, denen es im Laufe der Zeit klargeworden war, daß die alten Bräuche der Sippentreue und Organisation schlecht zum Betrieb eines echten Sternenschiffs paßten. Gesichter, die zweifellos unausgegorene Pläne hegten, durch Erweichung der Sippen- und Mannschaftsdisziplin ihre Lage zu verbessern.

Nachdem der Druck tödlicher Notwendigkeit entfallen war, gediehen die Keime individuellen Ehrgeizes auf fruchtbarem Boden. Würden sie sich nach solcher Nachlässigkeit im Kampf bewähren? In Killeens Geist sammelte sich eine Menge kleiner Eindrücke. Er würde sie später verarbeiten, bei seinen einsamen Spaziergängen auf dem Schiffskörper, um das rohe und instinktive Material zur Erhöhung der Leistung des Schiffs zu formen – falls sie je wieder die *Argo* fliegen würden. Aber das Ritual war schon an sich von Wert.

Die Sippe hatte sich unterwegs um zweiunddreißig Neugeborene vermehrt. Die Mütter betreuten ihre Kinder im rückwärtigen Bereich des zur Versammlung dienenden Kuppelraums. Killeen fragte sich, ob diese Kinder jemals über den Boden der Welt weit unter ihnen wandeln würden – stolz und frei. Oder überhaupt irgendeiner Welt …

Es war Zeit. Vor dem Einsatz war es wohl am besten, sie daran zu erinnern, wer sie waren. Er fing an, die alten Sippenrituale zu verlesen.

Sein Ling-Aspekt hatte den Text aus längst vergangener Zeit geliefert. Die an den Planeten gebundenen Zitadellen von Snowglade hatten die Riten der Raumfahrt vernachlässigt. Aber hier paßten sie vollkommen.

Es war ein finsterer und strenger Codex, voll von Pflicht und Tradition und befrachtet mit grausamen Warnungen vor der Strafe, die jedes Sippenmitglied treffen würde, das dagegen verstoßen sollte.

Viele geheimnisvolle Stellen ergaben für Killeen gar keinen Sinn. Eine verlas er, ohne daß seine Miene die geringste Andeutung von Nichtverstehen erkennen ließ. »Keine Sippe darf mit künstlichen Mitteln mehr als zwei trennbare genetische Merkmale bei irgendeiner

Geburt kombinieren oder polyintegrieren. Die Strafe dafür besteht in Verbannung beider Eltern und des Kindes für die Lebenszeit des gezeugten Kindes.«

Was bedeutete eigentlich *polyintegrieren*? Und wie konnte jemand die Eigenschaften seiner oder ihrer künftigen Kinder manipulieren? Gewiß, Killeen hatte von alten Schiffen wie diesem raunen gehört. Die waren in den Nebeln des Ursprungs der Menschheit in den Großen Zeiten vergraben. Dieser Passus bezog sich indirekt auf den alten Ursprung der Sippen. Das fand er in der Tat ermutigend. Der menschliche Vektor war vor langer Zeit begründet worden; und seine Opposition gegen die Mechanos war eine Wahrheit, die aus unvorstellbarer Vergangenheit aufleuchtete.

Irgend etwas bei den tönenden Ergüssen, erfüllt von Gesetzesvorschriften und gespickt mit technischen Ausdrücken, erweckte und bannte ihre Aufmerksamkeit. Die Sippe stand mit ernsten, beherrschten Gesichtern steif da. Als Killeen dann zu den langen, voll tönenden Stellen kam, welche im Detail die Überfälle der Mechanos behandelten und die heldenhaften Bemühungen, die von jedem Sippenangehörigen dagegen erwartet wurden, kam Bewegung auf. Loren, ein junger Bursche in der ersten Reihe, hatte Augen, die so groß wie sein Gesicht zu werden schienen. Aus ihnen quollen Tränen und tropften hinab, ohne daß der Junge es merkte. Er hatte einen abwesenden Blick. Vielleicht träumte er von klassischen Schlachten und tapferen Siegen, die er erringen würde.

In einer plötzlichen Anwandlung von Bitterkeit fragte sich Killeen, ob diese alten erhabenen Gefühle Loren vor Schüssen der Mechanos bewahren würden. Er hatte schon mehr als einmal gesehen, wie ein junger Mensch zu rotem Brei zermalmt wurde – oder, was noch schlimmer war, sein Geist herausgerissen wurde und die eben noch munteren Augen blicklos erstarrten.

Trotz dieser emotionalen Bedenken ließ er keine Silbe der Rezitation aus. Er kam zum Schluß und ließ die ernsten moralischen Töne aufklingen, die richtig und wirksam waren, auch wenn in seinem Innern Zweifel tobten.

Dann kam er zu der neu hinzugefügten Schlußpointe:

»In Verfolgung dieser hohen Ziele habe ich einen Namen zu erteilen. Die Tradition gewährt dem Kapitän das Recht, ein frisch entdecktes Sternsystem zu benennen. Von diesem Recht habe ich schon Gebrauch gemacht. Die vor uns flammende Sonne ist *Abrahams Stern.*«

Beifall und Hochrufe. Die Legende um Abraham lebte noch.

»Der Besatzung eines Schiffs gebührt das von der Zeit gewürdigte Recht, eine entdeckte Welt zu benennen. Euer Rat hat einen geheiligten und klingenden Namen gewählt – *New Bishop.*«

Er war am Ende, und die Sippe brüllte. »Jawohl! Jawohl! Jawohl!« und brach in eine rauhe Sinfonie von Schreien und Rufen aus. Einige wenige ergingen sich eingedenk der bevorstehenden Schlacht in groben Obszönitäten. Manche davon waren genial haarsträubend, indem sie undenkbare leidenschaftliche Geschlechtsakte zwischen Mechanos unglaublicher Struktur beschrieben.

Killeen trat zurück. Sein Geist wahrte kühle Distanz zu dem von ihm angestrebten Effekt. Menschen konnten keinen stürmischen Angriff ausführen ohne erhöhten Adrenalinspiegel und hormonal bedingte Begeisterung. Mechanos konnte man einfach einschalten; aber Menschen, die ihr Leben riskieren sollten, brauchten einen kräftigen Cocktail, der ihren Blutkreislauf anregte.

Killeen erkannte, daß er in diesen letzten Jahren dazu gekommen war, das Kapitänsein als ein Chaos endloser

Details zu begreifen. Um ein Schiff gut zu führen, mußte man die zahllosen kleinen, aber wichtigen Elemente der Regelung der Lebenszonen, von Drücken und Strömen, von Hilfsaggregaten und Motoren beherrschen. Nur die Erinnerung der Aspekte hatte ihn und seine Leute durch den Wirbel unwesentlicher Mysterien geleitet, die es dem Leben ermöglichten, in diesem grausamsten aller Milieus überhaupt zu existieren.

Aber jetzt fühlte er seinen älteren, ursprünglichen Sinn für das, was ein Kapitän brauchte, zurückkehren. Kühne Initiative, verbunden mit nüchterner Kalkulation. Scharfsinn und Schnelligkeit. Sowohl Moral wie physischer Mut. Taktvoller Umgang mit einer Sippe, die nach der Schiffsordnung Untergebene darstellte, aber im vollen Umfang des Lebens für ihn die liebsten Menschen waren, die er je kennenlernen würde.

Das waren die entscheidenden Qualitäten. Er hoffte, daß er immerhin einige davon besaß. So viel hing von ihm ab; und er besaß nur seine Erinnerungen von Fanny und Abraham – dessen vom Wind gegerbtes Gesicht jetzt mit väterlichem Lächeln vor ihm schwebte – als Anleitung.

Sein persönliches Sensorium versetzte ihm Nadelstiche. Jetzt war die Zeitplanung wichtig; und er hätte gern die mechano-akustischen Wanzen gehabt, um die Gefühlsäußerungen der Leute zu erfahren und auf das, was jetzt kommen würde, vorbereitet zu sein.

»Käp'n!« rief Cermo.

Während sich die Sippe in schnatternde Gruppen auflöste, wandte Killeen sich Cermo zu und erhaschte im Augenwinkel die Andeutung einer Bewegung in der ungeheuren Perspektive da draußen.

Sie bewegten sich schnell und sicher auf die Zentralachse zu. Frische Energien quollen aus dem komplexen Boden der Scheibe unter ihnen. Es war, als ob die wahrgenommene Energie sich unter einen aufgewühlten Ozean entfaltete und er nur das Aufschimmern einer bedeutend größeren Ebene unter den Wellen spüren konnte. Längliche Gestalten sausten rasch zwischen voluminösen Klumpen dahin. Maschinen wirbelten auf Schienen, eckige Gebilde bewegten sich wie Schulen flinker Fische. Aber das alles sah nach geordneter Arbeit aus, durchgeführt unter den aufsteigenden Leuchtbändern.

Baßnoten rollten durch das Deck. Metall dröhnte.

Irgend etwas tastete nach einem Angriffspunkt auf der Außenhülle der *Argo*.

Killeen ging auf seine abgeschirmte Sprechfrequenz und flüsterte den Code: »Hoyea! Hoyea!«

Er zapfte einen Kanal aus Shibos Kontrollpaneel an. Der erschien in seinem linken Auge – ein Blick vom Rumpf aufwärts aus den Blasen der Biozonen. Gegenüber dem angesengten und zerschrammten Schiffskörper wirkten diese feuchten, trüben Anschwellungen wie wildgewordene Auswüchse. Aus kleinen Schlitzen in den opaleszierenden Blasen schossen flinke Gestalten. Diese sausten nach unten durch die aufgewühlten Wellen von Elektroluminiszenz und hinein in die schützenden Vertiefungen der Scheibe.

Killeen blinzelte zweimal und bekam einen Blick nach vorn. Lange, walzenförmige Mechanos waren von irgendwoher aufgetaucht und bewegten sich rasch auf die Luftschleusen der *Argo* zu. Er nickte und schaute nur auf die elastischen Formen, die ihnen entgegenflogen.

Eine gute Zeitplanung. Sie würden in wenigen Minuten an den Schleusen sein, zweifellos geschickt von dem Mechano-Intellekt, um aus den laufenden menschlichen Ritualen Vorteil zu ziehen.

Also verstanden die Mechanos in dieser Station etwas von Menschen – mindestens genug, um sie als Feinde zu erkennen. Das könnte nützlich sein. Killeen hatte von der Mantis gewisse Denkweisen gelernt – schiefe Wege, die Menschheit zu betrachten. Die Wege der Mechanos waren jetzt verständlicher, allerdings nicht weniger hassenswert.

Die Mechanos der Station folgten hier offenbar den Anweisungen der Mantis, die ergangen waren, ehe die *Argo* von Snowglade abhob. Was auch immer die Absicht der Mantis gewesen sein mochte, die *Argo* hierher zu schicken – in einem Punkt war sich die Sippe einig: Sie würden jede Macht vernichten, die versuchen sollte, sie zu kontrollieren. Sie hatten die kleinen Mechanos an Bord der *Argo* unmittelbar nach dem Start zerstört. Beim geringsten Zeichen von Einmischung würden sie die Station angreifen. Es gab einige, die meinten, die Pläne der Mantis wären freundlich gewesen. Aber das war eine Minderheit.

Killeen stand inmitten der abklingenden Orgie der Sippe. Er sah und hörte nichts außer dem stummen Drama jenseits der Schiffshülle.

»Waffen!« flüsterte er über die Sprechanlage. Tönende Knacklaute antworteten ihm.

Jetzt näherten sich schlanke, geringelte Gestalten der Haupt- und den Nebenschleusen der *Argo*. Killeen wartete, bis die erste Kontakt hatte. Sie krümmte sich und bildete einen Reifen um die Schleusentür. Killeen sah, wie kleine Bohrer herauskamen und sich in die Schiffshülle verbissen. Die anderen hatten inzwischen auch ihre Schleusen erreicht und sich festgesetzt …

»Feuer!« Neben jeder Schleuse explodierten die dort angebrachten Minen. Jede entwickelte eine sich aufblähende bläuliche Wolke, die durch die Körper der Mechanos drang und sie zerfetzte.

Killeen gestattete sich ein Lächeln. Dieser erste Schlag war geglückt, aber jetzt würden bei jeder Wendung der Dinge Leben auf dem Spiel stehen. Er merkte, daß der Versammlungsraum still geworden war. Die Leute beobachteten ihn nachdenklich. Er zwinkerte und verscheuchte die Bilder von draußen. Cermo stand dicht neben ihm. Er holte genußvoll tief Luft, durchdrungen von der eigenartigen, pulsierenden Freude, nach so langer Zeit wieder in voller Aktion zu sein.

»Posten!« blaffte er. »Bildet den Stern!«

9. KAPITEL

Ohne Atmosphäre und stumm hob sich die metallene Landschaft von dem fernen gefleckten Schwarz wie eine schimmernde Verheißung vollkommener Ordnung ab. Bei diesem Anblick fand Killeen amüsant, daß es seine Aufgabe war, diese adrette geometrische Sicherheit zu zerschmettern und lebendiges Chaos zu bringen.

Er stand im Kontrollsaal, Shibo an seiner Seite. Dies war das erste Mal gewesen, daß er eine schwierige Aktion der Sippe befehligt hatte, ohne als aktiver Teilnehmer wirklich dabei gewesen zu sein. Die Bishop-Sippe hatte eine lange Tradition von Kapitänen, die mit ihren Angehörigen gekämpft, gewagt und den Tod erlitten hatten. Jetzt, zum ersten Mal seit alten Zeiten von einem richtigen Schiff aus operierend, war das unmöglich. Aber nur von hier aus konnte er alle die kleinen Gruppen verfolgen, die über den Tower schwärmten und den Hauptintellekt suchten.

Die sich auf dem großen Bildschirm verschiebende Szene war eine direkte Eingabe von dem universalen Beobachtungsgerät auf Tobys Rücken. Killeens Augen zogen sich bei jeder neuen Bewegung auf der Scheibenebene zusammen. Seine Reflexe reagierten auf die Bilder. Seine Hände krampften sich zusammen, öffneten sich wieder und ballten sich erneut.

Shibo warf Killeen einen schlauen Blick zu. »Du hast Cermo angewiesen, Toby auszusuchen?«

»Nein.«

»Wirklich nicht?« Sie schien überrascht.

»Ich finde es richtig, daß Cermo Toby ausgesucht hat, weil er schnell ist. Gewiß werden manche darin eine reine Begünstigung sehen. Wenn ich Cermo aber majorisiert und mich irgendwie für Toby verwandt hätte …«

»Ich verstehe.«

»Die Sache hat zwei Seiten. Dieses Sichtgerät macht einen langsamer und dadurch zu einem leichteren Ziel. Aber …«

»Es gibt dir eine Chance, ihn zu warnen, wenn er etwas verpaßt.«

Er verzog ärgerlich den Mund. »Nein! Ich wollte sagen, daß es ihm die zweite Kampfreihe zuweist.«

»Die sicherer ist.«

»Natürlich.«

Killeen wandte sich um und sah Shibo ironisch grinsen. Er wollte ihr gerade eine Herausforderung zurufen, hielt aber inne, legte die Rolle des Kapitäns ab und machte mit zunehmender Heiterkeit »um-hmm«. Sie verstand ihn genau. Wenn sie allein waren, mochte sie es aber nicht, daß er seine führende Position völlig aufgab. Er wollte sie gerade küssen – was für ihn einfacher war als reden –, als sich das Schirmbild oben verlagerte.

Toby marschierte rasch über die Fläche der Scheibe und hatte dabei Schwierigkeiten, mit den Stiefeln Halt zu finden. Er befand sich unten in einer jener unzähligen nach oben offenen ›Straßen‹, die aus unerfindlichen Gründen über die Scheibe verliefen. Der Tower ragte direkt über den Köpfen auf – größer, als das Auge erfassen konnte.

Was Killeens Aufmerksamkeit gefesselt hatte, war Tobys weiter Sprung aus der ›Straße‹ heraus, die ihn bisher beschützt hatte. Er wandte sich der Turmwand zu, benutzte seinen magnetischen Koppler und wurde mit einem harten Geklirr an die Beschläge der Wand gezogen.

Zwei andere Gestalten in Raumanzügen folgten ihm. Sie rannten an der Wand entlang und ließen ihre Stiefel zupacken und stoßen. Über dem Horizont der Turmkrümmung erschien eine Öffnung mit einem dicken Vorsprung. Die drei ließen sich darauf fallen. Killeen sah, daß die eine von ihnen Besen war. Ihre weißen Zähne waren das einzige erkennbare Merkmal in dem Helm bei dem grellen gelben Sonnenlicht.

Da ertönte ein zischendes Echo. Irgend etwas spuckte aus einer Seitenpassage Mikrowellen aus. Mechanos der unteren Ränge bildeten sich immer ein, sie könnten mit Mechano-Waffen töten. Sie begriffen nie, daß organische Lebensformen das elektromagnetische Spektrum ausschalten und trotzdem ganz unabhängig funktionieren konnten.

Killeen freute sich, daß er sie alle mit völlig abgestellten Bordempfängern losgeschickt hatte, mit Ausnahme der Verbindung über Tobys Universalbeobachter. Toby und Besen rasten hinter den ungefügen Mechanos her und pusteten in jeden saubere Löcher.

Die Abteilung schlängelte sich tiefer in den Turm hinein. Sie arbeiteten ohne Sprechverkehr, um den Mechanos kein elektromagnetisches Ziel zu bieten. Ein grelles gelbes Licht zeigte einen engen Tunnel an, und Toby zögerte nicht, sich hineinzustürzen.

Killeen wich zurück. Die Falten in seinem Gesicht vertieften sich, aber er sagte nichts. Im Moment machte er sich daran, die anderen Stoßtrupps zu verfolgen und Kampfanweisungen zu erteilen.

Die Attacke kam ausgezeichnet voran. Die Trupps flankierten, parierten und stießen vor mit Geschick und Schwung. Die Mechanos waren dumm und unkoordiniert, nachdem ihr ursprünglicher Plan fehlgeschlagen war. Sie hatten wahrscheinlich geplant, die *Argo* mit einer Demonstration von Kraft niederzuzwingen. Es waren Wacheinheiten und keine Kämpfer.

Immerhin gut angeordnet. Ich empfehle dir Vorsicht, wenn die Front ins Innere vorrückt. Auch eine langsame Verteidigung kann den schnellen, unüberlegten Angreifer in eine Falle locken.

Dieser Einwurf seines Ling-Aspektes erinnerte Killeen, daß er den Flankentrupps befehlen mußte, die Verbindungswege, auf die sie trafen, anzugreifen. Die Leute reagierten rasch und beschädigten mehrere deutlich erkennbare Verbindungen. Killeen machte sich Sorge wegen der nicht erkennbaren. Sein Ling-Aspekt ergriff diese Gelegenheit, um weitere Ratschläge zu erteilen.

Du zeigst eine Neigung für zu knapp formulierte Befehle, wie ich bemerkt habe. Die alten großen Generäle behielten einen kühlen Kopf und ließen nicht zu, daß das Getümmel der Schlacht die Klarheit beeinträchtigte. Zum Beispiel lenkte in ferner Vergangenheit ein Armeegeneral namens Iron Wellington eine große Schlacht bei Waterloo, als er sah, wie ein Feuer seine Frontlinie zu spalten drohte. Er sandte einen Befehl, der lautete: »Ich sehe, daß sich das Feuer vom Heustapel zum Schloß hin ausbreitet. Nachdem sie eingestürzt sein werden, sollt ihr die Ruinen der Mauern im Garten besetzen, besonders wenn es dem Feind möglich sein würde, durch die Asche ins Innere des Gebäudes zu gelangen.« Elegant, exakt – und das alles geschrieben auf einem Pferderücken unter feindlichem Beschuß, inmitten einer wilden militärischen Krise. Das solltest auch du anstreben.

Killeen zog eine Grimasse, und sein Arthur-Aspekt piepste dazu:

Ich kann nicht umhin festzustellen, daß der Befehl sowohl einen Konjunktiv des Futurums wie auch ein Futurum exactum enthält – bemerkenswert schwierige Formen selbst bei weniger angespannten Verhältnissen.

Arthur war ein Gelehrter und Blitzrechner aus der Späten Bogenbau-Ära. Er war präzise, pedantisch und wertvoll. Killeen schob beide Aspekte weg. Er beobachtete, wie Tobys Gruppe in einen weiten Kessel mit flimmernden Paneelen an den Wänden eindrang. Er erkannte das nach Aspektbildern, die er vor Jahren gesehen hatte. Es handelte sich um eine altmodische Falle mittels Sperrfeuer durch Laser.

»Raus!« rief er auf einem enggebündelten Kanal.

Toby hörte ihn und schwenkte nach links. Die Beschleunigung verwischte das Bild.

Der Schirm ließ kurz gewundene Gänge erkennen, blaßorangefarbene gravierte Platten und ein Gewirr von Drähten. Bolzen umschwirrten sie und prallten von gekrümmten Metallflächen ab. Goldbraune elektrische Entladungen bildeten vor ihnen längs der Seitengänge Lichtbögen.

»Minen«, sagte Killeen. »Macht dicht!«

Während das sich rasch bewegende Bild immer noch das Eindringen in einen weiten Tunnel zeigte, konnte Killeen das leise Klicken hören, als Toby alle möglichen stromführenden Lecks zumachte. Rings um sie lauerte Hochspannung auf Menschen, die bei ihrem empfindlichen Innern schwerlich ungeschützt einen starken Stromstoß aushalten würden.

Killeen nahm Kontakt mit mehreren Trupps auf, die inzwischen in den Tower eingedrungen waren. Sie trafen auf dieselben plumpen Verteidigungsmaßnahmen. Das verworrene Labyrinth der dicht gedrängten Verbindungen erschwerte die Auffindung des Zentralgehirns. Noch nie hatte eine Sippe einen solchen Ort betreten. Die Erfahrung konnte sie daher nicht leiten.

Noch seltsamer war es, daß einige Passagen offenbar

beschädigt waren. Hier hatte schon früher ein Kampf getobt. Die Schnitte wirkten auch frisch. Der Ling-Aspekt sagte:

Vielleicht erklärt dies den rudimentären Widerstand, auf den wir treffen.

»Wieso?«

Falls jemand anders diese Station erobert hat, könnten sie mit ihrer Streitmacht abgerückt sein.

»Etwa rivalisierende Mechanos?« Killeen wußte, daß Mechano-Städte manchmal miteinander kämpften, wenn der Existenzkampf ausuferte. Vielleicht war das Empfangskomitee der Mantis abgeschlagen worden?

Vielleicht. Wir können bei dem Zentralgehirn mehr herausfinden.

Killeen verfolgte auf einer 3D-Projektion des Towers, wie die Trupps vorrückten. Shibo brachte neue Information, wenn die Teams Meldung machten. Rasch wurden die großen leeren Stellen in der Towerprojektion mit Blocks von Details ausgefüllt.

Killeen glaubte, in den gewundenen Tunnels ein Muster zu erkennen. Die vielen Korridore und Schächte waren nicht auf die Ebene der Scheibe zentriert. Stattdessen liefen sie auf einen Punkt hoch darüber zu, im nördlichen Ende des Turmes.

Er befahl den Trupps, diese Richtung einzuschlagen. Dann wandte er sich wieder Tobys Beobachtungsbild zu. Dies lieferte die vollständigsten Bilder, welche die Systeme der *Argo* sofort in die dreidimensionale Karte der Station eintrugen.

Toby tauchte in einen sechseckigen Schacht hinab.

Besen flog ihm voraus. Beide bewegten sich in der fehlenden Schwerkraft geschickt, wie sie es bei dem täglichen Drill auf der *Argo* gelernt hatten.

Vor ihnen war eine andere Gruppe, die den Nexus zuerst erreicht hatte. Ihre Leute befestigten Sensoren an einem großen schwarzen Würfel.

– Zentralgehirn –, kam durch ein Nachrichtensignal.

»Sieht so aus.«

– Verdrahten, um es in die Luft zu jagen, Käp'n? –

»Jawohl.«

Toby landete mit polternden Stiefeln auf dem Würfel. Killeen sah, wie Drähte angebracht und mit raschen Laserstößen Löcher gebohrt wurden.

In der Nähe tauchten Mechanos auf, deutlich erkennbar und verwirrt. Sie starben in Ausbrüchen rubinroter Glut. Killeen runzelte die Stirn. Die Mechanos wirkten außergewöhnlich träge und stupide. Hatten sie einfach vergessen, wie sie mit menschlichen Gegnern umgehen mußten?

Eine Bewegung sprang ihm ins Auge. Die Apparate zeigten eine höhere Strahlungsrate an ... *Auch eine langsame Verteidigung kann den schnellen, unüberlegten Angreifer in eine Falle locken.*

»Sofort raus!« sendete er an Toby. Der Befehl wurde weitergegeben und bewirkte, daß die Verminung eilig zu Ende geführt wurde.

»Laß die Extraladungen fort!« rief Killeen.

– Aber die sind schon zündfertig –, meldete Toby. – Ich muß ... –

»Desto besser. Jetzt weg!«

Am anderen Ende des Schachts erschien etwas. Es war groß und bewegte sich rasch; aber Killeens Warnung hatte die Trupps vorbereitet. Die sich nähernde Gestalt hatte kein gutes Schußfeld.

Die beiden Trupps flohen in einen Ausgangstunnel.

Killeen befahl: »Die Extraladungen zünden!«

– Aber die sind noch lose –, antwortete Toby. – Sie werden dem Zentralgehirn nicht schaden. –

»Trotzdem!«

Als Antwort rasselte ein heftiger Stoß durch das ganze elektromagnetische Spektrum. Ein seltsames abschwellendes Geheul schnitt durch den Lärm. Killeen runzelte die Stirn. Das verklingende Quieken war wie der Schrei eines verendenden Tieres. Mechanos gaben nie solche Töne von sich.

Das große Ding mußte bei Passieren des Zentralgehirns von etwas erwischt worden sein. Killeen vermutete, daß es sich um das hier bestimmende Wesen handelte. Nur mit Glück hatten die Stoßtrupps entrinnen können. Aber es gab noch eine Menge von Gefahren.

Tobys übermittelte Bilder zeigten, wie sie in einen Tunnel rannten, der direkt vom Zentralgehirn wegführte.

»Nein«, sendete Killeen. »Nehmt den Tunnel, der eine Biegung macht! Auf den schnellen Strecken werden sie Hinterhalte eingerichtet haben. Und die Krümmungen werden die Strahlenglut blockieren.«

In unheimlich gedehnter Stille sah er die Sekunden dahinticken. Der Bildschirm schwankte und taumelte, als Toby in der Schwerelosigkeit seine höchste Geschwindigkeit entfaltete. Der Junge konnte mit wirbelnden Armen seine Füße den Boden berühren lassen und sich dann wieder in perfektem Zeittakt abstoßen. Der Schirm wirbelte, wenn Toby in die engen Stellen stolperte. Dabei schwenkten die Strahlen von Scheinwerfern über das wilde mechanotechnische Getümmel, das aus der Finsternis auftauchte und ebenso rasch verschwand.

Schließlich gelangten sie zu einem langen Tunnel, der in einem entfernten Kreis Sternenlicht zeigte. Toby raste ungestüm darauf zu. Plötzlich machte das Schirmbild einen Sprung.

»Das Zentralgehirn ist tot«, sagte Killeen. »Das war ein elektromagnetischer Schlag, der bei seiner Explosion von ihm ausgegangen ist.«

– Großartig! – platzte Besen dazwischen.

Killeen erstarrte. Toby stolperte lautlos durch die gähnende Finsternis. Geisterhafte Arme streckten sich in der Nähe aus, blau flimmernd, auf der Suche nach jemandem, den sie versengen könnten. Ferner gab es, wie Killeen wußte, andere Präsenzen namens Induktanzen, Resistoren und Kapazitäten, die in diesen elektromagnetischen Korridoren mysteriöse, aber vielleicht tödliche Rollen spielten. Er hatte gelernt, sich ihrer zu bedienen, aber ihr tieferes Wesen war in den praktischen Studien, die er getrieben hatte, nicht enthalten.

Toby machte einen Schwenk. Drei Trupps rannten hinter ihm her zu der Öffnung.

Dann zeigte der Schirm nur noch wirbelnde Sterne und das grelle Gelbweiß der Scheibenebene.

Toby schaute sich um. Aus der Turmöffnung kam eine verschrumpelte Gestalt in einem spiegelnden Anzug, die in der immer noch zuckenden Strahlung dahintrieb, welche die Hauptgruppe fast erreicht hatte.

Killeen erkannte, als das Gesichtsfeld den schwebenden Körper erreichte, das Rückenabzeichen von Waugh, einer Frau, die aus der Knight-Sippe kam und jetzt zu Bishop gehörte. Die Gestalt bewegte sich nicht.

Sie drehte sich ruhig um ihre Achse, so feierlich und unbekümmert wie ein Planet auf seiner Bahn. Toby ging vorsichtig näher heran. Im Helm war Schatten.

Dann entdeckte Killeen auf Waughs Stiefel einen kleinen Fleck, der vielleicht von einem Streifschuß beim Angriff herrührte. Es war ein kleines Loch, kaum tief genug, um die Vakuumdichte des Schutzanzugs zu beeinträchtigen. Aber es hatte eine Hochspannung eingelassen und war von einem bräunlich versengten Hof umgeben. Killeen sah, daß Waughs Helm etwas angeschwollen und verzerrt war. Da wurde ihm klar, warum man nicht hatte hineinsehen können. Die Sichtplatte war durch Kohle bedeckt. Er war diesem wenig bedeutsamen Umstand dankbar, weil er dann nicht drinnen sehen konnte, wie Waughs Kopf explodiert war.

10. KAPITEL

Während des Banketts überkam ihn die Erinnerung. Waugh, ein gutes Mitglied der Besatzung, hatte er nicht näher gekannt. Sie hatte den Preis für seine Entscheidungen bezahlt; und er würde nie erfahren, ob dieser hätte niedriger sein können.

Zum Glück wurden ihr genetisches Material und ihre Eier von der klinischen Abteilung der *Argo* konserviert. Wir müssen Maßnahmen ergreifen, um sicherzustellen, daß die gesamte Sippe zu der genetischen Vielfalt künftiger Generationen beitragen kann. Ich rate daher …

»Halt's Maul!« knurrte Killeen. Sein Arthur-Aspekt hatte keinen Sinn für Zeit, Ort und Würde, und Killeen war nicht in Stimmung für solche kühlen analytischen Betrachtungen. Er blickte von seinem Teller mit wohlschmeckenden Auberginen auf und sah, daß niemand diesen Ausruf mitgekriegt hatte. Vielleicht war man auch zu höflich, dies zu zeigen. Es galt jetzt als gutes Benehmen, äußere Bekundungen von Konversation mit Aspekten zu ignorieren. Das sanfte Leben auf der *Argo* machte die Sippe zumindest kultivierter.

Er konnte nicht umhin, die Schlacht noch einmal aufleben zu lassen – eine Gewohnheit, die er während der Jahre der Flucht auf Snowglade angenommen hatte. Die Sippe hielt immer eine Gedächtnissitzung ab, wenn ein Angehöriger bei einem Angriff verwundet oder getötet worden war. Diesmal waren es Waugh und Leveerbrok gewesen, die beide elektrischen Waffen zum Opfer gefallen waren. Also wurde die Trauerfeier am Morgen abgehalten, und dann teilte sich die Sippe in kleinere Familien mit Gästen auf zu einem Mahl, das die Toten der Vergangenheit überließ und in gedämpften Tönen den Sieg feierte. Killeen hatte schon viele solcher Veranstaltungen erlebt, die meistens nur die glückliche Flucht vor einem Angriff oder einer Verfolgung seitens der Mechanos zum Anlaß hatten. Es freute ihn, dieses Bankett als Kapitän schon bei seiner ersten Aktion zu feiern, die er rasch gewonnen hatte.

»Ich hoffe zuversichtlich, daß du beim nächsten Mal jemand anderem das Sichtgerät aufpackst«, sagte Toby und reichte eine Kasserolle mit aromatischen Zucchini herum.

Killeen gestattete sich ein leichtes Lächeln und sagte nur: »Cermo trifft weniger wichtige Entscheidungen des Stabes.«

»Nun mach schon, Papa«, sagte Toby. »Du machst 'ne Mücke.«

»Was mache ich?«

»Eine Mücke«, erklärte Besen mit deutlicher Aussprache. »Das heißt: sich verdrücken.«

»Neuer Slang für Jungtürken?« fragte Shibo.

Toby und Besen blickten verständnislos, aber der zweite junge Gast, Seekadett Loren, sagte fröhlich: »Nun, wir haben wohl unsere eigene Manier, uns auszudrücken.«

»Türken?« wollte Toby wissen.

»Ein alter Ausdruck«, sagte Shibo. »Die Türken waren eine alte Sippe, die flott gelebt hat.«

Das war Killeen neu, der beide Ausdrücke noch nie gehört hatte. Aber das zeigte er nicht. Er war sich ziemlich sicher, daß die Türken eine Sippe gewesen waren. Aber das mußte gewesen sein, lange ehe Menschen nach Snowglade kamen. Vielleicht hatten sie die Kandelaber bewohnt oder waren sogar von der alten Erde gekommen. Shibo hatte die Jahre der Reise gut benutzt, oft mit ihren Aspekten kommuniziert und dadurch viel gelernt. Abgesehen davon, daß sie technische Hilfe gaben, schwafelten Aspekte und sogar die weniger bedeutenden Gesichter viel über ihre verlorenen Zeiten und Bräuche.

»Ja«, sagte Killeen, »die Türken haben hart gekämpft und sind schnell gelaufen.« Er bemerkte einen skeptischen Seitenblick von Shibo, fuhr aber fort. »Aber sie hatten nie einen besseren Tag als den, den ihr uns beschert habt.«

»Na ja, wir haben sie weggepustet«, sagte Loren mit strahlendem Gesicht.

»Haben die Mechanos fertiggemacht«, stimmte Toby zu.

Besen nickte. »Darunter auch neue Mechanos.«

»Das habt ihr also gemerkt«, sagte Shibo billigend und gab eine Platte mit Schiffszwieback und Senf weiter.

Toby machte ein gekränktes Gesicht. »Na ja, natürlich haben wir das. Denkst du, wir können keinen Löffelbagger von einem Rüssel unterscheiden?«

»Das waren Mechanos von Snowglade«, sagte Besen sanft. »Warum sollte es hier dieselben geben?«

Toby antwortete: »Mechanos gibt es überall – darum!«

Loren war größer als Toby, aber schlanker; und das verlieh seinen schmalen Gesichtszügen einen Ausdruck eifrigen Interesses. »Wer sagt das?«

Toby lachte höhnisch auf. »Sippentradition. Mechanos gibt es überall in der Galaxis.«

»Vielleicht sind sie jeweils den Sternen angepaßt«, sagte Loren nachdenklich.

Darauf wußte Toby keine Antwort, aber Besen verzog den Mund und bemerkte: »Sicher könnten sich Mechanos schneller einem Planeten anpassen. Aber für das Leben ist so etwas hart.«

»Leben?« fragte Toby unwillig. »Wir können schneller Zick und Zack machen, als je ein Mechano gekonnt hat.«

»Nein«, sagte Besen geduldig. »Ich meine *wirkliche* Anpassung mit Veränderung des Körpers und dergleichen.«

Killeen warf Shibo verstohlen einen anerkennenden Blick zu. Für Kadetten wußten sie viel mehr als er seinerzeit. »Wie waren diese Mechanos hier?«

Toby schnaubte. »Langsam wie ein Sonnenuntergang.«

Loren äußerte sich intelligenter: »Sie schienen disorganisiert zu sein. Konnten keine richtige Formation bilden.«

»Ich glaube nicht, daß es Kämpfer waren«, meinte Besen.

»Sie haben genug gekämpft«, meinte Toby. »Ich entsinne mich, daß gerade *du* vielen Geschossen ausweichen mußtest.«

Killeen beugte sich spöttisch vor. »Besen, warum glaubst du, daß sie keine Kämpfer waren?«

Sie hielt inne, da sie merkte, daß der Kapitän sie ihre eigenen Gedanken hatte hervorsprudeln lassen. Jetzt fühlte sie sich selbstbewußt. »Nun ... sie hatten Greifer, Schraubenzieher, Mehrfach-Arme. Arbeitsgerät.«

»Sie haben versucht, uns zu rösten«, betonte Toby.

Besen gab nicht nach. »Diese Mikrowellenscheiben gehörten wahrscheinlich zur Grundausstattung und waren keine Waffen.«

»Was war mit dem Ding, das uns beim Zentralgehirn beinahe erwischt hat?« hakte Toby nach.

Besen dachte kurz nach. »Ich bin mir nicht sicher.«

Killeen beobachtete sie genau. Was auch immer in der Nähe des Zentralgehirns gelauert haben mochte, war zerfetzt worden, als die geballten Ladungen losgingen. Die Sippe hatte nur bedeutungslose Fragmente gefunden. Stücke von organischem Gewebe waren darunter gewesen; aber die Mechanos auf Snowglade hatten oft die sich selbst wiederherstellende chemische Technik des Lebens nachgeahmt.

»Ich glaube nicht, daß wir die Antwort herausbringen werden«, fuhr Besen fort, »ehe wir nicht auf die Mechanos stoßen, die die Station gebaut haben.«

»He, du erfindest ja Monster«, kicherte Toby.

»Ich erkenne Mechanos der Marineklasse, wenn ich sie sehe«, sagte Besen. »Das ist alles, was wir in der Station gesehen haben. Die Mechanos der höheren Klassen befanden sich beim Zentralgehirn.«

»Das kannst du gar nicht wissen«, sagte Toby. »Wir haben nie richtig hinsehen können.«

»Denk doch einmal nach!« Besen sah Toby freundlich tief in die Augen. »Die Station war bereits beschädigt. Wahrscheinlich hatte eine Partei der Mechanos sie einer anderen abgejagt. Wir haben sie kalt erwischt, ehe sie wieder Verteidigungsanlagen schaffen konnten. So stelle ich mir das vor.«

Killeen sah, wie Toby mit dieser Idee kämpfte. Der Junge war intelligent, ließ aber seine Gedanken durch Enthusiasmus verschleiern – oder sogar ersetzen.

»Selbst wenn es ein Manager-Mechano oder etwas dieser Art gewesen sein sollte«, erwiderte Toby, »so waren wir doch schneller.«

»Wir haben einfach Glück gehabt«, sagte Besen.

»*Glück?*« Toby machte ein gekränktes Gesicht. »Wir sind schnell gewesen.«

»Wenn der Kapitän uns nicht veranlaßt hätte, alles hinzuwerfen und wegzurennen, wären wir ein Fressen für die Mechanos geworden.«

Killeen freute sich zu sehen, daß Besen nicht sanftmütig allem zustimmte, was Toby sagte. Es gab in der Sippe eine bedauerliche Tendenz, daß heranwachsende weibliche Personen die Ansichten ihrer männlichen

Freunde über die Welt akzeptierten. Die Generationen seßhaften Lebens in den Zitadellen hatten das irgendwie aufkommen lassen. Die Lange Flucht nach dem Fall der Bishop-Zitadelle schien dies ausgemerzt zu haben; aber einige wenige Jahre an Bord der *Argo* drohten, ein solches Verhalten wieder aufkeimen zu lassen. Killeen wünschte, daß seine weiblichen Kadetten der üblichen prahlerischen männlichen Selbstsicherheit den Boden entzögen und selbst ihre Führungsqualitäten entwickelten. Bei einer kritischen Lage auf dem Schlachtfeld könnte sich eine solche Schüchternheit verhängnisvoll auswirken.

Killeen teilte die traditionelle Ansicht der Sippe, daß Frauen gewöhnlich die besten Kapitäne abgaben. Konventionelle Erfahrung lehrte, daß Frauen, wenn sie ihre jugendlich-romantische Phase hinter sich gebracht und Kinder großgezogen hatten, mit ihren Fähigkeiten wieder ans Ruder kommen konnten, besonders mit Diplomatie und Kompromißbereitschaft. Sie konnten als Maate und Offiziere heranreifen und es bis zum Kapitänsrang bringen. Aber die Sippe hatte jetzt keine Zeit für so langwierige, subtile und möglicherweise verlustreiche Methoden. Er mußte unabhängiges Denken bei allen fördern – und zur Hölle mit dem uralten Balzritual!

»Ich bin der gleichen Meinung«, sagte Killeen.

Besen strahlte. Toby wirkte überrascht, obwohl er es rasch dadurch verbarg, daß er seine kalte Kartoffelsuppe löffelte. »Aber Waugh und Leveerbrok könnten anderer Ansicht sein.«

Besens Gesicht verfinsterte sich. Killeen bedauerte sofort, daß er so plump herausgeplatzt war. Er konnte nicht den Dreh herausbekommen, wie junge Besatzungsmitglieder zu behandeln waren. »Aber du hast recht. Ich glaube, daß sie Fehler gemacht haben.«

Loren nickte sachlich. »Haben nicht angehalten, um ihre Anzüge dicht zu machen, als sie Treffer erhielten.«

»Stimmt«, sagte Shibo mit Nachdruck. Killeen bemerkte ihren heimlichen Blick, der ihm sagte, daß sie ihm zu Hilfe kam, auch wenn sie sah, was für ein ungeschickter Trottel er war. »Sie haben Laser-Durchschüsse in die Stromkreise bekommen. Haben sie nicht zugepflastert. Hochspannung hat sie gefunden.«

Killeen war sich immer noch nicht klar über den Unterschied zwischen Volts, jenen mächtigen Geistern, die in Mechanos wohnten, und Amps, dem hysterischen Empfinden eines raschen Stroms, der den Volts irgendwie half, in der Welt der Maschinen zu suchen und sich zu bewegen. Volts verkörperten Absicht, und Amps waren die Läufer, welche gegen die Ohms diese Absichten ausführten. Er glaubte, daß er diese letzten Dinge nie ergründen würde. Zwar hatte er die wissenschaftlichen Erklärungen gehört, aber sie waren ihm zu abstrakt.

Statt dessen behandelte er, wie die ganze Familie, das wissenschaftliche Gerüst dieser Welt als eine Kombination bunter Geister und Persönlichkeiten, elementarer Lebensformen und Willensäußerungen, die Ereignisse orchestrierten, welche er nicht sehen konnte. Ihre Anwendung zu erlernen bedeutete ein ödes Studium der richtigen Rituale – Leitungen verbinden, Zahlen und Befehle eintasten, Drähte und Knöpfe und winzige Chips montieren. Dadurch wurden die Wesen zu rechtem Verhalten veranlaßt, die in der unendlich komplexen Vielfalt der *Argo* wohnten.

Er spürte im Innern toter Materie lebende Motivationen, bildete sich aber ein, diese kämen von der Menschheit, welche ihre alte Technik mit frischer Kraft belebte. Dagegen war Mechano-Technik ihrem Wesen nach tot und jenseits menschlichen Verstehens. Sie entstammte einer höheren Entwicklung der Galaxis: das wußte er. Aber er haßte sie dessentwegen, was sie der Menschheit antat – und wegen ihrer Gleichgültigkeit gegenüber dem, was jedes menschliche Wesen an Schmerz und Angst und unaussprechlichem Leid instinktiv fühlte und was Mechanos in ihrer von Gewissensbissen freien Unbekümmertheit ganz offenbar völlig fremd war.

»Ja«, gab Killeen zu. »Die Volts hatten sich in den Schächten versteckt. Die Mechanos hatten selbst keine Projektoren. Waugh und Leveerbrok sind durch Sorglosigkeit umgekommen.«

Diese Äußerung bewirkte Stille und starr nach unten gerichtete Blicke am Tisch. Killeen biß sich auf die Lippe und wünschte, sich weniger hart ausgedrückt zu haben. Es war besser, es rasch hinter sich zu bringen, ehe die Erinnerung verblaßte. »So ist es gekommen«, sagte er fröhlich. »Aber ihr drei – ihr wart schnell und sicher und verdammt geschickt.«

Er erhob ein Glas mit Cider, und alle folgten seinem Beispiel. Bei jedem solchen Bankett gab es einen traditionellen Toast, und das schien jetzt ein guter Weg zu sein, die trübe Stimmung zu brechen. Beifälliges Gemurmel kam auf, und Killeen sagte: »Räumt auch den Tisch ab!« Alle schauten ihn erstaunt an.

»Hatte nicht die Knight-Sippe eine solche Sitte?« fragte er Shibo.

»Alles aufzuessen?«

»Nach einer Gedächtnisfeier, ja doch. Das zeigt Vertrauen in die Zukunft und bedeutet Energiegewinn für kommende Schlachten und Siege.«

Shibo schüttelte den Kopf. »Die Bishop-Sippe hat sowieso immer große Esser gehabt.«

»Mastschweine im Vergleich mit den Knights«, warf Toby schüchtern ein.

»Vermute, daß es in den schlechten Jahren der Bishop-Zitadelle angefangen hat«, sagte Killeen. »Ich war noch klein und kann mich kaum daran erinnern. Am besten war das Ende der Mahlzeit – knackig, salzig.«

Shibo sah ihn erstaunt an. »Was war das?«

»Das Essen? Kriechtiere, Insekten.«

Alle machten ein schockiertes Gesicht. Shibo sagte ungläubig: »Das habt ihr gegessen?«

»O ja! Es gab Zeiten, wo wir nichts anderes hatten.«

»Kriechtiere gegessen?« fragte Toby mit offenem Munde.

»Das war nur gerecht. Wir aßen bloß solche, die auf unseren Erntevorräten umherkrabbelten und uns das Essen wegfressen wollten. War das nicht eine korrekte Vergeltung?«

Zu den immer noch entsetzten Zuhörern sagte er: »Wir haben sie gesalzen und über dem Feuer geröstet, vermischt mit allerlei Getreide, das sie selber verzehren wollten.«

Loren schluckte mühsam, und die anderen blickten auf ihre Teller. »Eßt jetzt auf!« sagte Killeen, der sich kaum eines Lachens enthalten konnte.

Shibos Lippen umspielte ein Lächeln. Dann zog sich ihr Mund schmal und ernst zusammen, als sie dahinterkam. Dieses alberne Intermezzo hatte die Gedanken von Waugh und Leveerbrok abgelenkt. Außerdem würden, wie Killeen vermutete, wohl bald alle Kadetten hören, wie der Kapitän mit Vergnügen Insekten verspeist hatte. Es schadete nichts, wenn Geschichten aus den alten schweren Zeiten zirkulierten; und es half auch, den Zusammenhalt zu stärken, den sie sicher bald nötig haben würden.

Killeen aß die Reste von saftiger schwarzer Aubergine und zähen Bohnen auf seinem Teller auf. Er sagte nichts, als die anderen wieder mit belanglosem Geplauder begannen, denn ihn hatte plötzlich eine düstere Stimmung überfallen.

Er hatte dieses Bankett zusammen mit seinem Sohn und Freunden genossen, war aber während der ganzen Zeit nicht imstande gewesen, bloß der Vater zu bleiben. Er konnte die Rolle des Kapitäns nicht dadurch abschütteln, daß er die Uniform und sein Rangabzeichen ablegte. Loren und Besen waren mit Toby befreundet; aber auch sie waren Seekadetten, und ein guter Kapitän mußte jede Gelegenheit ergreifen, sie zu trainieren. Wenn sie auch alle recht angenehm die lange Fahrt überstanden hatten, so war ein lässiges Leben jetzt nicht angebracht.

Das Erlebnis, wie sein Sohn stürmisch durch finstere, unbekannte Gänge gerannt war, hatte Killeen erschreckt. Er hatte das damals unterdrückt, aber jetzt kam alles in einer üblen und düsteren Stimmung hoch, die ihn selbst dann erfüllte, als die anderen ihr fröhliches Geplauder wieder aufnahmen. Sie stellten Mutmaßungen darüber an, wie weit die Sippen in der Vergangenheit vielleicht mit widrigen Nahrungsmitteln gegangen wären – oder sie selbst es in der Zukunft tun würden –, und er wußte, daß sie ihn damit hänseln wollten. Aber ihm gingen die Bilder des Angriffs nicht aus dem Sinn.

Für diese drei Kadetten, die sich fröhlich auf den Arm nahmen, war die Aktion ein aufregender Triumph gewesen. Für Killeen hatte sie Erinnerungen an Dutzende von Schlachten und alles damit verbundene Leid heraufbeschworen. Die jungen Leute hatten noch nicht gelernt, daß der Tod nicht der dramatische Abschluß eines heroischen Angriffs war. Statt dessen kam er mit einem plötzlichen Geräusch und dem Fallen eines Sippenangehörigen, der schon verkrümmt oder geröstet oder von einem Projektil getroffen war. Sie waren ausgelöscht, ehe sie bemerkten, daß sie den Tod gefunden hatten. Und wen es traf, das hing von tausend Faktoren ab, die man nicht im voraus beurteilen konnte: Positionen, Gelände, Geschwindigkeit, Farbe des Körperschutzes, Unwägbarkeiten von Bewegungen und Zielen der Mechanos – endlose Details, die sich jeden Moment änderten. Tod war also willkürlich und sinnlos. So lernte man es auf dem Schlachtfeld. Und alle Gedächtnisfeiern und Bankette konnten diese durchbohrende Tatsache nicht auslöschen.

Wie war sein Vater mit diesem Wissen umgegangen? Abraham hatte sich nie bekümmert gezeigt wegen der Verluste, die sie bei den Ausfällen aus der Zitadelle erlitten hatten. Selbst die schlimmsten Augenblicke schienen diesen starken Geist nicht entmutigt zu haben. Trotzdem mußte es aber der Fall gewesen sein. Das war, wie Killeen dachte, der Unterschied zwischen ihm und Abraham. Er mußte sich anstrengen, um sein Gesicht als Kapitän zu wahren. Für Abraham hatte es nie eine Falschheit gegeben. Abraham war immer Herr der Lage gewesen.

Killeen merkte, daß er zu lange geschwiegen hatte, und machte den Mund auf, um sich wieder an der Unterhaltung zu beteiligen. Aber ehe er etwas sagen konnte, piepste das Rufgerät an seinem Finger. Der ganze Tisch hörte es, und alle verstummten, wohl wissend, daß Cermo, der Wachdienst hatte, nur anrufen würde, wenn es wichtig war.

Killeen tastete an seiner Hand. »Meldung?«

– Käp'n, da passiert etwas auf dem Planeten. – Alle registrierten die Anspannung in Cermos Stimme.

»Steigt wieder ein Shuttle auf?« Eine solche Fähre war schon einmal von dem Planeten gekommen. Die Sippe hatte die beiden Mechano-Piloten leicht überwältigt. Das Schiff war mit Maschinenteilen beladen gewesen.

– Nein Sir, es ist ... Kommen Sie her und sehen Sie selbst! –

»Bin schon unterwegs«, sagte Killeen und stand auf. Es ärgerte ihn, daß ein Bankett so enden sollte. Er fügte hinzu: »Sie sollten Ihre Beobachtungsmittel verstärken.« Diese Bemerkung hatte gerade die richtige Schärfe altmodischer Kapitänsworte, und das bereitete ihm ein gewisses Vergnügen.

– Tut mir leid, Käp'n. – Cermos leise Stimme klang betrübt. – Was es ist … nun, da ist eine Art von Ring um den Planeten. Und der wird heller. –

Killeen erfaßte kalte Besorgnis. »Befindet er sich im Orbit?«

– Nein, Sir. Sieht aus, als ob er … hindurchschneidet. –

»Durch was?«

– Durch den ganzen verdammten Planeten, Sir. –

11. KAPITEL

Zuerst glaubte Killeen nicht, daß das Bild auf dem großen Schirm real sein konnte.

»Haben Sie die Anlage auf Funktionsfehler überprüft?« fragte er Cermo.

»Aye, aye, Sir. Ich habe versucht ...« Der große Mann zog seine Stirn in Falten. Er arbeitete schwer, aber die Kompliziertheit der Kommandopaneele war ein heimtückisches Labyrinth. Shibo löste ihn freundlich ab. Ihre Hände flogen in raschem Rhythmus über die durch Berührung aktivierten Befehlsblöcke.

Nach kurzer Zeit sagte sie: »Alles stimmt. Das Ding ist real.«

Killeen mochte nicht an den glühenden Kreis glauben, der in einem großen Bogen durch den freien Raum verlief und dann mit einem Drittel seines Umfangs im Innern des Planeten verschwand. Ohne es zu verstehen, war ihm klar, daß dies ein technisches Erzeugnis war von einem Ausmaß, das er nie würde begreifen können. Wenn Mechanos dies hier geschaffen hatten, dann war er mit seinen Leuten in eine Gefahrenzone hineingetappt, die seine schlimmsten Befürchtungen übertraf.

»Vergrößern!« befahl er knapp. Er wußte, daß er bei der Behandlung dieses Falles keine Bestürzung zeigen durfte.

Der Reif war dreimal so groß wie New Bishop. Sein strahlender Goldglanz dämpfte sogar das grelle Licht von Abrahams Stern. Als das Bild anschwoll, erwartete Killeen Details auftauchen zu sehen. Aber während der Rand von New Bishop auf dem Schirm größer und flacher wurde, war der goldene Reif nicht dicker als zuvor – eine heftig flimmernde Linie, die wie eine Schramme durch den Raum lief.

Außer dort, wo sie die Oberfläche des Planeten berührte. Da wogte ein Strudel wechselnden Leuchtens. Killeen sah sofort, daß die scharfen Kanten des Rings in den Planeten einschnitten. Die dünne Lufthülle von New Bishop bildete an diesen Stellen heftige Wirbel.

»Stärkste Vergrößerung!« sagte er verkniffen. »Auf das untere Ende, wo der Ring den Planeten berührt.«

Nein. Er sah, daß er nicht berührte, sondern einschnitt.

Die heißen bläulichen Blitze, die an dem Fußpunkt aufflammten, sprachen von einer riesigen Katastrophe. Braungescheckte Wolken sprudelten empor, Wirbelstürme tobten bei jedem Fußpunkt – dicke rotierende Scheiben, gesäumt von Wolkenfetzen. Im Zentrum wurden stoßweise gigantische rote Strahlströme ausgespien.

Aber selbst bei dieser Vergrößerung war der goldene Reif immer noch eine scharfe flimmernde Linie. In diesem Maßstab erschien sie vollkommen gerade – die einzige starr geometrische Erscheinung in einem Mahlstrom dunkler Stürme und brausender Energien.

Toby und Besen und Loren waren ihnen in den Kommandosaal gefolgt und standen jetzt an der Wand. Killeen spürte im Rücken ihre Anwesenheit.

»Es bewegt sich«, flüsterte Besen ängstlich.

Killeen konnte den gärenden Fußpunkt kaum erkennen, als er seinen Weg durch eine hochragende Gebirgskette nahm. Der messerscharfe Strahl traf auf eine Steinklippe und schien einfach hindurchzuschneiden. Graue Rauchwölkchen brachen aus der ganzen Länge des Einschnitts hervor. Wind zerteilte sie in Streifen. Dann glitt der Reif durch die Spitze eines hohen, schneebedeckten Berges, ohne langsamer zu werden.

Killeen durchmusterte das Sturmgebiet. Die tatsächliche Verwüstung war gering. Die ständige Wolkentätigkeit und die Winde erweckten den Eindruck fieberhafter Bewegung; aber die Ursache von alledem rückte mit heiterer Gleichgültigkeit gegenüber Hindernissen weiter vor.

»Größere Distanz!« sagte er.

Shibo rückte das Schirmbild von der unmöglich scharfen Linie weg. Der Reif bewegte sich ständig weiter auf das Zentrum von New Bishop zu. Er bildete keinen perfekten Kreis mehr, sondern wurde auf der nach innen gedrückten Seite gleichmäßig flacher.

»In einer Linie mit dem Pol«, sagte Shibo. »Warte, ich werde es projizieren.«

Neben dem realen Bild erschien eine graphische Wiedergabe.

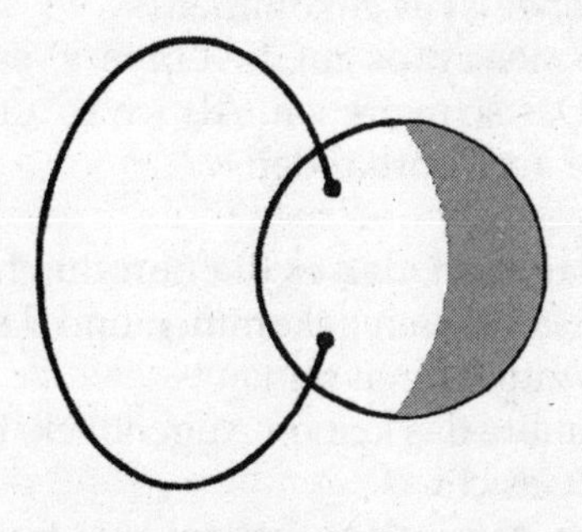

Von Wolken bereinigt, leuchtete das Bild des Planeten hell auf. Die flache Seite des Reifs verlief parallel zur Rotationsachse von New Bishop.

»Nichts Natürliches«, sagte Cermo.

Killeen unterdrückte den Reiz, in ein irres Gelächter auszubrechen. *Nicht natürlich! Warum, wie kommen Sie darauf, das zu sagen, Leutnant Cermo?*

Aber seine Instinkte lagen irgendwie mit seinem Verstand in Widerstreit. Der Reif wies die glatten Kurven, die Größe und die immense unbekümmerte Grazie eines Planeten auf. Killeen bemühte sich, ihn als etwas planmäßig Konstruiertes zu denken. Das war Technik jenseits aller Vorstellung. Er wußte, daß Mechanos ganze Gebirgszüge zu ihren seltsamen knisternden Städten zerteilen und umformen konnten – aber dies hier …

»Es bewegt sich auf die Pole zu«, sagte Shibo. Ihre Stimme war wie ein stiller Teich, dessen Oberfläche sich nicht regte.

Der Reif wurde heller und immer flacher, als er sich dem Zentrum von New Bishop näherte. Killeen fühlte sich unschlüssig. Alle seine Hoffnungen und Pläne waren in Vergessenheit verbannt durch dieses ungeheure einfache Ding, das so munter durch einen Planeten fuhr.

»Wo … woher ist es gekommen?«

Cermo biß sich ratlos auf die Lippe. »Von nirgendwoher, Käp'n. Das schwöre ich. Als ich es zuerst sah, war es matt und kaum vorhanden.«

»Von wo?«

»Es fing damit an, daß es die Luft durchschnitt. Muß wohl von weiter außen gekommen und dann direkt auf New Bishop zugefahren sein.«

Killeen glaubte das keinen Augenblick. Er machte ein mißmutiges Gesicht.

»Ist es beim Aufprall aufgeflammt?« fragte Shibo.

Cermo nickte. »Wenn es schon hell gewesen wäre, hätte ich es vorher gesehen.«

Killeen wunderte sich kurz darüber, daß er so distanziert bleiben konnte angesichts so ungeheurer Ereignisse. Seine Vorstellungskraft war wie gelähmt. Er bemühte sich, die Vorgänge einigermaßen in den Griff zu bekommen, indem er ins Detail ging. »Wie … wie dick ist es?«

Shibos Blick verriet ihm, daß sie die gleiche Schmalheit bemerkt hatte. »Weniger als die *Argo*, nehme ich an«, sagte sie mit zusammengekniffenen Augen.

»So dünn«, sagte Cermo zurückhaltend. »Aber es schneidet durch all das hindurch.«

Shibo sagte: »Der Planet wird nicht gespalten.«

Cermo nickte. »Er hält zusammen. An manchen Stellen kann man sehen, wo das Ding durch Fels geschnitten ist und eine Narbe hinterlassen hat. Aber der Fels schließt sich dahinter wieder.«

»Der Druck versiegelt die Narbe«, stimmte Shibo zu.

»Das ist ein Messer, wie ich noch keins gesehen habe«, sagte Killeen und bedauerte diese inhaltlose Äußerung sofort. Vor einem Ding wie diesem mußte der Kapitän nicht ebenso verblüfft erscheinen wie seine Crew. Ohne Zweifel hatten schon viele den goldenen Reif aus anderen Teilen des Schiffs gesehen. Er könnte sie in blinde Panik versetzen. Killeens persönlicher Impuls war, so rasch wie möglich von dem Ding wegzukommen. Das könnte vielleicht wirklich das Klügste sein. Aber nachdem sie es so weit gebracht hatten …

»Glaubst du … daß es vielleicht gar kein Messer ist?« fragte Toby. »Könnte es etwas sein, das sich von Planeten ernährt? Sie frißt?«

Der Gedanke ist wahnwitzig, aber nicht abwegig, sagte sich Killeen. Von reiner Vernünftigkeit konnte man sich hier nicht leiten lassen.

»Wenn es all diesen Felsen verzehrt, wieso ist es dann so dünn?« sagte er mit gezielter Beiläufigkeit. Besen lachte vergnügt auf, und irgendwie entspannte der sinnlose Scherz die kleine Gruppe.

»Warum würden Mechanos es dann herstellen?« fragte Toby hartnäckig.

Killeen stellte betrübt fest, daß niemand auch nur für einen Augenblick die Möglichkeit erwogen hatte, so etwas könnte Menschenwerk sein. Die wie Juwelen schimmernden Kandelaber waren vor langer Zeit der

Gipfel menschlicher Technologie gewesen. Die atemraubende Einfachheit dieses glühenden Ringes sprach davon, daß hier ein fremder Geist am Werk war, der in majestätischen Perspektiven agierte.

Die stumme Indifferenz dieses leuchtenden Dinges war, wie Killeen meinte, das endliche Urteil gegen sie alle. Ihre endlos wiedergekauten Sehnsüchte hatten ihrem Ziel ein solches Gewicht verliehen; und nun beendete dieses unerbittliche Zerschneiden ihrer frisch benannten Welt alle Spekulation. Die gebrechliche Menschheit konnte nicht auf einer so immensen Bühne leben, wo unergründliche Mächte ihr Spiel trieben. Ihr Streben war in einem Desaster zu Ende gegangen, noch ehe sie ihren Fuß auf den Boden ihres neuen Paradieses setzen konnten.

»He, vielleicht kann die *Argo* etwas gegen das Ding ausrichten«, sagte Toby energisch.

Loren machte mit. »Ja, fragt die Systeme doch, ob sie etwas dafür zusammenbrauen können.«

Killeen mußte lächeln, obwohl er die Augen nicht vom Schirm ließ. Ein sechzehnjähriger Junge kannte keine Hemmungen und konnte sich kein Problem vorstellen, dem er nicht mit dem rechten Maß an Wissen und nahezu grenzenlos sprudelnder Energie würde begegnen können. Und wie konnte er dazu *nein* sagen?

»Versuch es!« sagte er zu Shibo mit einer Handbewegung. Sie arbeitete einige Zeit mit konzentriert gespanntem Gesicht an den Kontrollpaneelen. Schließlich schlug sie auf die Konsole und schüttelte den Kopf. »Keine Erinnerung. Die *Argo* kennt dies Ding nicht.«

Killeen rief alle seine Aspekte auf. Die freuten sich, wenn man sie auch nur für einen Augenblick beachtete, aber nur einer hatte eine nützliche Idee. Das war Grey, eine Frau aus dem Zeitalter der Hohen Bogenbauten. Ihre Persönlichkeit war etwas verstümmelt. Sie litt an einer Schwäche bei Satzkonstruktionen infolge eines vor Hunderten von Jahren gemachten Übertragungsfehlers. Aber sie verfügte über wissenschaftliches und historisches Wissen ihrer eigenen und früherer Zeiten. Ihre Stimme war stockend, durch brummende Nebengeräusche gestört und durch den Staub der Zeit schwer akzentuiert.

Ich glaube, es ... ist das, was Theoretiker als ... eine ›kosmische Saite‹ bezeichnen. Man kannte sie ... im Kandelaber-Zeitalter ... aber nur Theorie ... sogenannte ›String-Theorie‹ ... hypothetische Objekte ... Ich habe ... diese Dinger studiert ... in meiner Jugend ...

»Das kommt mir aber ziemlich real vor«, murmelte Killeen.

Wir glaubten ... sie wären ... in den allerfrühesten Momenten ... des Universums ... geschaffen. Du kannst dir vorstellen ... in jener Zeit ... eine sich abkühlende expandierende Masse. Sie war nicht ... vollkommen symmetrisch und gleichförmig ... Kleine Fluktuationen erzeugten ... Defekte im Vakuum ... bei gewissen Elementarteilchen ...

Was, zum Teufel, bedeutet das? dachte Killeen ärgerlich. Er sah, wie der Reifen langsam durch eine schiefergraue Ebene schnitt. Rings um ihn war der Kontrollbunker in dumpfes Schweigen versunken. Sein Arthur-Aspekt meldete sich:

Ich glaube, die Dinge kämen besser voran, wenn ich Grey für dich dolmetschte. Sie hat Schwierigkeiten.

Killeen entging nicht die hochnäsige Art, die der Aspekt manchmal annahm, wenn er seiner Meinung nach nicht oft genug konsultiert worden war. Er erinnerte sich, wie sein Vater ihm einmal gesagt hatte: »*Aspekte riechen besser, wenn man ihnen etwas Luft läßt.*« Daher hatte er sich entschlossen, sie öfters in sein visuelles und sonstiges sensorisches System eindringen zu lassen, um Klaustrophobie zu vermeiden. Mit einem Murmeln ermunterte er den Aspekt zum Weitermachen.

Denke an Eis, das auf der Oberfläche eines Teichs gefriert. Während das geschieht, gibt es vielleicht nicht genügend Platz, und so bilden sich kleine Risse und Überschiebungen. Diese Kanten aus dichterem Eis markieren die Grenze zwischen Gebieten, denen es gelungen ist, glatt zu gefrieren. Alle diese Fehlerstellen, wenn man so will, sind in ein enges Gebiet zusammengedrängt. So war es mit dem frühen Universum. Diese exotischen Relikte sind kompakte Falten im Raum, topologische Knoten. Sie haben Masse, werden aber hauptsächlich durch Spannung zusammengehalten. Sie sind wie Kabel, die von der gekrümmten Raum-Zeit selbst geflochten sind.

»Und was dann?«

Nun, es sind außergewöhnliche Objekte, die an sich schon Beachtung verdienen. Wie Grey mir sagt, gibt es in ihrer Längsrichtung kein Hindernis für Bewegung. Das macht sie zu Supraleitern! Darum sprechen sie stark auf Magnetfelder an. Ferner, wenn sie gekrümmt sind – wie dieses hier –, üben sie auf die umgebende Materie Gezeitenkräfte aus. Aber nur auf kurze Entfernung. Ich könnte mir denken, daß dieser Gezeitenzug es ihnen ermöglicht, auf festes Material Druck auszuüben und es zu durchschneiden.

»Wie ein Messer?«

Genau so. Das beste Messer ist das schärfste, und kosmische Saiten sind dünner als ein Atom. Sie können zwischen molekularen Bindungen hindurchgleiten.

So gleitet es also durch alles hindurch, überlegte Killeen.

Ja, aber bedenke, was wir hier erleben! Eine Fehlerstelle in der Kontinuität der tiefsten Gesetze, welche die Materie beherrschen. Die Natur gewährt solchen Übertretungen wenig Raum, und diese Diskontinuität gewinnt aus ihrer eingekeilten Art eine Spannung – einen Zug, der sich längs der gedehnten Achse ausbreitet. Und so können wir dies unvergleichlich schlanke Wunderding sehen; denn es ist in der Länge größer als ein Planet.

»Warum schneidet es aber durch New Bishop? Ist es rein zufällig hineingeraten?«

Ich bezweifle sehr, daß ein so wertvolles Objekt einfach herumwandert. Sicher nicht beim Galaktischen Zentrum, wo die Dinge schlau genug sind, um ihren Nutzen zu kennen.

»Benutzt es jemand? Wozu?«

Das weiß ich nicht.

Greys flüsternde Töne überlagerten Arthurs Stimme:

Ich habe von Astronomen gehört ... solche entfernte Strings beobachtet ... aber keine Aufzeichnung ... von Nutzen. Wurden geboren ... als relativistische Objekte ... aber abgebremst ... durch Zusammenstöße mit ... Galaxien ... Kamen schließlich zur Ruhe ... hier ... im Zentrum ...

Als sie verstummte, sagte Arthur:

Ich könnte mir vorstellen, daß der Umgang mit einer solchen Masse technisch sehr schwierig sein muß. Da es sich um einen vollkommenen Supraleiter handelt, ergibt sich von selbst der Gedanke, sie magnetisch festzuhalten. Dann wäre es ein sicherer Beweis meiner Annahme, wenn in dem Bereich nahe dem äußeren Teil des Reifens fluktuierende Magnetfelder existierten ...

Killeen erkannte Arthurs übliches Vorgehen: erklären, vorhersagen und dann arrogant sich scheinbar zurückziehen, bis Killeen oder sonst jemand die Vorhersage des Aspektes nachprüfen konnte. Er zuckte die Achseln. Die Idee schien verrückt, war es aber wert, daß man ihr nachging.

Zu Shibo sagte er: »Kann die *Argo* die Magnetfelder in Nähe des Dinges analysieren?«

Ohne zu antworten, formulierte Shibo das Problem. Sie sprach selten, wenn sie intensiv nachdachte.

Toby trat eifrig vor. »Magnetfelder! Sicher, das hätte ich mir denken können. Das ist eine magnetische Kreatur, nicht wahr? Denk zurück, damals auf Snowglade? Damals hat es uns gesagt: Schau auf die *Argo*! Meinst du, daß es uns hierher gefolgt ist, Papa?« Sein Ling-Aspekt platzte sofort heraus:

Du bist mit einer schweren Krise konfrontiert. Paß auf, daß die Crew nicht außer Kontrolle gerät, oder du wirst noch größere Schwierigkeiten haben.

Killeen verstand Tobys Überschwang, aber Ling hatte recht: Disziplin war Disziplin. »Midshipman, Sie halten gefälligst den Mund!«

»Yessir, aber ...«

»Was war das?«

»Uh … aye-aye, Sir. Aber wenn es wirklich elektromagnetisch ist …«

»Stillgestanden, Mister, mit dem Gesicht zur Wand!« Killeen sah, daß Besen und Loren über den Schlafanzug ihres Kameraden grinsten. Daher fügte er hinzu: »Ihr alle drei – stillgestanden! Bis ich etwas anderes befehle.«

Er wandte ihnen den Rücken zu, Shibo dicht an seiner Seite. »Die Detektoren der *Argo* melden dort starke Felder. Außerdem verändern sie sich rasch.«

»Hmmm«, brummte Killeen unverbindlich. Er erläuterte Cermo und Shibo sowie den mithörenden Kadetten, was Arthur vermutet hatte. Er bediente sich einfacher Bilder und beschrieb Magnetfelder als gespannte Bänder, die zugriffen und Druck ausübten. Mehr war nicht nötig. Wissenschaftliche Erklärungen waren nicht viel besser als Zaubersprüche. Keiner von ihnen hatte eine klare Vorstellung davon, wie Magnetfelder auf Materie Kraft ausübten, wie die Geometrie der dazu erforderlichen Ströme und Potentiale aussah, oder wie man das in dem Geheimjargon der Vectoranalysis formulierte. Magnetfelder waren unsichtbare Schauspieler in einer für Menschen unergründlichen Welt, ähnlich wie auf Snowglade unsichtbare Winde das Wetter angetrieben und ihr Haar zerzaust hatten.

»Aber … *wozu* das alles?« fragte Cermo zögernd.

»Schauen Sie weiter scharf hin!« sagte Killeen nur. Kapitäne pflegten nicht zu spekulieren.

»Vielleicht hat es diese grauen toten Zonen auf dem Planeten bewirkt«, grübelte Shibo.

»Hmmm«, brummte Killeen wieder, ohne sich näher zu äußern.

Er fühlte instinktiv, daß sie sich nicht an eine bestimmte Idee klammern, sondern die Frage offen lassen sollten. Falls New Bishop kein geeigneter Zufluchtsort für sie war, dann wollte er dieser Tatsache verdammt sicher sein, ehe er mit ihnen auf eine weitere Reise zu irgendeinem willkürlichen Ziel im Himmel ging. Jetzt, da er sich einen Augenblick hatte erholen können, hatte selbst dieser glühende Reif von gargantuanischem Ausmaß seine Hoffnung nicht völlig vernichtet, daß sie hier – wenn auch mühsam – eine Existenz würden aufbauen können.

»Warum passiert das gerade jetzt?« überlegte Shibo weiter.

»Gerade bei unserer Ankunft?« Killeen las ihre Gedanken. »Vielleicht könnte es das sein, wofür uns die Mantis haben wollte.«

»Hoffentlich nicht«, sagte Shibo mit zynischer Miene.

»Wir haben schon viel Glück gehabt«, meinte Cermo.

Shibo studierte das Paneel. »Ich bekomme noch etwas anderes herein.«

»Von wo?«

»Aus der Gegend beim Südpol. Schnelle Signale.«

»Welcher Art?«

»Wie ein Schiff.«

Killeen schaute auf den Schirm. Der strahlende abgeflachte Kreis war etwas tiefer in den Planeten eingeschnitten. Seine platte Seite verlief immer noch parallel zur Rotation. Er schätzte, daß ihre Innenkante erst nach mindestens mehreren Stunden die Achse des Planeten erreichen würde. Wenn er weiter eindrang, mußte der Reif durch immer mehr Fels schneiden, was sein Vorrücken hemmen dürfte.

Shibo verschob das Blickfeld und suchte die Gegend des Südpols. Ein weißer Lichtfleck vergrößerte sich rasch und kam auf sie zu. Verglichen mit der hellen kosmischen Saite war er matt.

»Es nähert sich uns«, sagte sie.

»Vielleicht für die Station bestimmte Fracht, wenn sie ihren Geschäftsbetrieb noch normal weiterführen.« Killeen brach ab. Es war nicht gut, laut zu spekulieren. Eine Crew schätzte eiserne Sicherheit bei ihrem Kapitän. Er erinnerte sich, wie oft Kapitän Fanny die jungen Leutnants ihre Ideen hatte weiterplappern lassen, ohne je ihre eigene zu äußern oder sich je eine dieser Vermutungen anzueignen.

Er wandte sich an Cermo. »Verständigen Sie die Besatzung! Sie soll in Stellung gehen, um dieses Vehikel zu erobern, wohin es auch gehen mag.«

Cermo salutierte und war schon weg. Er hätte ebenso gut die Einsatztrupps der Sippe vom Kontrollraum aus anrufen können, zog es aber vor, zu Fuß zu gehen. Killeen schmunzelte darüber, wie der Mann diese Gelegenheit zu einer Aktion genoß. Ihm ging es auch so. Das Entern eines Transportschiffs der Mechanos war ein reines Vergnügen gegenüber dem machtlosen Zusehen, wie der Reif in das Herz ihrer Welt schnitt.

Die drei Kadetten verschwanden eilends. Jeder warf noch einen Blick auf den Bildschirm, wo zwei Mysterien äußerst verschiedener Ordnung leuchtend und bedrohlich schwebten.

12. KAPITEL

Killeen glitt um das blanke Fahrzeug. Er bewunderte seine eleganten Kurven und nüchterne Zweckmäßigkeit. Der Rumpf bestand aus fester Stahlkeramik, die an den Seiten nahtlos in die Wölbungen der Triebwerke überging.

Das Entern war einfach und ohne Schwierigkeiten verlaufen.

Die Einsatzgruppe schwebte dicht bei zwei großen Luftschleusen an den Flanken des Schiffs. Sie hatten dort in der Stationsnische gewartet und nichts weiter zu tun gehabt, als sechs kleine Mechano-Roboter daran zu hindern, Sprengladungen und Kommandokabel an den äußeren Steckmuffen des Schiffs anzubringen. Ohne diese schwebte das Vehikel jetzt träge im Ladeabteil.

Es handelte sich ganz deutlich um ein unbemanntes Frachtshuttle. Killeen war erleichtert, aber auch etwas enttäuscht. Von diesem Schiff hatten sie keine Bedrohung zu gewärtigen, würden aber auch nicht viel aus ihm lernen.

Es ist von altertümlicher Konstruktion. Ich entsinne mich, daß die Mechanos solche Vehikel benutzten, wenn sie Material nach Snowglade beförderten. Ich glaube, daß ich Erinnerungen an seine Bedienung wecken könnte, einschließlich der Schwierigkeiten beim Wiedereintritt in die Atmosphäre. Diese Dinger waren bewundernswert einfach. Vor meiner Zeit haben manche Leute sie oft zum Nutzen der Menschheit besetzt.

Arthurs pedantische und präzise Stimme fuhr fort, während Killeen die Ladebucht inspizierte. Arthur erläuterte den technischen Standard der Mechanos. Der Aspekt erwies sich hier von größerem Nutzen, da sich die ältere Hochvakuumtechnik in den ungezählten Jahrhunderten nur wenig verändert zu haben schien, seit die ganze Menschheit aus dem Weltraum vertrieben worden war. Auf Snowglade hatten sich die Mechanos schneller angepaßt, als die Menschen mithalten konnten. Dadurch waren die alten Aspekte nahezu nutzlos geworden. Arthurs zunehmende Sicherheit bezüglich der Einrichtung in dieser Station weckte in Killeen zunehmend Optimismus.

Flitzer! Siehst du sie hier?

Ein weiblicher Matrose, der in der Nähe die Station auskundschaftete, hatte sich durch eine Schleuse gezwängt. Eine große Tafel schob sich zur Seite und gab den Blick frei auf einen Stapel schlanker Schiffe, die dem Frachtvehikel ähnelten, das sie gerade erobert hatten.

Das hier sind schnelle kleine Fahrzeuge, die leicht die Oberfläche erreichen können. Ich erinnere mich gut daran. Wir haben sie Flitzer genannt, weil sie verblüffend leicht durch die Luft und den leeren Raum sausen. Sie lassen sich nur schwer abfangen. Das war, ehe die Bogenbauten die Kontrolle über ihre orbitalen Fabriken verloren. Ehe die Mechanos Snowglade zu fest in den Griff bekamen.

Killeen befahl einigen frischen Trupps, die Lagerbucht zu inspizieren und die Ladekapazität der Flitzer abzuschätzen. Die Sippe hatte erst einen Teil der Station erkundet; daher war es nicht überraschend, daß dieser

Raum für Aufnahme und Lagerung von Gerät und Vorräten ihnen entgangen war. Killeen hatte gehofft, daß sich ein solcher Platz finden würde. Das dort eintreffende Vehikel hatte ihnen bloß den Weg gezeigt.

Aus dem Kommandoraum kam ein Signal von Shibo. – Mit dem Reif geht etwas vor sich. –

Killeen begab sich schnell durch Schächte und Tunnels zur Oberfläche der Stationsscheibe. Er mußte seine Freude bezähmen, daß sich Schiffe für den Pendelverkehr gefunden hatten, die ganze Gruppen auf die Oberfläche schaffen konnten, trotz der unabwendbaren Tatsache, daß ein riesiges Etwas auf New Bishop am Werk war.

Der Anblick, den er vorfand, war verwirrend. Der Reif hatte die Polachse fast erreicht, wie er sah. Aber er bewegte sich jetzt nicht einwärts. Statt dessen schien er sich vor seinen Augen zu drehen. Seine rasiermesserscharfe und jetzt gerade wie ein Lineal gewordene Innenkante schnitt um die Rotationsachse des Planeten. In einer von Shibo gelieferten Simulation sah er, wie der Reif sich um seine flache Kante drehte.

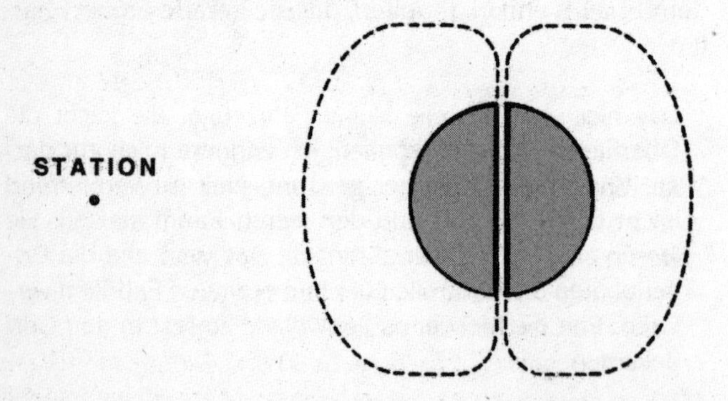

Shibo teilte mit: – Es hat seine Annäherung an die Achse verlangsamt und dann wieder begonnen zu rotieren. –

»Scheint schneller zu werden«, sagte Killeen.

Pause. – Ja ... die Magnetfelder sind jetzt auch stärker. –

»Schau, es schneidet um die Achse herum.«

– Wie man einen Apfel abschält. –

»Es dreht sich ...«

– Ja. Und wird noch immer schneller. –

Während er hinschaute, drehte sich der Reif vollständig um die Achse von New Bishop. Der Goldglanz wurde stärker, als ob das Ding Energie gewönne.

»Ganz hübsch schnell«, sagte Killeen verlegen. Er bemühte sich zu verstehen, welchen Zweck so gigantische Bewegungen haben könnten.

Die Simulation wurde detaillierter, als Shibos unheimliche Sympathie mit den Computern der *Argo* mehr Information lieferte.

Er sagte nachdenklich: »Die gestrichelte Linie da weiter außen ...«

– Das ist diese Station. Wir befinden uns außer Reichweite des Reifens –, ließ Shibo wissen.

Er grübelte: »Eher wie ein kosmischer Ring.« Ein *Hochzeitsring,* dachte er. *Mit einem Planeten verheiratet werden ...* »Trifft er auf irgend etwas?«

– Nein. In seiner Nähe befindet sich nichts in Umlaufbahn. –

»Sieht aus wie etwas in hohen Polarbahnen.« Er hatte von den Aspekten etwas von dem Jargon übernommen; aber zweidimensionale Bilder wie diese Simulation bereiteten ihm immer noch Schwierigkeiten.

– Das ist Kleinkram. Zu weit entfernt, um zu zählen. –

»Gibt es um die Mitte mehr?«

– Am Äquator? Noch mehr kleine Dinger. Und ein merkwürdiges Signal. Wirkt einen Moment sehr groß und kommt etwas später schwach herein. –

»Woher?«

– Aus der Nähe. Es sieht so aus, als ob es gerade eben über die Atmosphäre streift. –

»Das klingt nach Mechano-Technik. Wir haben in ein Wespennest gegriffen. Verdammt!«

– Da gibt es noch mehr. Ich habe New Bishop abgesucht und schwache Signale empfangen, die menschlich codiert scheinen. –

»Menschen?« Killeen empfand ein Aufwallen elementarer Freude. Eine menschliche Präsenz in dieser fremdartigen Enormität ... »Großartig! Vielleicht können wir auch hier leben.«

– Ich kann nicht sagen, was die Signale bedeuten. Könnte verstärkter Sprechverkehr zwischen Raumanzügen sein. Als ob jemand zu einer Menge spricht. –

»Versuche, eine Position zu bestimmen!«

– Jawohl, Schatz. – Sie lachte ausgelassen, und er merkte, daß er zu brüsk und kapitänsmäßig gewesen war.

»Du kannst heute abend sogar zu Bett gehen.«

– Ist das ein Befehl? –

»Du kannst selber die Befehle erteilen.«

– Desto besser. –

Er lachte und wandte sich wieder dem Schauspiel zu. Vor Aufregung und Scheu machte sein Geist Sprünge. Es war reine Angeberei gewesen, dachte er, daß er diese Sonne Abrahams Stern genannt hatte. Ein Tribut an seinen Vater, gewiß; und mit plötzlich ihn überkommender Bekümmertheit wünschte er sich, wieder mit Abraham sprechen zu können. Ihm war, als ob er nie genügend Zeit gehabt hätte, von seinem Vater zu lernen und jene schlichte Sicherheit zu kosten, die Abraham wie eine zweite Haut getragen hatte.

Er rief sich dies verwitterte, aber heitere Gesicht in Erinnerung, sein lässiges breites Lächeln und die warmen Augen. Abraham hatte den Wert ruhiger Zeiten gekannt, von stillen Tagen, die er damit verbrachte, mit seinen Händen grobe Arbeit zu verrichten oder bloß durch die weiten grünen Felder zu streifen, die die Zitadelle umgaben.

Aber Abraham war nicht in eine einfache Zeit hineingeboren worden. Daher war er ein Meister jener geschickten Fertigkeiten geworden, deren die Menschheit bedurfte. Killeen hatte von ihm die Kenntnisse übernommen, wie man Überfälle auf Banden der Mechanos überlebte. Aber das war es nicht, woran er sich am besten erinnerte. Das verzerrte, müde Gesicht mit seinem ständigen Versprechen von Liebe und Hilfe, der Blick, mit dem Väter ihre Söhne anschauten, wenn sie in ihren Erben einen Schimmer von sich selbst erblickten – das hatte Killeen während all der Jahre von Blut und Angst nicht verlassen, die die meisten freundlichen Bilder der Zitadelle weggewischt hatten. An seine Mutter konnte er sich nicht annähernd so gut erinnern, vielleicht weil sie schon in seiner frühen Jugend gestorben war.

Und was würde Abraham wohl jetzt sagen, da sein Sohn einen Stern nach ihm benannt hatte, der ein Hexenkessel enormer Kräfte war, neben dem die Menschheit nur ein unbedeutender lästiger Fleck war? Etwa ein Land der Verheißung? Killeen zog eine Grimasse.

Der Reif hatte seine erste Umdrehung beendet und begann eilends mit der zweiten. Sein Innenrand lag nicht genau längs der Achse von New Bishop, sondern hatte einen geringen Abstand von ihr.

Während Killeen hinsah, beendete der kosmische Ring seine zweite Passage mit immer höherer Geschwindigkeit. Der Reif schien Teil einer kolossalen Maschine zu sein, der sich zu unbekanntem Zweck drehte. Er glühte stechend hell auf, als frische Impulse durch ihn schossen – bernsteinfarben, stahlblau, dunkelorange –, die sich alle mit dem überreichen, wie von Honig triefenden Gold vermischten und darin aufgingen.

– Ich empfange ein Schwirren in den Magnetfeldern –, meldete Shibo.

Sein Arthur-Aspekt bemerkte sofort:

Das ist das Induktionssignal vom Umlauf des String. Es wirkt wie eine Drahtspule in einem riesigen Motor.

»*Wozu?*« fragte Killeen heiser. Ohne je den Fuß darauf gesetzt zu haben, empfand er New Bishop als sein und der Sippe Eigentum, und nicht als Spielzeug in einer grotesken gargantuanischen Apparatur. Er rief seinen Grey-Aspekt auf.

Ich kann nicht ... verstehen. Sicher bewegt es sich ... nach dem Wink ... einer unsichtbaren Hand ... Ich habe nie gehört ... von Mechanos, die in einem solchen Maßstab arbeiten ... oder daß sie sich eines String bedienen ... Gewiß ... Strings wurden in menschlicher Theorie angenommen ... als höchst selten. Sie sollten sich bewegen ... mit fast der Geschwindigkeit des Lichts. Dieser hier muß ... mit vielen Sternen und Wolken zusammengestoßen ... und abgebremst worden sein. Irgend jemand hat ihn eingefangen ... mit Magnetfeldern.

Arthur mischte sich ein:

Natürlich ein äußerst schwieriges Unterfangen, jenseits menschlicher Möglichkeiten. Aber nicht prinzipiell unmöglich. Es erfordert nur die Manipulation der Gradienten von Magnetfeldern in einem unbekannten Maßstab ...

»Worauf willst du hinaus?« fragte Killeen. Obwohl die Worte des Aspekts betäubend schnell durch seinen Kopf strömten, hatte er keine Geduld für den geschniegelten, nach erhobener Braue klingenden Ton der kleinen Lektionen Arthurs. In sein linkes Auge flatterten Gleichungen. Die waren wohl Arthur entglitten. Oder dachte der Aspekt vielleicht, daß er ihm durch viel Firlefanz imponieren könnte? Killeen zog ein Gesicht. Der

Aspekt hatte inzwischen Greys Erinnerungen aufgenommen und arbeitete damit. Die neblige Präsenz von Grey verblaßte, als Arthur munter fortfuhr:

Gewiß dient der String hier deutlich einer Art von Ingenieurzweck. Shibo bemerkt die starken magnetischen Induktionsfelder, die durch seine Rotation entstehen. Aber das kann keinesfalls der Zweck sein. Nein, es handelt sich um einen Nebeneffekt.

»Warum eigentlich hineinschneiden, wenn der Schnitt sich sofort wieder schließt?«

Tatsächlich. Das ist wirklich ein Rätsel. Aber ich kann dieses Objekt schon allein wegen seiner Schönheit bewundern. Grey sagt mir, daß man die eigentliche Bildung der Galaxien und sogar ganzer Haufen von Galaxien zu Beginn unseres Universums immensen Strings zugeschrieben hat. Die Ringe waren einstmals sicher kosmologisch ungeheuer groß. Aus der Turbulenz ihres Dahinziehens bildeten sich Galaxien, wie Wirbel hinter einem Schiff. Im Laufe der Zeit haben sich Strings ineinander verschlungen und sind an den Kreuzungspunkten zerbrochen. Zusammengerollte Strings haben dies wiederholt gemacht und eine Menge von abgetrennten Nebenschleifen hervorgebracht – so wie offenbar dieses prächtige Fossil.

»Aber was *tut* das Ding nun eigentlich?«
Arthur sagte etwas verschnupft:

Wir müssen natürlich seine Funktion aus seiner Form ableiten. Beachte, daß der absolut gerade Innenrand des Reifs nur bis kurz vor die exakte Linie der Planetenachse reicht. Das kann kein Versehen sein – nicht bei Ingenieuren dieser Fähigkeiten. Diese Distanz ist sicher beabsichtigt.

Der Reif rotierte immer schneller. Durch Shibos Sprechverbindung konnte Killeen das entfernte Wum-wum-wum von Magnetdetektoren im Kontrollsaal hören.

»Woher kommt die Ausrichtung zu den Polen?« Killeen ließ nicht locker.

Ich möchte wagen anzunehmen, daß diese schnelle Rotation rings um die Polachse einen Druck erzeugt. Je schneller der String rotiert, desto gleichmäßiger ist dieser Druck verteilt. Er schneidet das Gestein in Nähe der Achse los. Dadurch wird der innere Kernzylinder, der herausgelöst wurde, frei von der planetaren Masse weiter draußen. Allerdings kann ich nicht verstehen, wozu das geschieht.

»Uff!« knurrte Killeen enttäuscht. »Laß es mich wissen, wenn du eine Idee hast!«

13. KAPITEL

Er begab sich wieder in das Labyrinth von Korridoren im Innern der Scheibe der Station. Über Sprechverbindung wies er zwei weitere Trupps an, die Flitzer zu untersuchen. Sie erreichten ihn am Laderaum, und er gab ihnen Instruktionen, die Wiederbelebung der Vehikel zu versuchen. Es könnte sein, daß die Sippe bald losfliegen müßte. Allerdings hatte er noch keine Idee, wie sie auf dem Weg nach New Bishop dem rotierenden Reif entgehen könnten. Vielleicht würde der String verschwinden. Vielleicht würde er in seiner Drehung anhalten. Alles, was er tun konnte, war, sich zu vergewissern, daß die Sippe imstande war, sich rasch zu bewegen und dann um eine günstige Gelegenheit zu beten.

Um ihn herum rannten Kadetten und andere Besatzungsmitglieder. Sie suchten nach den richtigen Leitungen und verlangten mit rauher Stimme über die Sprechverbindungen Eingaben aus dem alten Computerspeicher der *Argo*. Es war immer riskant, Mechano-Technik zu steuern.

Killeen sah, daß die erste Gruppe den Frachtraum des angekommenen Flitzers aufgebrochen hatte und Kisten herausholte. Es war keine Zeit, um nachzusehen, was darin war. Er befahl, den Raum zu entleeren für den Fall, daß man ihn brauchen würde. Ihm war nicht recht wohl bei dem Gedanken, daß sie die Station in einem besonders glücklichen Augenblick erobert hatten. Im Raum um New Bishop lief irgendein gigantisches Experiment; und sie hatten sich herangeschlichen, während die Aufmerksamkeit darauf konzentriert war. Wer auch immer in diesem Sternsystem den Ton angeben mochte, war abgelenkt. Aber wie lange noch?

Killeen half einem Arbeitstrupp beim Entladen von Fracht. Er genoß die Anstrengung richtiger Arbeit mit den Händen. Das machte seinen Kopf frei für einige beunruhigende Fragen.

Hatte der für die *Argo* festgelegte Kurs diesen String irgendwie berücksichtigt? Er erinnerte sich, daß die Mantis sich vor Jahren mit den kürzlich wiederbelebten KIs beraten hatte, die in der *Argo* schlummerten. Dabei handelte es sich um menschlich programmierte Maschinengehirne, die ohne Zweifel der Menschheit gegenüber loyal waren. Hatte die Mantis für die *Argo* diesen Kurs festgesetzt, weil sie wußte, daß sie ankommen würden, wenn der goldene Reif aktiv war?

Das erschien phantastisch – eine so spezifische Vorhersage auf solche Entfernung. Das war, als ob man die Wolken über einem bestimmten Berggipfel fünf Jahre im voraus beschreiben wollte. Aber er nahm an, daß es nicht völlig unmöglich war. Eine solche Fähigkeit, wenn sie real wäre, bewiese wieder die unglaubliche Höhe maschineller Intelligenz. Das akzeptierte Killeen ohne Hintergedanken. Er hatte nie eine Zeit gekannt, in der die Vorherrschaft von Mechano-Intelligenzen nicht offenkundig war.

Er wischte seine Spekulationen beiseite. Ereignisse belohnten den, der auf sie vorbereitet war; und er beabsichtigte zu handeln.

»Kommt her!« rief er einem neu eintreffenden Trupp zu. »Diese Schiffe – versucht, euch damit zurechtzufinden!« Er führte sie zu dem gerade eingetroffenen Flitzer. Die mit dem Entladen beschäftigten Leute waren gezwungen gewesen, das Schiff wieder an die Energiekabel der Station anzuschließen, um die Türen des Frachtraums öffnen zu können.

»Käp'n, lassen Sie mich das machen!« sagte Jocelyn an seiner Seite. »Ich werde das Ding hinkriegen.«

Um ihre Augen lag ein konzentrierter Ausdruck unnachgiebiger Disziplin. Sie war ein Offizier, bei dem er sich darauf verlassen konnte, daß ein Auftrag pünktlich und fehlerfrei ausgeführt würde. Sie war schlank und fit. Die Jahre auf der *Argo* hatten sie nicht schlaff gemacht. Sie hatte nur Probleme, wenn sie mit den anderen reden mußte.

»Gut!« sagte er. »Ich möchte so viele Flitzer einsatzbereit haben, wie wir nur schaffen können.«

»Genug, um die ganze Sippe zu befördern?« fragte sie.

»Allerdings.« Sie hatte schon gemerkt, was er vorhatte. Sie waren hier zu exponiert. Die Station war eine Art von Versandknotenpunkt in einem ökonomischen System, das er sich nicht vorstellen konnte; aber er wußte, daß, was immer die Station betrieb, sie nicht lange dulden würde. Ihr Sieg über die Mechano-Aufseher war aufmunternd, aber zu leicht gewesen. Die wahre herrschende Intelligenz befand sich anderswo.

Wie um das zu bestätigen, meldete sich Shibo. – Ich registriere ein weiteres Schiff, das auf uns zukommt. Bewegt sich schnell. Ist auch viel größer. –

»Zeit, den Musikanten zu bezahlen«, sagte Killeen, indem er eine mysteriöse Redensart wiederholte, die seine längst verstorbene Mutter gebraucht hatte. Der letzte Musiker war schon vor einem Jahrhundert aus der Sippe verschwunden.

Jocelyn hatte die Meldung durch eine sich überlappende Verbindung mitgehört und fragte munter: »Da gibt es wohl etwas zu entern, Käp'n?«

»Hmmm«, machte Killeen. Er mochte es nicht, wenn seine Leute ihm Hinweise gaben, besonders wenn sie recht hatten.

»Wir können sie gleich hier erwischen, wenn sie in die Ladebucht kommen«, sagte sie.

Er schüttelte den Kopf. »So blöde werden sie nicht sein, wer auch immer sie sind. Selbst ganz gewöhnliche Verteidigungs-Mechanos, die kaum besser sind als Löffelbagger, würden das kapieren.«

»Wir können sie fangen, wenn sie über die Scheibe hereinkommen«, beharrte sie.

»*Falls* sie auf diesem Wege kommen. Wenn sie aber an den Towers am Ende andocken?«

»Da?« Sie runzelte die Stirn. »Soweit sind wir noch nicht gekommen. Ich hatte nicht gedacht … Aber wozu soll das gut sein, in solcher Entfernung?«

»Zum Einsteigen, wenn es da unten Ärger gibt – dazu!« sagte Killeen gereizt. Er haßte es, mit Personal über Taktik zu diskutieren, selbst mit Offizieren, weil sie ihn hinderten, seinen Geist von allen unwesentlichen Dingen frei zu halten. Er mußte sich konzentrieren und über die besten Chancen in der bevorstehenden Schlacht entscheiden. Es konnte keinen anderen Sinn haben, wenn ein zweites, größeres Schiff auf der gleichen Flugbahn herankam, die der Flitzer gehabt hatte.

»Ist das erste Vehikel startbereit?« fragte er.

»Oh …« Jocelyn tippte sich an die linke Schläfe und beriet sich mit ihren Trupps über das Kommunikationssystem. »Jawohl, Käp'n. Die anderen Flitzer brauchen noch einige Zeit. Sie wissen ja: inspizieren, durchprüfen und dergleichen.«

»Aber der erste Flitzer?«

»Ist einsatzbereit.«

»Gut. Lassen sie ihn aus der Station holen!«

Jocelyn blinzelte überrascht. »Oh, warum?«

Killeen lächelte sie kühl an. »Machen Sie es!«

»Ich verstehe nicht …«

»Führen Sie den Befehl aus!«

»Yessir!«

Killeen ging gerade durch den offenen Frachtraum

des Flitzers, als sich die Türen hinter ihm zu schließen begannen. Er wollte einen vollen Blick auf die Station haben, und dies war ein rascher Weg. Es würde eine Weile dauern – er fragte bei Shibo nach und bekam eine genaue Zahlenangabe: 1,68 Stunden –, bis das große Schiff eintreffen konnte.

Er wollte sehen, was er zum Manövrieren benutzen könnte und wie sich die Station als Verteidigungsbefestigung eignen würde. Die gewaltigen knisternden Energien, die über der Scheibenfläche arbeiteten, dürften die Menschen wohl kaum behindern, wenn sie sich dort bewegten und auf den ankommenden Gegner feuerten, da sie auch nicht auf die *Argo* reagiert hatten, als diese näher kam. Aber nichts war sicher.

Er zwängte sich durch finstere Passagen und befand sich bald in dem engen Kontrollraum, einem geometrisch exakten Zylinder, der mit elektronischem Gerät vollgestopft war.

Jocelyn schwebte neben einem komplizierten Mechano-Techniker. Sie begann: »Ich bin gerade ziemlich mit der Inspektion fertig, Käp'n.« Dann gab es plötzlich eine Bewegung. Killeen spürte, wie Signale durch sein Sensornetz rasselten.

Der Flitzer bewegte sich unter ihm.

»Was …?«

Jocelyn machte große Augen. »Ich … ich war's nicht. Dies Schiff bewegt sich – aber ich habe es nicht gestartet.«

Killeen eilte zum Ende des langen Zylinders. Das war durchsichtig und zeigte die weite Ladebucht … die geräuschlos davondriftete.

»Wir legen ab.«

Jocelyn schrie: »Aber ich habe nicht …«

»Ich weiß. Das ist etwas anderes.«

Die Ladebucht schwebte davon, und er sah, daß sie sich rückwärts aus dem Eintrittsrohr bewegten. Der

Flitzer summte und knackte unter ihnen, als er seinen Kurs aufnahm.

Killeen schaltete sich in das allgemeine Sprechnetz ein. »Alle Flitzer abkoppeln!«

Schwache Bestätigungen kamen herein.

»Was tut das?« fragte Jocelyn und tastete Befehle auf ihrem Handgelenkmodul ein. Die waren wirkungslos.

»Das große Schiff kommt auf uns zu. Es hat unsere Funktion außer Kraft gesetzt.«

»Vielleicht können wir hinauskommen.« Jocelyn versuchte, die Türen des Frachtraums zu öffnen. Ohne Erfolg.

»Wir sind gefangen«, sagte Killeen. Sein Geist erwog rasend schnell Möglichkeiten. Wußte das ankommende Schiff, daß sich Menschen hier drin befanden?

Es mußte einen Notausgang geben, der von Hand betrieben wurde. Die Flitzer waren eigenartig konstruiert. Sie schienen keine zweiseitige Symmetrie aufzuweisen, obwohl es bei den äußeren Merkmalen und beim Rumpf der Fall war. Er müßte es sorgfältig untersuchen, um zu sehen, über welche Hilfsmittel sie verfügten.

Was da auch herankommen mochte – es würde sicher den Flitzer aufschließen, um zu sehen, was für ein Ungeziefer sich darin eingenistet hatte. Ihm fuhr kurz ein Bild durch den Kopf von ihm selbst und von Jocelyn, wie sie von etwas ungeheuer Großem und Schrecklichem herausgezogen und ans Licht gehalten wurden.

Jocelyn starrte blaß und entsetzt durch das Bullauge. Sie waren jetzt aus der Nische heraus, und der Flitzer hatte mit Motorkraft eine Wendung gemacht. Jetzt beschleunigte er gleichmäßig von der Station fort, die unter ihnen zu einem silbrigen Lichtfleck wurde.

Jocelyn knirschte mit den Zähnen, ließ sich aber ihre Aufregung sonst nicht anmerken. Sie war ein guter Offizier. Killeen wußte, daß sie durchaus Kapitän sein konnte. Gewöhnlich hatten Frauen die Sippe angeführt; und Jocelyn war Kapitän Fannys bester Erster Offizier gewesen.

Aber ihre normalerweise muntere Stimme zitterte etwas, als sie sich ihm zuwandte. »Warum ... warum will es diesen Flitzer haben?«

»Das werden wir herausfinden«, sagte Killeen.

ZWEITER TEIL

STERNSCHWÄRMER

1. KAPITEL

Klipp
Klapp
Schwupp …

Quath kroch über die sumpfige Niederung.

Noch ein Hügel ragte zwischen ihr und dem Siphon auf. Quath reckte sich, spreizte die Beine, gähnte – und brauste über den Gipfel.

Ein herausragender Stein stieß an ihren Unterleib und rollte mit hellem Geklirr fort. Quath übertönte das Gewinsel zerreißenden Metalls, bis sie die Legierung nachgeben fühlte. Ein Vorratsfaß kam zum Vorschein, aus dem das schweflige Gemisch heraussprudelte.

Sie blickte nach vorn. Dort, mit goldenem Gefieder gen Himmel erblühend, würde der Siphon wachsen.

#Wo bist du, Schlitzauge?# ertönte es in der süßsauren Sprechweise von Nimfur'thon.

#Neben dir im Anrücken, Einfüßler#, spuckte Quath zur Antwort, wenn auch mit warmer Freundschaft zischend, um ihren Hohn zu entschärfen. Nach den ausgefeilten Standessitten war es eine schwere Beleidigung, jemanden ›Einfüßler‹ zu nennen. Aber der Anblick eines Wesens, das auf einem einzigen Fuß herumhüpfte, war auch komisch genug, um unter Freunden einen Scherz wert zu sein.

#Du wirst stolpern, hinkrachen und dich verspäten.#

#Du hast mir gesagt, daß du dich vom Siphon fernhalten würdest. Aber ich merke, daß du mir voraus bist.#

#Fang mich!# sendete Nimfur'thon.

#Du bist zu nahe!#

#Für dich vielleicht. Aber nicht für mich.#

Quath rumpelte weiter, näher dahin, wo der Siphon zu erwarten war. Schon ballten sich Wolkenwirbel über den Köpfen. Die goldene Schneidlinie war schon einmal in Sicht vorbeigezogen. Bald würde sie wieder erscheinen und dunkle Schatten werfen. Sie könnte sie versengen, wenn Quath und Nimfur'thon zu dicht herankämen.

#Der Tukar'ramin hat uns ausdrücklich *gewarnt*! Teile des Strahls können nach außen flitzen.#

Als sie und Nimfur'thon geprahlt und sich herausgefordert hatten, hierher herauszukommen, waren sie zweifellos beide mutig gewesen. Jetzt merkte Quath, daß ihre Rede ängstliche Untertöne erhielt, die aus ihren geistigen Subkomplexen kamen. Diese waren stets vorsichtig und wollten ständig konsultiert werden. Sie ließen unterhalb ihrer Trägerwelle Baßtöne von Zweifel und Zögern erklingen. Quath ärgerte sich darüber, wie diese unerwünschten Hinweise auf ihre innere Natur durch ihre Filter drangen, so daß sie leicht zu verstehen war.

Nimfur'thon sagte zuversichtlich: #Es gibt da statistische Fluktuationen, meine niedrig humpelnde Freundin. Rückkopplungsstabilisation wird den Buckel pakken und in den Beutel seiner Mutter zurückstopfen.#

Quath hielt an, um mittels zweier in der Nähe befindlicher Berggipfel ihre Position zu orten. Keine Monde umkreisten diese Welt. Um leichter navigieren zu können, visierte sie die hohe Station an, die ihre Sippschaft den Mechanos abgejagt hatte. Diese schimmernde Kriegsbeute behagte ihren Subkomplexen, als Zeichen ihres dröhnenden Erfolgs auf dieser Welt. Sie hatten die Leiter der Mechano-Station gründlich ausgeweidet, als die Horde der Vielfüßler völlig überraschend mit frohem Mut hinabgestoßen war. Quath war stolz darauf, an einem so kühnen Sturm auf eine innere Provinz der Mechanos teilzuhaben.

Quath sauste bergabwärts – klappernd, klingelnd, bimmelnd –, als ihre Füße auf lose Steine stießen. Sie zielte auf die hervorschimmernde Röte Nimfur'thons. Ruhig, ohne Farbe in ihr erklingen zu lassen, sagte sie: #Wir sind immer noch sehr nahe …#

#Du bist es, Einfüßler. Mach dir keine Sorgen!#

Quaths Gedanken erstarrten einen Augenblick, als sie in einem Vorderfuß einen Servo laut winseln spürte – *eeeeii*. Sie dachte an Tukar'ramin, der im Nest ungefährdet arbeitete, jenseits der übervollen Kammlinie. Sie und Nimfur'thon hätten dort sein und mit dem Rest der Brut im Nest feiern sollen.

Quath war mit Nimfur'thon zusammen oft über diese Hügel geschritten, als sie zusammen gearbeitet hatten. Sie hatten sich mit den Fließrohrbehältern abgequält. Nimfur'thon hatte sich einen Fußknochen angesplittert, als eine Spundwand umkippte, und nicht ohne Schmerzen gehen können, bis Quath einen künstlichen Ersatz besorgte.

Nimfur'thons neuer Fuß funktionierte wie üblich besser als ihr natürlicher. Quath beneidete sie darum, weil sie dadurch schneller wurde. Sie hatte überhaupt keine natürlichen Füße mehr. Nimfur'thons langer stachliger Körper blitzte eindrucksvoll, fast völlig bedeckt von metallischen Verkleidungen.

Das Nest hatte sich veranlaßt gesehen, Quath und Nimfur'thon dabei mit der fortschrittlichsten Cybertechnik auszustatten, ganzen Subsystemen hübscher Organe und Gliedmaßen und Antennen mit eigener Energieversorgung. Es war eine Ehre, daß sie dafür ausgewählt worden waren; aber es ließ in ihnen nicht den freien hohen Mut der Jugend verblassen.

#Hast du dein Gedächtnis verloren, Quath? Wir hatten geschworen, uns davonzuschleichen und zu treffen, um wilden Energien Trotz zu bieten und zuzusehen, wie Plasma auf den Hügeln tanzt!#

#Ich … wir haben …#

#Sind deine Gehörknöchelchen bei diesem kleinen Flug zu sehr belastet worden?# Nimfur'thon äußerte dies in scharfem Staccato, und zugleich begann sie auf einem Seitenband ihrer Trägerwelle höhnisch einen Singsang: *Ich … wir haben! – Ich, wir haben!*

#Nein, ich … ich …#

#*Cicada*-Quath, du bist ein im Dreck kriechender Sandwühler geworden. Dein Brustkorb trompetet, aber im kritischen Augenblick …#

#Genug, du Zystenlutscher! Ich werde dich gleich …# Quaths Angeberei klang falsch. Wie ihre ganze im Boden wühlende Rasse hatte sie Angst vor Hohen. Und noch mehr vor dem Fliegen. Ihre Subkomplexe gaben Alarm. Sie nahm all ihren Mut zusammen.

Mit einem Ruck brachte sie ein rosiges Flammen-Ei unter sich hervor. Sie rannte eine gefleckte Granitklippe empor. Während des ganzen Gezänks seitens Nimfur'thons hatte Quath geplant und eine Richtung gewählt. Jetzt raffte sie ihre ganze Reserve zusammen, erklomm die Steinwand und – während Treibstoff in schwarzem Nebel herausblubberte und Raketen abgewürgt wurden – krabbelte sie über die Felsblöcke des Gipfels.

Klammerte sich fest.

Schwankte auf der Kante.

Fächelte die blaue Luft …

… und bekam sicheren Halt.

– *Jitjitjitee!* – kreischte eine Verbindung, aber Quath kroch in Sicherheit und fühlte eine Wärme der Geborgenheit, als ihr Schwerpunkt über festem Boden in eine angenehme Position glitt. An die Stelle heftiger Angst trat Stolz.

#Erweise hier deine Verehrung!# brüllte Quath.

#Wie hast du …? Ach so, du hast deinen letzten Tropfen Treibstoff herausgequetscht. Das ist unklug.# Nimfur'thon auf der Ebene drunten war eine geduckte Scheibe.

#Ausgerechnet *du* quatschst von Klugheit? *Du*, die mich beschwatzt hat, hier herumzustrolchen?#

Quath fühlte sich auf dieser hohen Stelle plötzlich zu exponiert. Sie erkannte, daß in der Luft phosphoreszierende Flächen hingen – nahe, erschreckend nahe.

Nimfur'thons vibrierendes Signal verriet jetzt einen leichten Zweifel.

#Der Siphon bildet sich#, schrie Quath.

Aus entfernten Hügeln stieß gelber Dampf empor. Aus Schlamm gebaute Häuser säumten die Kammlinie, zeitweilige Unterkünfte für die Stromröhrenbauer.

#Geh auf der abgewandten Seite herunter, Quath! Weg von dem Siphon.#

Quath kroch den Abhang hinunter und ließ dabei Steine in die Tiefe poltern. #Und du? Wir müssen uns beeilen.#

#Ich werde diese Ebene überqueren. Wir treffen uns dann in der niedrigen Furche, dort# – Nimfur'thon produzierte eine Vektordarstellung im Koordinatengitter – #und beobachten den Siphon.#

Quath stieß einen tiefen Seufzer aus und setzte sich eilends in Bewegung.

#Wir müssen unbedingt einen guten Blick darauf haben#, rief Nimfur'thon energisch. #Dies ist unser erster, nicht wie ein essigsaurer Vielfüßler, dem alles über ist. Wir haben für diese Augenblicke schwer gearbeitet.#

Quath ignorierte diese ständigen Rechtfertigungen und konzentrierte sich auf die vielen Steine, die sich vor ihr angesammelt hatten und abwärts sausten. Nein, sie wollte nicht unter Kieseln begraben werden. Sie ging um eine Steinplatte herum, rutschte geschickt seitwärts …

#Quath – hier gibt es Tiere!#

#Unmöglich. Dies Gebiet hier ist total verbrannt.#

#Doch, ich habe sie durch mein Aufstampfen hochgescheucht. Sie schwärmen aus ihren Löchern heraus.#

Quath drehte sich um und bekam Nimfur'thon auf der Ebene ins Visier. Über ihrer grauweißen Scheibe flatterten Punkte. #Flieger, Vögel.#

#Nein, Nichtser. Die sind am schlimmsten. Schädlinge für alles.#

#Bist du sicher, daß es keine Mechanos sind?# Quath bekam richtig Angst. Sie hatten die Hauptstreitkräfte besiegt, aber vagabundierende Mechanos streiften immer noch durch die Hügel.

#Nein, nichts so Gefährliches. Aber – so viele!#

#Geh weiter! Wir haben nur noch Augenblicke.#

#Nein. Ich spüre, daß es hier noch mehr Schädlinge gibt. Wie, wenn sie in die Stromröhrenformer geraten wären? Sie würden den Siphon ruinieren.#

#Vergiß sie! Lauf!# Quath raste mit aller Gewalt eine enge Schlucht hinunter.

#Ich kann jetzt ihr Trommeln wahrnehmen#, schrie Nimfur'thon. #Da sind eine ganze Menge. Sie bilden lange Kolonnen.#

#Sie suchen Nahrung. Sie grasen. Aber du mußt diesen exponierten Platz verlassen. Sofort!# Japsend und fest zupackend holperte sie die steile Schlucht hinunter.

#Wir müssen Tukar'ramin rufen. Diese Biester könnten sogar innen in den Stromwerken sein!#

#Dann werden sie bald hinausgescheucht sein. Dummes Ding! Wir können Tukar'ramin gar nicht rufen. Hast du vergessen, daß wir hier ohne Mandat sind?#

#Ah – so. Ich habe den letzten verbrannt. Falls es da noch mehr gibt …#

#Die kannst du vergessen.#

#Du hast recht. Ich komme.#

Der Himmel kräuselte sich. Ein üppiges goldenes Gebilde wirbelte auf sie zu.

#*Flieh!* Die Zeit reicht nicht ...#

#Ich rase ...#

Der Himmel erbebte.

Quath kam rutschend zum Stehen, zog die Füße ein und *klick!* – machte ihre Öffnungen und Schilde dicht. Die brausende Luft zeigte ein ionisiertes Blau.

Jenseits der niedrigen Hügel schob sich eine goldene Wand vor. Die schimmernde Linie war nach Norden gezogen, als ihre Rotation schneller wurde. Der Große Kosmische Kreis drehte sich rascher. Sein Rhythmus verschwamm. Der Wirbel hatte einen gleichmäßig schneidenden Druck hervorgerufen. Jetzt bewegte sich die goldene Wand vom Pol nach außen – ein fast perfekter Zylinder, der aufrecht stehend in den Himmel wies.

Eine in der Nähe gelegene Stromstation schickte ihre brummenden Magnetwirbel aus, welche die in der Ferne vorbeiziehende Saite packten und beschleunigten. Tausende ähnlicher Stationen zogen und schoben alle die dünne rasende Linie bei ihrem Weg um den Pol des Planeten.

Diese Röhre aus tanzendem Licht, der Siphon, goß Farbe in den geschundenen Himmel – von Rosa über Rot bis zu Orange. Der Wind heulte und zupfte am Rande von Quath mit dünnen Fingern, um sie umzukippen. Quath schaltete hastig auf den Kanal der Sippschaft, um einen Ruf auszusenden. Statt dessen überflutete sie, was diese von der fernen Hügelkette aus sah.

Die Stromröhre wuchs gerade und real vom Gebirgshorizont aus. Sie biß in die Wolkendecke und ließ sie in einem purpurnen Blitz wegbrausen. Dunkle Flecken schossen hoch; und sofort hatte Hitze die elfenbeinfarbenen Wolken vertrieben.

Jetzt erschien das Schwarz des Vakuums, ein Fleck,

der sich hoch oben bildete, ein Ziel, das entstand, als der Pfeil hindurchschoß. Die Sterne flimmerten wieder.

Das obere Glied wurde geformt, als sich die Röhre für das reine Vakuum des Weltraums öffnete. Quath sah angstvoll mit schmerzenden Augen, wie braune und graue Stäubchen wirbelnd aufstiegen. Die Sippschaft spendete im Chor Applaus, ein flottes, brausendes Lied.

Fertig! kam Tukar'ramins freundliches Signal.

Jetzt brummte der Siphon mit neuem Leben in dem Felsen. Die Wände der Röhre hielten den Druck des festen Gesteins allseitig zurück – außer im Kern. Dort zwängten bei jedem Umlauf ungeheure Drücke mehr Metall in die Röhre. Gewaltige Kräfte zerrten an ihren Wänden. Die brummende Röhre nagte und brannte einen Zylinder aus seiner Mutterwelt heraus. Ganz oben herrschte Vakuum, während unten freigesetzte Drücke den gelockerten Fels aufwärts stießen.

Es strömt, ertönte die sanfte, ruhige Stimme Tukar'ramins – und die Stromröhre füllte sich sogleich.

Perlfarbene, durchsichtige Kraftwände verblaßten zu grau. Ein Gesteinspfropfen drang nach außen.

Quath rief in dem brüllenden, tobenden Sturm: #Nimfur'thon!# Der Wind ließ Steine auf ihre Haut prasseln. #Nimfur'thon!#

#Hier. Ich bin gelandet, aber exponiert.#

#Halt dort aus!#

#Wir sind geblendet, mein liebes Einfüßchen. Diese scharfe Brise ...#

Eine Glutwelle überrollte die Hügel. Die Stromröhre leuchtete auf. Der Zylinder füllte sich – golden bis rot und weiß.

#Der Kern!#

– Und er sauste hinaus.

Ihre Lanze hatte jetzt den Schatz dieser Welt getroffen. Die Kehle der Röhre war künstlich geformt und wurde etwas dicker, als das weißglühende Metall darin emporstieg. Der Schwall geschmolzenen Metalls drängte aus den enormen Drücken des Kerns in die Leere des Raums. Reichtümer spritzten hoch und nach draußen, dem ächzenden Gewicht entfliehend.

Quath blinzelte. Das Glühen der Röhrenwände tat ihren vielen Augen weh. Sie tauchte in die Flut des Bildes von Tukar'ramin.

Zarte grüne und bernsteinfarbene Bänder tanzten – Edelmetalle –, der einzige Schatz, dessen sich diese elende Welt rühmen konnte. Das Tukar'ramin-Bild kippte. Es folgte einem schwarzen Fleck von Unreinheit in der glühenden Rohrleitung nach oben, zu den Sternen hin, in saugende Leere, weit jenseits des Zugriffs der Luft.

Dort wischten elastische Magnetfelder Streifen weg und fanden Orbits für den geschmolzenen Brei. Die gelbliche, zitternde Flüssigkeit, frei vom Zwang der Schwerkraft, schoß hinaus in die Kälte. In die Räume zurückgekehrt, die es einst gekannt hatte, erstarrte das Metall, wurde fleckig, und seine Kruste zeigte braune Unreinheiten. Der entstehende Faden krachte und ächzte stellenweise, als er sich abspulte. Manchmal gab es Bruchstellen; aber er glitt gleichmäßig dahin in seiner friedlichen Bahn.

Als es abkühlte, wurde es grau.

Als es grau wurde, verflochten sich die Fäden.

#Quath! Da ist etwas …#

Überrascht, peilte sie Nimfur'thon an. Aber das Signal riß ab.

Sie schickte durch einen Störnebel einen Impuls zum Nest. Es kam ein Ton als Antwort, und das weitwinklige Bild kippte wieder den glühenden Metallstreifen hinunter und in die niedrigen Hügel. Ein Wirbelwind hatte die Luft gereinigt. Das unheimliche Licht des Kernmetalls ließ Schatten auf der Ebene erscheinen. Aber da flimmerte etwas …

Die Röhre. Sie verkrümmte sich, brummte, rollte sich zu einer Spirale zusammen und streckte sich dann wieder. Licht strömte an den Wänden empor.

Es bildete sich eine Schwellung. Sie wuchs an.

Quath verfolgte das Bild aus Augenhöhe. Die dicker werdende Stromröhre bekam Riefen. Bog sich. Und bildete plötzlich einen Ring – schneller, als das Auge folgen konnte. Hinaus, quer über die Ebene. Seine Metallsuppe entwich. Eine blendend weiße Kugel schwappte hinüber, zertrümmerte Steine und breitete sich aus.

Der graue Pfannkuchen von Nimfur'thon duckte sich in eine flache Senke. Felsen über ihr wurden angesengt, wo sie von der blubbernden Flüssigkeit berührt wurden. Die Flut zögerte und strömte dann hinüber. Sie machte alles, alles schwarz.

#Nimfur'thon!#

Jetzt kamen die Bilder so rasch, daß man sie kaum verstehen konnte.

Die Beine zuckten. Ein gellender Schrei. Fußballen schmolzen, wo das sprudelnde Weiß sie berührte. Nimfur'thon drehte sich um. Ihre Füße zersplitterten. Haut wurde aufgerissen. Eingeweide quollen heraus – und verbrannten in grauem Rauch.

Nimfur'thons Gehfüße schmolzen langsam in dem Brei. Ihre vorderen Gliedmaßen griffen rasend zum Himmel, als ob sie sich hochziehen könnten.

Orangefarbene Flammen knackten den oberen Panzer. Armfüße schlugen krampfhaft ins Feuer. Gelbe Zungen fraßen. Ein Panzer platzte auf. Fleischstücke brutzelten.

So war es, wie Quath Nimfur'thon in Erinnerung behalten würde. Dieser Anblick tilgte alle anderen Erinnerungen. Während einer ihr lang vorkommenden Zeit konnte Quath nichts weiter sehen als diesen entsetzlichen Moment des Todes. Ihre Sehorgane registrierten andere Eindrücke, aber ihr Geist wies sie zurück. Sie stand starr da. Sie begann zu zittern.

2. KAPITEL

Der Siphon sprudelte. Kolossale Magnetknoten kräuselten die Flut. Die glühende Druckwand wurde wieder zu dem einsamen String. Seine goldene, messerscharfe Pracht hing an den Polen des Planeten. Es kehrte wieder Ruhe ein. Oben kreiste ein dunkles Knäuel kaltgehärteten Metalls auf Umlaufbahn. Entlang diesem neu entstandenen Verhau bewegten sich Gestalten, die polierten, schnitten und riesige Dinge herstellten.

Die Schraubeninstabilität war geklärt. Es gab tatsächlich Hinweise für Einmischung von Nichtsern.

Arbeitstrupps begaben sich über die Ebene zu den Stromwerken. Sie brachten die zerteilten Überreste von Nimfur'thon zum Nest. Nur wenige sprachen zu Quath, nicht weil sie sich scheuten – die Analyse von Nimfur'thons Spurschreiber hatte ergeben, daß es ihr eigenes Risiko gewesen war –, sondern vielmehr deshalb, weil sie es eilig hatten, die Stromröhrenprojektoren zu reparieren, die zu Schlacke geschmolzen waren.

Während die Trupps arbeiteten, schlich Quath zum Nest zurück. Ihre Gelenke und Fugen schmerzten von Einstichen. Danni'vver, die Tukar'ramin beim Training assistierte, stellte piepsend Fragen an Quath, als sie noch unterwegs war. Sie erkundigte sich nach Details darüber, wie sie so nahe manövriert hatten und – nach kurzen Bemerkungen zu schließen – die Wolke gespürt hatten, die über Quath herunterkam.

Dann folgte eine Ruheperiode, die Quath zu genießen gedachte. Aber das war ein Irrtum. Sie spürte zwischen den Wänden des Nestes die summende Bewegung anderer Vielfüßler, die nicht ruhten. Sie horchte auf die dringenden, fieberhaft geäußerten Daten, die sie nicht schlafen ließen.

Die eine Schleife bildende Instabilität bedeutete einen Rückschlag, der ihren Zeitplan zurückwarf. Legionen ihrer Strangkameradinnen waren weit draußen jenseits des Kosmischen Kreises auf Umlaufbahn. Sie warteten auf die Metallklumpen, um mit dem Weben zu beginnen. Das Tempo im Nest mußte also erhöht werden. Schließlich brachte sie die lästigen Stimmen ihrer Subkomplexe zum Schweigen. Dankbar fiel sie in Schlaf, die Beine in dem glatten Gewebe zusammengelegt und angezogen; denn etwas Finsteres machte ihr Sorge.

Quath wachte keuchend auf, die Füße verschlungen, während die Tüpfel ihrer Tracheen in hastigem Rhythmus rot, gelb und dann wieder rot hervortraten. Durch das Gewölbe des Alkovens hallte ein Ruf an sie. Quath antwortete. Es war eine dringende Aufforderung seitens Danni'vver.

Sie stieg schnell vom Lager herunter. In ihrem Geist herrschte Wirrwarr. Ihre Hydraulik klemmte und verursachte einen stechenden Schmerz.

Hastig schmierte sie einen Speicheltropfen auf eine Essigspore und verzehrte diese. Dann humpelte sie los, wobei sie das Bein schonte, das am Knie gesplittert war. Mühsam hinkte sie durch Gewölbe, in denen emsig gearbeitet wurde. Ein Fünffüßler rief ihr einen Gruß zu; aber sonst blieb sie unbeachtet. Das war nichts Neues und auch gerade das, was sie sich an diesem Tage gewünscht hatte. Das Gewicht, das sich auf sie gesenkt hatte, machte Geselligkeit unerwünscht.

#Bist du dir darüber klar, daß du Tadel verdienst?# dröhnte Danni'vver am Eingang der Zentralhöhle.

#Natürlich.#

#Deine Beförderung wird sich verzögern.#

#Ja.#

#Die Hinzufügung eines Manipulationsarmes, um dich ...# – Danni'vver schaute auf ihrer Tafel nach, anstatt Quath direkt anzublicken – #zu einem Fünffüßler zu machen, wird erst später erfolgen.#

#Ja.#

#Es ist gut, daß du dich so leicht fügst. Manche schaffen das nicht, obwohl es Zehntausendfüßler sein mögen.#

#Ja.#

Danni'vver klappte eine Öffnung in ihrer genarbten Haut auf. Mit wäßrigem Blick studierte sie Quath einige Zeit und sagte dann: #Trotz deines Irrtums wird Tukar'ramin in dich eingehen.#

Quath fühlte, wie ihr Inneres barst. Angst strömte hinaus. Furcht preßte ihre Atemöffnungen zusammen, bis die Luft nur noch durch enge Spalten zischte. Die Wand teilte sich mit leisem Gepolter, das den rasselnden Atem von Quath übertönte. Quath stolperte auf steifen Gliedern vorwärts. Sie wußte, daß man sie als das sehen würde, was sie war.

Angst lähmt dich.

Der flimmernde Gedanke tauchte auf, als sie aufblickte und sich zurückbeugte, um die Höhe wahrzunehmen. In den Gespinsten bewegte sich ein riesiger Klumpen. Feuchte Perlen drifteten in einer zuckenden Wolke. Massive Steingewölbe machten die Luftströmung drückend.

Quath begann: #Äbtissin, ich habe abgrundtiefe Sorge ...#

Versuche nicht, dein inneres Selbst zu beschreiben. Ich sehe.

Zitterndes Licht spielte im Körper der Tukar'ramin, der den oberen Hohlraum überspannte. Quath war noch nie mit einem so majestätischen Wesen allein gewesen. Sie bemühte sich, alles aufzunehmen. Die voluminöse Präsenz starrte von unzähligen Beinen.

Sie fühlte eine Sondierung. Feine Drähte fädelten sich durch ihr trübes Inneres. Sie empfand dumpf ein tanzendes und rotierendes Phantom – und dann war es fort, verdunstet.

Es ist nicht Nimfur'thons Tod, der dich quält.

Die Worte klangen kalt, obwohl sie in dem warmen Meer von Tukar'ramin wie eine Begrüßung an der Oberfläche trieben.

#Nein. Ich fürchte, einige ... einige ...#

Laß nur! Die Last, die du trägst, muß allmählich leichter gemacht werden. Eintauchen in unseren Weg wird helfen.

#Ich *kenne* ja den Weg.#

Kein Zehntausendfüßler kann mehr als einen oder zwei Verzweigungen des Weges verfolgen, Quath'-jutt'kkhal'thon. Mach deine Last durch Arroganz nicht noch schwerer!

#Ich ...# Die drückende Angst kam wieder hoch, und Quath zog den Atem ein, um nicht aufzuschreien.

Das sehe ich. Weiß ich. Aber du mußt durch den ganzen Morast hindurch.

#Aber ich ...#

Das Factotum wird dir die Chronik bis zu einer Tiefe zeigen, die du noch nicht geschaut hast. Studiere sie und lerne unsere Geschichte und Einflußsphäre kennen! Das wird dich heilen.

Quath ging hinaus, auf empfindungslosen Füßen stolpernd. Ihre Atemöffnungen waren in heftiger Tätigkeit.

3. KAPITEL

In der Chronik überwältigte Quath die Zeit. Das Factotum – ein trockener, pedantischer Typ – hatte sie in einem widrigen Netz festgemacht, das nach der Benutzung durch viele Zweifüßler stank. Dieser Platz diente gewöhnlich für die Grundausbildung ganz junger, geistig träger Individuen.

Quath konnte sich kaum an diese Phase erinnern. Sie war damals vollkommen natürlich gewesen, ohne jede maschinell verstärkte Fähigkeit. Weich, zart, dumm. Natürlich hatte sie die Wahrheiten der Chronik auswendig gelernt. Jetzt kam ihr das alles nutzlos vor. Sie hatte ihren Glauben verloren.

Also war sie nun wieder hier. Unter den Gerüchen der Jugend. Mit einem Helm auf dem Kopf und Nadeln in allen Sinnesorganen. Und vor ihren Augen erschloß sich die ungeheure Geschichte.

Sie kannte die großen Züge und hatte diese Kunde gelernt, ohne je richtig darüber nachzudenken. Bilder aus dem Altertum huschten vorüber. Für die alten Vielfüßler war Leben kein Risiko, sondern ein heiterer Tanz gewesen. Sogar Zehntausendfüßler aalten sich auf üppigen, schwülen Stränden. Sie sonnten sich und taten sich an Brei gütlich.

Aber im Laufe der Zeit breitete sich die Rasse über die Heimatwelt aus. Die Wissenschaften und Philosophien jener fernen Zeiten wurden durch allgemeine Trägheit abgestumpft.

Die Füßler waren nicht immer so gewesen. Auf alten Bildern wurden wilde, längst ausgerottete Tiere mit den

Zangen an der Kehle gepackt und blieben nach heftigem Widerstand still liegen. Obwohl sie faul gewesen waren, hatten die Altvordern ihre Welt von solchem Ungeziefer gereinigt.

Ohne Herausforderung trödelte die Rasse so dahin. Aber ihr Zentralstern hatte sich in die innere Umgebung des Galaktischen Zentrums begeben. Mechanos begannen, ins Reich der Füßler einzudringen. Ihre ungeheure Absicht wurde deutlich. Nur durch fieberhafte Vermehrung konnten die Füßler dem expandierenden Schwung der Mechanos begegnen.

Ihr schlitzäugiger Geist wurde wieder lebendig. Danach kamen wissenschaftliche Entdeckungen, die allem Sinn verliehen.

Was ist dein Anliegen? Das Factotum war immer auf dem Posten und versah Quath mit einem Gießbach an Daten, alle in hormonalem Filigran codiert.

#Ich … Ich bin hier, weil die Tukar'ramin …#

Möchtest du gern einige erzieherische Daten aus der Chronik haben?

#Sehr gern.#

Quath war locker gestimmt. Ihr Geist schlitterte auf der Oberfläche eines Tränentropfens, der wie ein Planet schimmerte. Die Oberflächenspannung ließ sie auf seinem eisigen Glanz gleiten. Sie riß sich zusammen, als fein abgestimmte Düfte anstimmten: ›Nutznießung der Kollabierten Sterne‹.

Die Einleitung brachte Konventionelles rasch hinter sich. Die Feuer in der Tiefe der Sonnen verglommen unabweisbar. Die fast ausgebrannten Sterne implodierten in einem Feuer, das als Blitz in der ganzen Galaxis zu sehen war. Die kleineren hinterließen Kerne aus reinen Neutronen. Sie rotierten, und ihre Polkappen spien Partikel aus. Sie strahlten wie Scheinwerfer und pulsierten gleichmäßig wie galaktische Leuchttürme. Eine brauchbare Energiequelle.

Als die Rotation nachließ, konnten Füßler näher kommen. Teams von Strangkameraden blockierten die kreisenden Teilchenströme, dämpften die Energie und wandelten den Pulsar für nützliche Zwecke um.

Sie hatten herausgefunden, daß Mechanos von Pulsaren angelockt wurden – nicht nur wegen deren Fülle an Energie, sondern auch für gargantueske wissenschaftliche Experimente. Der Zweck dieser ausgeklügelten Arbeiten, die über den Polen von Pulsaren ausgeführt wurden, wenn diese elektronisch-positronisches Plasma emittierten, blieb unbekannt.

Mechanos hatten Sonnen in der ganzen Zone um das Galaktische Zentrum zu Supernovae angeregt – offenbar um Pulsare zu erzeugen. Durch das Aufstellen von Fallen in nahen Pulsaren hatten die Füßler ihre ersten militärischen Erfolge errungen.

Mit einem Mal kam schreckliche Angst auf. Quath begegnete dieser erstmals in den vor ihr schwimmenden Bildern.

Ein Nebel schimmerte in dem zarten Rosa von Sterngeburten. In der Nähe flackerte ein Pulsar, Grabmal einer verschwundenen Sonne.

Über die dünne Lichtfläche sickerte eine Staubwolke und verdunkelte den Nebel – ein genaues Abbild des Todes, der die Füßler erwartete, jedes Leben, alles.

Nimfur'thon – erst braun angesengt und dann schwarz werdend, ihr Fleisch sich verkrümmend und brutzelnd abfallend.

Nimfur'thon gab es jetzt nicht mehr. Sie war dahin. Quath empfand Trauer um ihre Strangkameradin, um den Geist, der mit ihr im Labyrinth des Nestes so gut harmoniert hatte. Aber diese Trauer war nur die äußere Fassade der darunter lauernden Bestie, des Dinges, das Quath bis zu diesem Augenblick nicht hatte herbeirufen wollen, als die Staubströme das ferne Leuchten des Nebels abhielten.

Staub. Finsternis. Allesverschlingender Tod.

Quath spürte einen Schauer der Furcht – nicht wegen Nimfur'thon, sondern ihretwegen.

Quath wandte sich an das Factotum.

Ja? Deine Lektion ist noch nicht zu Ende.

#Vergiß das! Ich will wieder die Chronik haben. Berichte mir von den Querdenkern!#

Die gewöhnliche Geschichte gab es da überreichlich. Wie der äonenlange Krieg mit den Mechanos begann. Wie die Rasse die Herausforderung erkannt hatte. Wie die höchsten aller Füßler, die Illuminaten, merkten, was die wissenschaftliche Landschaft besagt hatte: die heilige kosmische Sicht.

Aber nicht alle waren einverstanden. Andersdenkende, genannt die Querdenker, widersetzten sich der Synthese.

Es gab stürmische Erörterungen. Schließlich wurde jede Ablehnung verworfen. Die Energien der Rasse wurden frei. Danach, in Erkenntnis der Wahrheit, begann die Rasse zu …

Quath schaltete diesen Standardkram ab.

Ja?

#Die Querdenker – ihre Lehren? Die werden nicht erwähnt.#

Danach wird gewöhnlich nicht verlangt.

#Ich verlange es jetzt.#

Gab es da ein Zaudern? Gut. *Ich nehme an …*

Ein Kommentar über weitere Geschichte. Daten, Orte, Fakten – Planeten und Äonen, jetzt alle entschwunden. Dann befand sich Quath weiter eindringend inmitten der Querdenkervision, wie sie in ihren Texten angegeben war.

Der Tod des Individuums war, wie sie sagten, eine Tatsache, brutal und unausweichlich. Für keinen Füßler gab es eine Wiedergeburt. In der Wissenschaft lag *keine* verborgene Botschaft.

Eine tönende, seidige Stimme sang aus einer altertümlichen Laube:

Es ist unser Platz, im Rahmen von Gesetzen zu leben, die unsere Existenz begründen; uns aber an sich weder Zweck noch Verheissung oder Triumph als Gattung bieten. Das Universum gewährt uns einen Platz in seinen systematischen Tätigkeiten, kümmert sich aber nur um das System als solches, nicht um uns.

Quath schnappte nach Luft, als sie die Dinge so nüchtern dargestellt sah.

Aber sie spürte, daß in ihrem Innern eine Antwort lauerte, ein wachsendes Gefühl der Zustimmung. Auch sie vertrat diese Ideen. Der erschütternde Moment von Nimfur'thons Tod hatte diese Gedanken an die Oberfläche gebracht. Sie würden niemals wieder untertauchen. Quath lauschte weiter der leisen, zuversichtlichen Stimme, die ihre letzte Wahrheit verkündete:

Selbst diese Art von Feststellung der Wahrheit führt in die Irre. Die Welt um uns ist tatsächlich nicht fähig der Fürsorge. Wir existieren als zufällige Ereignisse in einer Welt, die in ihren Gesetzen geregelt ist, aber ohne jeden Plan über die trächtigen Taten der Dynamik hinaus.

Quath prallte zurück, als ob sich eine nahrhafte Faser plötzlich zusammengekrümmmt hätte und zu einer Schlange geworden wäre.

Das war es, was sie gefürchtet hatte. Jetzt war es substantiell und unbewegt, ein festes Stück Geschichte. Andere Füßler hatten den gleichen riesigen verschlingenden Abgrund geschaut. Die Welt war ein verrottetes, hohles Ding. Ein Stoß, und sie würde zerspringen.

Quaths Herzen pumpten unregelmäßig. Sie spürte,

wie jeder Schwall von Flüssigkeit durch eine andere Röhre aufstieg. Sie wurde von Hormonen überflutet, die mit schrillen Tönen und scharfen Fasern die dürre Rolle der Geschichte abspulten.

Die Ketzer widerlegten leicht die Synthese, nach der Quath gelebt hatte. Geschichte wurde unkenntlich, wenn sie von einem anderen Messer geschnitzt wurde. Man redete von religiöser Raserei, veranlaßt durch den gnadenlosen, nicht endenden Krieg gegen die Mechanos.

Aber die Synthese war *keine* Religion, wie Quath sich überlegte; sie war eine philosophische *Entdeckung*. Religionen waren schon früher gekommen und gegangen. Niemand hatte die Füßler veranlaßt, sich als Ganzes zu erheben.

Unerbittlich rollte die hormonal angeregte Logik weiter, über Quaths Einwände hinweg. Die Illuminaten waren in jener uralten Zeit voll in Erscheinung getreten. Ihr eisernes Gesetz herrschte.

Nach und nach leuchteten Bilder auf: dürre Füßler, die Nester zerstörten und Fasern zerschnitten. Ungläubige wurden ausgeweidet und schreiend aufgehängt, um unter fremden Sonnen zu verdorren.

Die Synthese sprach von rationalen Füßlern, die das Licht suchten, wie Quath hörte. Aber sie konnte ihre eigenen Gedanken nicht unterdrücken. Sah *das* nach Werken der Logik aus? Wie konnte die Synthese ihrer Annahmen so sicher sein?

Sie wankte brüsk davon. Das Factotum mußte sie genau beobachtet haben. *Du gehst?*

Ärgerlich platzte Quath heraus: #Ja, ja. Na und?#

Es ist nicht gelungen. Nichts Gutes entspringt aus … und das Factotum begann mit einer heiseren, versponnenen Anbetung.

#Sicher, Factotum, sicher#, unterbrach Quath. #Ich bin durch die häretischen Lügen verwirrt, das ist alles. Vergiß, was ich gesagt habe!#

Quath merkte, daß das Factotum dies wörtlich nehmen und das Gespräch tilgen würde. Vielleicht war das ebenso recht.

Die arme Kreatur konnte mit diesen Fragen nicht zurechtkommen.

Vielleicht konnte es überhaupt kein Füßler, wie Quath sich bitter sagte.

Warum war sie dann so niedergedrückt?

4. KAPITEL

Beq'qdahl klapperte sehr rasch und guter Dinge vorbei.

#Bald kommt es zu einer Zusammenkunft#, rief sie.

#Was?# Quath, die durch einen Roboter abgelenkt war, der den Ärmel ihres verletzten Beines richtete, schaute auf.

#Die Versammlung für Nimfur'thon, du Schlitzauge.#

Beq'qdahl kippte ihre Vorderbeine mit leichter Grazie nach hinten. Ihr Thorax bekam Farbe, und ihre flockigen Augen flackerten mit höhnischem Vergnügen. Haare an kleinen Drüsen reckten sich in Wellen nach außen, um die Verbundenheit von Strangkameradschaft auszudrücken. Sie sagte noch weiter: #Du hast es doch noch nicht vergessen, hoffe ich?#

Quath war äußerst bestürzt. Immer wenn sie an Nimfur'thon dachte, überflutete der beständige Alptraum alle anderen Erinnerungen. #Natürlich nicht. Manche trauern für sich im stillen.#

#Mag sein. Wir sehen uns dann.#

Quath beschloß, ihre Verwirrung durch eine sarkastische Bemerkung zu tarnen. #Ich habe aber noch nicht viel öffentliche Trauer bemerkt.#

Beq'qdahl verstand die Anspielung. #Meinst du, wir alle sollten das machen, was du nicht tust?# Sie zog ihre Analöffnung zusammen, um zu zeigen, daß ihre Bemerkung boshaft gemeint war.

#Wenigstens habe ich nicht angestrebt, zum Weben in Umlaufbahn überzuwechseln.#

#Hast du also nicht. Das war eine gute Idee. Du hast keine Erfahrung.#

#Deine Augen verraten dummes Zeug#, sagte Quath scharf. #Du mißverstehst diese Manschette für ein versehrtes Bein. Ich habe vier Füße, wie du auch.#

#Aber nicht mehr lange. Ich bin sicher, daß ich bald Zuwachs bekommen werde.#

#Das Denken springt in die Lappen.#

#Sehr wohl.# Beq'qdahl ging in die Hocke, *raak, raak*. #Glaubst du, daß ich übertreibe?#

#Du bist als Vierfüßler hierhergekommen. Ich habe weniger Areal eingenommen als du, das stimmt; aber ich hatte schon vier Beine. Die habe ich noch immer. Natürlich streben wir das Weben im Orbit an, aber deine arrogante Haltung …#

#Du bist wirklich ein Tölpel. Mein Ehrgeiz geht dahin, die Tukar'ramin selbst zu ersetzen.#

Quath glättete ihre Drüsenhaare und ließ roten Brei austreten, um zu zeigen, daß sie ihre Wut kaum bezähmen konnte. #Unglaublich!#

#Keineswegs. Ich bin kein Bodenwühler wie du.#

Quath explodierte. Ihre Furcht vor Höhen und vorm Fliegen war ein Stachel in ihrem Fleisch. #Du hast Fieberträume. Demnächst wirst du noch anstreben, ein Illuminat zu werden.#

Beq'qdahl war überrascht. #Du redest Mist. Sei vorsichtig! Die Illuminaten sind uns maßlos überlegen. Es könnte sein, daß jemand mithört.#

#Sie kommen von unsersgleichen her#, sagte Quath.

#Sie sind aber weit über das uns Erreichbare hinaus vervollkommnet.#

#Niemand ist unantastbar.#

#Gewiß, aber es ist klug so zu tun, als ob es anders wäre.#

#Ich verlange die Wahrheit, wie sie auch sein mag#, erwiderte Quath giftig. #Ich werde nichts vorgeben.#

Pause. #Quält dich etwas? Du sprichst mutige Worte, aber deine Flimmerhaare und dein Thoraxspektrum reden anders.#

Quath war tief betroffen. Konnte Beq'qdahl merken, was sie wirklich empfand? Wußte sie von ihren Zweifeln? Wenn es herauskam, konnte das ihre Zukunft ruinieren.

Quath wollte gerade eine schlagkräftige Bemerkung machen, überlegte es sich dann aber anders. #Meine Gedanken gehören mir.#

#Sehr wohl. Ich hoffe, daß dein kostbares Selbst nicht erschüttert wird, auch wenn ich vor dir befördert werde.# Beq'qdahl klapperte fröhlich mit ihren Knöchelchen und ließ Galle aus den Falten austreten. Der Tunnel füllte sich mit beißendem Rauch.

#Wenn wir Rivalinnen sind, wollen wir nicht so tun, als ob es anders wäre!# Sie ging fort und machte ein klirrendes Geräusch mit einer Ausscheidungsöffnung an ihrem Hinterteil.

Quath schob einen rattenartigen Dienstroboter weg, der sein Werk, ihren neuen Fuß, polierte. Beq'qdahl war gewiß eine Konkurrentin. Einen flüchtigen Augenblick lang hatte Quath erwogen, sich gegenüber Beq'qdahl offen auszusprechen. Das wäre ein Fehler gewesen. Niemand konnte helfen. Aber dennoch ... Wenn sie wenigstens eine Geste finden könnte, ein Wort ...

Als sie mit schwerem Schritt laut aus dem Tunnel stampfte, um den reparierten Fuß auszuprobieren, bemerkte sie in der keramischen Wand ein Auskunftsterminal. Irgendwie nagte an ihr noch etwas von der schwelenden Angst. Sie tastete ›Allgemeine Information‹ und nähere Daten ein. Als Text erschien:

DIE SYNTHESE: (1) ERKENNTNIS, DASS EINE KONTINUITÄT BESTEHT ZWISCHEN TRÄGER MATERIE, DURCH DIE GROSSE KONSTRUKTION DES FRÜHEN UNIVERSUMS, UND INTELLIGEN-

TEM LEBEN HEUTE. JETZT VON ALLEN AKZEPTIERT, KANN MAN DIESE KOSMISCHE PERSPEKTIVE ALS EINE KULMINATION ALLER ALTEN RELIGIONEN SEHEN, OBWOHL SIE NATÜRLICH ERRICHTET IST AUF EINEM FESTEN FUNDAMENT WISSENSCHAFTLICHER ...

Kontinuität. Das bedeutete, die Dinge gingen weiter. So nackt dargestellt, in nüchternen und objektiven Zeilen, besaßen diese Phrasen eine gewisse Kraft.

Eine winzige Spalte, aber Quath suchte darin Zuflucht.

5. KAPITEL

Die Füßler versammelten sich zur Zusammenkunft in einer Kaverne tief im Bau des Nestes. Sie hatten diese ausgehöhlt, als sie gerade angekommen waren und noch ganze Legionen von Mechanos erschlugen und vertrieben. Dieser Raum erinnerte an ihre frühen Ursprünge. Die steil ragenden glänzenden Wände reflektierten blasse Bilder der sich drängenden und schwatzenden Füßler. Krabbelnde Puppen, die dort heulten und spielten, hatten den rauhen Stein poliert.

Danni'vver erschien am Portal des Versammlungsraums. Sie stieß den rituellen Ruf aus, dessen Töne von der gewölbten Decke widerhallten.

Bei diesem Anlaß trug niemand die grauen, groben Schutzmäntel von Arbeitern. Statt dessen sah man weite, aufgeplusterte Gewänder. Manche protzten mit rosigem, sichelförmigem Kopfschmuck. Flaumige Wimpernkränze vibrierten. Regenbogenfarbene Tropfen aromatischen Eiters traten aus kunstvoll erglühenden Poren. Gekämmte Tracheenfedern und stahlblau schimmernde Rückenschilde erhöhten den Status ihrer Träger. Manche spielten mit perlfarbenen Kastagnetten aus Tierknochen, die von jedem Fußgelenk baumelten. Alte Zehntausendfüßler zeigten frische Inkrustationen aus Glimmer oder gehärtetem Bimsstein.

Diejenigen, welche frisch befördert waren, fanden Gelegenheit, das schimmernde Bein zur Schau zu stellen, das sie verdient hatten, poliert und funkelnd zwischen ihren anderen matt gewordenen Füßen. Andere stolzierten mit klingelnden Kupferantennen herum.

Oder riesigen Stoßzähnen aus Ebenholz. Neue Quarzlinsenaugen verströmten Spektren wie Edelsteine in Öl. Wer kürzlich neue Verdaungstrakte bekommen hatte, protzte mit geschwollenen Blasen, in denen unlängst gemampfte Speisen plätscherten.

Die verspäteten Füßler strömten auf Strickleitern in die Kongreßhöhle. Als sie knarrend auf die Knie gingen, erschien über ihnen das Bild Nimfur'thons. Die traditionelle Anrufung begann. Eine hallende Stimme dankte den Arbeitern dafür, daß sie ihre Tätigkeit unterbrochen hatten, um zu kommen und einen gefallenen Strangkameraden zu ehren. Quath paßte genau auf, obwohl in der Nähe einige laut tratschten. Dann – unglaublich! – erschien Tukar'ramin hoch über Nimfur'thon.

Alle schnappten nach Luft. Noch nie hatte Tukar'ramin sich dazu herbeigelassen, vor ihnen allen zu erscheinen. #Was! Warum?# schrie jemand.

Anscheinend ohne den Schock zu bemerken, den sie ausgelöst hatte, erfüllte Tukar'ramin den riesigen Raum mit ihrer sonoren Stimme. Sie intonierte die Wahrheiten. Quath hörte aufmerksam zu, als die alte Geschichte dargeboten wurde. Sie versuchte, einen frischen Sinn darin zu finden.

Die Litanei war natürlich ganz zutreffend und großartig. Sie erzählte, wie durch Störungen rotierendes Gas zusammengeballt wurde, woraus im Laufe der Zeit abgeflachte Galaxien entstanden. Dann flammten die zusammenstürzenden Kerne junger Galaxien heiß auf und wurden zu Quasaren. Diese Agonien waren brennende Fanale über einen Abgrund hin, der so ungeheuer war, daß sie aus der Entfernung zu strahlenden Pünktchen verblaßten. Die Füßler hatten dennoch gefolgert, daß in deren Zentrum immense Schwarze Löcher von einer Milliarde Sternmassen oder mehr lauerten, welche den aufgewühlten Staub weithin festhielten.

So war es in allen Galaxien, bis hinab zu unserer eigenen. Die Schwarzen Löcher rotieren und saugen, rotieren und saugen, sagte Tukar'ramin.

So ging nun die Evolution weiter ihren festen Gang. Scheiben aus aufgesammeltem Material wirbelten um die Schwarzen Löcher. Gezeitenkräfte mahlten Himmelskörper zu Staub. Elektrodynamische Induktionsfelder trieben große Teilchenschwärme wie Geysire von diesen Scheiben fort. Nur in den milden Außengebieten der Galaxis gab es freundliche Bedingungen für die Entstehung organischen Lebens.

Somit erblicken wir über der reflektierenden Krümmung des Universums nur die Leichenbrände mächtiger alter Katastrophen. Das Verbrennen von Materie selbst. Die Gräber von Sonnen. Die Tukar'ramin ließ sich vor ihnen das Schauspiel entfalten. Galaxien quirlten und flammten auf und starben an den Wänden des Abgrunds.

Aber das war nur der erste Akt eines gewaltigen Dramas. In den stillen, nicht erkennbaren, rotierenden Scheiben gewöhnlicher Galaxien schritt die Wahrheit weiter voran. Sterne buken schwere Elemente zusammen. Kohlenstoff verband sich mit Sauerstoff, Phosphor, Stickstoff und Wasserstoff. Es ging flott weiter. Planeten drehten sich. Leben kämpfte sich hoch.

Diesem Aufblühen von Werken der Natur widersetzten sich die Mechanos. Sie verbohrten sich in einen boshaften, ewigen Krieg mit dem überlegenen Leben.

Quath wurde schläfrig. Viele Beine raschelten ungeduldig. Vielfüßler in der Nähe plauderten heimlich auf ihren privaten Bandbreiten. Die Tukar'ramin hörte das sicher mit, fuhr aber laut fort. Die geläufige Litanei:

Nichtser. Leben der niedrigsten Stufe beherrschte die Energiequellen nur *einer* Welt. Es waren einfache, unkomplizierte Rassen. Die unterste Stufe. Die göttliche Evolution entschied, daß Nichtser die Bühne verlassen mußten. Ihre Länder wurden Nahrung für die nächste Stufe.

Potente. Leben, das sich machtvoll entwickelte, wandelte ganze Sterne zu nützlichen Zwecken um. Die zweite Stufe. Ihre Werke konnte man über galaktische Arme, über Spalten von Dunkelheit und Konfusion hin, sehen. Solche Rassen trugen ihre Namen groß auf der offenen Tafel träger, blinder Materie ein.

Die Füßler waren jetzt sicher Potente. Soweit waren sie aufgestiegen. Sie wußten, worauf sie hinaus wollten.

Sternschwärmer. Dies war das Ziel der Füßler. Sternschwärmer beherrschten die kolossalen Energiequellen der Galaxis selbst.

Eine solche Sturmflut, die es gewohnt war, mit Signalen die Weite zwischen Galaxien zu überbrücken, könnte Kunde von den Füßlern ins ganze Universum senden. Das war ihre Absicht: Sternschwärmer zu werden.

Wenn die Füßler die Energie des Zentrums ihrer eigenen, verhältnismäßig sanften und harmlosen Galaxis meistern würden, könnten sie auch eine Rolle auf der größten aller Bühnen spielen, den singenden Kommunikationen zwischen den großen Sternozeanen. So könnten sie das überlieferte Wissen des Altertums zur Reife bringen und am gemeinsamen Geschick anderer Sternschwärmer teilhaben.

Die Summation, die Verschmelzung von allem Besten im Weltall, würde danach kommen.

Die Tukar'ramin folgte dem uralten Text, wie er von den Illuminaten überliefert war:

*– Alle Stranggefährten, nah und fern, flach und dünn, absorbiert und verknüpft. *Alle* werden gemeinsam daran teilhaben. Dieser höchste Augenblick wird sicher kommen, wenn der Geist letztlich die Materie beherrscht und für die Zwecke der Schwärmer einsetzt. Das Rennen auf den Entropietod hin wird angehalten

werden. Der Geist wird herrschen. So wie die Atome unserer Gebeine und Metalle in den ersten Sternen gekocht wurden, so werden wir zur Einheit mit dem Universum zurückkehren und …*

In Quath verkrampfte sich etwas. In den von grell orangefarbenen Supernovae strahlenden Spiralarmen sah sie nicht Sterne aus dem Nichts kommen, sondern statt dessen schwarzen Staub, der alles verzehrte, eine erbarmungslose Flut von Schmutz, die die rubinrote Asche von Sonnen überschwemmte –

#Aber was ist mit uns?#

Ihre Stimme unterbrach jäh die Wahrheiten. Die Zeremonie der Zusammenkunft verfiel in schockiertes Schweigen. Quath merkte, daß sie sich vom Kniefall zu voller Größe erhoben hatte.

Du hast eine Frage? Das ist in Ordnung, meine Strangkameradin.

Aber niemand hatte je bei einer Zusammenkunft Fragen gestellt. Das wußten auch alle.

#Warum sagst du, daß wir in der Summation wieder vereint sein werden?#

Alles Leben wird Wiedergeburt finden.

#Wo werden wir in der Zwischenzeit versteckt sein?#

Im Warten.

#Werden wir das spüren?#

In einer gewissen Weise.

#Selbst wenn wir tot sind? Wie Nimfur'thon?#

Es wird wie eine Zeit des Schlafes sein.

Oben ragte Tukar'ramin sehr groß und glitzernd auf, verankert durch feine Fäden. Quath hörte in ihrer Umgebung ein Gemurmel der Unzufriedenheit. Aber sie drängte weiter:

#Wir werden dort alle zusammen sein?#

Information verschwindet nie völlig im Weltall, wenn wir den nagenden Kiefern der Entropie entgehen können. Das ist unser Ziel.

#Aber das haben wir noch nicht geschafft. Wir fangen erst an, Sternschwärmer zu werden.#

Quath'jutt'kkhal'thon ... Während sie den vollen Namen von Quath benutzte, senkte Tukar'ramin einen Späh-Rüssel, der reich mit Sensoren bedeckt war. Ihre Wimpern flatterten mißbilligend. *Es ist besser, sich die Summation als etwas viel Größeres vorzustellen, als man selbst ist. Denn so ist sie.*

#Natürlich, ich weiß. Aber ...#

*Wir leben weiter in dem Sinne, daß unsere Werke leben. Es lebt das, was wir *sind*. Unsere Vectorsumme verweilt für immer im Universum.*

#Sind wir uns aber dessen bewußt?#

Ich glaube, das weiß man nicht.

#Aber gerade darauf kommt es doch an!#

Ich bin anderer Ansicht.

Diese Reduktion des Zentralpunktes auf eine Meinung verblüffte Quath. Ohne diesen Pfeiler stürzte der Bau zusammen. #Werden die Illuminaten ewig leben?#

Es ist uns nicht beschieden, das zu wissen.

Mehrere der älteren Zehntausendfüßler sandten diskret niedrigfrequente Signale an Quath und drängten auf ein Ende. Andere Füßler murrten und raschelten.

Bedenke, es ist unser Wesenskern, der sich fortpflanzt.

Noch mehr salbungsvolle Sprüche. Quath überkam plötzlich Verlegenheit, daß sie sich so exponiert hatte. Sie alle akzeptierten stumm – sämtlich. Sie bewahrten Schweigen. Was bedeutete, daß niemand wirklich glaubte. Nur die sture, blinde Quath stellte immer noch Fragen.

Dies hat sich als ein fruchtbarer Meinungsaustausch erwiesen. Sind deine Probleme gelöst?

#Ich ... ja.#

Ich vermute, daß du durch Nimfur'thons Hinscheiden mehr durcheinander gebracht bist als wir alle anderen. Du sollst wissen, daß wir Verständnis haben.

#Ich … ich weiß.# Um ihre Angst und Verwirrung zu verbergen, zog sie sich in das Ritual der ›Danksagung‹ zurück und ließ sich wieder auf die Knie nieder – *raak, raak, raak.*

Füßler in ihrer Nähe zwinkerten mißbilligend mit den Wimpern. Beq'qdahl brummte laut.

Das *Unfalum*, ihre gemeinsame heilige Speise, wurde von Greifzange zu Greifzange weitergereicht. Quath nahm stumm einen Strang, verschlang ihn und fing an, das klebrige Zeug in Streifen zu teilen. Die Manipel in ihrem Mund zerrten an den süßen Fäden und dehnten sie zu Folien aus, wodurch ihre Fläche vergrößert wurde. Feingliedrige Manipel drückten diese gegen Geschmacksknospen, um die Empfindung zu verstärken. Quath setzte sich hin und betätigte ihren Mund wie die anderen.

Warum hatte allein sie die Last dieser Zweifel zu tragen? Quath fragte sich danach, gab aber nicht auf.

Die Zusammenkunft endete mit singenden und schmatzenden Tönen, als man den Rest des *Unfalums* verzehrte. Quath preßte deutlich sichtbar ihren Thorax zusammen; aber so dünn sie auch das *Unfalum* gemacht hatte, konnte sie nicht hinunterschlucken und nicht von der Essenz ihrer gemeinsamen Vision essen.

6. KAPITEL

An diesem Abend stapfte sie von dem Nest fort, das wie ein Schatten über einer zerfurchten trockenen Ebene schwebte. Sie wanderte zwischen den Hügeln nördlich des Siphons dahin. Morgen würde sie zur Unrast der Arbeit zurückkehren, aber jetzt zog sie etwas aus dem sicheren Bau.

Das Land vibrierte, als ob der ganze Planet atmete. Wenn dem so wäre, dachte Quath in ihrer Verwirrung, würde die Welt nur zu bald ihren letzten Seufzer tun. Seltsamerweise störte sie dieses Bild.

Eine Wolkendecke zog über ihr mit geballten blauen Regenwolken dahin. Ein fahler Schimmer der untergehenden Sonne tränkte die Landschaft mit blassem Orange und Rot. Quath ging zu transoptischer Sicht über und sah den Kosmischen Kreis in seiner Umlaufbahn, träge und trübe ohne den Anreiz durch die Magnetfelder der Füßler.

Sie sehnte sich danach, dort zu arbeiten und mitzuhelfen, die Schärfe des Kreises in die Brust dieser sterbenden Schlammkugel zu schleudern. Das bedeutete Ruhm, Ehre und Schicksal.

Der Kreis war die kostbarste natürliche Hilfsquelle ihrer Rasse. Die Namen der Füßler, welche den Kreis gefunden und eingefangen hatten, würden für immer durch die Geschichte hallen. Der Besitz des Kreises gab den Füßlern die Möglichkeit, ganzen Welten die Kehle aufzuschlitzen. Sie hatten ihn gegen die Mechanos benutzt, die sie nicht in das Galaktische Zentrum hineinlassen wollten.

Der Ring konnte mit ungeheurer Geschwindigkeit gegen Schiffe der Mechanos geschleudert werden. Nachdem er diese zerfetzt hatte, gab es eine Möglichkeit, ihn plötzlich enorme Ausbrüche radioaktiver Strahlung ausstoßen zu lassen, die alle nicht geschützten Mechanos in einem ganzen Sonnensystem rösteten. Die Herren des Kreises waren Wohltäter und Krieger ohnegleichen in der Geschichte der Füßler. Quath war stolz darauf, auf dem zerrissenen Boden unter deren Schöpfung zu gehen.

Auf dieser zerfurchten Ebene verstopften Mechano-Ruinen die Schluchten. Zerschmetterte Fabriken der Mechanos ragten wie verfaulte Zähne auf. Die Gerippe von Mechanos rauchten noch nach früheren Schlachten. Füßler hatten aus anderen nützliche Teile entnommen, so daß nur noch die Hülle übrig geblieben war. Quath blähte sich vor Stolz über die Verwüstung, die ihr Geschlecht angerichtet hatte.

Selbst diese nur leicht verteidigte Welt hatte die Elite der Füßler beansprucht. Sie hatten sie überfallen, als die lokalen Mechanos mit internen Kämpfen beschäftigt waren. Die Illuminaten hatten Anzeichen für einen äußerst üblen Konkurrenzkampf zwischen Städten der Mechanos festgestellt. Daraufhin hatten diese weisen Wesen die Nester angewiesen, sich hinabzusenken. Sobald erst einmal ein ausreichender Teil der Oberfläche für den Bau der magnetischen Klammerstationen gewonnen war, wurde der Kosmische Kreis ins Spiel gebracht. Ihr Sieg eröffnete dann die Möglichkeit, in die Festungssterne der Mechanos einzudringen, die dem quälend verlockenden Kern der Spiralgalaxis noch näher waren.

Eine Herde weidender Tiere bemerkte Quath und stob wild auseinander. Selbst für Tiere wirkten sie stupide und ungraziös. Wenn man daran dachte, daß Nimfur'thon einen kostbaren Augenblick zu lange gezögert hatte aus Angst vor solchen niederen Lebewesen! Dies war ein rauher Planet, unfähig, mehr als Nichtser in seinem Schaum aus Meer und Himmel hervorzubringen.

Einige zerstreute Nichtser – rein an den Planeten gebundene Kreaturen mit grobem Gerät – gab es hier noch. Erst nach dem Sieg über die Mechanos hatten die Füßler sie überhaupt bemerkt. Die Ausweidung ihrer Welt würde mit solchen trivialen Wesen Schluß machen.

Immerhin fielen einige Füßler doch ihren Angriffen zum Opfer. Selbst so unbedeutende Kreaturen konnten Füßler in die Schwärze schleudern, die sich, wie Quath jetzt wußte, überall befand, hinter jedem anscheinend festen Objekt.

So wie sie Nimfur'thon verschlungen hatte, würde sie unausweichlich Quath, die Tukar'ramin, alle und alles hinunterwürgen in einem widerlichen Spaß von Kontinuität.

Quath hob ärgerlich einen Stein auf und schleuderte ihn gen Himmel zu einer in der Entfernung träge grasenden Herde. Der Stein riß große Lücken, als er durch sie hindurchsauste und einige Tiere tötete. Kleinere Tiere sprangen in Panik aus ihren Löchern. Sie tauchten in dem Dämmerlicht unter; und Quath wandte sich müde wieder dem schwebenden Alabasterberg zu, der das Nest war.

Der Siphon schwang sich wieder gen Himmel. Dieses Mal hielt der Kosmische Kreis einen beständigen Kurs, und der Siphon schwenkte nicht zur Seite. Es fiel kein brennender Stoff, der gelben Gischt verströmte.

Die Füßler waren besonders achtsam bei ihrem ersten erfolgreichen Abschuß. Der Kreis rotierte perfekt im Schoße sinusförmiger Felder. Man würde diese Übung noch oft wiederholen müssen, ehe sie dieses Stück Welt aufgaben. Jedesmal wurde es ein wenig schwieriger, weil sich die Drücke unten verlagerten, während der Mantel des Planeten zusammenbrach.

Quath nahm ihre Zuflucht in emsiger Arbeit. Sie meldete sich für Überstunden am Monitor der Rückkopplungsstabilisierung. Vorgebeugt, um das flimmernde grüne Schirmbild zu verfolgen, und mit der Integration differentieller Eingaben beschäftigt, fühlte sie die drückende Leere des Lebens schwinden. Wenn es in den Dingen schon kein befreiendes Element gab, so verbarg doch eine rege Geschäftigkeit die Tatsache, daß Aktivität letztlich ohne Bedeutung war.

Als der Siphon seinen Strom von Kernmetall stabilisierte, hob sich das Nest weiter. Quath sah aus einer Schaublase zu. Der Boden unter ihr hob sich und brach. Staubfontänen stiegen auf. Die Erde stöhnte. Steine polterten auf den Unterteil der Blase. Tiere erstarrten in Panik, als Hügel zusammenstürzten. Unter ihren Füßen öffneten sich Löcher.

Quath fühlte ihre Ruhestränge zittern und machte kehrt, weg von dem Chaos da draußen. Beq'qdahl hüllte sich flink in ein Gespinst und sagte: #Eine gute Schau.#

#Ja.#

#Ich denke, wir werden morgen mit der Erzgewinnung anfangen.#

Quath riskierte einen Blick auf Beq'qdahls schweren, behaarten Körper. #Erwartest du das?#

#Tut das nicht jeder? Es ist eine Chance, um zu zeigen, was du kannst, wenn du auf dich selbst gestellt bist.#

Auf diese Weise hatte Quath nicht an die Erzgewinnung gedacht, aber Beq'qdahls Selbstsicherheit machte das deutlich. Mit jedem Saugtakt des Siphons wurde die Kruste durchgequirlt und legte frische Flöze seltener Metalle frei. Bei dem Weben, das jetzt im Orbit stattfand, wurde viel Material gebraucht. Um die großen

Bänder aus kaltgeformtem Nickel-Eisen auszuziehen, waren Bindemittel und Schweißarbeiten erforderlich. Darum hoben Frachter einen ständigen Strom diverser Stoffe von der Oberfläche hoch.

Dabei halfen eroberte Mechano-Schiffe und eine große Orbitalstation. Quath und Beq'qdahl hatten beide das Privileg genossen, Flüge zu der besetzten Mechano-Station zu steuern, der nächsten, die sie bekommen hatten, und auf der die Weber in Umlaufbahn ihre geschickten Arbeiten ausführten.

Jetzt gab es keine Hoffnung auf so edle Arbeit. Alle an der Oberfläche tätigen Füßler mußten ergiebige, hochgekippte Flöze finden. Alle, die man erübrigen konnte, wurden Schürfer.

#Das ist eine öde Arbeit#, sagte Quath.

#Das sagen die, die sie nicht gut machen.#

#Ich würde lieber den Siphon fokussieren.#

#Das ist bloß ein Geduldsspiel. Ohne rechte Würze.#

#Es ist *intellektuell* schwieriger zu ...#

#Oh, deine intellektuellen *Qualitäten* würde ich nie anzweifeln.# Beq'qdahl senkte sarkastisch ihren Rüssel auf ein Stück Speichelspeise. #Besonders nach deinem glänzenden Kreuzverhör von Tukar'ramin.#

Quath sträubte die Wimpern. #Ich habe Antworten gesucht.#

#Dämliche Fragen! Was soll das alles überhaupt?# Beq'qdahl zupfte eine Made von einer feuchten Faser im Schlick.

#Es ist alles.#

#Geschwätz, eitles Geschwätz. Wir sind hier, um zu *handeln*.#

#Aber was ist der Sinn, wenn ...#

Beq'qdahl beugte sich mit winselnder Hydraulik näher herzu. #Der Sinn, Schlitzauge, besteht darin, in den Orbit zu kommen. Zu *weben*, nicht wie ein Nichtser sich an den Boden zu drücken.#

Quath formulierte eine Entgegnung, erkannte aber plötzlich, daß Beq'qdahl es schaffen würde. Ihre geschmeidige, erfolgreiche und unbekümmerte Art war ganz natürlich, weil sie mit tieferen Quellen Kontakt hatte. Sie spürte, wie die Dinge wirklich waren. Und in dieser klaren Welt war die Synthese nur ein Gerede und die Summation ein versprochenes Bonbon, um Kinder zu beruhigen – nicht etwas, das Füßler lange ernst nahmen. Diese Welt war real. Erbarmungslos real.

7. KAPITEL

Ruf zum Sammeln, drang es piepsend durch Quaths Konzentration. Sie beugte sich über lose Schlacke und hielt nach silbrigen grünen Streifen Ausschau.

Ruf zum Sammeln.

Sie steckte eine Nadel in das schuppige Silbergrau, führte eine Messung aus und klapperte enttäuscht mit ihren Knöchelchen. Das Zeug war kein *Palazinium.* Wenn man davon, dem seltensten aller Bindemittel, eine Mine fände, wäre das ein Schlager. Aber dieser tückisch schimmernde Splitter war wertlos. Quath stieß ihn weg.

Ruf zum Sammeln.

Sie antwortete furchtsam.

Rendezvous! Die edle Beq'qdahl hat ein dickes Flöz von …

Wütend schaltete sie die Meldung aus. Wieder ein Erfolg für Beq'qdahl. Dies war der fünfte erfolgreiche Fund, seit das Schürfen und der Abbau begonnen hatten. Alles ging auf Beq'qdahls Konto. Die meisten anderen Füßler waren damit beschäftigt, Beq'qdahls Funde abzubauen, und räumten das Feld für Beq'qdahl, damit sie mehr fände und noch besser dastünde. Quath hatte daran gedacht, das Schürfen aufzugeben – sie war nicht gut bei der Mutung, sie blies Trübsal und bummelte, wenn sie wie ein Frettchen herumwieseln und in jeder Ritze stochern sollte. Sollte sie nicht lieber zum Bergbau gehen? Aber irgend etwas in ihrem Innern trieb Quath an weiterzumachen und ihr Bestes zu tun, um Beq'qdahl zu übertreffen. So leicht wollte sie nicht das Feld räumen. Wenn nur …

Quath'jutt'kkhal'thon. Melden!

#Ich wurde aufgehalten. Bin unterwegs zu …#

Nein. Geh nicht zum Rendezvous sondern zurück zum Nest! Zur Tukar'ramin!

Die Tukar'ramin glitt rutschige Stränge hinab, eine große schimmernde Masse aus poliertem Stahl und körnigem Schild. Ströme warmen Wohlbefindens durchdrangen Quath, als sich Fühler in ihren Geist schlichen und alles erspürten. Nervöse, zittrige Spannungen verschwanden.

Jauchze, du Kleine!

#Alle lobsingen in deiner Gegenwart.#

Bitte keine Förmlichkeiten! Sie belasten den Geist, indem sie eine Bedeutung vorgeben. Jauchze, weil du nicht länger den mürben Boden durchwühlen mußt. Ich weiß, daß du das nicht gern tust.

#Bin ich so … deutlich gewesen?#

Die Tukar'ramin zog Quath näher heran und überflutete sie mit Behagen und Verzeihen.

Deine Zweifel hemmen jeden Schritt, den du tust.

#Ich bin bei der Sache geblieben.# Die Worte kamen steifer heraus, als sie beabsichtigte; aber Quath verlieh der Phrase eine gewisse Würde.

Mußt du immer so schlicht gekleidet sein?

#Ich …# Sie zögerte. Wie sollte sie dieser umfassendsten aller Kreaturen sagen, daß das gemütliche Universum ein Wirbel war, der sie alle ins Nichts sog? #Ich bin bloß ein Vierfüßler und eher einsam.#

Aber Beq'qdahl ist auch einsam. Allein, auf der Suche nach seltenen Bodenschätzen. Ihre Füße watscheln nicht wie deine.

Schon wieder Beq'qdahl! Quath sagte steif: #Jeder auf seine Weise.#

Aber du gehörst nicht dir allein! Leichte Mißbilligung. *Wir alle sind der großen endgültigen Aufgabe verpflichtet. Die Thermowellen, die wir um diesen Stern weben, werden seine brennende Energie festhalten. Unsere Füßlerkameraden werden bald die knisternde Elektrodynamik des Galaktischen Zentrums anschirren, die in der Nähe tobt. Bald werden wir alle derartigen Energien kombinieren. So vereint, und die Mechanos vertrieben – und wer kann zweifeln, daß wir es schaffen werden, nach unserem großen Sieg hier? Dann können wir die bezähmte Kraft einsetzen, um uns mit anderen Sternschwärmern in fernen Galaxien in Verbindung zu setzen.*

#Das ist mir vollkommen klar. Aber …#

*Ich mache dir nichts vor. Wir umspannen die Galaxis, um *Sinn* in die Materie zu bringen. Nicht bloß in unsere eigenen Geister – die Burgen belagerten Verstandes –, sondern in den Sternen selbst.* Sie machte das achtarmige Zeichen.

Quath wand sich hin und her. Sie wußte nicht, was sie antworten sollte.

Ich spüre, daß dein Unbehagen bleibt.

Quath sandte einen strengen Befehl an ihr sich aufplusterndes Unterhirn, damit dessen nervöses Zucken aufhörte. #Ich … ich habe keine Zielrichtung.#

Als die Tukar'ramin wieder sprach, verliehen kräftige hormonale Stöße den tönenden Worten neues Gewicht. *Du bist die Manifestation eines in unserer Zeit seltenen Charakters, Quath'jutt'kkhal'thon.*

In der Befürchtung, sich verraten zu haben, antwortete sie: #Meine Zweifel sind nur vorübergehend. Ich versichere dir …#

Nein. Ich werde dir jetzt das tiefe Geheimnis unserer Expansion aus unserem heimatlichen System enthüllen. Vor langer Zeit begegneten wir einer Rasse kleiner Wesen, die die Natur des bevorstehenden Mechano-Gemetzels erklärten. Unsere Weisen in jener Zeit sahen, daß wir wegen unserer trägen Natur vor den Mechanos fallen würden. Daher verschmolzen wir genetisches Material mit den Kleinen, um unsere aggressive Seite zu stärken.

#Die müssen wild gewesen sein.#

Sie waren es. Ich weiß nicht, welche physische Form sie annahmen, aber sie waren zugleich schlau und ausdauernd. Indem wir diese feinen mentalen Züge aus ihrer DNA herausholten – denn wir hatten diese gleiche fundamentale genetische Basis –, haben wir notwendigerweise auch andere Züge von ihnen bei uns eingebaut. Einer davon ist zweifellos eine Fähigkeit zu zweifeln und Fragen zu stellen.

#Ich habe auch ihre Wildheit mitbekommen#, sagte Quath mit falscher Prahlerei.

Vielleicht. Aber du bist sicher von der seltenen Art, die man einen Philosophen nennt. Das konventionelle Wissen der Synthese, wie es von den Illuminaten tradiert wird, genügt für die meisten. Selbst diejenigen, die nicht glauben – so wie Beq'qdahl –, funktionieren gut in diesem Kontext. Aber das Führertum unserer Rasse beruht auf den Philosophen.

#Führertum?#

Letztlich ja – wenn du den strebenden Geist an den Tag legst, den wir brauchen.

#Ich ... ich ...#

Dieser tiefe Charakterzug ist es, der dich in nackte Verzweiflung versetzt hat, nachdem Nimfur'thon verbrannte. Er bringt Leid, kann aber auch Weisheit bringen.

#Eine verwunschene Erbschaft#, sagte Quath bitter.

Auf Tukar'ramins großer runzliger Haut blitzte ein Hormoncode auf. *Wir werden dich verkrusten. Eine kleine Ergänzung für deine künftige Aufgabe.*

#Das Schürfen ...#

*Ist dir spirituell nicht angemessen. Uns fehlt es an Arbeitskräften im Nest selbst, wegen des Bergbaus.

Dort wirst du dich besser fühlen bei der Arbeit. Da – hast du den Code? Wende dich an das Factotum und laß dich mit deinem neuen Werkzeug überziehen!*

Eine Geste sagte Quath, daß ihre Audienz vorbei war. Sie glitt fort. Befreiung vom Schürfen! Und eine Inkrustation!

Nächst der Beförderung, die ein zusätzliches Bein bedeutete, war Verkrustung das Höchste, was einem Füßler zuteil werden konnte. Quath konnte im Bau prunken und ihre Ergänzung vorzeigen, ohne sie offen zu verkünden. Entschieden ein Plus. Ja. Ihre Stimmung hob sich.

Quath klapperte an Danni'vver vorbei und eilte zum nächsten Terminal. Sie rief die Codenummer auf und wartete mit summenden Servogeräten auf die Nachricht. Über die alten Angaben von ihrer Natur konnte sie sich später Gedanken machen, wenn Zeit war. Schließlich war sie ein Philosoph – was diese merkwürdige Bezeichnung auch bedeuten mochte.

Der Schirm flimmerte in elfenbeinernen Mustern. Es formte sich ein Bild des neuen Werkzeugs.

Quath wurde es schlecht. Ein saures Blau rasselte in ihre Brust. Vor ihr schwamm eine Stapelmaschine. Ein einfaches, gehirnloses Werkzeug. Eine so niedrige Inkrustation kam einer Beleidigung gleich.

8. KAPITEL

Die Tage vergingen. Jede Stunde tat weh. Quath konnte den Stapler gelegentlich gebrauchen, indem sie Maschinen und Kisten zu den Wänden des Nestes schaffte in Gesellschaft eines Pöbels von Robotern, den sie anführte. Die kleinen Nestkreaturen quietschten und plapperten in ihrer stotternden Minisprache. Quath fühlte peinliches Unbehagen, sobald eine Bekannte vorbeikam.

Aber mit der Zeit verging das. Schließlich arbeitete sie ja, wie alle Füßler. Und allmählich begann sie zu fühlen, daß dies ihr richtiger Platz war. Die Tatsachen hatten ihre eigene Härte, aber man konnte darauf schlafen.

Quath machte es nichts aus, wie geflissentlich einige Zehntausendfüßler jetzt ihre Konversation vermieden. Es gab ohnehin immer jemand, mit dem man reden konnte. Die Zehntausendfüßler waren distanziert und eigentlich langweilig. Sie interessierten sich nur für ihre mechanischen Zierate und wie man noch mehr davon bekommen könnte.

Vor Äonen mußte es eine gute Idee gewesen sein, die Füßler reicher auszustatten, wenn sie älter wurden, um ihre Erfahrung zu nutzen und die steif werdenden Organe abzustützen. Aber jetzt putzten sich die verkrusteten Mammute mehr, als daß sie arbeiteten. Und Quath, der sie die kalte Schulter zeigten, die Vierfüßlerin, an der sie vorbeigingen, ohne sie zu sehen, wenn sie unter hirnlosen Robotern schuftete –, diese Quath wußte, daß jene strahlenden Zehntausendfüßler unvermeidlich für immer verschwinden würden, ganz gleich, wie viele verkrampfte Muskeln und verstopfte Venen man bei ihnen austauschte.

Eines Abends ging Quath an einer Gruppe von Bergleuten und Schürfern vorbei, als sie allein zum kommunalen Gewebe zurückkehrte, die trägen grauen Arterienkorridore hinab. Da rief jemand: #He, erweise deinen Respekt!#

#Wem denn?# fragte Quath, die erschöpft war.

#Beq'qdahl. Die Tukar'ramin hat unsere Freundin jetzt zu einer Sechsfüßlerin gemacht.#

#Wofür?# Quath hatte keine Nachrichten gehört.

#Komm her, du Dreckfresser!#

#Nein. Warum?#

#Sie hat heute ein neues reiches Flöz Palazinium entdeckt.#

#Ich verstehe. Ein glücklicher Fund.#

#Mehr als Glück! Tüchtigkeit! Tracheen, die erschnuppern, was selten ist. Das wollen wir jetzt feiern.#

Beq'qdahl kam in Sicht. Drei Füßler geleiteten sie. Das neue Bein glänzte silbern, und Beq'qdahl machte vor ihnen eine gekonnte Verbeugung, mit Farbflecken an der Kehle, die fast überzeugend bescheiden wirkten. Aber ihre Augen irrten umher, verschleiert, ohne Unterstützung durch ein sattes Gehirn.

#Komm mit uns, Quath'jutt'kkhal'thon!# Ihre Stimme war durch übermäßiges Feiern belegt.

#Ich bin reichlich müde …#

#Hast du etwa keine Lust zu feiern?# brüllte eine Vierfüßlerin. #Beq'qdahl ist zweifach befördert worden, du Zikade. Eine seltene Ehre.#

#Ich verstehe.#

#Du bist sauer, daß Beq'qdahl jetzt sechs Füße hat, du aber weiterhin nur vier. Das ist es doch, nicht wahr?#

#Ich bin wirklich nicht in der Stimmung …#

#Schlampige Made! Verfaulte Zikade!# Die wabblige Vierfüßlerin torkelte drohend auf Quath zu.

Quath sprang zur Seite. Eine andere furzte verächtlich und stieß eine sauere gelbe Wolke aus. Beq'qdahl gab sich gleichgültig und betrachtete die rauhen Wände.

Quath duckte sich in einen Seitengang und verschwand in das feuchte, zart gewobene Gemeinschaftslager, um zu schlafen.

Schlaf.

Der Schlaf kam unregelmäßig, gestört durch heißes Blitzen hinter den Augen.

Quath warf sich hin und her und zupfte an ihrem glatten Bettzeug. Ab und zu wachte sie auf, und dann war es der lange Tagtraum, wie sie mit weit unter Lichtgeschwindigkeit von ihrer Heimatwelt angereist waren. Sie hatten in schaukelnden perligen Säcken gehangen und befanden sich in einem Zustand gedämpften Bewußtseins, die Körper verlangsamt und die Gedanken zwischen nebligen Visionen schwebend, die man am besten später vergaß ...

Kurz vor Morgengrauen erstarben endlich die entfernten Geräusche von Beq'qdahls Feier. Quath hoffte endlich tief zu schlafen. Statt dessen erwachte sie bald mit kribbelnden Fühlern, von einer Vision aufgescheucht.

Die Tukar'ramin hielt, verschrumpelt und alt, einen Vortrag. Das war nicht die rüstige und geistig rege Tukar'ramin, die sie kannte, sondern eine tatterige alte Füßlerin, die die Weisheit der toten Vergangenheit wiederholte. Trotz der technischen Magie, welche Tukar'ramin die Kluft zwischen Geistern überwinden und gesunden ließ, war sie doch nur eine uralte Füßlerin, nichts weiter.

In dem Traum hatte Tukar'ramin beschrieben, wie die Mechanos vor den Füßlern und dem schneidenden Kosmischen Kreis fallen würden, vernichtet durch triumphierendes Leben.

Im Traum hatte Quath geschrien: *Du weißt, daß unsere Mission eitel ist!* Und die Tukar'ramin zerfiel schockiert in metallischen und keramischen Schrott und verweste Körperteile. Thorax und Antennen polterten auf den Boden des Baus. Sie fiel und fiel und fiel – endlos. Ihre Autorität war durch das erdrückende Gewicht der erbarmungslosen Zeit in ein Nichts zerquetscht worden.

Als sie aufwachte, erkannte Quath für einen Augenblick, daß ihre Beschäftigung mit dem Tod einen bestimmten Sinn hatte. Irgendwie drehte es sich um alle Ereignisse hier am Galaktischen Zentrum. Aber wie? Die kleinen Spuren eines Philosophen, die sie in ihren Adern hatte, gaben ihr keine Antwort.

9. KAPITEL

Wieder einmal sog der Siphon kräftig. Wieder platzte die Schale des Planeten und spie riesige Fahnen braunen Staubes aus.

Es war ein Glück, daß diese Welt keine größeren Ozeane besaß. Sonst wäre bei jeder Aktivität des Siphons ein anderer Teil der Kruste überschwemmt worden und hätte die Minen verschüttet. Dieser Umstand hatte bei der Auswahl dieser Welt für Thermoweben mitgespielt. Er zählte mehr als das Fehlen von Monden, deren Zerreißen passendes Baumaterial hätte liefern können. Überdies gab es am Äquator ein merkwürdiges uraltes Ding, das den Füßlern später vielleicht dienlich sein würde.

Doch jetzt hörte man von Störungen in der Höhe. Die Füßler benutzten die erbeutete Orbitalstation der Mechanos als Versandlager. Aber jetzt war irgend etwas in dieses Depot eingedrungen und hatte die Transporte verzögert. Die Nachricht ging in der Geschäftigkeit der Arbeiten im Nest unter. Quath kümmerte sich nicht um so große Probleme, obwohl sie immer noch danach lechzte, im Orbit zu arbeiten, über dem Dunstkreis von Staub und Schwerkraft. Sie tat ihren Dienst und suchte Trost, indem sie den Fortschritt außerhalb ihres Nestes bewunderte.

Schon hatten die Füßler einen kleinen Bruchteil vom Licht dieses gelben Sterns eingefangen. Ihre Webarbeiten schritten im Orbit voran und fabrizierten breite Flächen mit Rippen aus lichtempfindlichem Silikon. Nach seiner Fertigstellung würde das Gewebe natürlich nur den Rahmen für spätere Expeditionen abgeben. Sie würden die Planeten zu lichtsaugenden Stoffen umbilden – ein mühsames und langwieriges Unterfangen – als Vorbereitung für die Zähmung des gesamten Energiestromes, der vom Stern ausging.

Quath erwartete, daß sie längst tot sein würde, bis das geschah; und der Traum von Sternschwärmern, die sich in der Summation berührten, wäre für sie nur Staub. Die anderen sahen das nicht oder kümmerten sich nicht darum. Es war eine Sache, auf abstrakte Weise zu wissen, daß man eines Tages sterben würde, und eine andere, in der Nacht mit Herzklopfen aufzuwachen. In sein Unterbewußtsein zu tauchen und zu fühlen, wie Sauerstoff prickelnd in den Blutkreislauf eindrang, wie sich langsam die Zellen regenerierten, ein hydraulischer Zug, wenn Titan auf Knorpel traf, das trübe orangefarbene Verbrennen gespeicherter Kalorien ... und zu wissen, daß das alles aufhören und man in Finsternis versinken würde.

Mit ihrer Wiederholung verloren diese trüben Momente etwas von ihrer Schärfe. Quath begann, sich als ein einfaches Wesen zu sehen, das sich den brutalen Fakten des Lebens beugte. Sie arbeitete mit ihren rattenartigen Robotern, benutzte ihre massiven Stapler, wenn viel Kraft gebraucht wurde, folgte Befehlen und hielt sich zurück. Durch Gerüchte bei Transporten in den Korridoren des Nestes hörte sie beiläufig mehr über Beq'qdahls Erfolge. *Beq'qdahl kommt hoch*, stellten die Zehntausendfüßler fest. Als ob sie ein Hefekuchen wäre, der aufgeht, und sie wären indirekt die Bäcker. Quath machte so etwas nichts mehr aus.

Daher war sie nicht überrascht, als bei einer Neueinteilung der Arbeitsgruppen Tukar'ramin ihr befahl, Beq'qdahl als Geräteschlepper zu begleiten. Daß ma ein junger Philosoph war, befreite einen nicht vo Unannehmlichkeiten der Welt.

Voran rumpelte die beleibte Beq'qdahl und scharrte mit den Beinen über Steine.

Ihre Phosphorsicheln erzeugten inmitten der Nacht ein kleines bißchen Tageslicht. Quath kroch hinterher. Bei jedem Erzittern des Bodens tat sie einen Sprung aus Furcht, daß eine neue Verschiebung der Kruste begonnen hätte. Hoch droben hing der Kosmische Kreis. Seine Aura war trübe, wenn er nicht in Betrieb war. Die Sterne starrten wie scharfe Augen aus einem verschlingenden Abgrund.

#Beeilung! Ich will diesen Ausbiß untersuchen.# Beq'qdahl äußerte sich immer nur knapp und deutlich.

Quath mühte sich unter ihrer Last akustischer Sensoren vorwärts. Die Tukar'ramin hatte Beq'qdahl eine vollständige analytische Station gegeben, so daß die Tests an Ort und Stelle gemacht werden konnten. Die Geräteteile waren sperrig. Quath trug auch Beq'qdahls Extra-Schubraketen zur Flucht für den Fall, daß Magma über die zerklüfteten Hügel spritzen sollte.

#Rasch – ein Differentialspektrometer!#

Quath gab es ihr. Als die Sonne sich hinter dünner werdendem Gewölk ankündigte, kam die Dämmerung. Quath dachte an Nimfur'thon und ihre fröhlichen Ausflüge in diese Gegend, die damals grün getupft war. Das war sehr lange her.

Hinter einer schrägen Felsplatte kam eine Tierherde zum Vorschein. Quath überlegte, wie überraschend es doch war, daß diese Wesen die Belastungen des Landes überlebt hatten. Die nächste Runde von Siphonausbrüchen würde dem Leben auf dieser Welt sicher ein Ende bereiten.

Von Beq'qdahls hoher Kanzel kam ein winselndes Geräusch.

#Stoß mich nicht an!#

#Das habe ich nicht.#

#Ich habe gesagt ...#

Die Tiere sprangen rasch zwischen die verstreuten Felsblöcke. Irgend etwas stieß Beq'qdahl in die Seite. Ein Fuß zuckte verkrampft.

#Werfen sie mit Steinen?# fragte Beq'qdahl.

#Nein. Das sind Waffen.# Quath fühlte einen brennenden Schmerz.

Ein weiterer Schuß prallte laut an Beq'qdahls bronziertem Turm ab.

#Das sind mehr als Tiere.#

#Eine vernünftige Annahme#, antwortete Quath sanft.

#Aber die Tukar'ramin hat gesagt, es gäbe keine Nichtser von Bedeutung! Keine Zivilisation, keine Kunstbauten. Nur die Mechanos.#

#Ja, das hat sie gesagt.#

Zwei schnelle Schüsse trafen Quath in die Seite. Sie zog einen zerschmetterten Fühler heraus. Salziger Eiter tropfte.

#Offenbar war die Inspektion nur flüchtig#, sagte Quath ruhig.

#Du miserables Spinnenvieh! Die haben *Waffen!*#

#Ja, und sogar mit erheblicher Durchschlagskraft. Einfach, aber ...#

Beq'qdahls schrilles Gekreisch erfüllte die Luft. Ihr fünfter Fuß zersplitterte und stieß rülpsend grauen Rauch aus.

#Ich bin verletzt! Verletzt! Hilf mir hochzusteigen!#

#Ein geringfügiger Bruch.#

#Geringfügig? Ich habe *Schmerzen*.#

#Dein Entsorgungssystem ist kaputt.#

#Gib mir die Extrabooster!#

Quath bückte sich abrupt nach vorn. Ihr hinterer Schild ratterte um zwei dampfende Löcher.

#Runter mit deinen Knien! Die Raketen!#

#H-hier.#

Beq'qdahl schnallte sich die blauen Zylinder an. Scharfe Schüsse hallten auf ihrem Panzer.

#Wenn du über diesen Nichtsern bist ...#, sagte Quath langsam, #dann zieh Luftwirbel hinter dir am Boden! Die Flammen werden ...#

#Sollen die mich etwa in den Unterleib treffen?# Ein rauhes Lachen. #Du bist wirklich ein primitives Ding!#

#Reiß aus, du Närrin! Das ist nichts für uns. Um Nichtser auszumerzen, braucht man richtige Waffen.# Beq'qdahls Infrarot-Antennen wedelten und drehten sich knirschend. #Ahh – was für ein Schmerz! Ich verschwinde.#

#Ich ... sitze hier fest.#

#Ich gehe voran und rufe Hilfe. Du ... du läßt dich von den Raketen tragen, so weit du kannst, und wartest dann.# Sie sprach schnell und machte sich bereit. In der Luft summten Schüsse, die beinahe getroffen hätten.

Quath fühlte in ihrem dritten Bein einen stechenden Schmerz. Die grauen Tiere – oder vielmehr Nichtser, wie sie sich korrigierte – kamen näher. Sie schwärmten aus. In ihren kleinen Fühlern schimmerte Metall.

Als Quath wieder zum Himmel schaute, war Beq'qdahl ein gelber Punkt auf dem Weg zum fernen Nest. Quath wußte, daß sie, selbst wenn sie Raketen hätte, wichtige Augenblicke damit verlieren würde, ihre Subkomplexe zu überwinden. Ihre Angst vor dem Fliegen war fast unüberwindlich.

Resigniert machte sie sich daran, die Nichtser zu studieren, ohne Waffen, um sie abzuwehren. Kleine Kugeln knabberten – *päng! päng!* – an ihrer Haut. Sie nahm ihre Booster und schob sie in Haltetaschen. Die kleinen Bisse der Schüsse von den Nichtsern ignorierte sie. Sie waren klein, aber so zahlreich.

Als sie einen ausziehbaren Arm betätigte, fiel ihr etwas auf. Ihr Stapler schimmerte in der Morgendämmerung.

Der einfache Stapler, der Gabelträger in den Fels des Nestes trieb. Durchaus keine Waffe ...

Quath fing an zu laufen. Und blieb dann stehen. Die Nichtser konnten ja schließlich nachkommen. Wenn sie stehenblieb, würde sie zumindest ihre Würde bewahren, wenn nicht sogar ihr Leben behalten.

Quath drehte sich um und sah der sie umzingelnden Flut heulender Nichtser entgegen. Irgend etwas in ihr wollte das so.

Sie richtete den Stapler hoch und visierte mit drei Augen an ihm entlang. Ein Nichtser stürmte in die Mitte ihres Gesichtsfeldes. Sie schoß. Die Last spaltete einen Felsen, verfehlte aber den Nichtser. Sie korrigierte und schoß wieder. Wieder ein Fehlschuß.

Quath empfand eine seltsame sanfte Ruhe. Schüsse trafen ihre Fühler und brachen einen ab. Sie zielte gleichmäßig weiter. Der Stapler ruckte. Ein Nichtser stürzte verkrümmt in ein Loch.

Das nächste graue Ziel sprang hoch und winkte. Quath kompensierte und erwischte ihn mit dem dritten Schuß. Das Ding zersprang in zwei Teile. Unter der grauen Hülle trat Saft aus.

Hohe, wilde Rufe gingen von den Nichtsern aus. Viele nahmen hinter Felsvorsprüngen Deckung. Quath erschoß rasch drei.

Ihre Waffen setzten ihr zu – Stiche, die ihre Konzentration beeinträchtigten. Sie tötete weitere fünf.

Jetzt kamen sie in Scharen und huschten wie Motten von einer Deckung zur nächsten. Stapelprojektile pflügten sich durch die weichen, ungepanzerten Nichtser.

An ihrer Seite empfand Quath einen Schlag, und eine Welle heftigen Schmerzes durchfuhr sie. Schwer atmend hielt sie inne. Aus zwei Beinen plätscherte Öl. Ihre hydraulischen Zylinder sprachen auf die Fernsteuerung nicht mehr an. Sie war hier in einer Falle.

Sie stürzte zur Seite, um einem Stoßkeil von ihnen auszuweichen. Eine geballte Ladung schmetterte sie auf eine Steinplatte. Ihre Linsen wurden trübe. Feurige Finger zerrten an ihren Eingeweiden.

Das ist es, dachte Quath. *Es hat mich erwischt*. Finsternis schloß sich um sie.

Dahintreiben …

Schwimmen …

Dunkelheit kam … langsam … langsam.

Aber die Zeit tickte weiter.

In ihrem verschwommenen Brei von Sinneswahrnehmung fühlte Quath einen Hauch kühler Luft – wie der Plasmawind, der die Staubbänke zwischen Sonnen aufrührt. In ihren Augen schwebten unklare Bilder. Sie oxidierte Zuckerstoffe mit Salpetersäure und öffnete ihre inneren Schleimdrüsen, um die Mischung zu beschleunigen. Sie spannte sich an …

Mit zunehmender Wucht feuerten ihre Booster und stießen zischend gelbe Flammensäulen aus. Eine kalte, wilde Freude überwältigte sie.

Sie landete unsicher. Nichtser schwärmten hinter ihr her. Sie setzte sich mit kühler Sicherheit hin und zielte. Schoß.

Gegabelte Projektile stießen in die Nichtser. Klappernd, rumpelnd und sich hochreckend bewegte sie sich – und stieg wieder auf. Während der Flucht schoß sie.

Die Nichtser in ihrer grauen Kleidung explodierten, wenn die Projektile sie trafen. Eingeweide spritzten über zermalmtes Gestein.

Ein angenehmes Fieber ergriff Quath, als die Getroffenen unter ihrem Geschoßhagel fielen. Schwache Stimmen schrien und krächzten nach einem letzten Atemzug.

Quath trieb sie über das Feld zurück. Sie schossen weniger und langsamer. Sie flohen. Quath drehte sich und suchte nach den letzten grauen Flecken, die noch da waren. Die Gegner duckten sich in ihre Schutzlöcher und schrien vor Angst, kaum besser als Tiere.

Jeder wurde zu einem kleinen Detail, das Quath mit dem raschen scharfen Knattern der Stapelkanone erledigte. Jeder endete mit einem kleinen Schrei, als ob das, was ihn erwartete, eine Überraschung wäre.

Als sie den letzten zerfetzt hatte, stand Quath allein da, schwer atmend und verwirrt. Sie befestigte einen Haken und ein Seil an dem Körper eines Nichtsers, der noch ganz war, und hievte ihn hoch, um ihn besser zu betrachten. In der absoluten Stille des Schlachtfeldes quetschte ihr Antriebsmotor und verlangte Öl. Ihre Gelenke zitterten wegen der Anstrengung. Der Körper des Nichtsers drehte sich am Haken. Quath zupfte an der grauen Haut. Sie ließ sich wie ein Film abreißen.

Der graue Anzug schälte sich ab, ganz ähnlich, wie diese Welt bald eine leere Schote werden würde. Der Nichtser glitt frei heraus.

Zuerst sah Quath nur die baumelnden Anhänger mit ihren seltsamen aufgespaltenen Enden. Zwei zum Gehen und zwei für Manipulationen. Die Gelenke waren einfache Achsen und sicher nicht imstande, viel Belastung auszuhalten.

Während Quath aber diese Kreatur untersuchte, erkannte sie, wie die Falten und Verknotungen ihrer Haut verrieten, wie das Ding gelebt hatte. Verdickte Stellen an den mittleren Gelenken waren Zeichen für Abnutzung. Ein schwammartiger Auswuchs über und unter den Augen, um das kleine Gehirn warm zu halten. Noch ein dunkler Fleck, tiefer, um ein Gewirr von Ausrüstung zu bergen.

Quath verfolgte das feine Muster der Behaarung, die den Körper umgab und dabei dem folgte, was sie als Strömungslinien des Wassers erkannte, wenn das Ding schwamm. Eine schöne Einrichtung. Also war dieser Nichtser ein Schwimmer, konnte aber doch auch irgendwie gehen.

Sie packte den Schädel und drehte das Rückgrat, bis

ein Knacken ertönte. Sie schickte einen subsonischen Ton durch den Körper. Sorgfältig hob sie den Schädel hoch. Das Skelett kam frei und glitt aus dem Fleisch heraus.

Für Quath ergab sich dadurch eine wunderschöne, frische Einsicht. Die kalkigen Knochen waren nicht grob und schwer. Sie schienen zart gedrechselt und geschickt zusammengefügt – dünn dort, wo ein Zuviel das Tier langsam machen würde, und stark, wo Drehmomente und Kräfte ansetzten.

Im Zentrum befand sich ein feingestalteter Käfig aus Calciumstäben. Diese entfalteten sich zu einer spröden und genau eingepaßten Welle, einem Lied raffinierter Konstruktion und wunderbarer Ordnung, das Quath durch das Geflecht der Zwischenabschnitte spüren konnte.

Aber dieses Nichtserding war ein Ungeziefer. Es kroch auf dem Boden und nahm wahrscheinlich nie die Sterne zur Kenntnis. Es hatte bestenfalls die kümmerlichen Ressourcen seiner jämmerlich kleinen Welt erobert. Seine rohen Waffen waren kaum besser als die Zähne und Hufe stummer Tiere.

Quath drehte das Skelett hin und her und staunte darüber. In ihrem Innern schwoll ein Chor an, der ihre schwachen, zweifelnden Stimmen übertönte. Sie wischte die öde Landschaft kleinkarierter Logik weg und die Ängste, die sie beherrscht hatten.

Hier wurde endlich die Wahrheit offenkundig. Ihr Glaube kehrte zurück.

Hier tönte es nach Vernunft. Ein Universum, das soviel Sorgfalt auf häßliche, nutzlose Nichtser verwandte, konnte gewiß nicht das ganze Drama sinnlos machen, indem es alles aufgab und Finsternis alles verschlingen – und Quath'jutt'kkhal'thon letztlich versagen und sterben ließ.

DRITTER TEIL

EINE FRAGE DES IMPULSES

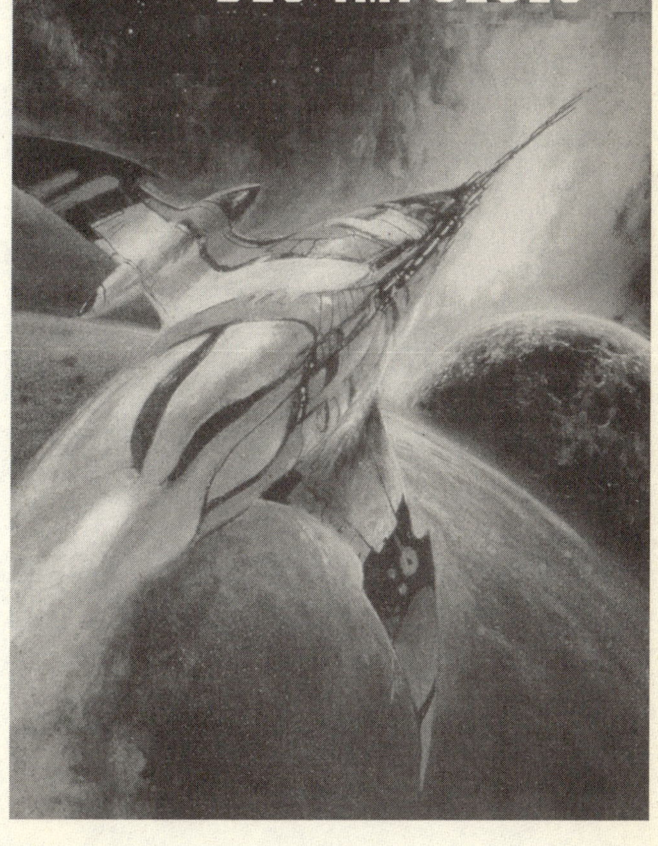

1. KAPITEL

Killeen klatschte seine behandschuhte Hand gegen den fremden Schild. »Verdammt!«

Dann hörte er Jocelyn zurückkommen und nötigte sich zu langen, beruhigenden Atemzügen. Es war nie gut, wenn ein Offizier, selbst ein so disziplinierter wie Jocelyn, den Kapitän in einem frustrierten Wutanfall erlebte.

»Nichts«, meldete sie. »Konnte nicht sehen, daß in dem Schiff irgend etwas vor sich ging.«

Killeen nickte. Er war sicher, daß das Vehikel für ihre Befehle völlig taub war, mußte aber jede Möglichkeit prüfen. Es gab sehr wenig, was sie sonst hätten tun können.

Er erinnerte sich, daß er während des Angriffs auf die Station bedauert hatte, daß er als Kapitän nicht mehr Herr der Lage war. Nun, jetzt hatte sich sein Wunsch erfüllt …

Ihr Flitzer war seit mehr als einer Stunde unterwegs. Ein gleichmäßiges Motorengebrumm gab ihnen eine leichte Beschleunigung zum Achterdeck hin. In diesen schiefen sechseckigen Abteilen war das eine ziemlich ungeschickte Orientierung, die irgendeinem merkwürdigen Zweck der Mechanos dienen sollte.

Jocelyn zog sich gewandt über ein Gewirr von Rohren mit U-förmigem Querschnitt, das aus dem Boden hervorkam und sich in die Außenhülle hineinkrümmte. Killeen schaute in die Menge von Drähten und geheimnisvollen elektronischen Einschüben, die er unter einer Luke im Fußboden entdeckt hatte. Er rief seine Aspekte auf – Arthur wegen der elektronischen Tüchtigkeit der

Ära der Bogenbauten, die frühere Kapitänin Ling für das Wissen über Sternenschiffe vor Jahrtausenden, und sogar Grey, distanziert, feingebildet und so entfernt, daß sie fast unerreichbar war. Aber ganz gleich, wen er zitierte: keine der alten Persönlichkeiten hatte etwas Nützliches zu bieten. Ling kam der Sache noch am nächsten.

Die Mittel der externen Entität, dies Vehikel zu kontrollieren, könnten heimtückisch sein ... Bedenke, daß keine unserer Vorsichtsmaßnahmen Mantis daran gehindert haben, sich bei unserer Ankunft wieder geltend zu machen. Deine Herrschaft über die Argo war illusorisch.

»Du meinst, daß wir nie eine Chance gehabt haben«, sagte Killeen bitter. »Nie gehabt und nie haben werden.«

Vor langer Zeit, vor meiner Zeit, sogar noch vor Grey und der Epoche der großen Kandelaber, sollen unsere Vorfahren einst die Mechanos herausgefordert haben. Höhere Wesen wurden gezwungen, unsere Existenz anzuerkennen, anstatt unsere Ausrottung winzigen Mechanismen zu übertragen, wie du sie auf Snowglade kennengelernt hast.

Für Killeen war es schwierig, sich ein Wesen wie die Mantis als ›winzig‹ vorzustellen, obwohl diese selbst gesagt hatte, daß es so wäre. Killeens Geist konnte nicht die Höhen erfassen, die Ling andeutete – Höhen, die die Menschheit einst vor dem langen, zermürbenden Sturz angegangen hatte.

Was dein jetziges Problem angeht, so gibt es da eine einfache Lösung. Einen Weg, um die äußere Entität zu verhindern, dies Schiff zu kontrollieren.

»Worin besteht sie?«

Durch Zerstörung seiner Mittel zum Empfang von Anweisungen. Geh nach draußen und mach die Antennen kaputt!

Killeen lachte so kräftig, daß Jocelyn von ihrer sinnlosen Arbeit unter den Fußbodenplatten aufschaute. »Daran habe ich schon gedacht. Wir können nicht hinaus!«

Ehe Ling antworten konnte, schob er den lästigen Aspekt in den Hintergrund seines Geistes zurück. Er versuchte noch einmal, Shibo anzurufen.

Der Empfang hatte sich seit dem letzten Versuch gebessert, obwohl er immer noch in der Lautstärke schwankte und ihre Stimme in leichten Störungen undeutlich machte. Für ihn klang sie wunderschön.

– Wie geht es dir? – fragte sie mit ernster Sorge.

»Wir überleben. Ich vermisse dich und Toby. Wie geht es ihm?«

– Toby geht es gut. Er ist mit mir und Cermo hier auf der Brücke. Wir verfolgen deinen Weg. – Es gab eine Pause. – Du hast immer noch Kurs auf ein Rendezvous mit dem herankommenden Schiff. Es ist höllisch, bloß hier herumzusitzen. Ich kann die *Argo* nicht von der Stelle bewegen und nicht nachkommen. –

»Hast du versucht, die Schiffshülle mit isolierendem Material anzustreichen? Das könnte abhalten, was immer auch die Kontrollen blockiert.«

– O ja. Nicht gut. Es sind die Mantis-Programme, die uns hier haben festsitzen lassen. Und die stecken zu tief. – Ihre ruhige Stimme konnte die tiefe Besorgnis nicht verbergen. – Es scheint aber, daß diese Methode bei den anderen Flitzern funktioniert hat. Die haben wir jetzt unter Kontrolle. Wir werden sie bald klar haben. –

Damit war unausgesprochen gesagt, daß niemand

rechtzeitig bereit sein würde, Killeen und Jocelyn zu retten. Jocelyn reagierte darauf, indem sie an die Kabinenwand spuckte.

»All right«, sagte Killeen. »Shibo, ich möchte, daß du die Sippe in Bereitschaft versetzt. Gib Proviant aus! Volle Feldausrüstung.«

– Wozu? –

»Um die Station zu verlassen. Schaff die Sippe fort!«

– Aber die *Argo*! –

»Wir müssen auch die *Argo* aufgeben. Trenne die Gewächshauskuppeln ab! Die können unabhängig existieren. Zieh sie mit, aber steigt binnen zwanzig Stunden aus!«

– Wir können aber doch die Station verteidigen! – fiel Toby voller Enttäuschung ein.

»Mein Sohn«, sagte Killeen, »halte dich aus dem Sprechverkehr der Leitung heraus!«

– Ich sage, daß wir diese verdammten Mechanos packen können! –

Ehe Killeen seinen Sohn abschalten konnte, kam Shibo mit einer Zustimmung dazwischen.

– Jawohl. Wir werden in der *Argo* bleiben und alles abwehren, was kommt. – Ihre Stimme verriet wilde Entschlossenheit. Diese Motivation tat ihm gut; aber Killeen bedauerte, daß er kein Bild von ihr bekommen konnte.

Die kräftige Stimme von Leutnant Cermo mischte sich ein.

– Mechanos einer höheren Stufe bekämpfen? Noch dazu aus einer festen Position? Verrückt! Nee! –

Shibos Antwort klang unsicher. – Wir werden sie fertig machen und verscheuchen. –

– Damit werden sie rechnen! – sagte Cermo lauter als nötig.

– Diese Mechanos sind schwach! – unterbrach Toby sie wieder. – Wir haben sie leicht überwunden. –

Cermos Antwort war bitter. – Das waren bloß Nachtwächter. Warte nur, bis die Mechanos der Räuberklasse auftauchen! Ich sage dir, daß wir auf diesem Niveau nicht kämpfen können. Nicht von festen Positionen aus. Zumindest nicht ohne Hilfe von etwas wie der Mantis. –

– Ihr Mantis-Anhänger! – schimpfte Toby. – Ihr dachtet, daß die Mechanos der Mantis uns hierher folgen könnten. Wo waren sie denn? Die wurden von jemand anders geschlagen, ehe wir überhaupt angekommen sind. –

– Genau das ist meine Meinung! Was auch immer die Verbündeten der Mantis besiegt hat, wird bald wieder herkommen. Den Kapitän hat es schon erwischt. –

»Cermo hat recht«, sagte Killeen, erfreut, daß sein Zweiter Offizier einige Einsicht zeigte. Er wollte noch mehr lobende Worte sagen, als Cermo einen ganz anderen Kurs einschlug.

– Danke, Käp'n! Darum sage ich, wir sollten sofort Land aufsuchen. Uns zu einem Territorium aufmachen, wo wir zu kämpfen wissen wie in alten Zeiten, und wo wir Verbündete finden können. –

»Meinen Sie etwa …«

– Doch! Uns auf die Oberfläche begeben. –

»Nein! Lenkt die Flitzer nach draußen! Ihr könnt den vierten Planeten erreichen. Der hat Eis und Kohlenstoff. Wir haben einige Aspekte, die sich an diese Art des Lebens erinnern. Ihr könnt Kuppeln errichten.«

Aber Cermo kam wieder dazwischen.

– Die *Argo* hat uns aus einem bestimmten Grunde hierher gebracht, Käp'n. Einige von uns sagen, wir sollten hinuntergehen und herausfinden, was das für ein Grund ist. –

»Aber diese Gründe könnten doch überholt sein. Wahrscheinlich sind sie es auch wirklich, wenn die Verbündeten der Mantis verloren haben. Und wie ist es übrigens mit den anderen Mitgliedern der Sippe? Denen, die nicht auf die Mantis vertrauen?«

Dazu hatte immer die Mehrheit der Besatzung der *Argo* gehört. Killeen hatte lange mit ihrer Unterstützung gerechnet, um den Mystizismus oder die Leichtgläubigkeit jener Partei zu überwinden, die ihr Vertrauen in die Versprechungen eines Mechanos setzte, sogar eines ›unterschiedlichen‹ Mechanos, der so ungewöhnlich war wie die Mantis. Killeen war zuversichtlich, daß reiner Druck Cermo umstimmen würde.

Aber Shibos nächste Worte entzogen ihm den Boden unter den Füßen.

– Die Mehrheit meinte, wir sollten bleiben und um die Station kämpfen –, sagte sie mit leiser, bitterer Stimme, die er kaum wahrnehmen konnte. – Aber der Kapitän hat mich überzeugt, daß wir das nicht können. Unter diesen Umständen hat Cermo recht. –

»*Nein!* Nehmt die *Argo* und beeilt euch!«

– Wenn wir die Flitzer nehmen, kann ich Sie später finden. –

»Die Chance, daß ich noch lange am Leben bleibe, ist gering. Da möchte jemand einen Blick auf mich und Jocelyn werfen. Ich glaube nicht, daß das nur ein freundschaftliches Interesse ist.«

– Käp'n, wir sind dafür, zu landen –, sagte Cermo.

»Und ich sage: Tun Sie das nicht!«

Weniger erregt meinte Cermo: – Die Mantis … –

»Verdammt, wir sind selbst die Herren unseres Lebens!« brüllte Killeen.

– Die Mantis hat etwas vor –, sagte Cermo hartnäckig.

»Und was? Denken Sie, daß sie diese Kosmische Saite geplant hat? Shibo! Was macht sie jetzt?«

Als Antwort schickte sie ein simuliertes Bild, das in seinem linken Auge flimmerte.

Der rotierende Reif überschattete den ganzen Planeten. Aus der kleinen Öffnung entlang der Achse schossen bleistiftdünne Bänder nach oben. Beide Pole stießen Ströme von Materie aus. Gelbe metallische Lava traf ins Vakuum und explodierte zu Nebelstreifen. Aus dem Dampf kamen lange, dünne Fäden.

»Sieht so aus, als ob etwas gebaut würde«, sagte Killeen.

– Sie weiden damit den Planeten aus –, stimmte Shibo zu.

Killeen sagte scharf: »Shibo, tun Sie wie befohlen! Haben Sie schon das Signal zum Sammeln gegeben?«

Shibo entgegnete zögernd: – Jawohl. –

»Gut! Jetzt …«

– Ich habe auch Flitzer fertig gemacht. Sie sind auf leichte Zielprogrammierung eingestellt. Archivdaten aus der *Argo* haben mir gesagt, wie. Ich habe sie auf Annäherung an den Planeten vorbereitet. –

Killeen erkannte bekümmert, daß sie das gründlich durchdacht hatte. Sie würde es wahrscheinlich auch durchführen. Shibo konnte fabelhaft dem Verhalten von Mechano-Gehirnen nachspüren. »Nein! Hier geht etwas Schreckliches vor sich. Haut ab!«

– Tut mir leid, Schatz. Du bist überstimmt. – Shibo gab ihren Worten einen fröhlichen Unterton, aber er konnte ihre Angespanntheit fühlen.

»Ich als Kapitän …«

– Wenn du dich an die Vorschriften halten willst – bitte sehr! Als diensthabende Offiziere drücken wir die Entscheidung der Sippe aus. –

»O nein! Ihr könnt nicht …«

– Hör zu! – Ihre Stimme signalisierte jetzt echte Wut. Er konnte sich ihre plötzlich aufgerissenen Augen und zusammengebissenen Zähne vorstellen. Emotionen entstellten nur selten ihr ruhiges Gesicht; aber der Effekt war eindrucksvoll, wie eine entfesselte Naturkraft. – Wir werden versuchen, euch zu retten. Aber wir halten an unserem Traum fest. –

»Shibo, ich will …«

– Schatz, du weißt doch, daß ich nicht bloß hier herumsitzen und nichts tun kann. –

Killeen zwang sich zu einer Pause. Sein Ärger konnte sich gegen alles richten, was etwa dieses Schiff in seine Gewalt gebracht hatte, aber nicht gegen diese Frau, die ihm am allerliebsten war. »All … allright. Es gibt also nichts, wodurch ich dich aufhalten kann – oder doch?«

Mit überraschender Wärme antwortete Shibo: – Nee, nichts. –

»Wohin werdet ihr gehen?«

Pause. Er stellte sich vor, daß auch sie sich beherrschen mußte. Der dünne Faden, der sie verband, schien von unausgesprochenen Gedanken zu tönen. – Du … erinnerst dich an das Signal von New Bishop? –

»Ja. Hatte menschliche Merkmale, wie du gesagt hast.«

– Ich habe es jetzt besser geortet. Stimmen. In Nähe des Äquators. Wir werden versuchen, dahin zu kommen. –

»Gut …«

– Da unten gibt es *Menschen*. Das hat viele von uns überzeugt. Wenn wir die *Argo* nicht verteidigen können, werden wir hinuntergehen und dort Leute unserer Art treffen. –

Das erschien sinnvoll. Killeen räumte widerstrebend ein, daß Shibo und Cermo Logik und menschliche Kameradschaft auf ihrer Seite hatten.

»Aber die Saite!« rief er und hieb auf die Konsole. »Wie könnt ihr daran vorbeikommen?«

– Sie wirbelt ungefähr einen Tag lang herum und hält dann an –, sagte Shibo. – Wir werden von der Station ausschwärmen. Wenn der String anhält, werden wir in die Atmosphäre vorstoßen. –

»Zu riskant.«

– Schatz … –

Nach kurzer Pause fuhr sie fort. Das Brummen der Störgeräusche wirkte fast wie ein Hintergrundchor für quälende unausgesprochene Gedanken.

»Wann ... wann werdet ihr aufbrechen?«

– Bald. Wir sind fast fertig. Ich ... wir ... werden versuchen, dich aufzunehmen ... Versteck dich vor dem ... was in diesem Schiff sein mag ... wenn wir nahe herankommen können ... sonst ... –

Die Lautstärke ihrer Stimme schwankte stark. Killeen hörte angespannt hin, um einen letzten Kontakt mit ihr zu bekommen. Schließlich schaltete er die Störgeräusche aus und merkte, daß er die Luft angehalten hatte.

Jocelyn schaute ihn erwartungsvoll an. Killeen war ratlos und wollte das nicht zeigen. Er verkrampfte die Kinnbacken, weil er wußte, daß ihm das einen strengen Ausdruck verlieh; aber diesmal kam es ihm mehr darauf an, seine hilflose Enttäuschung zu verbergen.

»Sie wollen, daß wir hier bleiben, bis ...« Jocelyn konnte sich ein solches Ende überhaupt nicht vorstellen.

»Ja. Bis sie uns auspusten und auf uns herumtrampeln können.«

»Wenn sie uns so weit fortschleppen, wollen sie vielleicht einen Begriff davon bekommen, was wir sind, ehe sie in die Station hineingehen.«

»Das ist einleuchtend. Mechanos sind vorsichtig.«

»Selbst im Tode werden wir ihnen Information liefern«, sagte Jocelyn nüchtern.

Er verstand, was sie meinte. »Nun ja.«

»Wir steigen besser aus, ehe wir ankommen.«

Wieder kam Ärger in ihm hoch. Er mußte nachdenken, aber die blinde Wut raubte ihm fast die Selbstbeherrschung. Seine Hände verlangten danach, etwas zu zertrümmern und zu zerreißen.

In diesem Augenblick leuchtete ihm eine Idee auf. Das stumme hormonale Erbe der Evolution hatte ihn wütend gemacht; aber vielleicht war das genau richtig. Seine Wut ausnutzen, jawohl.

»Wir wollen uns ein bißchen amüsieren«, sagte er mit knappem Lächeln.

»Was?«

»Dieses Schiff hat irgendeinen Intellekt an Bord, auch wenn wir ihn nicht erreichen können. Wir werden ihm ein Problem vorsetzen! Ein wirklich haariges Problem.«

Killeen ergriff eine Stange, die er aus dem Lademechanismus der Mechanos herausgerissen hatte. Mit großem Vergnügen schlug er damit auf die U-förmigen Rohre. Ein, zwei, drei Schläge – und ein Rohr war eingedellt und gebrochen. Aus der Öffnung zischte ein grünes Gas.

»Dicht machen!« schrie Jocelyn aufgeregt. Sie schlossen beide ihre Helme, als sich das Schiff durch das Gas mit smaragdfarbenen Nebelschwaden füllte.

In der Ferne heulten Warnsignale und drangen scharf in sein Sensorium. Killeen machte Jocelyn ein Zeichen, ihm zu folgen, und bewegte sich, so rasch er konnte, durch die gewundenen Kanäle des Flitzers. Da hatte es eine kleine Seitenschleuse gegeben, die sie nicht hatten öffnen können. Aber jetzt, wenn sie die internen Systeme des Schiffs genügend durcheinander brachten …

Die Schleuse war ein einfaches Ausstiegrohr mit einer großen eingetieften Kappe. Sie hatten viel Zeit damit verbracht, sie aufzuhebeln, und jetzt schlug Killeen einfach seine Metallstange hinein. Er zerkratzte die Oberfläche und zerbrach die Seitenflansche. Jocelyn hatte auch verstanden, was er vorhatte, und sich ein schweres Messingrohr besorgt. Damit drosch sie vergnügt auf die Schleuse ein.

Nach dem ersten Wutanfall erkannte Killeen, daß ihnen das zumindest die Köpfe frei machte. Dadurch wurde Sauerstoff verbraucht, aber er hatte sowieso keine große Hoffnung, daß er seine volle Reserve einsetzen würde. Er wußte, daß er einen schweren Fehler begangen hatte und dafür würde zahlen müssen.

Weitere Alarme ertönten, elektromagnetische Äußerungen des Unbehagens der Mechanos. Killeen zerhackte einige Stromleitungen. Funken sprühten. Er trug seine Gummihandschuhe, um die üblichen Stromstöße zu vermeiden, aber der Schwall blendete ihn immer noch. Er verjagte die Luft und streckte orangefarbene Finger ins Deck. Das grüne Gas wurde dichter. Killeen zerschmetterte ein Kontrollpaneel, beulte die Seiten ein und riß Drähte ab.

Und die Luke sprang auf. Killeen starrte hinein. Strahlende Sterne winkten. Es dauerte nur einen Augenblick, bis ihn das Zischen der entweichenden Luft kopfüber in die offene Schleuse riß.

Er ließ in dem Strom heftig seine Arme kreisen. Dadurch traf er auf die gähnende Öffnung seitlich, so daß sie ihn nicht verschlingen konnte. Jocelyn prallte auf seine Beine. Er drehte sich zur Seite. Dadurch wurde sie zum Fußboden geschubst, wo sie sich unten festhalten konnte.

Aber dadurch, daß er sie gesichert hatte, war sein kostbarer Halt an der Kante der Schleuse verlorengegangen. Er versuchte, sich hochzusetzen. Eine Riesenhand stieß ihn kräftig zurück. Kleine Münder sogen an seinen Armen, Beinen, dem Kopf …

Irgend etwas stieß ihn heftig in den Nacken, und plötzlich befand er sich in der Schleuse und prallte in einer grün getönten Dunkelheit gegen die Seite – und war draußen, frei, von der blanken Hülle des Flitzers fortwirbelnd.

Taumeln, sich drehen.

Er suchte eine feste Richtung, um seinen Sturz zu korrigieren. Wirre Eindrücke begannen sinnvoll zu erscheinen.

Er hing über der Tagseite von New Bishop, weit von der Station entfernt. Er befand sich in Nähe eines Pols. Weit unter der rötlichen Dämmerung erstreckten sich Schatten von Bergen quer über zerfurchte graue Ebenen. Zum Äquator hin hielt sich grünes Leben noch in Tälern und Flächen, wo dichte Wälder standen.

All dies lag jenseits des glühenden Dunstes, den der String erzeugte. Dieser drehte sich mit unablässiger Energie. Eine seiner Kanten lief wie ein Pfeil direkt zum Pol hinunter. Die andere Seite wölbte sich weit über den Äquator des Planeten hinaus.

Der Reif drehte sich schneller, als das Auge folgen konnte. Über der ganzen Welt schwebte eine Art Teppich. Die Polachse war jetzt frei. Killeen sah keinen dunklen Metallstrahl emporschießen. Aber das glitzernde Schiff lauerte noch.

Jetzt wollte er einen Blick aus der Nähe gewinnen. Er befand sich fast über dem Pol. Weit entfernt, fast über dem unscharfen Horizont, wölbten sich riesige graue Bauten. Er vermutete, daß es sich um das verarbeitete Resultat des unlängst ausgeworfenen planetaren Kernmetalls handelte.

Dies erfaßte er mit einem flüchtigen Blick, unfähig zu reagieren; denn da drang etwas in sein Gesichtsfeld ein, das sich mit zunehmender Annäherung aufblähte.

Das Schiff war viel größer als der Mechano-Flitzer, der jetzt wie ein hilfloses Insekt neben einem Raubvogel schwebte, als das Schiff bremste und anhielt. Der Vergleich erschloß sich Killeen durch eine bedrückende und einprägsame rasche Betrachtung der Umrisse des größeren Schiffs. Es besaß ausgebreitete Flügel, die aus komplizierten, sich überlappenden Fünfecken bestanden, als ob sie aus einem einzigen Faden gesponnen wären. Geschwärzte Schubdüsenöffnungen am Heck gähnten weit. Sein Arthur-Aspekt bemerkte ruhig:

Während der Flitzer mechanische Starre ausdrückt, scheint dieses riesige Schiff so gestaltet zu sein, daß es körperliche Symmetrien ausdrückt. Wie mir Aspekt Grey sagt, ist dies ein Merkmal für organische – nicht Mechano- – Intelligenz. Dennoch fürchte ich, daß es sich nicht um die vertrauten bilateralen Formen handelt, die von Menschen gemacht werden.

»Jocelyn! Da draußen ist etwas. Verstecken Sie sich!«

Ihre Antwort kam schwach. – Jawohl. Der Flitzer ist sowieso fast gestoppt. –

Die Schiffe hingen jetzt beieinander. Killeen fragte sich, ob dies das für sie beabsichtigte Ziel wäre. Wenn ja, so hatte alle ihre blinde Wut nur den Erfolg gehabt, daß er etwas früher hatte freikommen dürfen, als der Flitzer sich sonst dessen entledigt hätte, was ihn reizte.

Er düste um den Flitzer herum und überlegte, daß das größere Schiff ihn in dem Schrotthaufen verfehlen könnte, der von der Schleuse ausgespien worden war. Falls er irgendwie frei bleiben könnte, fände er vielleicht heraus, was für ein Wesen das seltsam geformte Schiff flog.

Die Spekulationen verschwanden. Aus einem dunklen ovalen Loch in der Flanke des Schiffs sauste ein Gebilde heraus, das sich viel schneller bewegte, als ein Mensch es gekonnt hätte. Es raste auf ihn zu.

Killeen eilte davon. Es gab nichts, wohin er hätte gehen können; aber er war verdammt, wenn er darauf wartete, gefangen zu werden. Seine Wendung brachte den Pol wieder in Sicht und das goldene Glühen des rotierenden Reifens unten. Der Schimmer überdeckte ganz New Bishop außer dem kleinen offenen Zylinder am Pol.

Killeen versuchte, der heranstürmenden Gestalt auszuweichen und die bescheidene Deckung des Flitzers zu gewinnen. Ein Blick nach hinten zeigte, daß das Ding schon sehr nahe war. Er schwenkte ab.

Bei jedem Ansturm kam es näher. Es folgte ihm mit geringschätziger Leichtigkeit. Es war so nahe, daß Killeen buckliges Metall erkennen konnte, das mit Vorsprüngen übersät war. Zwischen genieteten Sektionen aus Kupfer befand sich ein rohes, verkrustetes Material, das sich gewaltsam zu biegen und zu arbeiten schien.

Mit einem Mal wurde ihm klar, daß das Ding lebte. Muskelstränge durchzogen es. Sechs in Hülsen steckende Beine krümmten sich unter ihm, die in riesigen Klauen endeten.

Und der Kopf – Killeen sah Augen, mehr als er zählen konnte, die sich unabhängig auf Stengeln bewegten. Daneben rotierten Mikrowellenschüsseln. Es besaß Teleskoparme, die in blankem Stahl steckten. Sie endeten in Greifwerkzeugen aus gegenüberliegenden Wülsten.

Das Ding war mindestens zwanzigmal so groß wie ein Mensch. Eine aufgeblähte Kehle pulsierte unter steif verkrusteter graugrüner Haut. Die hinteren Partien waren geschwollen, als ob sich dort Schubrohre befänden. Auch diese waren mit abwechselnd gelben und braunen Ringen gezeichnet, wie Merkmale einer lebenden Kreatur.

Killeen vermutete, daß dies es gewesen war, was sich in Nähe des Zentralgehirns der Station aufgehalten hatte. Aber jenes war viel kleiner gewesen. Dies war eine andere Seinskategorie. Sie vereinte in sich die Formen von Mechanos und von natürlichen Lebewesen.

Soweit war er gerade in seinen Gedanken gekommen, als ihn weit klaffende Polsterkissen fest, aber sicher in die Arme nahmen.

Das Ding führte ihn an seine bewegliche Anordnung von Augen und studierte ihn einige Zeit. Killeen war so gebannt von den orangefarbenen Ovalen, daß er nicht sofort den gleichmäßigen Zug von Beschleunigung bemerkte.

Das Ding eilte mit ihm vorwärts. Nicht zu seinem

Schiff, sondern auf den Pol zu. Es stieß ihn von einem Polsterpaar zum anderen, wobei es ihn einige Sekunden lang im Raum torkeln ließ, ehe es ihn wieder packte.

Wie eine Katze, die mit einer Maus spielt,

sagte sein Arthur-Aspekt bekümmert.
»Was ist eine Katze?«

Ein Tier des Altertums, das wegen seiner Weisheit verehrt wurde. Grey hat mir von ihm erzählt.

Killeen wirbelte der Kopf, leer von Angst oder Wut. Er empfand nur ein leichtes schmerzhaftes Bedauern wegen all dessen, was er nun zurücklassen würde – Tobys Lachen, Shibos seidige Liebe, Cermos breites gedankenloses Grinsen, die ganze warme Umklammerung der Sippe, die er im Stich ließ und für die er nun sterben würde in einem sinnlosen Opfer für etwas, das menschliche Erfahrung überstieg.

Er versuchte, sich von den großen schwarzen Polstern loszureißen. Die schienen sich überall zu befinden. Ein brutales Gewicht quetschte ihn zusammen. Eine lange, peinvolle Zeit verging, während er verzweifelt um Atem kämpfte.

Er machte sich abstrakte Gedanken, wie das Ding ihn töten würde. Ein zerschmetternder Zugriff oder ausgerissene Beine oder Elektrokution …

In heftigem Zorn versuchte er, gegen die Polster zu treten. Er bekam ein Knie frei und stieß zu; zugleich schlug er mit den Armen seitwärts …

… und war frei. Unglaublicherweise schwebte er mit hoher Geschwindigkeit von der langen, narbigen Gestalt aus Stahl und runzligem braunem Fleisch fort. Diese kam nicht hinterher.

Er drehte sich, um sich zu orientieren, und sah nichts

außer einem grellen Leuchten. Er befand sich in der Nähe des Reifens. Nicht nur nahe, sondern von ihm rings umgeben.

Killeen blickte zurück. Über ihm hing das rasch zusammenschrumpfende Fremdwesen am Ende einer glühenden Röhre, die sich vor seinen Augen ständig streckte und verengte.

Er sauste durch die Kehle der Röhre hinunter, die der wirbelnde Reif gebildet hatte. Schimmernde Strahlung umschloß ihn.

Er richtete sich aus und zündete seine Strahldüsen. Das fremde Ding hatte ihm eine hohe Geschwindigkeit verliehen, direkt hinunter in die Reifenröhre. Wenn er sie rechtzeitig korrigieren könnte …

Aber die strahlenden Wände kamen näher.

Er versuchte mit maximalem Schub zu bremsen, obwohl sein Treibstoff dadurch mit geringerem Wirkungsgrad verbrennen würde. Die Schubvorrichtungen, die in seinem Raumanzug eingebaut waren, waren klein und schwach, nur für Manöver im freien Fall bestimmt.

Er tauchte direkt nach unten. Das Fremdwesen hatte die Beschleunigung so geschickt eingestellt, daß er auch nicht seitlich an die Wände des Reifs stieß. Er fiel genau auf den Pol von New Bishop zu. Durch die transparenten Wände konnte er schwache Konturen des Planeten erkennen, geisterhaft wie ein verlorener Traum.

Seine Triebwerke stotterten, liefen einen Moment gleichmäßig, husteten dann und erstarben. Mit einem Mal herrschte um ihn unheimliche Stille.

Er war naiv gewesen, wenn er geglaubt hatte, daß die fremdartige Mischung aus Fleisch und Stahl ihn auf irgendeine offenkundige Weise töten würde. Statt dessen hatte sie ihm aus einem bedeutenden und verzwickten Motiv heraus diese seltsame Flugbahn in das Maul einer gigantischen Vernichtungsmaschine verliehen.

Er erwartete, daß das Rohr jeden Augenblick mehr flüssiges Metall nach außen freisetzen würde. Momentan würde er sich dann in Rauch auflösen.

Vergeblich benutzte er sein Sensorium. Keine menschlichen Spürsignale. Er machte eine Grimasse, atmete hastig in dem von Schweiß beschlagenen Helm.

Die schimmernden Wände kamen näher. Er glaubte, sie beinahe berühren zu können, hielt aber seine Arme fest am Körper. Er fiel mit den Füßen voran und sah, daß ein kleiner gelber Fleck zwischen seinen Stiefeln allmählich größer wurde. Sein Grey-Aspekt sagte aus der Ferne:

Dies ist ... eine wundervolle Arbeit ... wie ich sie ... noch nie studiert habe ... vergleichbar den Konstruktionen ... in alten Zeiten ... von Mechanos selber ...

Sein Arthur-Aspekt bemerkte:

Wir befinden uns im Innern der Röhre, die sich längs der Polachse erstreckt. Wir wollen hoffen, daß die ganze Röhre durch die Montanaktionen der Aliens entleert wurde. Anscheinend haben wir eine recht genaue Flugbahn. Der Alien hat uns direkt längs der Rotationsachse von New Bishop ins Fallen gebracht. Wir könnten sehr wohl durch den ganzen Planeten hindurchstürzen.

Killeen versuchte zu überlegen: »Wie lange wird das wohl dauern?«

Laß mich einen Moment rechnen. Ja, ich habe die Daten über New Bishop erhalten, die Shibo angekündigt hat ... daraus folgt ... Ich löse das dynamische Integral analytisch ...

Auf Killeens Blickfeld erschien:

$$\text{time} = \left[\frac{\pi}{2} - \tan^{-1} \frac{V}{R\sqrt{\frac{4\pi}{3} G\rho}}\right] \left[\frac{3}{4\pi\, G\rho}\right]$$

Die Zeit, um zur anderen Seite des Planeten zu gelangen, beträgt 36,24 Minuten. Du solltest eine Stoppuhr starten.

Killeen rief in seinem rechten Auge einen Zeitmesser auf, stellte ihn auf Null und beobachtete, wie die Spule mit gelben Digitalzahlen lief. Er konnte dem keinen Sinn entnehmen. In seinem ganzen bisherigen Leben hatte er nie mehr als eine rohe Abschätzung der verflossenen Minuten gebraucht – und das nur, um den Beginn eines Angriffs zu bestimmen. Sollte Arthur es doch ablesen. Zeit war nicht wichtig, wenn das Ergebnis so nüchtern feststand.

2. KAPITEL

Quath'jutt'kkhal'thon stieg voller Stolz empor. Starke Beschleunigung preßte sie in das rohe Gewebe. Sie sang sich etwas vor über das bevorstehende Abenteuer, die erste Frucht ihres neuen Status im Nest.

Beq'qdahl rief: #Paß auf das Thermonetz auf!#

Quath hätte sich in die allgemeine elektrische Aura des Schiffs einschalten können, zog es aber vor, sich vorzubeugen und durch das Bullauge zu schauen. Sie befanden sich erheblich über der glatten blauen Kurve dieser Welt. Der Kosmische Kreis hing noch grau und ruhig in der Entfernung. Bald würde er sich wieder hochwinden. Es würde mehr Metall aus dem Kern gebraucht werden, um ... Sie durchmusterte das gestirnte Dunkel. *Dort!*

Das Thermonetz war ein schieferdunkles Gitter und schwer zu sehen. Einige seiner Stränge waren fertig, an den Kreuzungspunkten durch perlfarbene Klebeklumpen von mehr als Berggröße verbunden. Das Ganze umspannte einen weiten Bogen, dessen anderes Ende hinter dem Horizont lag.

Quath verengte ihr Gesichtsfeld. Sie bemerkte Füßler, die an den riesigen Trägern und Wölbungen arbeiteten – formend, gestaltend, schneidend, polierend. Bald würde das Thermonetz bereit sein, die Energie des nahen Sterns einzufangen; und die Mission von Quaths Rasse konnte mit ihrem unerbittlichen Schwung weitergehen.

Aber zunächst waren noch einige weniger wichtige

Details zu klären. Quath und Beq'qdahl waren in dieser Pendelfähre hinaufgeschickt worden, um sich einer Störung anzunehmen, welche die frühere Raumstation der Mechanos befallen hatte.

Für Quath war das eine hohe Ehre. Sie hatte sich im Kampf mit den Nichtsern ausgezeichnet. Die höchste Instanz des Nestes, die Tukar'ramin, war Zeuge von Beq'qdahls feiger Flucht gewesen. Deshalb war Quath mit prächtigen neuen Körperteilen dekoriert worden, einschließlich zweier frischer Beine. In den Korridoren sprach man von ihr als der Schrecklichen Quath und der Kämpferischen Quath.

Und nun dies: ein Einsatz zur Eliminierung einer Pestbeule im Orbit. Ehre! Chance!

Die Station war von einem üblen Ungeziefer befallen, das einen untergeordneten Funktionär getötet hatte. Die Arbeiter im Orbit waren zu beschäftigt, um sich der Sache zu widmen. Daher hatten sie die Aufgabe an die rangniedrigeren Füßler auf dem Boden delegiert. Dennoch war es immer noch mehr, als Quath sich im Traum zugetraut hätte – eine viel höhere Stufe in der sozialen Rangordnung.

#Ich habe die Fähre der Mechanos herausgezogen und schicke sie schnell zu einem Rendezvous mit uns#, sagte Beq'qdahl.

Quath maulte: #Ich bin mehr für einen direkten Angriff auf die Station.#

#Das sieht dir ähnlich. Ohne zu überlegen sich draufstürzen und ohne zu wissen, mit wem man es zu tun haben wird.#

#Mut wird uns zum Ziel bringen!#

#Ich ziehe es vor, das Risiko abzuschätzen.# Beq'qdahl war noch gereizt wegen des peinlichen Zusammentreffens mit den Nichtsern.

Quath sagte listig: #Berichte unserer Mechano-Sklaven lassen erwarten, daß bloß Nichtser die Station stören. Vorsicht ist gewiß unnötig, wenn es bloß um Zerschmettern …#

#Was hier notwendig ist, entscheide *ich*.#

Quath merkte, was Beq'qdahl vorhatte. Sie wollte ihr Ansehen wiederherstellen. Eine schnelle Aktion konnte in der Tat ihrem guten Namen erneut zur Geltung verhelfen. Vielleicht hatte die Tukar'ramin es den beiden aus eben diesem Grunde gestattet, den Einsatz allein zu unternehmen.

Quath war ärgerlich. Sie hatte angenommen, daß sie hier geehrt würde. Jetzt erkannte sie, daß Tukar'ramin vielleicht nur Beq'qdahls Status berücksichtigte, mit Quath zur Begleitung als Vorsichtsmaßnahme. Falls Beq'qdahl die Sache verdarb, könnte Quath, die ›Nichtsertöterin‹, die Lage retten.

#Es reicht, wenn ich sage, daß ich einen sicheren und beständigen Kurs zu nehmen gedenke#, sagte Beq'qdahl.

Quath zögerte. Schließlich war die Aktion ja ein großes Privileg. Sie ließ ihre Porenhärchen als Zeichen der Zustimmung flimmern. #Was kann ich tun?#

#Wir werden bald auf das Mechano-Schiff treffen. Ich habe ihm befohlen, sich von der Station zurückzuziehen und sich hier bei uns zur Inspektion einzufinden. Interne Signale besagen, daß einige Nichtser drin sind. Wir werden sie uns vornehmen.#

#Ah!# Die Tukar'ramin legte großen Wert auf Ausrottung der Nichtser, seitdem diese die Magnetflußstationen beschädigt hatten. Auch der Tod Nimfur'thons konnte auf Vandalismus von Nichtsern zurückgehen, der den Siphon in Aufruhr versetzt hatte. Quath freute sich auf die Gelegenheit, noch mehr dieser zwergenhaften Feinde zu erledigen.

Sie bogen um die Rundung des Planeten. Unter ihnen neigte sich der Kosmische Kreis über den entfernten Horizont und begann wieder, mit gewichtiger Anmut zu rotieren. Seine Länge leuchtete strahlend auf, als sie einen kleinen Teil der Masse im Kern in Eigenenergie umwandelte.

Quath beobachtete das mit bescheidener Ehrfurcht. Sie sah, daß sie dem Shuttle in Nähe des Pols begegnen würden, wo sie die Tätigkeit des Kosmischen Kreises gut verfolgen konnten.

Sie hoffte näher heranzukommen und seine zyklische Kraft zu spüren. Unter den Füßlern gab es eine Sage, wonach der Kreis, ihr mächtigstes Instrument und stärkste Waffe, eine kräftigende Aura ausstrahlte. Füßlern, die sich in die Nähe wagten, war ein längeres Leben sicher.

Quath meinte, daß das wahrscheinlich eine wertlose Legende wäre, war sich aber nicht absolut sicher. Warum sollte man es nicht ausprobieren? Schließlich war sie doch eine Philosophin.

Ihre Bekehrung zu einer inneren Gewißheit ihrer persönlichen Unsterblichkeit, die sie auf dem Schlachtfeld als eine blendende Erkenntnis überkommen hatte, hallte jetzt durch ihr ganzes Leben wider. Sie stellte die äußerste Rechtmäßigkeit und zentrale Stellung der Füßler und deren Platz in der Galaxis nicht mehr in Frage. Die beruhigende Selbstsicherheit ihrer Konversion war eine ständige Freude.

Aber seltsamerweise, als sie dies Tukar'ramin berichtet hatte, war diese anscheinend unbewegt geblieben.

Quath paßte auf, als sie sich dem Shuttle näherten. Sie riß sich aufgeregt zusammen, als Beq'qdahl kommandierte: #Du kannst die Nichtser inspizieren. Ich gebe sie jetzt frei. Inzwischen werde ich die Sturmwaffen fertigmachen.#

Quath begab sich klappernd und rasselnd durch die Schleuse. Sie war in allen Reserven und Kapazitäten voll aufgeladen. Ihr Körper prickelte vor Angriffslust.

Sie schwang sich durch die Luke in die kühle Umarmung des Hochvakuums. Angenehme Wellen glitten über ihre zähe Naturhaut, die einzige original natürliche Haut, mit der sie geboren war. Sie hatte daran gedacht, sie mit Körperpanzer oder einer praktischen Vorrichtung zu bedecken; aber der Charme echten Fleisches überwog den Nutzen. Alle Abhängigkeit von Fleisch auszumerzen würde einen zu großen Bruch mit ihrer Vergangenheit bedeuten und zu früh kommen. Dafür war später noch Zeit genug, wenn sie zu höheren Rängen im Leben aufgestiegen wäre. Nur die Illuminaten, so sagte man, waren total ausgestattet. Jene riesigen weisen Wesen hatten die äußerste Synthese von Fleisch und Mechanismus erlangt.

Das Shuttle hing in der Nähe. Quath sah sofort, daß sich eine Wolke aus Gerümpel langsam aus der kleinen achternen Schleuse herausdrehte. Unter dem Zeug befand sich auch ein silberner Nichtser.

Sie schoß darauf zu. Ja, das war dieselbe lästige zweifüßige Sorte, die sie massenhaft auf dem Schlachtfeld erledigt hatte. Der Spiegelglanz der Haut sprach für einen hohen Stand der Technik – ein Isolierstoff. Vielleicht hatten die Nichtser dies Material aus den Vorräten in der Orbitalstation gestohlen. Dieser Verdacht flammte heiß in Quath auf. Sie beeilte sich, die jämmerlich langsame Passage des Nichtsers abzuschneiden.

Sie erwischte ihn leicht. Sein Sträuben war lächerlich schwach.

#Was für eine Form ist es?# fragte Beq'qdahl.

#Eine, vor der du ausgerissen bist, weißt du noch?#

#Reize mich nicht, ich warne dich! Meldung!#

#Offenkundig von vernachlässigbarer Technik, obwohl sein Anzug von hohem Niveau ist. Es bewegt seine vier Gliedmaßen so, als ob es auf zweien ginge und mit den anderen beiden arbeitete. Keine Zusätze, soweit ich sehen kann. Wahrscheinlich wirklich eine rohe animalische Form.#

#Die sollte doch leicht auszurotten sein.#

#Ja. Soll ich den Anzug abziehen, um im einzelnen zu untersuchen?#

#Ich möchte nicht die widerliche rohe Form von Tieren mitansehen, Quath.# Beq'qdahl schnaubte. #Das ist unter meiner Würde.#

#Oh, tut mir leid.# Quath unterdrückte ihre stürmische Heiterkeit.

#Mach also Schluß! Genug der Inspektion.#

#Könnten wir nicht den Siphon beobachten, Beq'qdahl? Schau, er läuft ganz in der Nähe fast schon über.#

#Ich sehe keinen Sinn ...#

Quath kam eine Idee aus einem ihrer Subkomplexe. #Warte! Dieser Nichtser hat uns doch Ärger gemacht, nicht wahr?#

Beq'qdahls Stimme verriet Interesse. #Was ist damit?#

#Edle Beq'qdahl, mir schwebt da ein lustiges Spiel vor ...#

3. KAPITEL

Killeen stürzte. Es hatte Jahre gedauert, bis er sich richtig an die Empfindung des freien Falls gewöhnt hatte; und das war außerhalb der *Argo* gewesen, in der schweigenden Ungeheuerlichkeit des offenen Weltraums. Dann war es ihm gelungen, seine Reflexe davon zu überzeugen, daß er in gewissem Sinne flog, wie in der Luft getragen, ohne sich um die grausamen Gesetze der Schwerkraft Gedanken machen zu müssen.

Aber hier... Hier stürzte er in die Tiefe zwischen fleckigen, leuchtenden Wänden, die mit betäubender Geschwindigkeit vorbeisausten. Er *fühlte*, daß der silbrige Saum von New Bishop auf ihn zuraste, als der Planet sich zu einer Ebene verflachte. Runzlige Gebirge wuchsen, und mit jedem Augenblick wurde das Detail feiner. Durch das schleierartige Leuchten der wirbelnden Kosmischen Saite beobachtete er, wie der Planet wuchs.

Die Polgegend zeigte noch einige weiße Streifen Schnee, Reste von dem, was einmal eine Eiskappe gewesen sein mußte. Das Land sah nackt aus, blaß und unfruchtbar, als ob es erst kürzlich freigelegt worden wäre. Es zog sich über die Hälfte seines Gesichtsfeldes hin jenseits der glühenden durchsichtigen Wände des Reifenrohres.

Das verwüstete Land wurde von jungen Flüssen durchschnitten, die sich über gezackte Böschungen ergossen. Er konnte grobe, ausgetretene Wege erkennen, breite Spuren zerwühlten Schlamms.

Der Boden kam heran, eine riesige Hand klatschte auf

ihn, und er zuckte unwillkürlich zusammen. Er stürzte auf eine breite Bergflanke zu …

… stemmte sich gegen den Aufprall …

… und spürte nichts.

Sofort schoß er in eine matt erhellte goldene Welt – allein.

Glühende Wände spendeten etwas Licht, aber er konnte sonst nichts sehen. Weit unten, zwischen seinen Stiefeln, war ein greller gelber Punkt. Arthurs Stimme ertönte:

Ich habe mit Grey beraten. Sie weiß leider nicht mehr hiervon als ich. Uns bleiben nur wohlüberlegte Vermutungen. Dieses Rohr ist in der Tat leer, sogar frei von Luft. Wir befinden uns jetzt im Innern des Planeten. Ich schätze unsere Geschwindigkeit auf 934 Meter in der Sekunde.

Dunkle fleckige Figuren rasten zu ihm empor und verschwanden dann lautlos in den Wänden. »Was ist ihr Ziel?«

Wenn die fremden Cyborgs diese wunderbare Einrichtung zur Entkernung des Planeten mit der Präzision geschaffen haben, die ich ihnen zutraue, dann erwarte ich, daß wir genau durch das Zentrum tauchen und auf der anderen Seite wieder herauskommen.

»Was ist ein Cyborg?« fragte Killeen, um eine klarere Vorstellung zu bekommen. Sein Grey-Aspekt antwortete leise:

Halb organisches Wesen … halb Maschine … Ich konnte keine genauen Proportionen … aus einer so hastigen Beobachtung … gewinnen … Historische Aufzeichnungen … sprachen von einer solchen Rasse … in sehr frühen Tagen … den Großen Zeiten …

Killeen bekam den Jargon nicht ganz mit, verstand aber, daß es auf jeden Fall eine schlechte Nachricht war.

Trotz der leuchtenden Wände wurde das Licht um ihn schwächer.

Er unterdrückte eine aufkommende Panik. Seine Furcht erwuchs zum Teil aus der einfachen Tatsache, daß er mit immer höherer Geschwindigkeit fiel. Rein animalische Angst drohte ihn zu ersticken. Gegen diese zehrende Furcht kämpfte er wie ein Mann und schlug auf eine dunkle Welle ein, die höher und höher aufragte. Ihm stockte der Atem. Er zwang seine Kehle, sich zu öffnen, und seine Lungen, das krampfhafte Zucken einzustellen.

Körnige verschwommene Schatten blitzten vorbei. Das waren Merkmale im Felsen, beleuchtet durch die dünne Schranke des rotierenden Reifens.

Der gelbe Glanz in der Tiefe war zu einer strahlenden Scheibe angeschwollen. Er konnte jetzt einen abgrundtiefen Baß spüren: Wumm-wumm-wumm, der von den rotierenden Magnetfeldern kam.

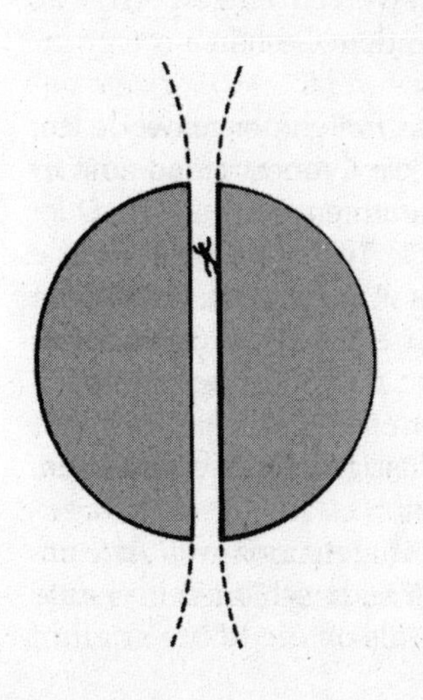

»Vielleicht … vielleicht kann ich die Wände erreichen. Gibt es da eine Möglichkeit zu bremsen?«

Killeen spürte Arthurs scharfes durchdringendes Lachen. In seinem linken Auge erschien ein Kreis. Er blähte sich zu einer Kugel auf – dem Planeten – mit einer roten Linie längs der Rotationsachse. Ein kleiner blauer Punkt bewegte sich einwärts nahe dem oberen Ende der Achse, knapp unter der Oberfläche.

Wir haben jetzt eine Geschwindigkeit von 1468 Metern in der Sekunde erreicht. Bedenke, daß das Reifenmaterial extrem dicht ist – viele Millionen Tonnen je Kilometer. Das alles in einen Faden gepackt, der kaum die Breite eines Atoms hat und mit immenser Geschwindigkeit herumwirbelt. Wenn du bei deiner jetzigen Geschwindigkeit diese Materie berührtest, würde deine Hand verdampfen.

Killeens Atem ging in raschen, ruckartigen Stößen. »Angenommen, die haben hier drin etwas ausströmendes Kernmetall, und wir treffen darauf?«

Ich glaube nicht, daß ich diese Aussicht für dich analysieren mußte.

»Nein, wohl kaum.«
Killeen suchte überall nach einer Idee, einer vagen Hoffnung. Die Wände waren jetzt fast schwarz. Das Leuchten des Reifs war irgendwie von dem Fels dahinter absorbiert. Schmorende orangebraune Klumpen schossen vorüber – Lava, die in unterirdischen Gewölben eingesperrt war, große Ozeane aus fahlem sengendem Gestein.

Ich möchte annehmen, daß das Reifenrohr zeitweise leer gelassen wird. Vielleicht sind die Cyborgs gerade mit irgendwelchen kleineren Reparaturen beschäftigt. Oder sie pausieren einfach, damit die Teams im Orbit, welche den ersten Klumpen Kernmetall behandeln, ihre Arbeit tun können. Auf jeden Fall ist ein anderes Schicksal zu erwarten, wenn man annimmt, daß der Cyborg da oben uns nicht einfach hineingeworfen hat, um zu sehen, wie wir durch einen Spritzer aus flüssigem Stahl umkommen.

Killeen suchte sich zu beruhigen und auf Arthurs Worte zu konzentrieren. Die Wände schienen im Laufe des Fallens näher zu kommen, als ob die Röhre vor ihm enger würde. Er hielt sich stramm gerade, die Arme angelegt und die Füße zu der ständig größer werdenden gelben Scheibe nach unten gerichtet. Durch Blinzeln entfernte er Schweiß aus den Augen, um besser sehen zu können.

Ich glaube, wir haben die Kruste passiert und bewegen uns jetzt mit wachsender Geschwindigkeit durch den Mantel. Beachte, daß die gelegentlichen Lavaseen großer und zahlreicher werden. Die Temperatur nimmt bei jedem Kilometer, das wir fallen, um etwa zehn Grad zu. Das wird so weitergehen, bis sie den Schmelzpunkt von einfachem Silikatgestein erreicht. Dann werden wir – wenn wir uns an Studien ähnlicher Planeten halten – in einen Kern zunehmender Dichte und Wärme eintreten. An dieser Stelle werden die Felsen flüssig und rund 2800 Grad heiß sein.

»Wieso füllt das Gestein nicht das Rohr aus?«

Der Druck des Reifs ist wirklich ungeheuer. Grey errechnet ...

»Und die Hitze? Hält das Rohr die ab?« fragte Killeen, um Beruhigung zu erlangen, obwohl er die Antwort schon fürchtete.

Wärme ist infrarote magnetische Strahlung. Der Reif ist dafür durchlässig. Alles Licht geht hindurch. Darum sehen wir jetzt auch das dunkle Gestein dahinter. Aber bald werden die Silikate unter der Hitze des Drucks zu glühen beginnen.

»Was sollen wir tun?«

Die Wärmestrahlung übt einen Druck aus. Aber der ist natürlich symmetrisch und wirkt gleichmäßig nach allen

Richtungen. Daher kann er uns nicht gegen eine Wand drücken anstatt gegen eine andere. Aber er wird uns durch und durch gar kochen.

»Wie … wie lange noch?«

Die Passage durch den Kern ... ungefähr 9,87 Minuten.

»Mein Anzug bietet mir durch seine Versilberung einen gewissen Schutz.«

Gewiß, das hat er auch schon getan. Und ich errechne, daß wir eine volle Passage überleben könnten, wenn wir uns völlig versiegeln, das Visier des Helms schließen und alle Einlässe abdichten. Vielleicht hat der Cyborg das gewußt. Er könnte viel von unserer Technologie verstehen. Ja, ja ... Ich beginne, seine teuflische Logik zu begreifen.

Killeen dichtete die Einlässe seines Anzugs ab und ließ nur ein dünnes Lichtrohr für optische Bilder übrig. Die Haut seines Anzugs reflektierte mit ihrer spiegelnden Oberfläche den Glanz des stärker werdenden Lichts um ihn herum. Die vorbeisausenden Wände wurden tiefrot. »Wo sind wir?«

Wir müssen uns der Grenze nähern, bei der Eisen schmilzt. Diese Rötung kündigt wahrscheinlich den Übergang vom Mantel zum äußeren Kern an. Wir können jetzt mit einigen schwankenden Magnetfeldern rechnen, da dies laut Theorie das Gebiet ist, in dem das Feld des Planeten entsteht. Große Ströme geschmolzenen Metalls brodeln umher und führen elektrische Ströme mit sich wie große Drähte in einem Kraftwerk. Durch die Rotation von New Bishop werden diese herumgewickelt. Es entstehen Stromwirbel, die ihrerseits magnetische Wirbel erzeugen.

»Verdammt, es wird jetzt schon heiß.«

Außentemperatur 2785 Grad.

Killeen klappte sein Visier herunter. Er fiel in völlige Finsternis und fragte sich, ob er bei strengster Isolation die Hitze würde aushalten können, während er immer tiefer und tiefer, schneller und schneller fiel …

Wieder kämpfte er um Atem. Wenn er wenigstens die nächsten paar Minuten überleben wollte, mußte er klar denken können. Die dunkle Nacht könnte hilfreich sein, solange er seine natürlichen Reaktionen im Zaum halten würde.

Glücklicherweise wird uns die von dem Cyborg erteilte Geschwindigkeit viel schneller hindurchbringen. Ich verzeichne jetzt eine Außentemperatur von etwas über 3000 Grad. Hier wird uns eine einzige Lichtröhre des Anzugs ein schwaches Bild liefern, und mehr brauchen wir an so einem Ort nicht.

»Verdammt! Denk nach!«

Das tue ich. Ich sehe einfach keinen Ausweg aus unserem Dilemma.

»Es muß doch *irgendeine* Möglichkeit geben …«

Die Existenz eines wohldefinierten Problems impliziert nicht die Existenz einer Lösung.

»Verdammt sollst du sein!«

Vor Jahren hatte Killeen seine Aspekte unterdrückt, wenn sie ihn zu überwältigen drohten. Jetzt empfand er darin ein Risiko. Arthur war eine abgelöste Intelligenz, die nur als beratende Instanz diente. Ohne die primitiven Alarmsignale der Natur, wie Adrenalin, blieb Arthur distanziert. Aber seine Kühle hinderte die weniger benutzten Aspekte und Gesichter, ihn mit ihrer Panik zu bedrängen.

»Schau, wir kommen hier hindurch und werden uns wieder draußen befinden, nicht wahr?«

Ja. Das ist das Teuflische an dem Trick dieses Cyborgs. Wir sind an einer alten Hausaufgabe für Schüler beteiligt ... Ein Schacht durch den Planeten mit uns als der harmonisch oszillierenden Probemasse.

»Was ...?«

Plötzlich begriff Killeen, was Arthur meinte. Er verfolgte in seinem Auge, wie der blaue Punkt immer weiter durch den Kern schoß und dann auf der anderen Seite der roten Röhre wieder hinaus. Er stieg zur Oberfläche hoch, wobei seine Geschwindigkeit im Zugriff der Gravitation abnahm. Dann kam er über der Oberfläche frei und wurde dabei immer noch langsamer. Nach kurzem Verweilen am Gipfelpunkt begann er wieder zu fallen, um einen neuen Sturz durch das Herz des perforierten Planeten zu beginnen.

Vielleicht können wir diesen einen Durchgang überleben. Aber noch einen und noch einen? Und so weiter ad infinitum?

»Es muß doch einen Ausweg geben!«

Killeen sagte das mit absoluter Überzeugung, obwohl er keine Ahnung von der Physik hatte, die Arthurs bunten Darstellungen zugrundelag. Selbst wenn ein Alien von gargantuanischen Ausmaßen diese zu Asche verbrennende Mausefalle gemacht hatte, könnte er doch einen Fehler begangen und einen kleinen Ausgang übersehen haben.

Er mußte das glauben oder die Panik, die ihm die Kehle zuschnürte, würde ihn überwältigen. Er würde wie ein jämmerliches Tier sterben, auf dem Speichel des Fremden gefangen und zu einem verkohlten Klumpen geröstet. Er würde als ein Ascheball enden, der endlos durch den Zentralofen hüpft.

Vielleicht können wir genau am höchsten Punkt etwas versuchen, wenn der Reif sich weit über dem Pol zu krümmen beginnt. Dort müßten wir für einen kurzen Augenblick zur Ruhe kommen.

»Gut, gut! Vielleicht kann ich dieses Kühlmittel pumpen …«

Kühlflüssigkeiten. Ich verstehe. Benutze sie in deinem Schubgerät! Aber das würde nicht ausreichen, um eine Umlaufbahn zu erreichen.

»Was ist mit dem Reif? Vielleicht könnte ich da oben, wo er sich dreht, davon wegspringen. Ich könnte in einer gezielten Richtung frei kommen.«

Killeen spürte, wie Arthurs seltsam abstrakte Präsenz sich rührte, nachdachte, Ling und Grey und einige Gesichter konsultierte, als ob es sich hier nur um irgendein frisches Problem von vorübergehendem Interesse handelte. In absoluter Finsternis fallend, fühlte er, wie sein Magen sich verkrampfte. Er hielt die Luft an und schluckte einen Mundvoll saurer Galle hinunter.

Jetzt erreichte ihn ein merkwürdiger Ton. Unter dem pochenden *Wum-wum-wum* des rotierenden Reifens hörte er gurgelnde Bässe und klingelndes Puffen.

Wir empfangen die Wirbel der planetarischen Magnetfelder im Kern. Sie klingen erstaunlich ähnlich wie Orgeltöne.

Die langen summenden hohlen Töne lenkten Killeen jäh ab. Er bildete sich ein, daß majestätische Stimmen nach ihm riefen und ihn in die äußersten Tiefen dieser Welt einluden …

Nein. Er schüttelte sich, japste und schaltete das Lichtrohr auf sein linkes Auge.

Die Wände draußen strahlten von glühender Hitze kirschrot. Brandrote Klumpen quirlten in den Wänden.

»Hör auf mit deiner Rechnerei. Gib mir eine Antwort!«

Sehr wohl. Die Idee könnte sehr knapp möglich sein. Ich kann nicht abschätzen, mit welcher Sicherheit. Auf jeden Fall würde es aber erfordern, daß wir uns dicht genug an der reifenförmigen Wand befänden. Der Cyborg hat uns genau in das Zentrum dieser Röhre plaziert, wie ich ausmesse. Wir müssen uns vielleicht hundert Meter weiter bewegen, ehe wir uns in der Druckstoßwelle des Reifens befinden, wenn er sich wendet.

»Wie weit ist das?«

Ungefähr so weit, wie du – äh … wir – einen Stein werfen können.

»Das ist nicht so schlimm. Ich kann dieses Kühlzeug benutzen …«

Wenn du es jetzt herausziehst, werden wir binnen Sekunden tot sein.

»Verflucht! Ich mache es also dann, wenn wir im Freien sind.«

Das ist verlockend, aber ich fürchte, es würde nicht wirken. Die Röhre weitet sich, wenn sie zur Oberfläche aufsteigt. Hier ist ihre Wand nur einen Steinwurf weit weg. Aber bis wir aus dem Kern heraus sind, werden die Wände zu weit entfernt sein, um sie rechtzeitig erreichen zu können, außer wir fangen jetzt schon an, uns zu bewegen.

»Na ja – also wie?«

Selbst ein kleiner Druck würde, wenn er jetzt ausgeübt wird, genug Anstoß geben, um die Wand während des Austritts zu erreichen.

»Druck …« Killeen runzelte die Stirn. Der beengende Anzug füllte sich mit dem Geräusch seines schweren Atmens, seinem sauren Schweiß und dem nackten Geruch der Angst. Er fühlte nichts außer der beklemmenden Leere des ständigen Fallens, der furchtbaren Gewichtslosigkeit. Er blinzelte auf das kleine Bild, welches durch die Lichtröhre kam.

Die Wände draußen waren von Licht überflutet. Der nur wenig entfernte Nickeleisen-Kern dort tobte und stieß mit stechend weißen Kompressionswellen. Der Flug führte dicht an blaßrote Wirbel heran, die sich über mehrere Dutzend Kilometer erstreckten, aber in wenigen Sekunden heißen Aufblitzens vorbei waren. Das ständige *Wum-wum-wum* des Reifs drang mit zermürbender Beharrlichkeit in seine Zähne und Kiefer ein.

Einen flüchtigen Augenblick lang erinnerte er sich an eine ähnliche Zeit dereinst auf Snowglade. Er war mit Veronica, seiner jungen Frau, und Abraham fliegen gegangen. Nahe der Zitadelle gab es einen alten Tunnel durch einen Berg, der in den Zeiten der Hohen Bogenbauten gegraben worden war Der scharfe Wüstenwind fuhr hindurch. Abzugskamine erhöhten noch künstlich die Sturmstärke. Wo der Tunnel sich jäh nach oben wandte, konnte der Wind einen Mann mit Flügeln tragen. Killeen hatte sich in den tosenden Strom gestürzt und kreiste über dem weiten Oval der Tunnelöffnung. Veronica folgte ihm grinsend und mit aufgerissenen Augen. Durch Kippen der Flügel konnten sie aufsteigen und abtauchen und einander umschwirren. Dann stürzte Abraham ab. Seine Schreie wurden im Tosen des Sturms verweht. Sie hatten gegen die Windstöße angekämpft und dann seine unablässigen Druckwellen eingefangen, fröhlich umeinander kreisend, in Momenten gehobener Stimmung …

Alles vorbei, eine für immer verlorene Zeit …

Jetzt …

Seine Zunge schien ihm die ganze Kehle auszufüllen. Scharfe Luft biß in seine Nüstern. Sein Anzug war überhitzt. Er merkte, daß er sich dem Punkt näherte, wo er sich nicht mehr in der Gewalt haben würde. Würde er jetzt überstürzt handeln, um der Hitze zu entgehen, wäre das sein Tod.

Aber etwas, das Arthur gesagt hatte, war in seinem Gedächtnis hängengeblieben: *Selbst ein leichter Druck …*

»Das Licht! Du hast etwas davon gesagt, daß es uns antreiben würde.«

Ja, natürlich. Aber das wirkt nach allen Richtungen gleichmäßig.

»Aber nicht, wenn wir jetzt etwas von dem Silber entfernen.«

Was? Das würde … Oh, ich verstehe. Wenn wir zum Beispiel das Silber vor uns vermindern, indem wir etwa den Autoströmen dort die Energie wegnehmen … Ja, dann wird das Licht weniger gut reflektiert. Wir werden in diese Richtung gestoßen durch das Licht, das uns von hinten trifft.

»Laß uns das machen! Nicht mehr viel Zeit.«

Aber die Hitze! Verminderung der Reflexion erhöht die Absorption.

Das hatte Killeen schon vermutet. »Zeig mir, wie ich das Silber auf meiner Brust dünner machen kann!«

Nein, das tue ich nicht. Die Außentemperatur beträgt 3459 Grad! Ich kann nicht ... werde nicht ...

»Gib mir die Information! *Sofort!*« Killeen hielt seinen Geist streng unter Kontrolle. Das war, wie er sicher wußte, der einzige Weg. Und Sekunden zählten.

Nicht jetzt, nein! Ich werde ... ich werde mir etwas ausdenken, das funktionieren wird – wenn wir durch den Kern kommen. Ich werde meine alten Erinnerungen aufrufen. Ich werde ...

»Nein. Jetzt *sofort!*«
Er fühlte die Furcht des Aspektes, die jetzt fast so hoch aufschwappte wie seine eigene. So war der auf Chip gespeicherte Intellekt endlich zerbrochen und hatte die Fragmente seiner restlichen Menschlichkeit offenbart.
Killeen griff entschlossen in sein eigenes Inneres und erstickte Arthurs Einwände. Der rief ihn klagend in einem leisen, verzweifelten Winseln. Killeen griff zu und drängte ihn in einen Schlupfwinkel zurück.
»Sofort!«

4. KAPITEL

Beq'qdahls gerippte Poren leuchteten in tiefem, wütendem Gelb.

#Die Nichtser sind schon auf der Flucht!#

Quath blickte schnell nach vorn und benutzte dabei das scharfe Infrarot. Vom Umriß der näherkommenden Station schwärmten kleine Mücken aus. #Die sind rasch von Begriff.#

#Nein, *wir* sind hier die Dummen!#

#Sie scheinen den Mechanismus dieser Pendelfähren ziemlich rasch durchschaut zu haben und zu beherrschen.#

#Sie hatten doch Zeit, du Einfüßler, während du mit deinem blöden Streich beschäftigt warst.#

Quath parierte: #Wir haben uns doch beide an diesem kleinen Spaß beteiligt.#

#*Ich* war dafür, daß wir unseren Angriff fortführten.#

Quath sagte, so sanft sie nur konnte: #Dann hättest du nicht mithelfen sollen, die genaue Geschwindigkeit und den Winkel dafür zu berechnen, wie ich den kleinen Nichtser losgeschleudert habe.#

#Ich … ich habe mich verleiten lassen. Ich hatte keine Idee davon, daß wir soviel Zeit einbüßen und dieses Geschmeiß verfehlen würden. Wir wollten doch Proben nehmen, wie du weißt.#

Quath sah zu, wie die Shuttles davoneilten und sich wie die Trümmer bei einer Explosion ausbreiteten. Eine hübsche Flucht. Schon schwebten einige nahe an das Glühen des Kosmischen Ringes heran, der in einem

Probelauf rotierte, um an beiden Polen neue magnetische Flußgeneratoren zu testen. Der Test würde nur ein wenig länger dauern und nicht mehr Metall aus dem Kern saugen, sofern nicht der Druck versagen sollte. Die Saite würde die Nichtser daran hindern, die Hochatmosphäre zu erreichen. Aber während Quath die Shuttles beobachtete, mischten sie sich zwischen die großen Platten aus kältegeformtem Nickeleisen, die die hohen Umlaufbahnen zierten.

Geschicktes Ungeziefer! Sie dürstete danach, es zu vernichten.

Zwischen diesem großen Vorratslager konnten sie sich gut verstecken; und das hatten sie zweifellos auch vor. Es waren keine gewöhnlichen, an den Boden gefesselten Nichtser – nein! Sobald die Kosmische Saite langsamer wurde, würden sie in die Atmosphäre des Planeten schlüpfen und sich von der Luft bremsen lassen. Bei jeder Aktivität des Siphons erbebte der Planet; aber das würde kaum ihre Landung verhindern. Einmal unten, würden sie in der zerklüfteten Landschaft leicht Unterschlupf finden.

#Ich werde die Ursache dieses blöden Fehlers klarstellen#, sagte Beq'qdahl nachdrücklich.

Quath spie zurück: #Und ich werde auf die Zeitschreiber an Bord verweisen, welche zeigen werden, eine wie unbedeutende Zeit wir mit unserem Spiel verbracht haben.#

#Du würdest …?#

#Natürlich.# Ein solches Unternehmen dürfte bei den Senioren des Nestes kein besonderes Gewicht haben; aber Quath war entschlossen, es zu versuchen.

Beq'qdahl machte eine Pause, offenbar um nachzudenken. Ihr Schiff zog seine Annäherungsbahn. Die Station schien jetzt inaktiv zu sein. Ihre Parkbuchten standen offen. Die Shuttles waren fort.

Auf dem Zentralpult vor Quath piepste das Signal

eines Mechano-Hilfsgeräts. In Nähe der Station hing ein großes Schiff, vermutlich das der Nichtser.

Beq'qdahl sagte: #Wir können dieses primitiv zusammengeflickte Schiff durchsuchen.#

#Ich weiß nicht, ob nicht noch Nichtser dringeblieben sind#, sagte Quath.

#Aber …#

#Und es scheint sehr eng und kümmerlich zu sein. Wir werden uns in sein Inneres hineinquetschen und es gründlich durchsuchen müssen.#

#Nun, vielleicht kann ich in dieser ganzen Angelegenheit meinen Standpunkt ändern#, sagte Beq'qdahl nachdenklich.

#Darauf hatte ich gehofft.#

#Schließlich haben wir doch die Station von dem Ungeziefer befreit, nicht wahr?#

#Stimmt, und ohne einen Schuß abzugeben.#

#Wir können dem Nest melden, daß der bloße Anblick, wie wir und unsere mörderischen Batterien herangekommen sind, sie abgeschreckt hat.#

#Ich entsinne mich nicht, irgendwelche Schreie gehört zu haben.#

#Aber ich. Und so werde ich berichten.#

Quath beschloß, diese kleine Lüge nicht herauszufordern. #Glaubst du, daß man uns Glauben schenken wird?#

#Bestimmt!#

Quath entspannte sich etwas. Sie beobachtete eines der fliehenden Shuttles am Horizont, wo es oberhalb des Kosmischen Kreises in eine Umlaufbahn ging. Sofort war sie alarmiert. #Das ist die Fähre, die wir abgefangen haben!#

Beq'qdahl rasselte ungläubig mit den Beinen. #Nein! Du hattest es doch kapern sollen!#

#Das habe ich auch getan#, schrie Quath verwirrt.

#Dann muß noch ein anderer Nichtser drin gewesen

sein. Der hat das Schiff übernommen.# Beq'qdahls elektrische Aura troff von Bosheit.

Saure Hormone fluteten durch die Kabine, als sie beide wider Willen außer Fassung gerieten. Die Körper befreiten ihre Lymphgefäße von den korrosiven Stoffen, die durch ihre jähen scharfen Emotionen gebildet worden waren.

Quath sagte finster: #Das ist eine tiefe Demütigung.#

#Allerdings, und *du* bist schuld.#

#Davon bist du nicht ausgenommen, edle Eiterlutscherin.#

Beq'qdahl erkannte Quaths Drohung. Ihr Kopf schwindelte und wurde vor Verlegenheit indigoblau. #Werden wir beide zur Rechenschaft gezogen werden?#

#Natürlich.#

Bittere violette Kadenzen liefen über Beq'qdahl. #Es muß doch irgendeinen Weg geben, Recht zu bekommen.#

#Wir sollten einfach nicht von der Mission sprechen#, sagte Quath. #Solange wir den Mindestforderungen genügen, wird man vielleicht nicht aufmerksam werden. Es ist doch schließlich kein wichtiges Unternehmen.#

#Wir sollten einige Exemplare des Ungeziefers zur Analyse zurückbringen, wie du weißt#, sagte Beq'qdahl mißmutig.

#Ah …# Quath erinnerte sich. Das war nur von untergeordneter Bedeutung erschienen, als sie ihre Befehle erhalten hatten. #Um zu sehen, ob es die gleichen Nichtser sind wie die, die uns geärgert haben.#

#Und mich beinahe getötet hätten#, fügte Beq'qdahl scharf hinzu. Sie schien jene Schlacht immer noch als eine persönliche Kränkung zu empfinden.

#Die Tukar'ramin wird in dieser Angelegenheit sicher Klarheit haben wollen#, antwortete Quath diplomatisch. #Und solche Vorsicht lohnt sich in diesem Falle sehr. Diese Nichtser sind schlau, wenn es dieselben sind, wie die Bande, die ich liquidiert habe.#

Beq'qdahl schäumte. #Ich möchte jede mögliche Ursache für eine Beschwerde ausschließen.#

Quath war nicht entzückt von der Aussicht, sich zu einem der schnellen flotten Shuttles zu begeben, es dann aufzustemmen und drinnen nach einem Probe-Nichtser herumzuwühlen. Sie könnten sie leicht alle zerquetschen und müßten sich dann nach einem weiteren Shuttle umsehen. Und all dies in voller Sicht der Thermowebercrews, die an den großen Metallbergen arbeiteten. Gab es einen anderen Weg ...? Sie stocherte in ihren Subkomplexen herum auf der Suche nach irgendeiner Idee, die helfen könnte. Diese äußerten im Chor ihre Teilansichten.

Beq'qdahl sagte: #Ich bin aber ganz sicher, daß diese Probenbeschaffung von untergeordneter Bedeutung ist. Das Nest wird uns sicher wegen einer so vernachlässigbaren ...#

#Warte!# sagte Quath fröhlich. #Warte! Ich habe eine Idee.#

5. KAPITEL

Die gelbweiße Hölle brauste über Killeens Kopf davon. Die Wände trieften fast von einem trüben Rot; aber das war eine Erleichterung nach der glühend heißen Raserei die jetzt über ihm als feurige Scheibe wie eine verglimmende und unentwegt wütende Sonne dahinschwand.

Killeen schnaufte tief, obwohl ihm das nicht wohlzutun schien. Stechende Wellen ergossen sich über ihn und verursachten unerträgliches Jucken, das unausgesetzt über seine Haut lief. Seine Arme zitterten. Muskeln und Nerven kämpften ihre eigenen Rebellionen und Kriege.

Aber er hatte es geschafft, seine Arme und Beine gerade zu halten. Der Lichtdruck hätte ihn nicht in eine bestimmte Richtung getrieben, wenn er sich gedreht oder getaumelt hätte.

War es genug gewesen? Die langen Minuten im Kern waren vorbeigekrochen und hatten die Lungen quälend mit versengter Luft gefüllt.

Jetzt ebbte die sengende Glut leicht ab.

Wir sind jetzt schließlich auch nur ein strahlender Körper. Wir können Wärme nur durch Emission infraroter Wellen abgeben. Also müssen wir eine kühlere Umgebung abwarten, ehe sich diese unerträgliche Hitze zerstreuen kann.

Sein Arthur-Aspekt wirkte bemerkenswert gefaßt in Anbetracht der Hysterie, die er noch vor wenigen Minuten gezeigt hatte. »Wie … wie ist das mit diesem kühlenden Ding?«

Du meinst unser Kühlaggregat? Das kann nur funktionieren, indem es überschüssige Wärme an eine kühlere Senke abgibt. Bis jetzt haben wir noch keine kühlere Umgebung, wie du sehen kannst.

»Also müssen wir warten, bis wir hinauskommen?« Das schien eine unmöglich lange Zeit zu sein. Zwischen seinen Stiefeln konnte er die Schwärze des Planetenmantels erkennen – Tausende von Kilometern toten Gesteins, durch die sie hindurchrasen müßten, ehe sie wieder in die Dunkelheit des eigentlichen Weltraums gelangten. Und dort müßte er bei diesem Versuch Erfolg haben; sonst würde er zu langsam werden und wieder in die Tiefe stürzen. Noch einmal wünschte er sich, den Treibstoff seiner Schubdüsen gespart zu haben. Der würde ihm einige Freiheit verleihen, einige Hoffnung darauf, etwas anderes zu sein als dieses hilflose, stumme Testpartikel in einem grotesken Experiment.

Wir haben einige Flüssigkeiten zum Ausstoßen, aber …

»Aber was? Schau, wir versuchen alles. Eine andere Hoffnung habe ich nicht.«

Die Kühlflüssigkeiten. Wir könnten sie auf eine hohe Temperatur bringen und dann ausstoßen.

»Glaubst du, daß das viel helfen wird?«

Das Kühlmittel abzulassen würde bedeuten, daß er keinerlei Chance hätte, wenn es da oben schiefginge und er wieder in das Rohr zurückfallen würde. Dann würde er bestimmt geröstet werden.

Ich kann nicht sagen, wieviel Impuls wir von diesen Manövern gewonnen haben. Eine große Masse wie uns bloß durch Lichtdruck anzuschieben ...

Killeen lachte nervös auf. »Hier bin *ich* die Masse. Du wiegst überhaupt nichts. Und bemühe dich nicht auszurechnen, was passieren wird. Wenn die Zeit kommt, oben über diesem Loch, muß ich alles packen, was in Sicht ist, und nach meinem Hosenboden fliegen, nicht mit Hilfe irgendeiner G-gleichung.«

Soll ich also die Kühlflüssigkeiten ablassen?

»Sicher. Wir lassen es darauf ankommen.« Killeen fühlte, wie kleine eiskalte Bäche über seinen Hals rannen, als er dem Aspekt bedingte Kontrolle über seine inneren Bordsysteme einräumte.

Ich wärme jetzt das Polyxenon auf.

»Und wenn du es aussprühst, so benutze die Rückenventile! Das wird uns einen zusätzlichen Stoß in die gewünschte Richtung geben. Könnte den Unterschied ausmachen.«

Oh, ich verstehe. An diese Möglichkeit hatte ich nicht gedacht.

»Das Dumme bei euch Aspekten ist, daß ihr euch nichts vorstellen könnt, das ihr nicht schon einmal gesehen habt.«

Laß uns nicht ausgerechnet jetzt über meine Qualitäten streiten! Wir steigen zur Oberfläche auf, und du mußt bereit sein. Ich glaube, die Wand dir gegenüber ist jetzt näher. Erkennst du das Funkensprühen?

»Ja. Was hat das zu bedeuten?«

Das ist die Stelle, wo das Mantelgestein durch seitlichen Druck gegen den String gepreßt wird. Bei dem Aufprall zerfällt es. Ich kann nicht feststellen, ob es irgendwie in den String eingebaut oder einfach zurückgedrängt wird. Aber aus welchem Grunde auch immer – der Fels wird zurückgehalten. Natürlich müssen die Cyborgs diesen Druck des Reifs irgendwie senken, unten im Kern, um dieses Rohr mit dem flüssigen Eisen zu füllen, das wir vorhin gesehen haben.

»Vielleicht machen sie es nur etwas langsamer? Lassen das Eisen einströmen, kurz bevor die Saite das nächste Mal vorbeisaust?«

Mitten in ihren technischen Diskussionen verfiel er wieder in die kurze, abgehackte Sprache seiner Jugend in der Zitadelle. Das sorgfältig angenommene Benehmen eines Kapitäns fiel unter dem Zwang zur Aktion ab. Killeen hantierte mit den Steuerungen des Kühlsystems seines Raumanzugs. Er mußte noch mehr über den Reif in Erfahrung bringen.

Das ist möglich. Natürlich übt der rotierende Reif einen großen Druck gegen dieses Gestein aus.

Killeen achtete auf das schnelle Aufblitzen in den Wänden. Diese Funken mußten enorm sein, damit er sie überhaupt sehen konnte, da ihn seine Geschwindigkeit in einem einzigen Augenblick kilometerweit an dem rubinroten Felsen vorbeiführte. Er hatte nicht die körperliche Empfindung von Schnelligkeit, wußte aber aus der 3D-Simulation, die Arthur in seinem linken Auge abspielte, daß er zur Oberfläche aufstieg und dabei in dem Maße langsamer wurde, wie die Schwerkraft sich zunehmend bemerkbar machte.

Er mußte eine Möglichkeit finden, aus dem Rohr zu entkommen, aber ihm fiel nichts ein. Er hatte nichts, das er fortwerfen konnte, um Impuls zu gewinnen. Der Kühlstrom brauste hinter ihm; aber wegen der verschwommenen Bewegung in den Wänden konnte er nicht erkennen, ob das überhaupt etwas brachte. Ihm kam der Gedanke, daß er, wenn er zu erfolgreich sein würde, auf die sausende Wand prallen und sofort in Stücke gerissen werden müßte. Irgendwie machte ihm die abstrakte Natur dieser Dinge, das trockene, distanzierte Gefühl von Wissenschaft, erst recht Angst.

Die Röhre bläht sich auf. Wir nähern uns einer Seite von ihr, aber ich kann unsere Geschwindigkeit schlecht schätzen. Indem wir aufsteigen, krümmt sich der Reif fort, um seinen großen Bogen nach außen zu bilden. Das ist ein majestätischer Eindruck, wie ich zugeben muß. Ich habe nie gehört, daß ein Mechano-Techniker etwas dergleichen gemacht hätte. Grey sagt, daß die historischen Aufzeichnungen von sogar noch größeren Werken nahe dem Fresser künden.

»Laß das! Was kann ich *tun?*«

Ich suche danach, wie wir unsere Lage nutzen können. Aber ich muß sagen, daß ich immer noch keine Lösung finde. Die Dynamik ...

»Wir kommen nahe heran. Los!«

Der Fels um ihn hatte schon zu glühen aufgehört. Hinter den Wänden lag totale Dunkelheit. Er konnte nicht verstehen, wie er sich aus dem Zentrum von New Bishop nach oben bewegte und trotzdem immer noch das Gefühl des Fallens hatte. Ganz gleich, die Wissenschaft war für ihn ein System von Regeln, und dies war einfach ein Gesetz, das er nicht verstand.

Der Tunnel wurde breiter. Eine golden schimmernde Passage leuchtete nach und nach auf, als er zwischen seinen Stiefeln entlang blickte auf Lichtfetzen, die ihm entgegenflogen. Noch mehr große Lavaseen voll wütendem Rot. Die der ganzen Achsenlänge zugefügte Schädigung hatte brutal große Massen zusammengeschoben und ließ die Wände um ihn von der gezackten orangefarbenen Wut des Planeten schäumen.

Wieder dachte er, was passieren würde, wenn er da oben nichts tun könnte. Die kühle Logik der Dynamik würde – so sagte Arthur – ihn in den Kern zurückschleudern. Die Hitze würde ihn beim nächsten Durchgang töten. Oder wenn sie ihn nur in ein Delirium versetzte, würde ein neuer Zyklus kommen, und noch einer, und noch einer … Er würde endlos, als ein dünner Zylinder einfachen, aber unerbittlichen Gesetzen gehorchend, hin und her hüpfen.

Mit einem Male schwamm er im Licht.

Unter seinen Füßen erblühten Sterne. Eine Schale aus leuchtendem Gas und strahlenden Sonnen eröffnete sich, als er aus dem Zugriff des Planeten hinausschoß, über die Dämmerungsgrenze. Nach der schwülheißen Dunkelheit war dieser Himmel ein willkommenes Bad von Farben und Kontrasten.

Draußen, frei!

Er fühlte, wie sich sein Anzug abkühlte, als er im kalten Himmel Wärme verlor. Es machte *ping, pop*, als sich Gelenke zusammenzogen. Über seinem Kopf erhoben sich zerfurchte Berge, und die ganze Landschaft dehnte sich, während sie vorbeizog. Auch hier sah es kahl aus, als ob das Polareis erst kürzlich verschwunden wäre.

Die goldenen Wände entfernten sich von ihm auf der einen Seite, aber vor ihm wurde die Strahlung nicht schwächer oder zurückweichend. Sie war viel näher. Er hatte also wirklich eine beträchtliche Geschwindigkeit gewonnen.

Aber jetzt verlor er an Geschwindigkeit längs des Rohres. Er sah, wie sich der Planet über seinem Helm in eine gigantische Silberschale verwandelte, die von der Dämmerungslinie halbiert wurde. Ein rötliches Himmelsglühen aus Staubwolken und Sternen beherrschte den fahlen Tag.

Während er aufstieg, brachte die Krümmung der Welt ein entferntes Waldgebiet und hoch aufragende Berge in Sicht. Flaumige weiße Wolken hingen an schattigen Tälern.

Sein Steigtempo verminderte sich. Die entfernte Seite des Reifenrohrs krümmte sich von ihm weg. Vor ihm war das Leuchten stärker. Er ließ sich einige Augenblicke Zeit, um sich zu vergewissern, daß er tatsächlich mit den Rohrwänden eine Kurve beschrieb. Konnte er das Flimmern der Bewegung an der schnell rotierenden Saite erkennen? Er hatte schon angefangen, sich die Wände als fest vorzustellen; und jetzt wurde er ihrer gazeartigen Struktur gewahr.

Der String kann natürlich nur dann Druck ausüben, wenn er dir sehr nahe ist. Ich nehme an, daß du nicht direkt auf ihn stoßen wirst.

»Ich dachte, du hattest gesagt, ich sollte die Hände davon lassen.«

Ich habe mich weiter mit Grey beraten. Sie glaubt, daß ein String normalerweise wie eine Sichel wirken würde. Aber diese hoch magnetisierte Saite ist anders. Bisher hast du dich relativ zu ihr mit hoher Geschwindigkeit bewegt. Jetzt wirst du eine geringe Relativgeschwindigkeit haben – aber nur für einen kurzen Moment. Bei solch geringem Tempo werden die Magnetfelder des String das Metall deines Schuhzeugs und Anzugs abstoßen.

»Oh!« Killeen nahm an, daß das eine gute Nachricht wäre; aber der Aspekt sprach, als ob es sich nur um ein weiteres leidenschaftsloses physikalisches Problem handelte. »Sag mal, hast du noch etwas von diesem Kühlzeug übrig gelassen?«

Ja. Ich hatte vorausgesehen, daß wir noch einen Schub brauchen könnten. Aber es ist nur noch sehr wenig da. Ich habe fast alles gebraucht, um zu verhindern, daß wir da hinten bewußtlos würden, und daher ...

»Fertigmachen!«

Er konnte schon kein weiteres Zusammenschrumpfen in dem runzligen Antlitz von New Bishop unten erkennen. Er mußte dem Gipfel des Aufschwungs nahe sein.

»Feuer!«

Er spürte den Strahldruck im Rücken. Die glühende Reifenröhre krümmte sich fort wie eine Kammöffnung. Dahinter konnte er das zarte Netzwerk sehen, das von dem die Kugel umspannenden String erzeugt wurde. Es schien jetzt die Welt fest in Banden zu halten.

Das Ausströmen in seinem Rücken gurgelte und hörte auf.

Wumm, wumm, wumm, sang der magnetische Rotor.

Rings um ihn breitete sich vibrierendes intensives Glühen aus. Er ruderte mit den Armen und setzte seine Stiefel auf die goldene Fläche. Diese pulsierte mit frischerer Energie.

Er fühlte sich wie ein schwacher Vogel, der vergebens über einer Fläche aus durchscheinendem dünnem Gold flattert. Darauf zufällt. Seine eigene Art von Experiment ausführt.

Der Aufprall traf ihn heftig. Er stieß durch seine Stiefel nach oben wie ein grober Boxhieb. Er hatte sich zusammengekauert, damit seine Beine den Impuls abfängen. Plötzlich schoß er an der dünnen Fläche entlang.

Es hat dir Schwung verliehen, einen infinitesimalen Bruchteil seines Drehimpulses.

Killeen fühlte sich etwas höher emporgetragen. Dann kam er wieder auf die Fläche hinunter. Er war zur Seite geschossen, weg von der Polachse, tangential wie eine aus einem Karussell geworfene Münze.

Er traf wieder auf. Diesmal verrenkte der Stoß ihm ein Fußgelenk. Es fühlte sich an, als ob eine Hand nach ihm griffe und dann wieder losließe. Aber es gab ihm einen neuen Stoß – nach außen.

Ich nehme an, daß du aus diesen Zusammenstößen beträchtliche Energie gewinnst. Sie ist schwierig zu berechnen, aber ...

Killeen ignorierte den leise piepsenden Aspekt. Sein Fußgelenk schmerzte. War es gebrochen?

Er hatte keine Zeit, sich zu bücken und es zu betasten. Die schimmernde Fläche kam wieder auf ihn zu, hart und platt.

Er grunzte vor Schmerzen. Der Schock traf seine Füße und schleuderte ihn in einem steilen Winkel mit scharfem, verzerrendem Stoß fort.

Du mußt besser aufpassen, wenn du herunterkommst. Es kann Drehimpuls übertragen; aber wenn deine Geschwindigkeit nicht damit ausgerichtet ist, entsteht ein Vectorenpaar, ein Drall ...

»Halt's Maul!« Er wollte nicht wieder auf die goldene Fläche stoßen, jenen geisterhaften Vorhang, der ihn wie einen Stock packen und zerbrechen konnte.

Aber die Geschwindigkeit, die er aus dem Ding gewann, stieß ihn nach der Seite, nicht nach oben. Nur sein Rückprall hielt ihn oberhalb der flimmernden

Strahlung. Falls er ausglitt, stolperte, über das verdammte Ding hinschoß, wenn er durch Drehung außer Kontrolle geriete …

Die flimmernde goldene Fläche sauste auf ihn zu.

Er schlug wieder kräftig auf. Diesmal quietschte sein linkes Bein vor Schmerz, und er konnte sich kaum durch einen Tritt frei machen. Der flackernde Schein schien rings um ihn zu sein. Er würde wieder aufprallen.

Er ruderte mit den Armen. Diesmal war der Stoß nicht so stark, aber die Muskeln seines linken Beins verkrampften sich sehr schmerzhaft.

Er blinzelte den Schweiß fort und bekam einen Schwächeanfall. Seine Ohren dröhnten. Er drehte sich wieder herum – diesmal langsamer, weil die Bewegung seinem Bein weh tat.

Er erwartete, schneller aufzutreffen; aber der Stoß kam nicht. Er blickte nach unten und konnte die Entfernung nicht beurteilen. Das Leuchten war schwächer geworden. Es dauerte ein wenig, bis er erkannte, daß sich die Fläche von ihm fort krümmte und nach unten rollte, um dem Bogen des Planeten zu folgen.

Er war frei. Draußen. Im sauberen und stillen Weltraum.

Ich habe den Eindruck, daß wir uns in einer stark elliptischen Umlaufbahn befinden. Sie würde uns in einen beträchtlichen Winkel zu dieser Reif-Ebene führen. Ich kann die Einzelheiten nicht ausrechnen. Es könnte daher sein, daß wir auf dem Rückweg wieder in sein Volumen einträten.

»Macht nichts«, sagte er, immer noch schnaufend.

Wir werden die Information aber rechtzeitig haben müssen, und …

»Das bezweifle ich. Schau nach oben!«

Von seiner Mathematik besessen, piepste der Aspekt vor Überraschung, als er auf das reagierte, was Killeen sah.

Über ihnen schwebte der schlanke metallische Körper des Cyborgs.

6. KAPITEL

Quath bahnte sich den Weg durch düsteres Höhlenlabyrinth.

Nach der üppigen Weite des Weltraums bedrückten sie diese Tunnels und engen Korridore mit ihrer dicken, muffigen Luft sehr. Um sie strömte die endlose Parade arbeitender Füßler, die in ihrer Hast geräuschvoll aneinanderstießen. Geringere Wesen mit rostbraunen grindigen Schalen drückten sich unten herum gemäß ihren sklavischen Pflichten. Man hatte sie in den Körpern einheimischer Tiere ausgebrütet, um die Ressourcen des Nestes zu schonen. Sie waren genetisch programmiert und arbeiteten mit fanatischem Eifer, als ob sie sich ihrer kurzen Lebensspanne bewußt wären.

Quath ging aber langsam. Die Präsenz in ihr pulsierte. Der Nichtser strampelte und kämpfte. Seine schwachen Stöße verursachten einen unübersehbaren Ärger. Ihre keramischen Sensoren sahen ihn als infrarot strahlendes Bündel tief in ihren Gedärmen.

Es war aber nicht diese leichte Belästigung, die Quath beunruhigte. Sie wußte, was ihr bevorstand. Daher trödelte sie herum und zupfte an ihren Wimperhaaren, als ob sie sich kämmen wollte. Einige kleine Nestlinge kamen heran, und Quath ließ sich von ihnen den Panzer polieren. Sie fingen Mikroparasiten, welche die unvermeidliche Belästigung auf fremden Welten darstellten – einheimische Milben, die schon gelernt hatten, sich an den undichten Gelenkärmeln und porösen Scheiden der Füßler gütlich zu tun.

Bald, allzu bald, öffnete sich vor ihr die große leuchtende Kaverne der Tukar'ramin. Ihr düsteres Portal schien alle Gewißheiten ihres Lebens zu verschlingen.

Du hast wohl getan, grüßte die Tukar'ramin sie aus der Höhe ihrer glitzernden Gewebe.

Quath strahlte über dieses rubingetönte Kompliment, bis sie sah, daß gleichzeitig Beq'qdahl aus einem anderen der unzähligen Tunnels hereinkam, die zu Tukar'ramins Bodengeschoß führten. Beq'qdahl führte mit ihren vielen Beinen einen kunstvollen Tanz aus und nahm die Worte Tukar'ramins auf, als wären diese an sie allein gerichtet.

#Wir haben nur wenig mehr getan, als deine Weisheit gebot#, sagte Quath und benutzte dabei aus formalen Gründen die Mehrzahl. Dann ging sie, um Beq'qdahl zu ärgern, zum Singular über. #Und ich habe einen der bösartigen Nichtser gefangen, die die Station heimgesucht haben.#

Was für eine Art von Nichtser ist das?

#Ein zweibeiniges Wesen mit weicher Haut. Für seine Größe recht tüchtig.#

Ohne Zweifel; denn es hat die Station besetzt und die dortigen Mechanos eingesetzt. Ich hatte geglaubt, daß wir dort völlige Kontrolle hätten. Aber diese Nichtser sind mit beschämender Leichtigkeit eingedrungen.

Aufgrund der grammatisch einem vorangegangenen Befehl zugeordneten hormonalen Modulation war es unzweifelhaft, daß Quath und Beq'qdahl zu diesen Gedemütigten zählten.

Quath unterdrückte die Neigung, ihre Füße in einer Geste völliger Entschuldigung und Bitte um Gnade zu neigen. Statt dessen übermittelte sie schnell eine Reihe von Bildern und sensorischen Details des Dings. Diese hatte sie aufgenommen, nachdem sie ihm, in ihr Schiff zurückgekehrt, den Anzug und die Waffen abgenommen hatte.

#Bitte, schau aus deiner hohen Perspektive hin!#

sagte Quath ehrerbietig. #Dieses Ding läßt deutlich Zeichen kürzlich erfolgter Evolution erkennen. Beachte das Haar – nur auf dem Kopf und an den Genitalien. Das erstere, wie ich meine, zum Schutz vor Sonnenlicht, das letztere vielleicht ein primitives Mittel, attraktiven Moschus in dem Gebiet zu bekommen, wo er von anderen am meisten geschätzt würde?#

#Dreckige Kreaturen!# zischte Beq'qdahl scharf.

#Aber tüchtig.# Quath ergriff die Gelegenheit, schlauer zu erscheinen. #Ich glaube, es hat das Shuttleschiff in die Nähe des Siphons gelenkt, um ihn zu studieren.#

#Unsinn!# kreischte Beq'qdahl. #Ich habe das Shuttle so gesteuert, daß es die Station verließ, sobald seine Bordgeräte die Anwesenheit von Nichtsern anzeigten. Um ein Exemplar zu gewinnen.#

Wir können hier nicht vorsichtig genug sein, sagte die Tukar'ramin bedächtig. *Dieser Nichtser könnte Intelligenz und Fertigkeiten besitzen, die über seine äußere Widerlichkeit hinausgehen.*

#Das ist auch meine Meinung.# Quath suchte einen Hauch von Zuversicht zu verbreiten, verbrämt mit feinen Zügen reifer Besorgnis. Sie wollte gerade noch hinzufügen, daß sie den Nichtser zwecks weiterer Untersuchung behalten hatte, als die Tukar'ramin, offenbar ohne ihre Worte zur Kenntnis genommen zu haben, langsam fortfuhr.

Gut, daß ihr sie alle erledigt habt. Sie sind erstaunlich tüchtig. Schon ein einziger könnte für uns ein Hindernis werden.

Sowohl Quath wie Beq'qdahl verstummten. Quath suchte nach einer Möglichkeit, zuzustimmen und doch nicht die Wahrheit zu eröffnen. Daher war sie froh, als Beq'qdahl sagte: #Sie sind vor uns wie Staubkörner davongestoben! Wir haben sie erbarmungslos in die Hochatmosphäre gejagt, wo sie flammend ins Vergessen gerieten.#

Der Stolz dieser Erklärung konnte nicht den sanften Schub von Unsicherheit verdecken, der Beq'qdahl aus ihren hinteren Drüsen drang.

Denkst du an Flammen beim Eindringen in die Atmosphäre?

#Ja, zumeist. Ich konnte sie nicht alle zählen.#

Quath empörte sich, als Beq'qdahl von ›ich‹ redete, wo sie doch beide die Untersuchung durchgeführt hatten. Aber ihr wurde alsbald wohler, als die Tukar'ramin energisch sagte: *Ihr hättet sie alle retten sollen!*

Beq'qdahl erstickte fast vor Kränkung und stieß eine stinkende Wolke orangefarbener Furcht aus. Sie schaffte es zu sagen: #Ich ... das heißt – wir ...#

Beq'qdahl, du hattest das Kommando. Kannst du mir versichern, daß diese Nichtser, die vielleicht sogar fähig sind, zwischen Sternen zu reisen, vernichtet sind?

#Solche Behauptungen sind bestimmt unmöglich, o du Weise meines Lebens.#

Das war ein kräftiger diplomatischer Vorstoß, ehrerbietig salbungsvoll verbrämt, fand Quath. Aber er trug Beq'qdahl nichts ein.

Dann mach dich daran, über deinen Auftrag Gewißheit zu erlangen!

#Natürlich. Gilt diese Anweisung für uns beide oder für mich allein?#

Du bist an Erfahrung überlegen. Du erfreust dich jetzt an sechs Beinen. Quath scheint sehr intelligent zu sein. Ich denke, du solltest sie um ihre Mithilfe bitten. Sie hat sich recht gut bewährt – vielleicht besser als du.

Grellgelbe Spritzer kaum unterdrückter Wut und Angst schossen auf Beq'qdahls Thorax auf und ab, aber ihre Stimme blieb rauh und förmlich. Quath war erfreut und sah einen verräterischen Tupfer blaugrünen Neides an den milchigen Rüsselhaaren von Beq'qdahl.

#Ich darf wohl meine ergiebigen Schürfarbeiten fortsetzen, während ich mich um dieses weniger wichtige Problem kümmere?# fragte Beq'qdahl.

Was? Was?

Quath merkte sofort, daß Beq'qdahl sich verrechnet hatte. Wellen ungekannter Erregung stürzten von der Tukar'ramin herab. *Verfolge diese Nichtser! Laß deine Minenarbeiten fahren! Ich habe gehört, daß die Illuminaten selber von diesen Ereignissen Kenntnis genommen haben.*

Allein schon die Erwähnung dieser hehren Wesen ließ die kühle Luft der großen Felshöhle erstarren.

Beq'qdahl, versuche nicht, dich vergebens aufzuspielen, wenn ein lebenswichtiger Auftrag wartet.

#Ich versichere dir, Verehrungswürdige, ich habe nicht ...#

Du kannst gleich mit einer etwas riskanten Aufgabe beginnen, da deine Fehler diesen Schaden voreilig verursacht haben. Zeugnis ...

Quath erhielt ein Bild der Station. Neben ihr, jetzt fest daran verstrebt, befand sich das Schiff der Nichtser.

Beq'qdahl fing an: #Wir können ...#

Durch die leeren Zwischenräume des Bildes ertönten Harfenklänge von Ärger und Besorgnis, die Quath mit Tukar'ramins Stimmung fortrissen.

Dieses kleine Vehikel ist ihr Transportmittel. Das habt ihr ignoriert. Vielleicht stecken noch einige darin. Eure Aufgabe ist es, dieses Schiff zu säubern. Inspizieren, analysieren! Findet seine inneren Intelligenzen! Legt sie bloß, damit ich sie untersuche!

Diese Flut scharfer Befehle und bitterer Luftstöße erdrückte Beq'qdahl fast. Sie wollte protestieren: #Ich ... wir können nicht alle Fahrzeuge meistern, die nötig sind, um ...#

Marsch! Los!

Der plötzliche speichelgrüne Ärger der Tukar'ramin verblüffte Quath. Sie war dankbar, daß Beq'qdahl seine

Hauptgewalt abgefangen hatte, einen gelbweißen Strahl, der Quaths Sensorium durchfuhr. Beq'qdahl, die das meiste davon abgekommen hatte, prallte mit zitternden Beinen zurück.

Die Tukar'ramin entließ sie nicht. Sie nahm überhaupt keine weitere Notiz von den davoneilenden Gestalten, die sich hinausschlichen, während der Leib Tukar'ramins sich auf glitzernden feuchten Strängen in Finsternis hinaufzog.

Quath spürte Beq'qdahls zittrigen und verwirrten Zustand, als sie beide sich davonmachten. Auf einem Subkanal sendete Beq'qdahl ihr vorläufige Gedanken über Nachschub, Suchschemata, Waffen, die sie bemerkenswert schnell zusammengebracht hatte angesichts der erteilten scharfen Rüge.

Quaths Gedanken gingen in zunehmender Trübsal unter. Sie verließ Beq'qdahl und eilte einen engen Schacht hinab. Sie ließ sich in den kühlen Luftstrom fallen, bis die tiefen Bezirke des Baus vorbeirasten. Irgendwie machte sich ihre lähmende Furcht vor Höhen bei dem verkrampften Sturz nicht bemerkbar. Höhen im Freien – oder, noch schlimmer, beim Flug – verschreckten ihre Rasse. Beq'qdahl hatte das überwunden – ein weiterer Grund, sie nicht zu mögen.

Ihre magnetischen Bremsen sprachen an. Eine vorbeiziehende Nahrungswolke verklebte schmerzhaft ihre Augen; aber trotzdem schien sie wie im Traum dahinzuschleichen.

Sie empfand nichts, gebannt von der unausgesprochenen Lüge, die sie jetzt in sich trug. Die Tukar'ramin und Beq'qdahl und alle Füßler glaubten, sie hätte den Nichtser nach Entnahme von Proben getötet. Sie würden alsbald Hautfetzen und kleine Klumpen vom Gehirn haben wollen, um das Ungeziefer besser zu verstehen.

Aber der Nichtser rumpelte gegen ihre inneren stählernen Zwischenwände. Er stieß und hüpfte und stieß üble Gerüche aus. Vielleicht hatte das Ding sich sogar in Quaths Innerem erleichtert. Was für ein Risiko – alles für einen Nichtser!

Quath fing an, mit ihren Armhebeln ihren innersten Tragebeutel aufzuzerren, um den Nichtser herauszuzupfen – aber sie zögerte in aufkommendem Zweifel … und hielt inne.

Dieses kleine Ding war tatsächlich von der gleichen Rasse wie jenes, das sie mutig geschlachtet hatte, um Beq'qdahl zu verteidigen. In den Momenten nach ihrem Sieg hatte sie den Kadaver eines solchen Nichtsers untersucht. Das hatte ihr geholfen, ihre Todesangst zu überwinden.

So empfand sie nun mit diesem letzten Nichtser eine seltsame Verbundenheit. Beim Abstieg aus dem Orbit hatte sie sich zuerst gesagt, wenn sie den Nichtser am Leben hielt, wäre das einfach ein sicheres Mittel, um ihre Proben frisch zu halten. Aber dann in den engen, verqualmten Gängen des Nestes waren ihr vage Grübeleien gekommen, eigenartige vernetzte Empfindungen und verkantete Anblicke ihrer Welt.

Es war der Nichtser. Auf diese intime Distanz hin hatten ihre Sondierungen von ihm sich mit dem überraschend komplexen Sensorium des Nichtsers überdeckt, das Quath wie eine sphärische Spule aus hellbunten Fäden empfand, die sich wie träge Schlangen ringelten.

Aber was sie auch immer versuchte, sie konnte nicht in den Knoten eindringen. Ein kleiner, öliger Beutel von exotischem Reiz schlich sich jetzt in ihr Gemüt. Sie konnte ihn nicht aufgeben. Noch nicht.

Das Ding in ihr kam in Wechselkontakt mit ihrer Elektro-Aura und sendete Bilder und undefinierbare Laute. Diese führten sie hinab in ein Labyrinth luftloser Korridore, erhellt durch zuckende Lichtstrahlen, in Nebel, brütende Stille und unheimliche Beschleunigungen in unsichtbares Gefälle. Diese kleine Kreatur hauste in einem schiefen Universum, das durch Strömungen, Hormone und Gerüche getrübt war.

Irgendwas in dieser schrägen Welt sprach Quath an. Stumpfe Keile verklemmter Opposition erwuchsen knochenhart in ihr. Ihre blassen Gewißheiten zersplitterten. Das ohnehin schon schlüpfrige Gelände ihrer schrägen inneren Landschaft verkrümmte sich und kippte.

Aber sie hatte keine Wahl, glaubte sie. Sie *mußte*. Die Tukar'ramin würde sie für immer verbannen, wenn sie davon erführe, und sie in ein Hungerdasein in den zerwühlten Gebieten außerhalb des Nestes schleudern …

Noch schlimmer – sie konnte es nicht einfach freilassen. Nein, dafür war es zu spät. Quath mußte das sich in ihrem Innern entfaltende Ding umbringen und dann verstecken. Den Körper zu Brei quetschen und diesen in poröse Wände pressen, wo man die Reste niemals finden, wiedererkennen oder verstehen würde.

Konnte sie das? Quath schwankte in ihrer Entscheidung.

7. KAPITEL

Killeen konnte kaum noch atmen. Er schwamm in einer widerlichen Flüssigkeit; aber wenn er den Mund aufmachte, um Luft zu schnappen, füllte er sich nicht mit dem sirupartigen säuerlichen Gelatinezeug, das ihn umgab, trug und jede seiner Bewegungen träge und kraftlos machte.

Wie im Traum schlug er um sich. Schwamm. Hieb wütend auf träge Luft ein, die seine Fäuste mit elastischem Widerstand wie ein Spinnengewebe festhielt und jede Bewegung vereitelte.

Wie ein Baby in einem fürchterlichen Sack eingeschlossen, dachte er. Hilflos und sich vor der Geburt ängstigend.

Seine Haut war ein gezerrtes, bleiches Ding. Das Brennen, an dem er gelitten hatte, kam jetzt doppelt so stark wieder. Eine sengende, juckende Folie bedeckte ihn – ein fahles Brodeln. Er fuhr sich mit tauben Händen über Brust und Schenkel. Jede Berührung verursachte einen unangenehmen Stich, der kleine Hitzewellen durch seinen Körper jagte.

Irgend etwas kratzte an seinem Geist.

Ein beißendes Jucken bahnte sich den Weg nach innen. Über sein Rückgrat lief ein stoßendes Gefühl.

Kühler, flüssiger Schmerz. Er stemmte sich gegen diese jähe brutale Invasion.

Eine tastende, vorgeschobene Präsenz glitt in trübem Schatten an ihm vorbei.

Leichte warme Brisen beleckten ihn und lockerten sein Haar.

Irgendein massives und zielsicheres Ding kreiste. Es bewegte sich in Gezeitenströmen von Licht, durchzogen von tanzenden Schatten, die wie kleine wilde Vögel gegen die Fensterscheiben seines Geistes flatterten.

Mit einem Mal befand er sich nicht in der dichten, gummiartigen Luft. Vor ihm pulsierte eine strömende Aura. Rot und Rosa flossen durcheinander. Klumpen trieben in verschiedenen Richtungen dahin und verdeckten einander wie träge Planeten. Ihre Schatten spielten zwischen blauem Flechtwerk.

Er blinzelte oder glaubte wenigstens es zu tun. Seine Arme und Beine schwammen noch in der gurgelnden, geduldigen Flut, die jede Bewegung verzieh; aber er roch einen ätzenden Wind. Hörte rauhes Geklapper. Schmeckte Blut und ein beißendes, kühles Gelee. Erspähte einen nebligen Tunnel, der von ihm weg in rötlichem, schwelendem Schimmer verlief.

Er erkannte, daß der Cyborg sein Sensorium angezapft hatte. Es untersuchte ihn. Er konnte ein stumpfes, kühles, ungeschicktes Rumoren fühlen. Scharfes Licht spielte über zerfallenen Wänden in der Nähe. Gleitende Harmonien ertönten irgendwo, eben unterhalb der Schwelle deutlichen Hörens.

Und er seinerseits hatte symmetrischen Zugang zu dieser verkrümmten Welt bekommen. Eine Leiste mit schmückenden Vorsprüngen schwebte vorbei. Mangels Vergleichsmöglichkeiten konnte er nicht sagen, wie schnell diese Bewegung war; aber ein unangenehmes Ziehen in seinem Magen meldete ihm schlingernde Beschleunigungen, verzerrende Wendungen um Ecken, abrupte Aufstiege an unmöglich steil erscheinenden Hängen.

Überall regneten braune, klebrige Brocken herunter. Das waren schlaffe, oszillierende Kugeln, die warmer, üppiger und fetter Wind anblies. Killeen merkte, daß ein schwaches Echo vom Hunger des Cyborgs zu ihm durchgesickert war und seinen Mund wäßrig machte. Ein saftiger Tropfen schlug an die Wand und hüpfte schwabblig, fett und einladend vor ihm.

Der Cyborg verzehrte ihn. Killeen durchfuhr ein krächzender Ton, nicht in den Mund, sondern irgendwie in seiner Brust auf und ab. Er quetschte sein Hinterteil in einem eigenartigen und unbeherrschbaren Reflex zusammen. Killeen hatte die angespannte Empfindung, daß irgend etwas ihn unbeholfen durchdrang.

Der Cyborg wurde schneller. Killeen fühlte, daß er mit rollendem Schlingern auf einen weiß- und orangefarbenen Zylinder mit stumpfem Vorderteil zusauste. Der Cyborg wurde nicht langsamer, und Killeen stemmte sich instinktiv gegen eine Kollision an, die aber nicht erfolgte.

Statt dessen verschlang sie der Zylinder. Was wie ein Vorsprung ausgesehen hatte, war eine Öffnung gewesen. Während sie dann durch sechseckige Tunnels rasten und durch die Zentrifugalkräfte gegen die Seitenwände gekippt wurden, bekam Killeen allmählich ein Gefühl für seine Umgebung. Arthur sagte:

Deine Augen haben den Zylinder gesehen, als ob er auf uns zeigte, wegen der Schlagschatten. Grey sagt, daß sich das menschliche Auge daran gewöhnt hat, bei Licht vom Himmel zu sehen – du entsinnst dich – und mit dieser selektiven Tendenz Schatten zu deuten. Hier kommt das Licht vom Fußboden und etwas schwächer auch von den Wänden. Deshalb sind die Schatten umgekehrt und besagen das Gegenteil von dem, was deine automatischen Reaktionen annehmen.

»Kannst du das ändern?«

Nein – solche Dinge sind tief ins Gehirn einprogrammiert. Ich nehme an, daß der Cyborg im Infrarot sieht. Auf einem ständig bewölkten Planeten würde der Boden oft wärmer sein als der Himmel und daher im Infrarot stärker leuchten. Ein solcher evolutionärer Aspekt würde erklären, warum diese Tunnels Bodenbeleuchtung haben. Wenn wir die rohen Daten des Cyborgs empfangen, verarbeiten wir sie mit unserer Veranlagung und erhalten genau das umgekehrte Resultat. Um so zu sehen wie er, müßten wir unsere gewohnten Wahrnehmungsmuster umkehren.

»Ja, und wie kann ich das loswerden?«

Bedenke – eine solche Fähigkeit läßt darauf schließen, daß die ursprüngliche Spezies, die sich jetzt zum Cyborg entwickelt hat, hauptsächlich unter der Erde lebte. Sie hat wahrscheinlich auf der Oberfläche nach Futter gesucht; aber Infrarotsehen würde ihr gestatten, von Löchern in den erwärmten Wänden aus zu sehen. Wenn diese einmal in Besitz genommen sind, würde diesen Wesen die Wärme ihrer eigenen Körper eine schwache Strahlung der Wände ermöglichen. Solche ökologischen Nischen verstärken die Fähigkeit zum Bauen und für Aktivitäten im dreidimensionalen Raum. Vielleicht erklärt dies, warum sie die riesigen Bauwerke im Orbit errichten.

»Sie weiden diesen Planeten aus, um größere Ameisenhügel bauen zu können?«

Vielleicht ja. Evolution ist Schicksal, wie ich immer geglaubt habe. Aber es gibt noch andere Folgerungen.

»Etwas Brauchbares für uns?« Killeen hatte von leerem Geschwätz genug.

Meine erste Schlußfolgerung ist die, daß wir uns zweifellos unter der Oberfläche befinden. Wenn wir diesen Sack verlassen, in dem wir uns befinden, werden wir ganz blind durch einen Irrgarten von Tunnels wandern. Ich fürchte, daß es hoffnungslos wäre, hinauszukommen.

Killeen knurrte ärgerlich.

Ich rate zur Vorsicht.

»Ich sehe nicht ein, ob es viel ausmacht, was ich tue.«

Bis wir wissen, warum es uns hierher gebracht hat, sollten wir flexibel sein.

Killeen versuchte, sich von den Sinneseindrücken zu distanzieren, die ihn durchzogen, und bemühte sich nachzudenken. Verzweifelt fragte er sich, was seiner Sippe widerfahren sein könnte. Als das Schiff der Cyborgs ihn vereinnahmt hatte, hatte er einen entfernten Eindruck von einem anderen Schiff, das sich schnell am Himmel bewegte. Sein Sprechgerät hatte zweimal mit menschlichen Stimmen gequakt, schwach und unverständlich.

Gibt es Überlebende? Es war eine Sache für einen Kapitän, bei einer zufälligen Begegnung mit einem Mechano oder einem Ding wie dieser riesigen Kombination von lebendigen und mechanischen Teilen zu sterben, aber eine ganz andere, von seinem Kommando abgeschnitten zu sein, noch am Leben, während alle, die man liebte und schätzte, tot waren, getötet durch eigene Inkompetenz.

Er betrachtete die Möglichkeiten. Vielleicht hatten die Cyborgs sich nicht bemüht, Jocelyn aus dem Flitzer zu holen.

Aber falls sie nicht die Oberfläche erreichte, würde das Amt des Kapitäns automatisch an Cermo fallen. Er war nicht schnell, wenn es galt, in einer Krise zu führen.

Der Mann würde es natürlich versuchen; aber Shibo müßte die harten Entscheidungen treffen. Sie und Cermo würden die Sippe auf fremdem Boden beisammenhalten.

Falls einer von ihnen noch am Leben war …

VIERTER TEIL

GEFÄHRLICHE MENSCHEN

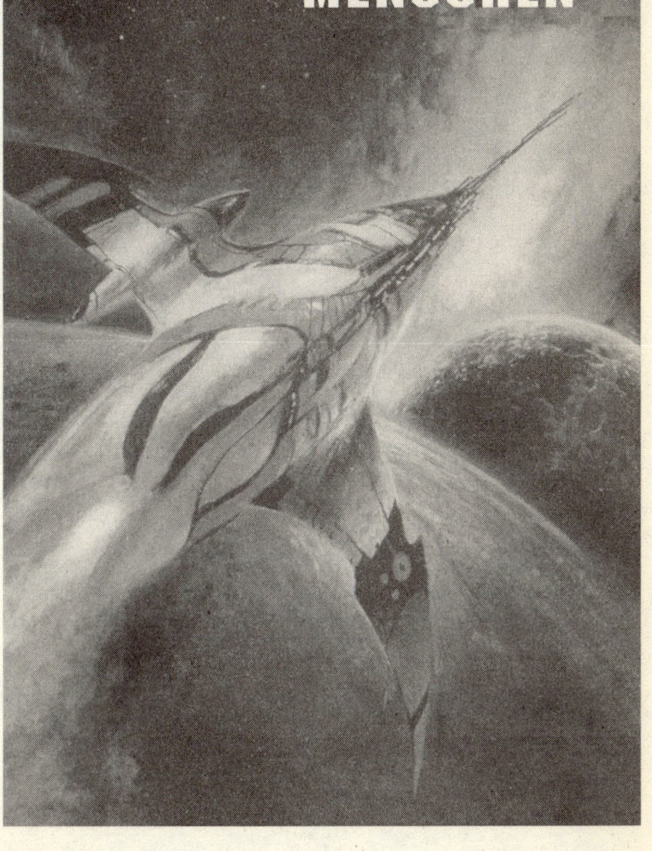

1. KAPITEL

Der Beutel zog sich fest zusammen, zerriß und spie ihn aus.

Killeen schnappte nach Luft, als ob er während der ganzen Zeit, in der er eingeschlossen gewesen war – Tage? Wochen? –, nur eine einzige Lungenfüllung bei sich behalten hätte. Die federleichte Emulsion, in der er geschwommen war, hatte es irgendwie ermöglicht, ihn durch seine Lungen mit Luft und Nahrung zu versorgen, denn er empfand auch keinen Hunger.

Er ging auf die Knie in der Erwartung, in dem Kaninchenbau der Cyborgs Tunnels zu erblicken. Statt dessen trug ihm eine frische, scharfe Brise Gerüche von aromatischem Humus und staubigen Bergen zu. Seine Augen wurden klar. Verschwommene Muster zogen sich zu scharfen Bildern zusammen. Die Welt schien sich zu dehnen und ihm näher zu kommen.

Er stand unsicher schwankend in einem Feld von Bruchsteinen. Seine Fußgelenke schmerzten als Nachwirkung der Stöße beim Aufprall auf die Folie magnetischer Drücke des String.

Hinter ihm erhob sich wie eine erstaunlich natürliche Inkrustation der Cyborg. Seine mit zwei Gelenken ausgestatteten Arme strichen sanft über eine schnell verheilende Narbe.

Zwecklos wegzulaufen, dachte er. Er schüttelte sich trocken – obwohl er die Feuchtigkeit *unter* seiner Haut und nicht *auf* ihr empfand –, während der Cyborg knackte und brummte und ihn beobachtete. Sie befanden sich in einer verbrannten Landschaft allein. In der

Ferne konnte er etwas erkennen, das wie ein unregelmäßiger Hügel aussah; aber er nahm an, daß es sich um den Eingang zu irgendeiner Mechano-Struktur handelte. Er war von Kratern genarbt und hatte das leere, hoffnungslose Aussehen eines Schädels.

Er fühlte in seinem ganzen Körper ein Kribbeln, als ob man kalte Drähte glatt aus ihm herauszöge, als ob seine Arme und Beine zu muskulösen Würsten wurden. Er taumelte.

In seinem Geist flackerten Bilder auf – lautlos, eindrucksvoll, ausgeschmückt. Teilansichten der *Argo*. Ein packendes Bild von etwas Großem und klebrig Weißem, das an herabkommende blaß aufgedunsene Stränge geheftet war.

Dann ließ es ihn mit einem schnellen Klaps ins Gesicht von nirgendwoher frei. Sein Geist wurde von dem durchdringenden bleiernen Dunst befreit. Ein rußiger Wind fuhr ihm durchs Haar.

Der massige Körper des Cyborgs entfernte sich. Er hatte einen langen eidechsenartigen Schwanz, der in einer Antenne endete wie die Knospe einer zähen Blume.

Der Cyborg ging einfach fort und bewegte sich dabei erstaunlich schnell. Seine vielen Beine knackten und brummten.

Killeen humpelte wund und müde über das aufgebrochene Land davon. Tief stehender Sonnenschein warf Dämmerungslicht auf eine entfernte zerklüftete Kette brauner Berge.

Er blieb stehen und beugte sich vor, um den Kopf zu schütteln. Aus seinem Ohr troff ein milchiger Stoff, und sein Gehör wurde besser. Aus seinem Anzug tropfte Schleim.

Der scharfe und doch schwammig-süße Geruch der Innenräume des Cyborgs haftete ihm an. Er verfiel in einen leichten Trab. Bald wusch sein Schweiß den Geruch des Aliens fort.

Stundenlang bewegte er sich ein verfallenes Tal hinunter. Der String hing knapp über dem Horizont. Seine trübe, rubingetönte Krümmung durchschnitt das Schimmern einer zerfaserten Molekülwolke. Killeen erinnerte sich an die Eindrücke, die er – zufällig? – vom Cyborg empfangen hatte. Etwas von einem zeitweiligen Anhalten und Stillegen der schneidenden Saite, damit die Bauarbeiten auf den Nachschub an vakuumgeformtem Nickeleisen abgestimmt werden konnten. Jetzt hielten magnetische Finger den Reif fest, einen schmorenden Einschnitt in das Firmament.

Ohne seinen hellen Goldglanz ermöglichte das langsame Hereinbrechen des Sonnenuntergangs den weiten Bereichen rings um Abrahams Stern die Entfaltung ihres launischen Lebens. Schwache Blitze wühlten tief in den glimmenden Bänken, die jenseits dieses gedrängt vollen Sonnensystems schwebten. Schnelle Ausbrüche von Safrangelb brodelten gegen eine langsam zunehmende Flut von Blau. Vibrierendes Rosa entlud Energien in einer Hülle aus trübem braunem Staub. Spinnenartige scharlachrote Fäden entstanden, verschwanden und bildeten sich erneut, als ob Perlen von Blut die untergehende Sonne einfingen und in bösartiger Schönheit schimmerten.

Killeen fragte sich, ob dieses momentane Hervorsprudeln, das durch dunkle Staubbänder strömte, ein Werk der Mechanos war, oder ob es sich um natürliche Gewitter handelte, die von dem ständigen Materiewirbel im Galaktischen Zentrum erzeugt wurden. Oder konnten etwa unvorstellbare Vorrichtungen wie dieser String hier am Werk sein?

Er bewegte sich vorsichtig und bediente sich natürlicher Deckungen. Die gab es reichlich zwischen den hochgekippten Steinplatten und vorspringenden Hügeln. Der Cyborg hatte ihm seine ganze Ausrüstung zurückgegeben, sogar seinen Gewehrstutzen. Seine

Energiereserven waren aufgefüllt. Sein Arthur-Aspekt bemerkte:

Die haben wirklich viel größere Fähigkeiten. Die Anzeige deines Anzugs besagt, daß in jedem Gramm Treibstoff mehr als hundert Kilojoules gespeichert sind – weit mehr, als je ein Techniker auf Snowglade geschafft hat. Der Cyborg hat uns gut versorgt.

Killeen bewegte sich vorsichtig und ignorierte die leisen Bitten seiner Aspekte. In dieser seltsamen Welt verließ er sich auf die Instinkte seiner Jugend. Seine Jagdsinne waren noch auf die subtilen Schönheiten von Snowglade eingestimmt. Hier war jedes Detail leicht verschoben. Er untersuchte automatisch jedes Erdloch nach einer Falle und schnupperte in der Brise nach öligen Hinweisen. Ein entfernter kegelförmiger Berg verlieh der Luft mit einer langen Rauchfahne aus Holzkohle eine gewisse Schärfe.

Das Land brauchte Ruhe. Überall waren einst stolze Klippen zusammengebrochen. Felsschichten klafften offen wie ein von einem ärgerlichen Riesen weggeworfenes Kartenspiel. Staub bedeckte jede Steinplatte, und dicke Wolken von ihm trieben lässig am Horizont dahin.

Aber hie und da sprangen Quellen in die Luft – freche Fontänen inmitten aufgeworfener Gesteinsmassen. Killeen blieb bei einer Quelle stehen und ließ das Wasser über seine Hände spielen. Er tauchte sein Gesicht hinein und schmeckte ein rostiges, fernes Echo von Wassern, die er vor so langer Zeit auf Snowglade getrunken hatte.

Die durch das Eindringen befreite Wärme hat sich vom Kern her nach außen durchgearbeitet. Ich vermute, daß tiefliegende Eisablagerungen schmelzen und dadurch dieses Wasser liefern.

»So so.«

Killeen war nicht auf technische Unterhaltung durch Arthur eingestimmt. Noch weniger war die piepsende Stimme Lings willkommen. Er mußte aus den verstopften, seriösen Winkeln seines Geistes fliehen. Der Cyborg hatte dort einen muffigen Geruch hinterlassen.

Es war auch an der Zeit, die Selbstbeherrschung aufzugeben, die er so lange aufrecht erhalten hatte, als der Cyborg ihn durchstöberte.

Während dieser ganzen Zeit hatte er seine Gedanken von oben nach unten laufen lassen und das Bewußtsein im Vordergrund gehalten, eine harte Schicht, in die seine niederen Geister nicht eindringen konnten. Jetzt ließ er sein inneres Selbst auftauchen und sich entspannen. Er begann seine verkrampften Eindrücke zu verdauen und sich friedlich damit abzufinden. Die einfache Tatsache des Lebens – oder Überlebens – war ein ständiges Wunder. Dem gab er sich ganz hin. Von den rohen Kämpfen auf Snowglade kannte er dieses Gefühl gut, und er genoß es. Schmerz, Kummer, Furcht, Wut – alles mußte aufkommen und abebben und seinen Ort finden.

Gedankenverloren ließ er seine Aspekte frei – Ling, Grey, Arthur, sogar die geringeren Gesichter wie Bud – und gestattete ihnen, fröhlich in einem abgeschlossenen Winkel seines Innern zu spielen, aber ohne daß ihre quiekenden Stimmen seine Aufmerksamkeit in Anspruch nahmen. Sie jauchzten, als sie die kühle Luft von New Bishop spürten und die staubigen Gerüche einfingen. Sie sprachen mit- und durcheinander – winzige Präsenzen, die durch sein Empfindungsnetz summten und Verknüpfungsstellen und Wirkungspunkte passierten.

Er hatte ja so viel erlebt! Um hinderliche Unordnung zu vermeiden, mußte er seine Aspekte und Gesichter zu wenigstens einer partiellen Integration seiner Heimsuchungen heranziehen. Ohne die Sippe war er ein drolliger Fetzen, der auf dieser zertrümmerten Welt dahinwanderte … Aber er wußte nicht, ob die Sippe am Leben war. Er mußte sich zusammenreißen, bis er die Wahrheit erfuhr; auch wenn das Jahre der Suche bedeutete.

Also konzentrierte er sich auf die zersplitterten Wälder, durch die er seinen Weg bahnte, auf die verheerten Felder und zerklüfteten Bergketten, die unter seinen eilenden Stiefeln dahinglitten. Das Hinken war vorbei, seine Hilfsgeräte reagierten wieder, und jetzt war er schrecklich hungrig.

Die Sippe der Bishops hatte immer tüchtige Esser gehabt, und er rief das Gesicht einer alten Frau auf, um ihm bei der Suche nach eßbaren Beeren und Blättern zu helfen. Sie war ein griesgrämiger Typ, der nur knappe Ratschläge erteilte. Viel von ihrem Wissen paßte nicht auf diese seltsame Welt. Sie fand wohlschmeckende Wurzeln, quakte aber alarmiert bei den bitteren Blättern und einer eiförmigen Frucht, die er fand. Durch vorsichtiges Abbeißen fand er sie aber geeignet.

Er erkundete den zerstörten Wald. Bäume waren umgeknickt und zerstückelt mit enormer, lässiger Bosheit. Sie lagen umgekippt da und reckten ihre Büschel schlangenähnlicher Wurzeln empor. Blaßgrüne, genau kreisförmige Blätter häuften sich in Strombetten auf; und kleine Lebewesen huschten tief in ihnen herum. Feuchte flache Stellen waren von Spuren bedeckt: dreizehig und siebenzehig, mit gespaltenen Hufen und breiten glatten Fußballen. Killeen hatte noch nie Spuren so großer Kreaturen gesehen. Sie erfüllten ihn mit Respekt vor dem vergangenen Reichtum dieses Ortes. Sein Arthur-Aspekt bemerkte dazu:

Natürlich alles das Werk der Cyborgs. Sie haben die Röhre entleert, durch die wir gestürzt sind. Dieser kilometerbreite Schacht hat das Land hier nur um die Länge eines Fingers gesenkt.

»Was? Wenn man so viel Gestein und Metall herausnimmt, müßte doch auch hier eine beträchtliche Senke sein.«

Keineswegs. Das ist eine Sache elementarer Geometrie. Der Verlust ist über die viel größere Oberfläche des ganzen Planeten verteilt. Schau ...

Das in Killeens rechtes Auge springende Dreifarbendiagramm erschien sinnvoll, als er es studierte; aber trotzdem – »Ist all dies durch die Absenkung einer Fingerlänge geschehen?«

Alle Schichten haben es gespürt. Seismische Anpassungen verlaufen ungleichmäßig.

»Das kann man wohl sagen!«

Killeen überquerte eine Lichtung. Plötzlich schoß eine braune Fontäne hoch und überschüttete ihn mit Wasser und Sand.

Ach ja. Hydrostatische Kräfte werden immer noch freigesetzt. Wegen der Vibrationen wirkt der Boden hier mehr wie Schlamm.

Rollendes Beben wie von einer Meeresflut drängte Killeen dazu, festeren Boden zu gewinnen. Die keuchende Stimme des Aspekts in seinem Innern unterdrückte er dabei. Er fand eßbare Blätter und kaute und verschlang sie mit Genuß. Der Boden bebte und ruckte immer noch, als ob er die Schlacke beharrlichen Lebens abwerfen wollte.

Zum ersten Mal seit vielen Tagen gesättigt, begann er sich wohler zu fühlen und verfiel in einen gleichmäßigen leichten Trab. Hinter der nächsten Bergkette lag eine Stadt der Mechanos. Sie war völlig zertrümmert.

Explosionen hatten riesige Fabriken auseinandergerissen. Ein großer Teil der Vernichtung schien durch große, innen angebrachte Sprengladungen bewirkt worden zu sein, als ob jemand Bomben eingeschmuggelt hätte.

Überall lagen braune Gehäuse von Mechanos herum. Die Körper waren nach brauchbaren Teilen zerfleddert worden. Vermutlich hatten das Cyborgs getan.

Er wanderte durch die stillen Ruinenstraßen. Keine Mechanos waren am Werk, um das in Ordnung zu bringen. Nichts bewegte sich. An manchen Kreuzungen erhoben sich Türme aus kunstvoll dekorierten Legierungen. Killeen erinnerte sich an die Kunst der Mantis und konnte nicht sagen, ob diese spindelförmigen Gebilde irgendeine Funktion gehabt hatten oder nur zum Schmuck der Stadt gedacht gewesen waren.

Er fühlte sich unbehaglich in den Mechano-Bauten und versuchte gar nicht erst, sich in den Ruinen nach Nahrung umzusehen. Bei Sonnenuntergang hatte er den ausgedehnten Mechano-Komplex noch nicht durchquert. Die Nacht schlief er im Schutz eines Ersatzteilschuppens. Er wachte mehrmals auf, verfolgt von Fieberträumen. Die Zeit, die er im Innern des Aliens verbracht hatte, kam zurück; und er kämpfte in geleeartiger Luft, versuchte vergeblich, nach oben zu schwimmen, seine Lungen brannten. Beim Erwachen waren seine Arme und Beine immer eng verkrampft, als ob er im Schlaf gekämpft hätte. Und dann schlummerte er wieder ein, und der Traum kam wieder.

Vor der Morgendämmerung bewegte sich etwas in der Nähe. Er schaute vorsichtig hinaus. Ein großes Tier kroch näher an ihn heran. Die größte Kreatur, die er je gesehen hatte, war ein altes orangefarbenes Huhn damals in der Zitadelle gewesen. Dies Biest hätte jenes Huhn leicht mit einem Bissen verschlingen können. Etwas an seinen großen Zähnen verriet Killeen, daß so etwas dem Tier Spaß machen würde.

Es hatte ihn sicherlich gewittert. Nach all den Jahren, in denen er Mechanos gejagt hatte und von ihnen gejagt worden war, hatte er doch keine Ahnung, wie er mit dem Tier zurechtkommen sollte. Es kam näher. Es legte die Ohren an. Killeen hielt sein Gewehr schußbereit. Leise trat er aus der Tür des Schuppens, stand still da und beobachtete. Das Tier erstarrte. So verharrten sie längere Zeit. Killeen überkam ein merkwürdiges Gefühl von Verbundenheit. Die gelben Augen des Tieres waren klar und tief.

Fahle Dämmerung umfing sie. Das Tier leckte sich schließlich die Lippen mit gelangweiltem Desinteresse und ging fort. An der Ecke eines Ladens in der Nähe blieb es stehen, schaute einmal auf ihn zurück und ging dann weiter. Als Killeen sich wieder auf den Weg machte, bemerkte er, daß sein Gewehr auf einen elektromagnetischen Impuls eingestellt war. Es wäre gegenüber dem Tier völlig wirkungslos gewesen.

Ohne sich viel Gedanken zu machen, fühlte er in sich Konflikte aufkommen, schwelen und schwinden. Unter der Ruhe dieser Welt entbot der natürliche Zugriff des Lebens seine eigene stille Botschaft.

2. KAPITEL

Der Tag war herb und klar. Er fand Beeren und eßbare Blätter und marschierte weiter. Schwache Geräusche von einer zweiten zerstörten Mechano-Stadt veranlaßten ihn zu einem Umweg, bis er eine andere Route finden konnte.

Aus der Entfernung erinnerten ihn die buckligen Bollwerke an seinen letzten Blick auf die Zitadelle, an die Katastrophe. Er erinnerte sich, wie die Luft selbst aufgewühlt und verzerrt erschienen war. Unzählige Male hatte er jenen Tag in seinen Träumen wiedererlebt. Pulsierende Lichter hatten die Wolken durchzogen, noch ehe der Angriff der Mechanos auf die Stadt Bishop begann, und ihnen eine Vorwarnung gegeben. Aber das war doch nicht genug gewesen, denn die Mechanos hatten enorme Reserven in ihren Angriff geworfen. Sein Vater hatte sich im Zentrum der Verteidigung der Zitadelle befunden. Trotz der Verzweiflung, die sie alle überkam, als die ersten Meldungen eingingen und die alle schlecht waren, hatte Abraham die Ruhe bewahrt. Killeen war in der Nähe gewesen, als die Mechanos eine Mauer der Zitadelle zerbrachen. Abraham hatte einen wirksamen Flankenangriff gegen das Eindringen geleitet. Killeen hatte nicht einmal begriffen, was die Mechanos vorhatten, bis sein Vater die Vorhut des Mechano-Stoßtrupps abschnitt und die Reste in Stücke hieb.

Aber dann hatte er in dem hämmernden Chaos vielfältiger Angriffe seinen Vater verloren. Mechano-Flugzeuge hatten die zentrale Zitadelle bombardiert, und die Befestigungen fielen.

Killeen hatte geholfen, Munition zu den Luftabwehrgeschützen zu schleppen, als seltsame Lichter den Himmel erfüllten. Sie alle hatten unsichtbare Präsenzen über der Schlacht gespürt.

Als Veronica, Killeens Frau, starb, hatte er nicht mehr viel wahrgenommen. Er hatte ihren Tod in seinem Sensorium gespürt, da sie miteinander verbunden waren. Aber es hatte eine lange, wirre Zeit gedauert, bis er sie fand und sicher sein konnte.

Er stand auf einem entfernten Hügel und schaute nachdenklich auf die Stadt der Mechanos zurück. Ein Teil von ihm genoß den Anblick der mächtigen Mechanos, die niedergeworfen waren. Ein anderer gedachte der Zitadelle, und nicht nur wegen der Stadt. Der Himmel begann sich in der Ferne mit matt leuchtenden Farben zu beleben in einer Weise, die ihn an die Katastrophe erinnerte. Der Lichtschein befand sich unmittelbar in der Luft und war nicht ein schwaches Farbenspiel in Molekülwolken. Der Anblick ließ ihn erschauern.

Aber er erinnerte auch an seine Begegnungen auf Snowglade mit einem Wesen, das irgendwie durch die Magnetfelder des Planeten selber gesprochen hatte. Das Ding hatte für Abraham unverständlich gesprochen und über Themen, bei denen Killeen nicht mitkam. Bei der Erinnerung fragte er sich, ob das magnetische Wesen bei der Katastrophe anwesend gewesen wäre und den Himmel mit seinem Zeugnis erleuchtet hätte. Warum sollte sich ein so riesiges Ding um die Taten einer kleinen, bedeutungslosen Rasse kümmern? Darauf gab es keine Antworten.

Schließlich schüttelte Killeen diese trübe Stimmung ab und ging weiter. Die Ruhe der natürlichen Welt umfing ihn. Aber dann stach ihm ein beißender Schwefelgeruch in die Nase. Ein hohler Baßton erklang am äußersten Ende seiner Wahrnehmungsmöglichkeit. Eine Spur der Mechanos?

Es folgte aber ein eigenartiger Nachgeschmack von Zucker, anders als jedes ihm bekannte Merkmal der Mechanos. Sein Sensorium übertrug die elektromagnetischen Marken in Gerüche, weil dies der menschliche Sinn war, welcher mit den Gedächtniszentren in Verbindung stand. Ein leichter Hauch eines seltsamen Geruchs ließ längst verschollene Erinnerungen aufkommen, was oft nützlich war.

Killeen schlüpfte zwischen die umgefallenen Stümpfe von Bäumen, die irgendwie noch frisches Grün aufwiesen. Der Boden war zusammengestürzt, aber Wurzelsysteme schienen sogar der Implosion des Planeten zu widerstehen. Er arbeitete sich schnell durch das Dickicht und blickte nach vorn.

Siiig! Etwas Scharfes durchschnitt neben ihm die Luft. Er fiel in ein trockenes Flußbett und bemühte sich, mit Hilfe seines Sensoriums nach vorn zu kommen. Scharfe Gerüche trafen ihn.

Er klammerte sich an eine Uferkante, und der leise jaulende Ton durchschnitt noch dreimal die Stille. Ein vierter Bolzen erwischte ihn leicht, und er spürte einen scharfen Mikrowellenimpuls. Der hatte die Durchschlagskraft, die inneren Strukturen auszulöschen, die er als Dioden kannte, aber deren Funktion ihm unergründlich war. Er fühlte, wie sich seine Dioden abschalteten und abschirmten.

Stille. Vorsichtig gingen sie wieder an. Sein Sensorium füllte sich wieder mit Farben und Perspektiven. Er kroch vorsichtig an die Kante und spähte mittels einer Lichtröhre hinüber.

Ein einzelner Mechano mühte sich die gegenüberliegende Seite der Anhöhe hinauf. Sein dicker Panzer wies tiefe Schrammen auf. Bolzen hatten den Stahl abgerissen. Die eckige Konstruktion war anders als alles, was Killeen auf Snowglade gesehen hatte.

Ohne zu überlegen zielte er auf den Mechano und

traf ihn voll im vorderen Antennenkomplex. Der Mechano blieb einen Augenblick lang stehen. Killeen konnte keinen Schaden erkennen und schoß noch einmal. Diesmal blockierte der Mechano deutlich den Schuß. Der Elektrobolzen prallte ab in einem rubinroten Aufleuchten, das die Szene für einen Augenblick vor der herannahenden Düsternis der Dämmerung erhellte.

Sein Ling-Aspekt schrie:

Das ist ein völlig unnötiges Risiko! Lauf weg, solange du kannst!

»Bin schon lange genug gelaufen«, knurrte Killeen. Er erkannte unklar, daß er gegen irgend etwas losschlagen mußte. Die plötzliche Begegnung mit einem Mechano hatte seine ganze unterdrückte Wut herausgefordert.

Er hatte schon früher derart raffinierte Schutzvorrichtungen gesehen. Nichts aus dem Arsenal der Bishop-Sippe konnte hindurchdringen. Die stämmigen Beine des Mechanos spreizten sich auf einem Geländevorsprung. Das Ding drehte sich und schwenkte Projektoren an seiner Seite herum zwecks besseren Schußfeldes.

Killeen duckte sich. Er wußte, daß die gefächerten Felder eines weitwinkligen Mikrowellenstoßes ihn auch noch unter der Kante der Rinne erwischen konnten. Er hockte sich hin und biß die Zähne zusammen, um seinen Subsystemen mitzuteilen, daß sie wach sein sollten.

Aber es kam nichts. Nicht einmal ein Flüstern.

Er riskierte einen Blick. Der Mechano war umgekippt und brannte. Durch das schwelende Feuer sah er einen Cyborg herankommen. Dessen Körper war ein komplexes Aggregat von gekoppelten, miteinander verbundenen sechseckigen Blöcken. Dicke braune Haut faltete und dehnte sich, als der Cyborg aus einem zerklüfteten Tal heraufkam. Ein Schuß hatte den Mechano aufgerissen. Das Karbostahlgehäuse an seiner Flanke bildete nach außen zwei verdrehte Finger – ein deutliches Zeichen dafür, daß der Cyborg irgendwie eine innere Energiequelle ausgelöst hatte.

Killeen beschloß, sich flach hinzulegen. Dieser Cyborg gehörte wahrscheinlich zu einer Gruppe, die restliche Nester von Mechanos oder Menschen ausheben sollte. Der brennende Mechano war ihm so nahe, daß er ohne akustische Verstärkung das ruhige Herannahen des Cyborgs hören konnte – eine raschelnde klappernde Kadenz durch die Aktion der Gliedmaßen aus Karbonstahl.

Der Lärm des Cyborgs verstärkte sich gegenüber dem Puffen und Zischen der Flammen. Er könnte den Mechano jetzt erreicht haben. Aber die Geräusche hörten nicht auf. Statt dessen schien sich das Geräusch jetzt nach seiner Linken zu bewegen, um den brennenden Mechano herum.

Und es wurde langsamer. Es näherte sich ihm von oben her.

Killeen zog sich vorsichtig weiter den Abhang hinab zurück. Vielleicht wußte der Cyborg nicht, was sich hier drüben befand, und war auf der Hut.

Heimlichkeit war sein einziger Verbündeter. Er könnte imstande sein, über die Kante des Grates zurückzurutschen, während der Cyborg sie überquerte, falls er sich so tief hielt, daß sein Gegner ihn nicht bemerkte. Dann müßte er ein paar Augenblicke lang rennen. Er bemühte sich, das flüsternde Geräusch der flexiblen Lederhaut des Cyborgs zu hören.

Da! Er erkletterte den letzten Felsabsatz auf der Höhe des Grates. Leise zog Killeen sich zurück. Die Zeit verkürzte sich für ihn, und er hörte jeden Schritt des Cyborgs, jede Drehung und Anpassung der Fußsohlen, wenn sie auf den abschüssigen Steinen Halt suchten.

Der Alien war jetzt nahe dem höchsten Punkt. Killeen

konnte nicht sagen, wie weit er entfernt war. Bei der enormen Stille, die durch das Zischen des Ölfeuers vom Mechano nur noch betont wurde, schien Killeens natürliches Hörvermögen jedes leise Geräusch bedeutsam zu verstärken. Irgendwo oben auf dem Grat polterte ein Stein herunter. Killeen hörte ihn, ehe er ihn von einem Felsblock abprallen und zersplittert in den Boden eindringen sah.

Seine Augen verfolgten die mutmaßliche Flugbahn des Steins zurück in eine Mulde, wo ein Felsenabsatz aufhörte. Das war früher ein natürliches Wasserbecken gewesen; und er vermutete, daß von dort aus ein steiles Bachbett nach unten führte, das sich auf der anderen Seite des Grates ausweitete. Was bedeutete, daß der Cyborg auf der Höhe haltgemacht hatte, vielleicht, um sich auszuruhen, doch wohl eher bloß, um zu warten und vorsichtig das ganze Spektrum zu überprüfen, ehe er sich auf der anderen Seite exponierte.

Der Bergrücken war nicht weit entfernt. Wenn Killeen sich nicht irrte, so erkundete der Cyborg den Abhang drüben. Er wagte aber nicht, sein Sinnesnetz zwecks Nachprüfung zu aktivieren.

Killeen machte sich startfertig und war schnell auf den Beinen und über die nächste ausgezackte Felsplatte gesprungen. Er rollte über die höchste Stelle und in eine Mulde mit Kies. Er kam auf die Füße und fühlte sich plump und ungeschickt, da keines seiner Bordsysteme in Betrieb war. Schleppend, mit schmerzenden Gelenken, lief er hinab und suchte Deckung.

Ein Blick zurück. Die Schwanzantenne des Cyborgs verschwand hinter dem Bergsattel, als dieser auf der anderen Seite abstieg. Aber der Alien würde bald die Lage erkannt haben.

Killeen rannte los. Er stieß an Steine und wäre öfters fast hingefallen. Es gab kein Versteck. Die Zuckungen des Planeten hatten diesen Hang von großen Blöcken leergefegt, und die Rinnen lagen tief im Schatten. Er suchte nach einem kleinen Schlupfwinkel in der Gratlinie, aber die wenigen kleinen Höhlen waren eingestürzt. Er lief an dem brennenden Mechano vorbei, ehe ihm die richtige Idee kam.

Der Mechano lag jetzt ramponiert und zerbrochen da, in Stücke gerissen durch innere Explosionen. Flammen schlugen heraus. Dicker, fettiger Rauch beleckte den Felshang.

Killeen suchte sich eine umgebogene Kante in dem Rumpf aus, genau über der schweren Schreitvorrichtung. Er schaute auf den Grat zurück. Dort bewegte sich etwas, und er nahm sich nicht die Zeit nachzusehen, was der Cyborg tat. Er schwang sich in die Heizkammer des brennenden Gerippes und befand sich alsbald in einem Gewirr von Einzelteilen und stinkiger Schmiere.

Immer noch kein Anzeichen, daß der Cyborg ihn gesehen hätte. Ohne sein Sensorium würde Killeen die gewöhnlichen Angriffsverfahren der Mechanos – Mikrowelle, Infrarotsättigung, Hyperpfeile – nicht bemerken, ehe sie ihn direkt trafen.

Als er so in dem übelriechenden Schrott des zerstörten Mechanos hockte, wurde er allmählich richtig wütend. Er war gejagt und verwundet und mißhandelt worden; aber verdammt sollte er sein, wenn er so sein Leben beschließen würde. Er konnte warten, bis der Cyborg wegging, sofern er nicht zurückkam, um von dem Mechano Einzelteile oder Schrott zu bergen. Aber irgend etwas veranlaßte ihn hinauszublicken. Er wollte, daß das große Ding in Sicht kam und er wenigstens einen klaren Schuß darauf abgeben könnte. Ling kreischte in unvorstellbarer Wut. Killeen machte den Aspekt mundtot.

Obwohl er angestrengt lauschte, konnte er so nahe bei dem schwelenden Feuer nichts in der Nähe wahrnehmen. Er würde sich exponieren müssen, um zu sehen, was vor sich ging.

Jetzt, als er sich den Mechano-Körper näher ansah, erkannte er Verkleidungen und Streben und Montierungen wie die, welche er aus zerstörten Mechanos auf Snowglade herausgeholt hatte. Die Außenhaut hatte fremdartig ausgesehen, aber offenbar galten für alle Mechanos im Galaktischen Zentrum die gleichen Konstruktionsprinzipien.

Vorsichtig kroch er heraus. Die meisten Mechanos hatten visuelle Detektoren, die auf rasche Bewegung ansprachen; und dieser Cyborg dürfte wohl mindestens ebenso perfekt ausgestattet sein. Killeen bemerkte eine Bewegung auf der Gratkante. Wolken stechenden Rauchs trübten ihm den Blick. Er fragte sich, ob es wirklich eine so glänzende Idee gewesen war, sich hier zu verstecken. Der Cyborg brauchte nur heraufzupoltern, den Körper des Mechanos umzudrehen, und …

Plötzlich tauchte der Cyborg in seinem Blickfeld auf, ein verschwommenes Bild, getrübt durch den Schwall sauren Qualms. Er stampfte mit wedelnden Antennen über den rauhen Boden. Aber er kam nicht auf ihn zu, sondern durchquerte mit zunehmender Geschwindigkeit die breite Mulde des Flußbetts. Eine parabolische Schüssel drehte sich, und Killeen spürte im Nacken ein leichtes Summen. Selbst bei ausgeschaltetem Sensorium hatten die Chips, die er längs des Rückgrats trug, den Stoß des Cyborgs empfangen.

Ein so starker Impuls konnte nicht bloß ein Nachrichtensignal gewesen sein. Der Cyborg schoß auf etwas. Etwas, das ihn erheblich beunruhigte; denn jetzt krabbelte er vorwärts. Seine zweigelenkigen Gliedmaßen klapperten eilig, und seine Fußballen rutschten manchmal auf dem lockeren Boden aus.

Killeen biß sich auf die Lippe, um sich zurückzuhalten, aber es war hoffnungslos. Lange Jahre des Trainings, die kürzliche demütigende Gefangennahme – dieses zusammengenommen veranlaßte ihn, sein kleinkalibriges Gewehr zu ergreifen, das er von seinem Vater und dieser von seinem Vater geerbt hatte, und eine kostbare Patrone zu laden. Er lehnte sich an eine Aluminiumstrebe und zielte mit geradezu genießerischer Sorgfalt auf die Verkleidung der vorderen Kommunikationsanlage des Cyborgs. Er feuerte, traf die Basis einer großen sphärischen Gitterantenne und zerstörte sie. Der Cyborg taumelte sichtlich.

Killeen wußte, daß er unter normalen Umständen nie einen so leichten Schuß ohne Gegenwehr hätte tun können. Der Cyborg mußte in ernster Bedrängnis gewesen sein, ehe er in Sicht kam. Dies bedeutete, daß ihn irgend etwas verfolgte. Weitere Mechanos. Der Cyborg hatte das Pech gehabt, auf eine überwältigende Macht zu treffen, als er allein war.

Killeen schob die Waffe wieder in die Schlaufe an seiner Seite zurück. Er hatte seinem Ärger Luft gemacht und fühlte sogar ein leichtes Bedauern. Er hatte sich manchmal mit dem Cyborg seltsam verbunden gefühlt, der ihn aus dem Orbit heruntergeschafft und schließlich freigelassen hatte. Er schuldete diesem speziellen Cyborg vielleicht einige Dankbarkeit. Aber die an ihm begangenen Schandtaten hatten nach Rache geschrien aufgrund eines Gesetzes, das so alt war wie die Menschheit; und jetzt war diesem Bedürfnis Rechnung getragen worden.

Er kroch wieder in sein Versteck und hoffte, daß niemand bemerkt hätte, woher dieser eine Schuß gekommen war. Der Cyborg krabbelte weiter nach unten. Er war fast außer Sicht, als ein lauter Schuß neben ihm aufschlug und braune Erde in die Luft schleuderte. Killeen blinzelte. Mechanos gebrauchten nur selten ballistische Waffen. Sie zogen sauberere, leichtere und präzisere elektromagnetische Mittel vor.

Dann traf eine zweite Granate den Cyborg in der Mitte. Sie beschädigte offenbar eine primäre mentale Funktion; denn der lange plumpe Körper zuckte zusammen und erschauerte in Krämpfen von fast sexueller Manie.

Der Cyborg wandte sich seinen Verfolgern zu und schaute sie verzweifelt und fast hoffnungslos an. Killeen erkannte in den Bewegungen des Cyborgs fatalistische Schwäche. Er hob seine Arme in einer angespannten Geste hoch, wie sechs Fäuste, die jäh in Wut geschüttelt werden.

Der Cyborg schoß mit allem, was er hatte, auf etwas, das sich außer Sicht befand. Aber seine Lage war aussichtslos. Er taumelte zur Seite und erhielt einen neuen kräftigen Schlag. Rauch strömte aus ihm. Kleine klappernde Explosionen trafen seinen natürlichen organischen Körper und hinterließen flache rote Krater in der groben Haut.

Killeen beobachtete ohne Freude, wie das Ding starb. Die Cyborgs gingen, bei all ihrer unbekümmerten Brutalität und großen Fremdartigkeit, auf natürliche Wesen zurück und waren organisch von der Welt hergeleitet. Killeen hatte einen gewissen eigenartigen Respekt für den empfunden, der ihn verschont und auf diesen verstümmelten Planeten geworfen hatte. Es freute ihn nicht zu sehen, wie einer von Mechanos niedergemacht wurde, obwohl er selbst zu den Killern gehört hatte.

Als er dies dachte, erreichte ihn ein schwacher Ruf, den er zunächst gar nicht zur Kenntnis nahm. Erst als die kleinen menschlichen Gestalten in Sicht kamen, die triumphierend ihre winzigen Waffen schwenkten, begriff er.

3. KAPITEL

Das Zelt war abgenutzt und schmutzig. Killeen überlegte, ob das zur Tarnung dienen sollte, weil es sich gut in das wirre Gelände einfügte.

Während des ganzen Marsches hierher hatte seine Eskorte außer kurzen Befehlen nichts gesagt. Es hatte ihn nicht überrascht, daß sie trotz einem starken Akzent seine Sprache redeten; denn er war nie auf den Gedanken gekommen, daß Menschen anders als auf eine einzige Weise sprächen.

Sie hatten ihn durch ausgedehnte Lagerplätze zerlumpter Zelte und Behausungen mit schrägen Dächern aus Zweigen und Buschwerk geführt, vorbei an mehr Leuten, als er je beisammen gesehen hatte. Selbst die Zitadelle hatte weniger Einwohner gehabt. Flatternde Wimpel mit unbekannten Symbolen deuteten darauf hin, daß es sich um einen ganzen Stamm handelte. Seit Menschengedenken hatte es auf Snowglade keine so große Versammlung gegeben.

Eine ganz in Grau gekleidete Frau schlug die Wand eines Zeltes hoch, und jemand stieß Killeen ins Hinterteil.

Er trat ein, mit schnellen großen Schritten, um einen weiteren Stoß zu vermeiden und einen Rest von Würde zu bewahren.

Das Zelt wirkte von innen größer, mit einer hohen Spitze und einer phosphoreszierenden Elfenbeinkugel als Lichtquelle. An den vier schrägen Ecken des Zeltes brannten Öllampen und warfen gelbe Schatten auf die Köpfe Dutzender von Menschen. Diese waren in einer geordneten und respektvollen Distanz zu einem Mann im unmittelbaren Zentrum des Zeltes versammelt.

Ein schwarzer Tisch aus Polykeramik beherrschte den Raum. Killeen fragte sich, ob die Leute dieses schwere Ding mit sich geschleppt hätten. Es sah nach Mechano-Arbeit aus, mit sanften Kurven und so gestaltet, daß sein scharfer Bogen den Blick auf den kleinen Mann dahinter konzentrierte, der sich in einem leichten Metallstuhl räkelte.

Seine Figur war nicht eindrucksvoll genug, um die feste, stumme Aufmerksamkeit jeder Person in dem Zelt zu verdienen. Er war klein und untersetzt mit Haar so schwarz wie der Tisch aus Ebenholz. Von seiner rechten Schläfe verlief eine lange tiefrote Narbe über die dunkle Haut bis zum Kiefergelenk. Irgend etwas hatte beinahe sein Auge getroffen, weil die Narbe sich auch in seine dichten Augenbrauen eingegraben hatte.

Ungefähr ein Dutzend Männer und Frauen flankierten den Tisch wie Leibwächter. Niemand sprach ein Wort. Sie alle sahen zu, wie der Mann ein großes Stück einer grünen Frucht verzehrte. Saft rann ihm vom Kinn und tropfte auf ein weißes Tuch auf seiner Brust. Die Uniform des Mannes war aus einem kühlblauen, leichten, bequem wirkenden Stoff angefertigt, wie ihn Killeen noch nie gesehen hatte. Er schmatzte mit den Lippen und war ganz auf sein Essen konzentriert, wie es auch alle anderen zu sein schienen.

Das lange Schweigen hielt an. Killeen fragte sich, ob diese Show ihm zu Ehren stattfand, verwarf aber diesen Gedanken, als er die hingerissenen Gesichter ringsum sah. Dies war eine Art privilegierter spezieller Audienz – anders als jede Zusammenkunft des Kapitäns mit seiner Sippe, wie Killeen sie kannte. Der essende Mann trug kein besonderes Abzeichen. Die Leute in der Nähe hatten Behelfsuniformen aus rohem Stoff, mit Insignien, die den Hausemblemen von Snowglade leicht ähnelten.

Ihre Gesichter, obwohl jetzt anscheinend benommen, verrieten eine gewisse Autorität. Einige Leute trugen kleine Medaillen aus mattem Silberdraht. Konnten das die Hauptleute der Legionen sein, die er draußen gesehen hatte?

Endlich lutschte der kleine Mann an seinen vorstehenden Zähnen, schmatzte mit den Lippen und warf den übriggebliebenen Kern der Frucht über die Schulter.

Als sich jemand rührte, um den aufzuheben, lehnte sich der Mann zurück, reckte sich, gähnte und blickte noch immer niemanden im besonderen an. Dann schien er Killeen zu bemerken und betrachtete ihn mit unergründlich leeren Augen. »Nun?« fragte er.

»Ich ... mein Name ist ...«

»Auf die Knie!« brüllte der Mann.

Killeen blinzelte. »Was? Ich ...«

Jemand stieß Killeen heftig in die Kniekehlen, so daß er nach vorn fiel, auf den Boden prallte und es kaum schaffte, auf den Knien zu bleiben.

»Gib dich zu erkennen!« flüsterte eine Stimme in seiner Nähe.

»Ich entstamme der Sippe Bishop. Ich ehre diese Länder der ...« Killeen hatte mit der alten Begrüßung angefangen in der Hoffnung, daß ihm etwas einfallen würde; aber er mußte hier den Namen der Sippe einfügen.

»Treys«, wurde ihm zugeflüstert.

»... Treys, Hilfe suchend in einer Zeit grimmiger Not, gegen die Plünderungen und Qualen, verursacht durch unsere gemeinsamen ...«

»Fesseln!« brüllte der Mann hinter dem Tisch.

Sofort ergriffen Hände Killeens Arme und banden sie rasch hinter ihm zusammen. Er ließ das ohne Protest zu wegen etwas, das er in den Augen des Mannes bemerkt hatte, als die Befehle erteilt wurden. Die leeren Augen hatten plötzlich von lebhaftem Feuer gesprüht, einem Krampf jäher Freude.

Der Mann stand auf. Ehrenwimpel baumelten an einem breiten scharlachfarbenen Gürtel, der seinen blauen Anzug fast in zwei Teile halbierte. »Ist er entwaffnet?«

Ein Flüstern antwortete: »Jawohl, Eure Hoheit.«

»Ist er sich seiner Position in unserer Sache bewußt?«

Der Flüsterer bei Killeen zögerte und sagte dann: »Er ist ein Hauptmann, Eure Hoheit. Daher fühlten wir uns nicht qualifiziert, ihn zu unterrichten.«

Offenbar funktionierte dieser durchschaubare Versuch, die Verantwortung zu verlagern; denn der dunkelhaarige Mann nickte ruhig und streckte seine Hände Killeen entgegen, als ob er mit einem Problem konfrontiert wäre. »Dann muß ich mich also selbst darum kümmern.« Abrupt warf er Killeen einen finsteren Blick zu. »Deine Sippe?«

»Bishop.«

»Gibt es nicht.«

»Wir sind nicht von diesem Planeten.«

»Habe so was nie gehört.«

»Wir sind hierher gekommen, um Zuflucht vor den Mechanos zu suchen.«

»Ha! Ihr habt eine gute Wahl getroffen. Hier haben wir sie vernichtet.«

»Das sehe ich.«

»Du siehst nur das, was ich anordne«, sagte der kleine Mann wohlüberlegt. »Das wirst du verstehen.«

»Ich ... ah ...«

»Jetzt sind es die teuflischen Cybers, die wir bekämpfen. Auch sie werden unserer Tapferkeit, unserer Begeisterung und unserem Kampfesmut unterliegen.«

»Cybers?«

Seine Hoheit nickte. Die Augen waren wieder ausdruckslos. Mit zusammengezogenen Lippen und erwartungsvoller Miene schien er einer fernen Stimme zu lauschen. Dann kehrte seine Aufmerksamkeit zurück, und seine Gesichtsmuskeln spannten die olivfarbene Haut so, daß sie unter dem Kegel phosphoreszierenden Lichts schimmerte, der ihn umfloß. Die leuchtende Kugel unmittelbar über ihm warf einen perlenden Kreis auf den Boden, mit dem dunklen Mann als Mittelpunkt. Die Menge bewahrte ihre Distanz und wagte sich nur so weit vor, wie der milde Schein der Öllampen in den grellweißen Kreis hineinragte.

Der Mann fuhr alsbald fort, wie wenn es keine Pause gegeben hätte: »Sie zerschneiden die Länder mit ihrem großen Schwert. Gerade als uns Sieg zuteil wurde, als die Mechanos vor unseren Angriffen flohen, fielen diese gigantischen Wesen von Himmel auf uns. Unser Triumph war zunichte. Aber wir werden siegen!«

Dies rief zustimmende Rufe aller im Zelt hervor.

Der Mann blickte Killeen erwartungsvoll an. »Diese Aktion ist natürlich ein Tribut an meine unsterbliche Natur. Sie entsenden gegen mich das Allerschlimmste, was die aus den Fugen geratenen Himmel aufbringen können.«

Seine Augen verließen Killeen und schossen durch den Raum. Sie bewegten sich aufmerksam unter dem Licht der Öllampen von Gesicht zu Gesicht. Seine Lippen wölbten sich vor, als ob sie Mühe hätten, einem enormen Druck standzuhalten.

»Sie erweisen uns Komplimente, indem sie das Schrecklichste und Mächtigste entsenden, über das sie verfügen – jetzt, da die Mechanos ein Pöbel sind, der vor unseren Stiefelabsätzen Reißaus nimmt. Sie ehren uns! Und sie werden sterben.«

Abrupt richtete er seinen finsteren, anschwellenden Zorn nach unten, wo Killeen kniete, und in einem langen Stöhnen verflog die Wut. In einem Moment bekamen seine Augen wieder ihren leeren, neutralen Ausdruck. Er sagte sanft: »Und ich freue mich, daß du gekommen bist, in meiner Notzeit zu helfen.«

Killeen sagte vorsichtig: »Ich bin jetzt allein, Sir. Meine …«

»Hoheit!« wurde ihm scharf ins Ohr geflüstert.

»Ich bin allein, Hoheit. Meine Sippe …«

»Die Bishops, wie du sie genannt hast?« sagte der kleine Mann verständnisvoll.

»Ja. Sie …«

»Ich hatte gedacht, daß sie lügten. Ich hatte nie von einer solchen Sippe gehört und hielt sie für abtrünnige elende Zweier oder Trümpfe.«*

Killeen fragte aufgeregt: »Bishops? Hier?«

»Du wirst verstehen, daß ein auf die Verteidigung unserer Rasse konzentrierter Geist die Details anderen überlassen muß. Ich reserviere meine Zeit für Gemeinschaft mit dem Geist, der sich über, in und durch uns bewegt.«

»Sind sie hier, Hoheit?«

Die schweren dunklen Augenbrauen gingen als Zeichen leichten Erstaunens hoch. »Wir haben sie auf der Wanderschaft gefunden. Sie erzählten uns von einer Landung in einem Mechano-Schiff und glücklicher Flucht vor den Luftangriffen der Cybers, die wir am Tag zuvor gesehen hatten. Ich hielt das für eine ausgemachte Lüge. Aber jetzt, wo du erscheinst – ein Hauptmann, wie ich nach deinen Rangabzeichen vermute –, wird das verständlich.«

»Wie viele sind es?«

Das Gesicht des Mannes erstarrte, und Killeen merkte, daß er einen Fehler begangen hatte. Was konnte das sein? War seine Frage zu direkt gewesen? Das völlige Schweigen aller ringsum legte ihm nahe, seinen Fehler wieder gutzumachen …

»Eure Hoheit, ich bitte Sie – tun Sie mir die Anzahl der Überlebenden kund!«

---

* *bishop* = Läufer im Schachspiel – *Anm. d. Übers.*

Der Mund Seiner Hoheit verlor etwas von seiner Härte, und er warf einen kurzen Blick auf eine Frau zu seiner Linken.

»Mehr als einhundert«, lautete die Antwort.

Killeen hielt den Atem an. Die meisten Bishops waren herausgekommen.

»Ich werde veranlassen, daß man sie freiläßt«, sagte Seine Hoheit großartig und machte mit den Armen eine schwungvolle Geste. Alle im Zelt stießen Hochrufe aus, als ob dies ein einzigartiger Akt wäre und als ob dieser Mann, der sich einen lächerlichen Titel zulegte, irgendwie den Bishops das Leben gerettet hätte.

Das Gesicht des dunklen Mannes legte sich in nachdenkliche Falten, und seine Augen wanderten zur Höhe des Zeltes empor. »Ich hatte sie für räudige Feiglinge gehalten, Bummler nach verlorenen Sippenprozessen. Als solche waren sie unwürdig, bei unseren bevorstehenden großen Angriffsaktionen eine Rolle zu spielen, und sollten daher Schwerarbeit verrichten. Das Kämpfen innerhalb unseres unbesiegbaren Stammes ist eine Ehre, die nicht leicht zuerkannt wird. Ich bin sicher, daß du Verständnis hast.«

»Oh, jawohl.«

Die Augenbrauen zogen sich mißbilligend zusammen. »Jawohl, Eure Hoheit.«

Die Augenbrauen trennten sich, und das Gesicht wurde entspannt. Die Augen entglitten wieder in Ausdruckslosigkeit. »Jetzt mögen sie an den heldenhaften Kämpfen, die bevorstehen, teilnehmen. Ich erwarte, daß du als Hauptmann wieder das Kommando über sie übernimmst.«

»Jawohl, Hoheit, sobald …«

»Und es werden Opfer verlangt werden.«

Killeen sah den Mann an, konnte aber nicht seine Gedanken lesen.

Seine Hoheit machte ein Zeichen, und jemand band

Killeens Arme los. Sollte er aufstehen? Irgend etwas in der Art, wie der Mann dastand, mit den Händen auf den Hüften und steifen Beinen, veranlaßte ihn, auf den Knien zu bleiben.

Seine Hoheit zog die Lippen zusammen und ließ seine Augen wieder umherschweifen. »Ich erkenne in den allumfassenden Seiten meines Wesens, daß du verwirrt bist. Du bist aus einer anderen Sphäre menschlichen Wirkens hierher gereist; und das ist es, was ich gewünscht habe. Du hast dich, obwohl unwissend und in Finsternis, gemäß meinen Forderungen bewegt. *Ich* bin die unsichtbare Kraft gewesen, die dich durch das Meer der Nacht getrieben hat, das die Welten trennt. *Ich* habe es gewünscht und meine Ausstrahlungen entsandt, um dich zu leiten.«

Ein zustimmendes Gemurmel erklang. Leise Ausrufe der Ehrfurcht erfüllten das Zelt.

»Jetzt betrittst du also die volle Bühne menschlichen Schicksals.«

Diese Rede tönte wie in einem pompösen Theaterstück. »Ah, jawohl ... Hoheit.«

»Ich bin der Gesandte. Du hast in diesem Gespräch zu mangelndem Respekt vor mir geneigt.« Die Augenbrauen zogen sich zusammen. »Mag sein, daß Unwissenheit die Ursache dafür ist. Wenn ja, so ist es nur recht und billig, daß ich dir mein tiefstes Wesen offenbare.«

Killeen sagte vorsichtig: »Jawohl.« Das Zelt raschelte vor Erwartung. Jemand dämpfte die Lichter, und Schatten erfüllten den Raum noch stärker. Ein stilles Vorgefühl ergriff die Männer und Frauen wie ein jäh aufkommender Wind.

»Bestätigung!«

Der kleine Mann breitete die Arme aus. Plötzlich schimmerte und erglühte sein ganzer Körper. Vor dem blauen Stoff erschien ein gelbes Skelett, wie ein Wesen, das im Innern des Mannes lebte. Es bewegte sich mit ihm. Knochen und Rippen und Becken bewegten und drehten sich mit ihm, als Seine Hoheit erst nach der einen und dann nach der anderen Seite trat. Über dem gebogenen Rückgrat grinste ein Totenschädel und drehte sich stolz hin und her. Die Gebeine funktionierten gleichmäßig und brachten damit zum Ausdruck, daß eine aus der reinen, strahlenden Härte bestehende Kreatur gehen und die Welt erkennen konnte, eingeschlossen in ihren ausdauernden Kräften. Sie verströmte Licht in das Zelt und schnitt durch eine Schwärze – so tief wie in den unangetasteten Räumen zwischen den Sternen. In diesen trüb wirkenden Schatten, mit Luftstößen, die das Zelt wie entfernte Gewitterschläge flattern ließen, kündete das komplizierte Gitter scharfen Lichts von einer inneren Rasse unverwundbarer Kreaturen, härter als Menschen.

Sein gelbbrauner Kinnbacken pulsierte auf einem unsichtbaren Scharnier, als Seine Hoheit sagte: »Ich bin die Essenz der Menschheit selbst, gekommen zu rächen und zu retten. Durch mich wird das menschliche Schicksal offenkundig werden. Die Mechanos und Cyber werden gleichermaßen vernichtet werden.«

In der dicken, schattigen Luft vibrierte sein Skelett von Leben. Flüchtige Farbtöne huschten durch die Knochen, als sie sich deutlich abzeichneten. Komplizierte Gelenke bewegten sich kunstvoll im dunklen Rahmen.

»Sterblich?« schrie er. »Nein. Sterblichkeit liegt in mir, und dennoch bin ich nicht sterblich. Ich bin die Manifestation! Gott selbst!«

Killeen nahm an, daß dieser technische Trick ihn beeindrucken sollte. Er setzte eine Miene des Erstaunens auf, während er dahinter zu kommen suchte, wie die beweglichen Rippen und Beine auf dem Blau abgebildet wurden.

»Ich bin der immanente Geist der Menschheit, so wie er vom Erhabenen Gott gegeben wurde! In dieser grausamsten und doch auch fruchtbarsten Stunde der Menschheit ist es glorreiche Wahrheit, daß *ich* mit der vollen Göttlichkeit ausgestattet bin. Gott handelt nicht mehr durch mich. Er ist zu mir geworden. Ich *bin* Gott. *Darum* wird der Stamm mir zu seinem sicheren Schicksal folgen. *Darum* wirst du, Hauptmann der verlorenen Bishops, dein äußerstes Bemühen meiner Sache hingeben, der Sache des wahren Gottes der Menschheit!«

4. KAPITEL

Die Menschenmenge unten im Tal war groß und eindrucksvoll. Zwei Frauen geleiteten Killeen durch die eng zusammengedrängten Sippenversammlungen. Sie waren beide Captains, aber Killeen stellte ihnen keine Fragen.

Er hatte sich in dieses mächtige Lager führen lassen, weil die Männer und Frauen, die ihn gefunden hatten, darauf bestanden. Aber jede Faser in ihm schrie *Vorsicht!* Diese Leute waren grimmig und schweigend, und das Gespräch mit Seiner Hoheit hatte Killeen erheblich beunruhigt. Er erinnerte sich an den drolligen Rat seines Vaters: »Der Haken bei den Aliens ist, daß sie alien sind.« Das könnte auch auf diese entfernte Spur von Menschheit zutreffen.

Die Dämmerung warf schwefelgelbe Schatten über das zerstörte Land und ließ in flüchtigen Augenblicken bernsteinfarbenen Lichts Einzelheiten hervortreten.

Ein keuchender alter Mann kam vorbei. Er zog einen Karren, der tiefe Rinnen in den Boden grub. Junge Paare hielten Händchen um rauchende Lagerfeuer, wo sie mit ihren kleinen Kindern hockten. Neben einer flackernden gelben Laterne machte eine rundliche Matrone ein empörtes Gesicht, während sie mit einem Händler um einen Plastiksack mit Getreide feilschte. Kinder tobten zwischen primitiven Hütten, zielten und schossen aufeinander mit Stöcken und stießen mit rauhen, aufgeregten Stimmen Kampfesrufe der Sippen aus. Männer saßen ernst da. Sie prüften und ölten Waffen, deren blanke Teile sorgfältig auf alten Lumpen angeordnet waren, während sie die zerkratzten Kolben zwischen ihren stämmigen Knien festhielten. Eine junge Frau lehnte sich an einen erbeuteten Mechano-Transporter und spielte müßig eine recht wohltönende Weise auf einer kleinen Harfe. Sie hatte ihre Stiefel und Beinschienen anbehalten. Pneumatische Schutzkragen saßen blank und fest an ihren Fußgelenken. Sie war offenbar in Alarmbereitschaft. Aber die Musik schwebte auf der wechselnden Brise und versprach eine Leichtigkeit, die nirgends zu sehen war.

Hie und da gab es wacklige Hütten und Verschläge aus Stangen und Segeltuch. Schmierige Feuer darin warfen rötliches Licht auf die dünnen Wände und vergrößerten jede Bewegung im Innern zu dramatischen Schattenspielen. Viele Leute drängten sich um die lodernden Flammen. In ihren Gesichtern las Killeen nicht die von ihm erwartete Erschöpfung, sondern eine feste, schweigende, anspruchslose Stärke. Sie arbeiteten an ihren technischen Geräten und nutzten den letzten Rest des Lichtes.

Gruppen von Leuten entluden Mechano-Transporter. Er sah eine ganze Flotte von Lastwagen der Mechanos. Killeen war beeindruckt durch das hohe Niveau, wie geschickt sie diese ausschlachteten. Das übertraf alles, was er auf Snowglade gesehen hatte. Überall gab es Geräte der Mechanos und eine Menge Ersatzteile.

Killeen erkundigte sich nach Sippennamen, und seine Begleiterinnen nannten sie ihm beim Passieren von Feldlagern: Dreier, Asse, Doppelnullen, Neuner, Siebener, Fünfer, Buben und Zweier. Wenn sie in die Nähe einer Gruppe kamen, wurden sie von einer Wache angerufen und antworteten mit Parolen.

Es gab einen Plan für die Lager, die er zuerst für eine willkürliche Ansammlung gehalten hatte. Jede Sippe hatte sich in einem Gebiet von Gestalt einer Tortenschnitte ausgebreitet, wobei die weitreichenden Waffen nach außen gerichtet waren, um einen Teil des Umfangs zu beherrschen. Killeen kam an einem breiten Keil der Neunersippe vorbei, der sich unter einer Stellung langläufiger, gen Himmel gerichteter Stäbe zusammengeschart hatte.

»Himmelsbolzen«, antwortete eine seiner Begleiterinnen auf seine Frage. Sie schnaufte wegen einer Erkältung und hatte geschwollene Augen. »Können Mechanos niederschlagen.«

»Wie?«

»Elektromagnetisch.«

»Welche Frequenz? Mikrowelle? Infrarot?«

Ihr sonnengebräuntes Gesicht verzog sich mißtrauisch. »Das ist Sippensache.«

»Bist du eine Neunerin?«

»Nee. Aber Sippen behalten ihr Zeug für sich.«

»Auch deine Sippe?«

»Sicher. Ich bin Captain der Siebener. Glaub mir, wir haben unsere Gründe.«

»Zum Beispiel?« Killeen ließ nicht locker.

»Alte Methoden, noch aus den Tagen, wo die Sippen nicht so viel Ärger mit den Mechanos hatten.«

»Ich dachte, wir wären alle unter der Hoheit vereint.«

»*Seiner* Hoheit.«

»Ja, schon gut. Schau, wie kommen die Siebener mit all den anderen Sippen zurecht? Ich kenne mich in all den Sippennamen nicht aus und ...«

»Ein alter Spruch lautet: Aus Sieben wird Elf. Aber es sind nicht mehr viele Siebener übrig geblieben. Die Mechanos haben sie schrecklich dezimiert. Was übrig blieb, haben die Cyber hübsch zermanscht.«

Die Stimme der Frau war wie Kies, der durch eine Röhre poltert. Killeen konnte in ihr die scharfe Autorität spüren, die Fanny gehabt hatte. Er fragte vorsichtig: »Aber wenn wir doch vereint sind, warum teilen wir nicht die Technik?«

»Wäre dann kein Geheimnis mehr.«

»Es wäre doch hilfreich, wenn einer die Waffen des anderen kennen würde.«

»Wieso?«

»Wenn es hart auf hart ginge, könnten mehr als eine Sippe sie benutzen.«

Die Frau schüttelte den Kopf. »Wenn du eine Fertigkeit nicht für dich behältst, verlierst du sie.«

»Aber ...« Das erbitterte Kopfschütteln der Frau sagte Killeen, daß er auf diesem Gebiet nicht weiterkommen würde. Er änderte die Taktik und sagte beiläufig: »Es muß anstrengend sein, eine solche Ausrüstung immer mitzuschleppen.«

»Habe schon Schlimmeres erlebt.«

»Es ist schon recht so, wenn man sich an einem Ort aufhält wie einer Zitadelle, aber ...«

»Hatte dein Volk eine Zitadelle?«

Dies war das erste Anzeichen von Interesse für seine Herkunft, das jemand hier gezeigt hatte. Killeen fragte sich, wie er sich in dieser Hinsicht verhalten hätte, als er vor Mechanos auf Snowglade fliehen mußte – wahrscheinlich kaum anders. »O ja, eine große. Mit guter Luftabwehr.«

»Wir haben einige unserer großen Waffen gerettet. Die Mechanos so lange aufgehalten, daß wir sie demontieren und die Teile auf Schlepper verladen konnten.«

Killeen konnte abschätzen, was eine solche hinhaltende Aktion gekostet haben mußte, in dem wilden, unberechenbaren Getümmel der Schlacht und gehindert durch Querschläge eines tödlichen Schicksals. Er sagte achtungsvoll: »Das Zeug muß euch aber doch langsam machen, wenn ihr zuschlagt und vorrückt.«

»Gegen Mechanos trifft das zu. Aber gegen Cyber ist es besser, das schwere Gerät dabei zu haben, sonst wird man von ihnen zermalmt. Cyber sind härtere Gegner.«

»Inwiefern?«

»Sie können von dir die Technik ablesen. Man spürt ein Kitzeln im Kopf, und es ist fort.«

»Du meinst, daß sie in dein Sensorium eindringen und dein Fachwissen übernehmen? Aber das würde dich töten.«

»Nicht unbedingt.« Sie räusperte sich kräftig und spie einen braunen Klumpen handbreit vor ihren rechten Stiefel, ohne das Marschtempo zu verringern.

»Von wo ich komme«, sagte Killeen, »da pflegen Mechanos auch all das zu tun; aber es bringt dich todsicher dabei um.«

Sie nickte und hustete. Fünfzehn Männer mühten sich den Weg herauf, die ein Stück Mechano-Technik schleppten, das Killeen nicht identifizieren konnte. Sie drei traten zur Seite, um die Gruppe vorbeizulassen.

»Ich entsinne mich, wann Mechanos das machten«, sagte sie. »Aber sie hörten auf, als wir anfingen, die Oberhand über sie zu gewinnen.«

»Seine Hoheit sagt, ihr hättet sie geschlagen.«

Mürrisch sagte sie: »Für eine Weile.«

»Wie?«

»Wir haben mit einigen Mechano-Städten etwas zusammengearbeitet. Haben denen geholfen, sie in der Konkurrenz auszuschalten.«

Killeen war erstaunt. »Andere Mechanos?«

»Ja. Seine Hoheit hat das mit ihnen ausgeheckt.«

»Von wo ich komme, hatten einige Sippen das versucht. Aber trotzdem gefährlich. Die Vereinbarungen halten nie lange.«

»Unsere taten es. Wir schmuggelten Sachen auf Mechano-Transportern. Schau, eine Mechano-Stadt wollte uns falsche Waren liefern. So gemacht, daß sie echt wirkten. Wir schlichen uns hinein und besetzten einen Geleitzug, der von den außerhalb gelegenen Fabriken in die großen Städte gehen sollte.«

»Allerhand!« sagte Killeen respektvoll. »Wie?«

»Man darf kein Metall an sich haben und muß sich ganz langsam durch die Detektoren des Konvois schleichen.«

»Klingt ziemlich raffiniert.«

»War es auch. Hat uns das Leben gerettet.«

»Hat Seine Hoheit all das getan?« sagte Killeen.

»Na ja. Fing damit an, nur für seine Sippe einen Vertrag auszuhandeln. Mechanos, für die sie arbeiten würden, sollten ihnen Schutz liefern. Nachdem wir einmal gesehen hatten, wie das lief, war der ganze Stamm dafür.«

»Ich habe einige Städte der Mechanos gesehen, die hübsch kaputt waren.«

»Das war unser Werk. Wir haben Bomben eingeschmuggelt und angebracht.«

»Eine gefährliche Arbeit.«

»Mit Hilfe von Mechanos konnten wir durch die Fallen kommen.«

»So etwas haben wir nie gelernt«, sagte Killeen in der Hoffnung, sie noch weiter auszuhorchen.

»Ganz einfach, wenn man weiß, wie. Wir klauten phantastisches Zeug, Ausrüstungsstücke. Wollte, es wäre so weitergegangen.«

»Was ist denn passiert?«

»Mit einem Mal waren keine Mechanos mehr da. Wenigstens nicht mehr viele. Schien, als ob die meisten oben im Orbit wären. Wir haben sie bei Nacht gesehen ...«

»Vielleicht hatten sie Wichtigeres vor. Cyber.«

»Haben wir vermutet.«

»Wann war das?«

»Vor einiger Zeit, vielleicht zwei Jahreszeiten – nicht, daß wir einen schönen Sommer hatten, nicht, daß die Wolken meistens die Sonne verdeckten.«

»Und ihr habt den Mechanos ganz schön eingeheizt«, half Killeen ihr nach. Sie blickte stets wachsam in die Runde – eine Gewohnheit, die man, wie Killeen wußte, nie ablegte, wenn man sich jahrelang im Freien bewegt hatte.

»Seine Hoheit sagte, das wäre unsere große Chance. Wir haben selber Mechano-Städte überfallen. Kannten ja die Tricks.«

»Ah!« sagte Killeen beifällig.

»Haben sie schwer getroffen. Gerade, als wir freien Weg vor uns sahen, kamen fünf Nächte, an denen dort …« – sie deutete mit einer krummen Hand zum Himmel – »große Leuchtkugeln aufstiegen und manchmal Donner zu hören war. Über den ganzen Himmel, beliebig laut.«

Sie kamen an einem großen offenen Feuer vorbei, um das sich Hunderte von Leuten drängten. Killeen konnte die von Flammen flackernde Hitze fühlen. In der sie umgebenden Dunkelheit erhob sich ein leiser Klagegesang, als die letzten Spuren der Abenddämmerung verschwanden. Die Melodie war fremdartig und doch von einer Feierlichkeit im Baß, der ihn an die Zitadelle erinnerte vor langer Zeit und an die seit vielen Jahren nicht mehr gehörten Lieder der Sippe.

Die neben ihm gehende Kapitänin der Siebener machte eine Geste quer von der Schulter zur Hüfte über den Bauch und dann zurück zur anderen Schulter – offenbar ein Zeichen des Respektes. Die Menge blockierte den Weg, und sie hielten an.

Sie flüsterte: »Darum sehen wir danach nicht mehr viele Mechanos. Aber Cyber gibt es hier massenhaft.«

»Habt ihr früher schon einmal Cyber gesehen?«

»Nee. Die Buben-Sippe sagt, sie hätten vor langer Zeit mit einigen Cybern gekämpft; aber mein Mann Alpher sagt, daß die immer über Dinge schwadronieren, von denen sie keinen blauen Dunst haben. Und er hat recht.« Ihr Gesicht wurde verschlossen. »Nicht, daß ich etwas gegen irgendeine andere Sippe sagen will, die unter der Hoheit vereinigt ist, verstehst du.«

Killeen nickte. »Also meinst du, daß die Cyber den Mechanos überlegen sind?«

»Scheint so.«

Killeen überlegte, ob er ihr von seinem Erlebnis im Nest der Cyber erzählen sollte; kam aber zu dem Schluß, daß er es noch nicht genügend verarbeitet hätte, um es recht zu verstehen. Statt dessen bahnte er sich einen Weg durch die dichtgedrängte Menge. Die Leute sangen ihr langsames Lied jetzt rhythmischer und akzentuierten es mit entnervendem schrillem Geheul, daß einem die Kopfhaut prickelte. Alle Gesichter waren den prasselnden Flammen zugewandt, die Augen in die Ferne gerichtet und voller Tränen. Killeen erkannte die Gewichtigkeit dieses Sippenrituals, aber es unterschied sich von allem, was er kannte. Ein großes rotes Emblem auf der Schulter eines Mannes verriet ihm, daß sie zur Sippe Herz-Acht gehörten.

Sie gingen zu dritt um sie herum und erreichten den ausgefahrenen Weg, als aus dem sich vertiefenden dämmrigen Dunkel eine von sechs Frauen gezogene Karre auftauchte. Killeen trat beiseite, um sie vorbeizulassen. In diesem Augenblick erblickten die Wilden den Wagen. Es erhob sich ein allgemeines Geseufze. Gequälte Angstschreie erfüllten die Düsternis.

Eine Ehrengarde flankierte den Karren mit Gewehren im Paradegriff. Leute schwärmten umher und drückten Killeen gegen den Wagen. Er sah auf der Ladefläche drei Körper mit ihren Waffen an den Seiten aufgebahrt liegen. Jeder starrte mit offenen Augen hinauf in die Nacht, die Gesichter entspannt und ohne Erregung über Körpern, welche diese Ruhe Lügen straften. Zwei davon waren Frauen – hager, mit runzliger und zerfetzter Haut. Und beide hatten eine mächtige Beule, die von ihrem vorspringenden Schlüsselbein bis zum Bauch reichte.

Er sah aber, daß es keine eigentliche Beule war. Das

auffällige Gebilde war bis in die Brüste der Frauen vorgedrungen und hatte Falten aus gelblichem Fleisch hochgeschoben. Der Rand der Wunde war faltig und verkrümmt, als ob etwas von innen her versucht hätte zu entweichen, indem es den beiden Frauen den Brustkorb aufriß, und es dann doch nicht geschafft hätte und nun noch drinnen lauerte, wobei es die Rippen auseinanderdrückte und aus den Bäuchen und Lungen eine große geschwollene Blase machte, die in einen wäßrigen, durchsichtigen Sack auslief.

Der männliche Körper dazwischen lag da mit dem Gesicht nach unten. Zerzaustes Haar bedeckte seinen Kopf völlig. Eine Anschwellung zerteilte den Rücken seiner Uniform. Noch eine blanke, gespannte Kuppel. Rings herum eine braune Schorfkruste wie getrockneter Schlamm.

Die drei lagen eng beieinander und füllten den Karren gerade in seiner Breite aus, so daß die Körper nicht hin und her rollen und die straffen, schimmernden und grotesk aufgeblähten Wunden aufreißen konnten.

Killeen fühlte im Mund, wie ihm allmählich übel wurde. Er wandte sich ab und sog die Luft durch die Zähne ein, um den plötzlichen üblen Geschmack loszuwerden, der ihn schlagartig ins Gesicht traf. Er preßte sich gegen die andrängenden Leute und blickte direkt in die Augen, die blind an ihm vorbeischauten. Die beiden Frauen warteten. Er flüsterte: »Was … was bewirkte …«

»Cyber«, sagte die gesprächige Frau. »Das machen sie manchmal, wenn sie nahe herankommen können.«

»Aber … was …«

»Diese Leute sind infiziert. Seine Hoheit sagt, daß sie gesäubert, gereinigt werden müssen. Ordentlich behandelt.«

»Laßt uns … laßt uns gehen!«

Sie schüttelte den Kopf; ihre schwarzen Locken

schwangen wie lebende Seile hin und her. »Es wäre respektlos, wenn wir jetzt abhauten.«

Leiber preßten sich gegen ihn. Ihr stiller Druck schob ihn zum Scheiterhaufen. Im Kielwasser des Karrens schwoll der Klagegesang der Herz-Acht-Leute an. Er sah, wie Hände in Handschuhen die schmutzigen, erstarrenden Körper vom Wagen zogen. Sie wurden sanft hingelegt, der Mann immer noch mit dem Gesicht nach unten in der Mitte. Ein einzelnes rotes Herz aus Stoff wurde jedem auf den Kopf gelegt. Dann sprach eine große Frau mit den Rangabzeichens eines Captains. Ihre Stimme war wohllautend, geübt und kräftig.

Killeen folgte den Worten nicht. Er betrachtete die Körper. Als sie steifer wurden, zuckten die Beine und Arme und zitterten leicht, als ob die Rhythmen, die den Weg einer Sippe bestimmten – fortlaufend, endlose Fortsetzung der Flucht von Nomaden –, erbarmungslos die Schwelle zwischen Leben und Tod überdauerten.

Dann näherte sich die Kapitänin der ersten Frau, machte einen rituellen Ausfall mit einem langen Messer und stieß es in die glasige Blase. Die blanke Kuppel brach mit hörbarem Knall auf. Milchige Flüssigkeiten entströmten, hinab über das Gesicht der Leiche und in den offenen Riß; sie bedeckten die immer noch offenen Augen und tropften über die Beine. Es schien eine unmögliche Menge von dem Zeug zu geben; und als es abtrocknete, knackte die gähnende Haut der Blase und zerbrach unter den fortgesetzten Hieben der Kapitänin.

Sie drang weiter in die Tiefe. Die Messerspitze grub sich ein, und plötzlich zuckte der Körper und erschauerte mit einem feucht saugenden Geräusch. Drinnen zappelte etwas, riß den Körper hin und her und stieß die gebrochenen Rippen weiter auseinander. Ein Krampf, eine letzte Konvulsion, und dann wurde der Körper ganz ruhig. Klaffende Rippen brachen einwärts zusammen.

Die tote Frau sah zusammengeschrumpft, entleert aus. In seiner letzten Ruhe ähnelte ihr Gesicht denen in der Sippe, die das Schauspiel umringten – eine schmale Nase zwischen vorspringenden Backenknochen. Die Augen schienen unter den dunkel gewordenen Lidern einzusinken. Ein kleines Insekt krabbelte aus einem Nasenloch und verharrte auf einer blutleeren Lippe.

Die Kapitänin zückte ihre Klinge. Auf der scharfen Spitze war ein hartes, braunes, mit Chitin bedecktes Ding aufgespießt, das immer noch mit rasender Energie tobte. Es war zäh, aber irgendwie ungeformt, als ob Kopf und Beine sich erst noch ihren Weg aus den feuchten, miteinander verbundenen Segmenten bahnen müßten. Es kämpfte mit Verrenkungen gegen das Schwert an. Dann strömte plötzlich das Leben aus ihm, und das Ding rührte sich nicht mehr.

Die Menge drängte zurück. Die Kapitänin warf die braune Masse zu Boden. Sofort sprang eine Frau vor und zerquetschte sie mit beiden Stiefeln. Sie schrie etwas, das Killeen nicht verstehen konnte, ein Gebrüll von Wut und Ärger und Verzweiflung. Dann zog sie sich wieder in die Menge zurück. Männer und Frauen in ihrer Nähe ergriffen sie, drückten sie an sich und umschlossen sie mit sanftem Gemurmel.

Mit der zweiten Frau machte es die Kapitänin genau so. Killeen schaute stumm zu. Diesmal zerquetschte ein Mann das braune Ding. Es zuckte wie die Gelenke einer Hand, wenn sie zerstampft werden. Der Mann schluchzte und trampelte immer und immer wieder auf dem Ding herum, ehe er sich in die Menge zurückzog.

Die Blase auf dem Rücken des Mannes war größer als die der Frauen. Die Hülle wurde dünner und durchscheinend. In kurzen Momenten pulsierte die Haut – eine Vertiefung hier, eine Vorwölbung dort, bis Brustkasten und Rücken des Mannes deutlich lebendig waren. Der Rumpf war jetzt unkenntlich, außer den Rippen an der Seite, die aufklafften und den zitternden fleischigen Hügel umrahmten, der sich erhob und pulsierte.

Der weibliche Captain der Herz-Acht hob schnell ihr Schwert hoch und rief einige rituelle Worte. Ehe sie es dem Mann in den Rücken stoßen konnte, begann die Blase zu platzen. Eine milchige Brühe quoll heraus. Dunkle Risse liefen vom höchsten Punkt nach unten.

Ein schwer erkennbares kleines Wesen stieß nach außen in das flackernde Licht des Feuers. Es krabbelte weg. Die Kapitänin zögerte nicht. Sie rammte ihm das Messer hinein, als es an dem Bein der Leiche herunterrannte. Kleine Füße kämpften und scharrten sich an der Klinge empor. Aber das Messer tat seine Arbeit.

Aus der Menge erhob sich ein kollektives Stöhnen. Die drei Körper waren jetzt schlaff und ausgeleert. Ihre nächsten Verwandten – denn alle Anwesenden waren mit ihnen, wenn auch nur entfernt, verwandt – traten vor, um an der Ehre der Verbrennungszeremonie teilzuhaben.

Killeen stampfte mit hölzernen Beinen von dem brüllenden, zuckenden Scheiterhaufen fort. Als sie wieder den Weg erreicht hatten, sagte er heiser zur Sieben-Kapitänin: »Ist es das, was die Cyber tun? Pflanzen uns ihre Saat ein? Sie lassen uns nicht einmal anständig und sauber sterben?«

Die sonnengebräunte Frau antwortete: »Ja. Aber diese kleinen Dinger sind keine Cyber.«

»Was denn?«

»Eine Art kleiner Krabbler. Ich habe gesehen, daß sie den Cybern folgen und niedere Arbeiten verrichten: Manchmal klettern sie auch an ihnen hoch, picken an ihren Gelenken und so herum.«

»Wie Flöhe?«

»Könnte man sagen.«

Killeen sagte ungläubig: »Die benutzen uns nur, um Flöhe auszubrüten.«

»Sie lassen uns liegen, und nach ein paar Stunden kommen diese Dinger heraus. Oder sie töten sauber aus der Entfernung, wenn sie nicht genug Zeit haben.«

»Wozu benutzen sie die Mechanos?«

»Keine Ahnung. Vielleicht für Teile.«

Killeen sog an der Lippe, um seine Übelkeit zu verbergen. Die Frau sagte: »Cyber sind schlimmer als Mechanos, mächtig viel schlimmer.«

Die andere Frau, die bisher nichts gesagt hatte, fügte bitter hinzu: »Verdammt richtig. Aber wir werden triumphieren. Es sind Gottes Wege, die uns eine Prüfung auferlegen.«

Sie gingen weiter durch zunehmende Finsternis, die von Öllampen erhellt wurde. Über ihnen dehnte und wölbte sich der Himmel.

5. KAPITEL

Killeen fand den überraschten Gesichtsausdruck von Jocelyn unglaublich komisch. Sie starrte ihn an. Augen und Mund bildeten große runde Os.

Dann umarmten sie sich, und die anderen Bishops, die um ein kleines, geschütztes Feuer hockten, sprangen geräuschvoll auf und drängten sich um ihn.

Cermo gab ihm einen Klaps aufs Hinterteil und drückte ihn an sich. Alles weitere ging in einem ungestümen, raschen und heftigen Nebel unter. Mienen und Gelächter entsandten in die kühl werdende Nacht eine begeisterte Freude, als sich die Nachricht verbreitete. Rufe erklangen und wurden beantwortet von den zusammenströmenden Figuren, die von den Lagerfeuern in der Nähe aufsprangen und angelaufen kamen. Aufgeregte und noch fast ungläubige Stimmen wurden laut. Dann war Toby da. Sein Gesicht war hager und grau, selbst in dem warmen Schein des Feuers, das jemand zur Begrüßung noch höher hatte auflodern lassen. Killeen hob seinen Sohn hoch und schwang ihn hin und her in einem jähen Gefühlsausbruch, wobei er über dessen erhebliches Gewicht staunte.

»Was, warum, wie ...?« fragten die Stimmen; aber Killeen schüttelte den Kopf. Seine Kehle war wie zugeschnürt und seine Welt verschwommen. Toby brauchte keine Erklärungen. Er kreischte und lachte so wie in früheren Jahren, ehe die langwierigen Prozesse des Reifens ihn erreicht hatten. Killeen lachte heftig und drehte sich, um noch mehr zu sehen – strahlende Haufen von

Bishops, eine wahre Flut, wo er nur auf ein kümmerliches Rinnsal gehofft hatte. Alle stürmten herbei durch den letzten schwachen Schimmer der Abenddämmerung. Ihn schmerzte die Kehle bei dem Gefühl, wieder im Zentrum all derer zu sein, um die er sich solche Sorgen gemacht hatte. Er war gleichsam zentrifugal in die Sippe gewirbelt worden, die ihn aus der Dunkelheit kommend umschloß. Er wurde mit Fragen bombardiert, die wohl weniger einzelne Gedanken enthielten, als vielmehr ein Mittel, mit dem die Sippe ihn wieder an sich zu ziehen suchte. Und dann, in dem lodernden Feuerschein, das wilde Gerede und Gebrüll durchschneidend, erblickte er sie – Shibo. Mit hängenden Schultern, die Hände auf dem Rücken gefaltet, damit sie nicht ihre Emotionen verraten konnten, mit heftig blinzelnden Augen, als sie sich innerlich zu beherrschen suchte, den Mund ängstlich verzogen und die Augen feucht und klagend geweitet.

Sie quälte ihn nicht mit Fragen, wie die anderen es taten. Shibo beschwor eine von der Zeit geheiligte Sitte der Bishops herauf, wonach eine Frau ihren Mann aus Sippenangelegenheiten herausholen kann, wenn er verwundet oder wahnsinnig ist. Killeen hatte nie von einem solchen Privileg in Anwendung auf einen Captain gehört, erhob aber keine Einwände. Er ließ sich von Shibo zu einem kastenförmigen Zelt altmodischen Stils führen und sank dort gleichsam in eine nach Moschus riechende warme Grube.

Es tat ihm überall weh. Die von ihm unterdrückte Angst und Qual steckten in verkrampften Muskelkomplexen und verknoteten Stellen in seinem Sensorium wie Granitkörner in einem Bett aus Sand. Alles, was sich da angesammelt hatte, wartete nur auf ein Nachlassen der Selbstbeherrschung, um seinen Schmerz zu artikulieren. Shibo sagte nicht viel, sondern stimmte ein hohes, getragenes Lied von alten Taten an, während seine Kleider ihm entglitten und ein Hauch von Wärme über seine schmutzige Haut wehte. Sie trug stark parfümierte Öle auf und schabte sie mit einer feingeschliffenen Steinklinge ab. Seine Haut brannte bei der Säuberung, und danach versank er in wohliges Behagen.

Sie legte sich auf ihn, federleicht wie ein Geist, und schien ihm die Worte aus der Kehle zu saugen, so daß ihm die Geschichte unwillkürlich entströmte, durch seine Haut sickernd, die auf ihre Hände antwortete. Sein Sensorium vibrierte und zuckte unter ihrem feuchten Atem und bei ihrer Schnelligkeit. Er konnte ihre eigene Verzweiflung in freudlosen Tagen spüren, die zwischen ihnen in der Luft lag und mit ihrer beider Sehnsucht verschmolz. Sie waren beisammen an einem neuen Ort, in einer Zone, in die sie zuvor nie eingedrungen waren; denn schon seit Jahren war das Leben zwischen ihnen sanft und ruhig verlaufen, unfähig, tief einzudringen. Sie drückten sich und versanken ineinander, Gebein in Gebein. Killeen ärgerte sich über das spröde Fleisch, das sich mit seinem störrischen Gewicht ihrer Verschmelzung widersetzte. Er kämpfte mit der reinen Trägheit ihrer Körper. Shibo biß und zerrte und bemühte sich, bis sie zu dünnen Keilen wurden, die ineinander drangen. Ihre Körper ließen sie zurück. Zusammen schwebten sie in Räume der Geborgenheit.

Es gab ein langes Intervall ohne Zeitgefühl.

Dann hörte Killeen ein entferntes leises Gespräch. Das Geklapper, wenn jemand mit Metall hantiert. Knistern von Feuern. Müdes Gekicher von Kindern.

Die Welt hatte wieder begonnen.

»Ah«, sagte Shibo mit schweren Lidern. »Hier.«

Sie lagen einander in den Armen und lachten. Killeen fühlte unten im Rücken eine Spur von Schmerz. Er merkte, daß er die ganze Vergangenheit nicht verbannt hatte und dies auch nie tun würde.

Sie waren aus den schweigenden Räumen zurückgekehrt. Ein leerer und doch erwartungsvoller Druck überkam ihn.

Fakten, Fakten, ja. Immer die stumpfe Masse von Fakten.

Sie waren in einem verwüsteten Land gestrandet, belagert von zwei Ausgeburten der Feindschaft. Die Sippe hauste in enger Umklammerung durch einen fremdartigen Menschenschlag.

Seine Pläne für New Bishop waren für immer zuschanden geworden. Flucht erschien als die einzige Lösung. Aber, wenn er die getrübte und verzerrte Zeit, die er in den Eingeweiden des Aliens verbracht hatte, richtig deutete, die *Argo* war gefangen und verloren.

Killeen kuschelte sich an Shibo und ließ sich in ihre moschusartige Tiefe sinken, um noch einen weiteren Moment des Vergessens zu finden.

6. KAPITEL

Plätschernde Regentropfen dämpften seine Stimmung. Bleicher Morgen schnitt durch eine massive Purpurwolke. Killeen hockte unter einem schrägen Dach, geschützt durch eine Plane, die in einem kalten Wind flatterte, der der Sturmfront nacheilte.

»Scheint sich aufzuklaren«, sagte er zu Jocelyn, die in der Nähe kauerte.

Sie blickte über das flache unebene Tal, wo Dutzende von Feuern Rauchfäden schräg zum Himmel emporschickten, vom Wind verweht. »Das hoffe ich. Ich mag nicht in diesem Schlamm herumlaufen.«

»Daran habe ich auch gerade gedacht. Warum lagern sie in dieser Weise, wobei ein ganzer Stamm Ellbogen an Ellbogen gedrängt ist?«

»Seine Hoheit will es so.« Ihr Gesicht war ausdruckslos, die Augen verrieten nichts.

Er biß in einen Getreideriegel. Es waren Käfer darin. Nun, auf der *Argo* hatte es auch Käfer gegeben; Ungeziefer gab es immer. Aber hier waren die Menschen selbst ein Ungeziefer.

»Mechanos würden diese Stelle vernichten, wenn sie wüßten, daß sie so viele erwischen könnten«, sagte er.

»Soweit ich weiß, spielen die Mechanos keine Rolle. Die haben genug Ärger mit den Cybern«, sagte Jocelyn.

»Na schön, und was ist mit den Cybern? Diese Lagerfeuer vergangene Nacht haben uns verraten. Warum stürzen sie sich nicht auf eine so große Menge wie diese hier?«

»Das ist nicht ihre Art.«

»Wer sagt das?«

»Seine Hoheit.«

»Und was ist *er?* Er hat gestern abend eine Schau abgezogen. Ich hatte Mühe, ein ernstes Gesicht zu bewahren.«

Jocelyn hob mißbilligend eine Braue. »Hüte dich, auch nur einen kleinen Spaß zu machen!«

»Sind alle so verrückt wie er?«

»Komm und schau!«

Killeen hatte keine rechte Lust, über das schlammige Gelände zu stapfen, aber in Jocelyns Stimme lag etwas, das ihn veranlaßte zu folgen. Er fühlte jedes Gelenk und Hilfsgerät sich wie schwere feuchte Keile in seinen Beinen bewegen. Er war tags zuvor eine ordentliche Strecke gelaufen und war einen Teil der Nacht mit den Leuten marschiert, die ihn hierher gebracht hatten. Mit der Besatzung zusammen hatte er in den Ge-Decks der *Argo* trainiert, um seine Muskelsubstanz zu erhalten. Optimistischerweise hatte er erwartet, daß sich die geringere Schwerkraft auf dieser Welt als hilfreich erweisen könnte. Aber so war es nicht. Der Regen verursachte ihm einen besonderen dumpfen Schmerz in den Fußgelenken und dem unteren Rücken, so daß er steif und klapprig herumstolperte und sich beim Gehen wie ein alter Mann krümmte. Dies alles ging ihm durch den Sinn, während er eine steile Bergflanke hinter Jocelyn hinaufkeuchte. Auf das, was er auf der anderen Seite sah, war er nicht vorbereitet.

Ein großer Stahlträger war fast senkrecht in den Boden gerammt. Daran war mit dem Kopf nach unten eine Frau gefesselt.

Ihre purpurne Zunge ragte zwischen zusammengebissenen Zähnen vor, und die Augen waren herausgequollen. Sie krächzte: »Ah, ah, b-bitte ...«

Killeen trat auf sie zu und zog sein Messer aus der Scheide.

»Nein!« Jocelyn legte ihm eine Hand auf die Schulter und zog ihn zurück. »Wenn du sie berührst, wirst du Ärger bekommen. Wir alle.«

»Ah, bitte ... Hände ... Gott ...«

Killeen sah, daß die Hände der Frau geschwollen und blau angelaufen waren, wo sie mit Draht an dem Träger festgebunden war. An ihren Knöcheln schnitt Draht in übergroße Füße, die von gestautem Blut schwarz waren. »Ich kann nicht ...«

»Wir sind alle auf Distanz gehalten. Seine Hoheit sagt, daß ein jeder, der ihnen hilft, dasselbe Schicksal erleidet.« Jocelyns Stimme war vorsichtig und beherrscht.

»Warum hängt sie da oben?«

»Sie ist eine Ungläubige, wie man hier so sagt.«

»Ungläubig gegenüber was?«

»Gegenüber Seiner Hoheit. Und ihrem unausweichlichen Sieg, wie ich annehme.«

»Das ist ...« Killeens Rede stockte, als sein Blick über das flehende, gerötete Gesicht der Frau hinausschweifte. In der benachbarten Senke waren noch drei Stahlmasten in den Boden gerammt worden und mit Steinen fast senkrecht gehalten. An jedem befand sich ein Körper mit dem Kopf nach unten. Plötzlich entsann er sich der ›Kunst‹, die die Mantis vor Jahren ausgestellt hatte. Menschliche Kunsterzeugnisse. Diese groben Denkmäler menschlicher Bosheit waren seltsam ähnlich.

Er ging ein paar Schritte auf sie zu, bis er die Wolke von Insekten bemerkte, die um jede der Gestalten herumschwirrte und summte. Steifbeinig näherte er sich der nächsten Gestalt. Er konnte kaum erfassen, welche Menge von Schmeißfliegen über dem umgedrehten Körper schwärmte. Sie brummten wütend, als er näher kam und sich bückte, um das verkrampfte, von Blut geschwärzte Gesicht anzuschauen.

»Das ist ja Anedlos!« schrie er.

Jocelyn zog ihn fort. »Nicht hinschauen! Sie haben

ihn schon vor Tagen aufgestellt. Gestern ist er gestorben. Die anderen beiden sind von dem Stamm, aus einer Kartensippe.«

Ganz benommen stammelte Killeen: »Anedlos – Anedlos war ein tüchtiger Handwerker. Er ... er ...«

»Er wollte nicht an ihrem Gottesdienst teilnehmen. Er hat sich mit Seiner Hoheit gestritten.«

»Und deswegen ...« Killeen hielt inne, um nachzudenken. »Was habt ihr unternommen?«

»Mit Seiner Hoheit? Ich habe um Gnade gebeten, aber ...«

»Gebeten? Ist das alles?«

»Was hätte ich tun können?« fragte Jocelyn herausfordernd.

»Dem Wahnsinnigen sagen, daß niemand in der Bishop-Sippe Justiz üben darf außer dieser Sippe selbst!«

»Das ... das ist nicht die Art, wie es hier zugeht.«

»Keine Entscheidung des Stammes kann ein Sippenurteil ignorieren; das weißt du!«

Jocelyn machte eine Geste der Sinnlosigkeit. »Alte Gesetze gelten hier nicht. Seine Hoheit sagt, er wäre die Verkörperung Gottes, und sein Wort wäre Gesetz.«

»Er ist wahnsinnig.«

»Nun ja, aber er hat viele, viele Sippen, die ihn für Gott halten.«

»Das Umbringen von Mechanos macht einen nicht zum Gott.«

Jocelyn zuckte die Achseln. »Diese Sippen, die hatten immer Götter und dergleichen Zeug. Seine Hoheit hat die alle irgendwie zusammengezogen.«

Killeen erinnerte sich an den Nialdi-Aspekt, den er vor Jahren getragen hatte, einen glühend religiösen Mann. Nialdi war nie irgendwie von Nutzen gewesen, obwohl er als Aspekt jahrhundertelang Kapitänen Führungsdienste erwiesen hatte. Killeen hatte, sobald er Captain geworden war und damit über Zuweisung von Aspekten Verfügungsgewalt besaß, Nialdi in die Chipspeicher verbannt.

Religiöser Eifer ... ersteht typischerweise in Zeiten ... wirrer Veränderung ... Das Ende der Kandelaber-Periode sah ... viel Eifer ... Nialdi kam kurz danach ... Anscheinend trägt Seine Hoheit ... mehrere solcher Persönlichkeiten ... die ihm wahrscheinlich ... charismatische Macht ... über den Stamm verleihen.

Sein Grey-Aspekt flüsterte leise. Killeen erkannte den Punkt. Nialdi wandte die scheinbaren Wahrheiten jener Zeit auf die Gegenwart an. Seine Hoheit machte es genau so. Vielleicht hatte der Trick, seine Leute aus Mechano-Städten anzuwerben, dem Mann genug Macht gegeben, um die darunter steckenden starken Aspekte ins Spiel zu bringen.

Killeen sagte: »Wir können aber doch nicht zulassen ...«

»Schau!« sagte sie ärgerlich. »Ich habe bereits alles versucht. Seine Hoheit hat mir die Führung übertragen, da wir dich für tot hielten. Mehr kann ich nicht tun, als bloß für Nahrung zu sorgen. Uns ging es verdammt dreckig, als wir gelandet waren. Diese Leute haben uns aufgenommen. Wir hatten Glück ...«

»Der Verrückte wird euch übel mitspielen, wenn ihr ihm folgt«, sagte Killeen verzweifelt.

Er stapfte zu der Frau zurück und nahm ein Werkzeug, um die Drähte abzuwickeln. Das ging schwer, weil sie tief in ihre Handgelenke eingeschnitten hatten. Ehe er fertig war, sah er Blut aus ihrem Mund rinnen, das auf den grauen Schlamm spritzte und sich mit dem Regen vermischte, der sich in das Erdloch ergoß. Sie war tot.

Ins Lager der Bishops zurückgekehrt, holte er Cermo

und Jocelyn und Shibo zusammen und fragte sie gründlich aus. Er fing an mit der Flucht.

Shibo hatte die Flucht von der Station geleitet. Sie hatte sogar den Flitzer wieder in Betrieb gesetzt, in dem sich Jocelyn versteckt hatte. Die Cyber, die Killeen eingefangen hatten, hatten das Fahrzeug ignoriert. Sobald sie sich entfernt und die Kontrolle darüber aufgehoben hatten, wurde ihm von Shibo befohlen, zu der zerstreuten Flitzerflotte zu stoßen, die die Sippe an Bord hatte.

Sie hatten großes Glück gehabt. Als die Kosmische Saite aufhörte, sich zu drehen, sah Shibo ihre Chance. Ihr rauher Umgang mit den Mikrogehirnen der Shuttles hatte sie in steilem Sturzflug in die Atmosphäre tauchen lassen. Ein Vehikel war mit vier Bishops an Bord zerbrochen. Alle anderen hatte sie einen starken Tagesmarsch von hier zu einer harten Landung heruntergebracht. Dies war bei Nacht geschehen. Die dort stationierte Wache hatte einen Läufer geschickt, um nachzuschauen, um wen es sich handelte.

»Mich interessiert, wer sie sind«, fragte Killeen.

»Ein Spielkartenstamm. Sie haben Kartonstücke, mit denen sie Karten spielen. Darauf stehen ihre Sippennamen«, sagte Cermo. Sein Gesicht war verzerrt und von einem Bart überwuchert.

»Hm. Finde ich seltsam, aus einem Spiel eine Sippe zu machen«, sagte Killeen. »Aber sie sind alles, was wir hier haben.«

»Ein Neuner hat mir gesagt, daß auch *unsere* Sippen aus einem Spiel stammen«, sagte Shibo.

Killeen schnaubte zweifelnd. »Bishops, Kings und Rooks – also Läufer, Könige und Türme?«

Shibo zuckte die Achseln. »Ich wette, daß sie nur so tun«, sagte Cermo. »Gerade deshalb, weil wir es für komisch hielten, haben sie sich nach kleinen Karten benannt.«

»Jedenfalls haben wir doch vieles gemeinsam«, sagte

Killeen nachdenklich, »Stämme, Sippen, sogar gleiche Gesetze.«

»Müssen von der gleichen Stelle kommen«, meinte Shibo.

Jocelyn nickte. »Seine Hoheit sagt, daß wir alle vom gleichen Kandelaber stammen.«

»Wie will er das wissen?« fragte Cermo.

»Seine Aspekte«, sagte Jocelyn. »Ich wette, daß Aspekte uns ziemlich gleichförmig gemacht haben. Regeln und so was – da sind Aspekte ganz groß.«

»Und reden«, sagte Killeen. »Aspekte lechzen immer danach, reden zu dürfen.«

»Das könnte erklären, warum wir diese Kartenleute noch verstehen können«, sagte Shibo.

»Das erscheint sinnvoll«, sagte Jocelyn. »Wenn sich unsere Sprache veränderte, könnten wir unsere Aspekte nicht verstehen. Oder sie bei diesem Kartenvolk einsetzen.«

»Wer sagt, daß es so ist?« meinte Killeen vorsichtig.

»Seine Hoheit«, antwortete sie.

»Warum?«

»Um unsere Technik mit einzubringen.«

»Die Siebener-Kapitänin schien daran nicht sehr interessiert zu sein«, sagte Killeen.

»Nun, Seine Hoheit sagt, er will die Aspekte untersuchen, welche die Bishop-Offiziere benutzen.«

Sie schauten einander an.

»Vielleicht denkt er, daß wir nicht genug Aspekte haben, die Gott lieben«, wandte Shibo ein.

»Ich weiß nur das, was Seine Hoheit mir sagt«, erwiderte Jocelyn.

»Was bestimmt nicht viel ist«, meinte Cermo.

»Ich komme mit ihm zurecht«, erklärte Jocelyn stolz. »Er hat uns Nahrung und Zelte besorgt.«

Killeen erinnerte sich jetzt, wie die Sippe vor Jahren, als sie Snowglade verließen, bei Nacht überrascht worden war und all ihr Bettzeug und ihre Zelte und eine Menge Küchengerät hatte zurücklassen müssen. Obwohl sie jetzt weit gegenüber dem schönen und faszinierend exotischen Komfort der *Argo* zurückgefallen waren, freute er sich zu sehen, daß sich die Sippe schnell den Strapazen des Landes angepaßt hatte.

In der Nähe baute ein Metallwerker ein Traggestell aus einigen defekten Mechano-Röhren. Das Bishop-Lager sprühte vor Arbeit, als alte Talente wieder ins Spiel kamen. Killeen konnte auf den Gesichtern eine neuerstandene Zuversicht erkennen, die daher rührte, daß sich die alten Methoden immer noch als gut und zuverlässig erwiesen.

Er bestätigte die Arrangements, die Jocelyn mit dem Stamm im einzelnen wegen Versorgungsgütern und Nahrung getroffen hatte. Er schickte fünfzig Bishops los, um bei der täglichen Beschaffung von Verpflegung zu helfen, die entfernt vom Standort des Stammes gemeinsam betrieben wurde. Es galt viele Sippenangelegenheiten zu klären. Killeen mußte entscheiden, wie er die komplizierte Rangfolge innerhalb der Sippe hinsichtlich der Befehlsgewalt regeln sollte, da sie in dem verunglückten Shuttle vier Leute verloren hatten – und natürlich Anedlos. Über dessen Schicksal sagte Killeen zähneknirschend: »Wir werden uns eine solche Behandlung nicht bieten lassen. Aber wir sollten lieber genau hinschauen, bis wir die Dinge besser verstehen.«

Seine Stellvertreter nickten. Selbst als er dann zur Erörterung anderer Themen überging, hatte er praktisch nichts zu sagen, das viel Zuversicht bei ihnen wecken könnte. Die nackten schlichten Tatsachen ihrer schlimmen Lage sprachen in der unfruchtbaren Ebene für sich selbst. Hier hockten sie nach der alten Art, bereit, beim geringsten Alarm aufzuspringen und loszurennen. Sie hatten alles verloren – die *Argo* und auch ihre Träume, binnen weniger Tage.

Shibo war es, die ihre Gedanken deutlich ausdrückte: »Wenn sich eine Chance ergibt, meine ich, wir sollten uns wieder auf die *Argo* zurückbegeben.«

»Ich wünsche, ihr hättet sie unter Kontrolle gehabt«, sagte Killeen leise. »Hättet dann abhauen können.«

»Nein«, konterte Shibo. »Dieses Cyberschiff, das dich erwischt hat – das bewegte sich viel schneller als die *Argo*. Hätte uns leicht erwischt.«

»Es ist aber nach mir gestartet. Hat mich auf der anderen Seite dieses verfluchten Planeten eingefangen.«

»Erst nachdem wir in den Flitzern losgeflogen waren«, entgegnete Shibo.

»Ich nehme an, daß sie mich haben wollten«, sagte Killeen lässig, im Bemühen jetzt das Thema zu wechseln.

»Weshalb?« wollte Jocelyn wissen.

»Mich anschauen und dann laufen lassen.«

»Bist du sicher, daß das alles war?«

Wollte Jocelyn Verdacht schüren? »Kann ich nicht erklären. Habe es einfach durchlebt.«

Jocelyn zupfte an ihren Overalls und sagte nichts. Killeen fühlte, daß ein gewisses Unbehagen seine Offiziere verließ. Die einfache Präsenz eines klaren Führers half.

Er hatte von Fanny gelernt, wie wertvoll es war, verflossene Fehler und Dispute in der Sippe auf sich beruhen zu lassen. Abraham war darin geradezu genial gewesen. Killeen wußte, daß ihm die Leichtigkeit seines Vaters abging, mit solchen Momenten wie diesem fertig zu werden.

Um die trübe Stimmung zu vertreiben, schlürfte er aus einer Tasse warme braune Flüssigkeit und spie sie sofort aus. »Schickt eine kleine Gruppe aus, die fünf Leute mit den besten Nasen!« sagte er. »Seht zu, ob es irgendwelche Jodharan-Büsche an diesem gottverlassenen Ort gibt! Wir könnten uns wenigstens ein anständiges Getränk brauen.«

Cermo trank und sagte ruhig: »Dies Zeug ist gar nicht so schlecht.«

Killeen rümpfte die Nase. »Schmeckt wie Mechano-Pisse.«

»Na ja«, räumte Cermo ein. »Hat aber doch einige gute Eigenschaften.«

»Welche zum Beispiel?«

»Nun, es macht nicht süchtig.«

Sie alle starrten einander einige Zeit an; und dann begann Cermo leicht zu kichern, und Jocelyn wieherte laut. Dann lachten alle. Das Gekreisch und krächzende Gehuste schien aus tiefer innerer Bedrängnis zu kommen. Es brach in den Regen und die kalte Luft wie kleine Kanonenschüsse, explosive Versicherungen und kleine Gesten gegen ein freudloses Schicksal.

7. KAPITEL

Am nächsten Tag kam in der Morgendämmerung ein Staubsturm mit schneidender Kälte, gerade als beim Frühstück die Arbeit losging. Das Lagerfeuer der Neuner-Sippe geriet außer Kontrolle. Ein heulender Wind blies die Flammen in Zelte und über das dürftige trockene Gras. Eine Rauchwolke wälzte sich durch das Gelände der Bishop-Sippe; und Killeen beeilte sich, ein Team zusammenzustellen.

Natürlich hatte niemand Lust zu kommen. Der Wind verwehte seine Befehle und lieferte einen guten Vorwand, sie nicht zu hören. An dem Feuer waren die Neuner schuld; aber das spielte keine Rolle mehr, nachdem es sie erreicht hatte. Er mußte mehr als ein Dutzend Männer und Frauen am Schlafittchen herauszerren.

Sie begaben sich direkt an die Front des Sturmes und rissen das Gras fort, ehe die orangefarbenen Zungen, die rasend schnell vordrangen, herankamen. Sie konnten des Feuers nicht Herr werden. Sie schlossen sich mit einer Neuner-Brigade zusammen, die sich hauptsächlich bemühte, Zelte und Gerät wegzuschaffen.

Killeen stritt sich mit deren Leutnant, erreichte aber nichts. Er wagte nicht, seine eigene Gruppe zu verlassen und den Captain der Neuner ausfindig zu machen; sonst hätte es leicht sein können, daß er bei der Rückkehr die meisten Bishops nicht mehr angetroffen hätte, weil sie ihre eigenen Wertsachen schützen wollten. Der beißende Staub machte es leicht, sich in die hohen Kiesbänke zu verdrücken, die das Gelände wie große, schmutzig braune Tiere säumten. Da sich keine gute

Lösung abzeichnete, schickte Killeen einen Läufer zurück mit dem Befehl, die ganze Sippe zur Arbeit abzustellen und ans Werk gehen zu lassen.

Mit Spaten und Schaufeln hoben sie einen flachen breiten Graben vor den herandringenden Flammen aus. Es war unmöglich, dem Sturm mit seiner sengenden Glut und dem beißenden Sand das Gesicht zuzuwenden. Es gelang, das Feuer zum Stehen zu bringen, ehe es eine Gruppe toter Bäume erreichte, entwurzelt und ausgedörrt, die sofort in Brand geraten wären und überall hin glühende Asche verstreut hätten.

Der Wind ließ ebenso plötzlich nach, wie er gekommen war. Sie traten die restlichen Flammen aus und gingen in ihr Lager zurück, wo sie überall Staub vorfanden. Auch der kleinste Riß in einer Zeltwand hatte das feine Material hereingelassen. Killeen und Shibo kehrten gerade ihr kleines Zelt aus, als Toby mit den Händen in den Taschen herbeischlenderte.

»Ich wußte, daß ich mich freuen würde, unter freiem Himmel genächtigt zu haben«, sagte er fröhlich.

»Ja, ich habe gesehen, wie du gestern, als es regnete, unter dem Schutzdach von jemand anderem gehockt hast«, erklärte Killeen grinsend.

»Jetzt ist alles getrocknet.«

»Hast du einfach in einem Sack geschlafen?«

»Habe keinen Schlafsack und brauche auch keinen. Der Anzug hält mich warm.« Toby hatte seine volle Einsatzmontur an – Beckengerüst aus Aluminium, Kraftverstärker an den Schienbeinen mit schweren Stoßdämpfern aus Karbostahl.

»Du mußt doch müde sein, wenn du all dies Zeug herumschleppst«, sagte Killeen.

»Ich mag es«, sagte Toby, setzte sich hin und justierte ein Kompressorventil. »Habe es gegen etwas von meiner Ausrüstung eingetauscht.«

»Was hast du gegeben?«

»Einige Reservechips, die ich in der Schulter hatte.«

»Die sind Eigentum der Sippe.«

Toby machte ein gereiztes Gesicht. »Nun …«

»Fragen sie nach irgendwelchen alten religiösen Aspekten?«

»Was? Nein, nichts dergleichen.«

Killeen war erleichtert. Er war sicher, daß Seine Hoheit schließlich Chips von den Bishops erlangen wollte, weil Wissen Macht bedeutete. Andererseits konnte er nicht jeden kleinen Vorfall als großes Vergehen mißdeuten.

»Was hast du gegeben?« wiederholte er seine Frage.

»Ach, hör doch auf, Papa! Ich habe technische Chips, die keiner je wieder brauchen wird.«

Killeen fragte ganz ruhig: »Zum Beispiel?«

»Zeug, das mit Bauen zu tun hat. Wände mit Mechano-Teilen errichten und dergleichen.«

»Das könnten wir brauchen.«

»Wann denn? Hier können wir nichts bauen.«

Schließlich wurde seine Stimme unbeherrscht scharf. »Wir werden schon einen Platz finden. Eine Zitadelle bauen, größer als die letzte. Auch besser – nur werden wir nicht wissen wie, nachdem du die Chips weggegeben hast.«

»Wenn die Zeit kommt, werde ich sie einfach zurücktauschen«, erwiderte Toby bissig. »Wenn ich mich seßhaft mache, brauche ich keine Trekkingausrüstung mehr.«

»Du wirst feststellen, wem du die Chips gegeben hast …«

»Zwei Burschen von den Neunern. Und ich habe sie noch übers Ohr gehauen und ihnen nicht …«

»Tausche alles ein, was du mußt. Aber bring diese Chips zurück!«

»Papa!« Toby machte einen kleinen Luftsprung, angetrieben durch seine Kompressoren. »Ich kann doch nicht einfach …«

»Du wirst es tun! Sippenbesitz bleibt in der Sippe!«

»Schau, andere Leute handeln doch auch. Das ist ganz natürlich.«

»Wer tut das?«

»Was denkst du denn, woher wir Geräte, Zelte, Kochgeschirr bekommen ...«

»Stellt es euch selber her! Also wer?«

»Hier gibt es nicht genügend Mechano-Kram. Und es herzustellen, würde erfordern ...«

»Ich habe drüben im Neuner-Lager Teile gesehen. Organisiert euch einige, setzt euch hin und benutzt die Fähigkeiten, die ihr in euch tragt! Also wer noch?«

Nachdem Toby ihm die Namen von vier anderen genannt hatte, rief er Jocelyn und trug ihr auf, diese ausfindig zu machen und das Zeug, das sie eingehandelt hatten, wiederzubeschaffen. Die steife Miene Jocelyns verriet ihm, daß sie das nicht gern tat; aber sie ging los, ohne zu widersprechen.

Killeen paßte auf, wie Toby sich zum Neuner-Lager aufmachte. Er hatte den unbestimmten Eindruck, daß er die Angelegenheit besser hätte behandeln können. Shibo kam herbei, legte einen Arm um ihn und schmuste still an seiner Wange.

»Es ist nicht leicht, sich wieder in die Rolle eines Vaters zu finden, nachdem man Captain gewesen ist«, knurrte er mißmutig.

Sie rückte. »Toby ist deprimiert wie wir alle. Braucht etwas, das ihm Auftrieb verleiht.«

»Das kann ich verstehen. Aber ...«

»Wir müssen uns alle erholen. Haben die *Argo* verloren und brauchen eine Zielsetzung.«

»Toby wirkt recht ausgeglichen.«

»Er und Besen haben einander geholfen.«

»Meinst du ...?«

Sie nickte und machte ein Zeichen, das Liebe bedeutete, Romanze, Werbung.

»Oh!« Killeen blinzelte: »Das hatte ich nicht bemerkt.«

»Das geht vielen Eltern so.« Sie lächelte.

»Nun, ich …«

Killeen bemühte sich, etwas Weises und Entschlossenes zu sagen, gab aber auf. Sein Innenleben war durcheinander. Er wußte, daß es absurd war, aber seine erste Reaktion auf diese Nachricht war das Gefühl eines schrecklichen Verlustes gewesen. Dies zuzugeben, schien Shibo nicht viel auszumachen. Schließlich hatte er ja noch sie. Und es war unvermeidlich, daß Toby erwachsen wurde.

Er sagte sich, daß diese Krise ihn vielleicht anfällig gemacht hatte und daß die plötzliche Erschütterung, die er empfand, ein Nebeneffekt der größeren Sorgen war, die auf ihm lasteten. Während er mit sich hierüber ins reine zu kommen suchte, sah er, daß Shibos Mund unterdrückte Heiterkeit verriet, und er erkannte, daß sie seine Betroffenheit mitfühlte. Schließlich lachte er resigniert auf und hob beide Hände.

»So was kommt manchmal eben vor. Übrigens ein verdammt feines Mädchen.«

»Ich freue mich, daß du endlich aufgewacht bist«, sagte Shibo glücklich. Er küßte sie.

Sein Ling-Aspekt bemerkte in ernstem Ton:

Ich rate immer noch vor öffentlicher Zurschaustellung von Zuneigung ab. Du bist mit großen Schwierigkeiten konfrontiert, und jede Schwächung der Befehlsstruktur …

Killeen schob den Aspekt wieder in seinen beengten Raum zurück und genoß das Gefühl. Jetzt, da sie sich wieder auf festem Boden befanden, konnte er seinen Instinkten wieder mehr vertrauen.

Er verließ Shibo und ging durch das Bishop-Lager.

Er überlegte, welche Maßnahmen er würde ergreifen müssen, um dieses zunehmende Gefühl von Gefahr zu mildern. Besen saß auf einer natürlichen Steinbank und schweißte irgendein Mechano-Metall zu einer Tragvorrichtung zusammen.

»Toby ist etwas trübselig gestimmt«, sagte sie, als er neben ihr Platz nahm.

»Das geht uns allen so«, erwiderte er.

Er hatte immer ganz natürlich mit Besen sprechen können. Wenn er jetzt über sie nachdachte, dämmerte ihm allmählich auf, daß dieses ›Mädchen‹ in Wirklichkeit eine Frau mit vollem Selbstbewußtsein war. Ihr eckiges Gesicht verriet kluge Zurückhaltung.

»Manche meinen, daß es uns hier schlechter geht als auf Snowglade«, sagte sie.

»Könnte wohl sein.«

»Sie stellen sich vor, daß diese Saite da oben sich jede Minute wieder in Bewegung setzen kann. Wir werden nie durch sie hindurch zurückkommen.«

»Es sei denn, wir bringen heraus, wie sie sich bewegt«, entgegnete Killeen.

»Wie denn?«

Killeen grinste. »Keine Ahnung.«

Besen lachte. »Nun, wo Sie wieder da sind, ist es nicht mehr ganz so trübe.«

Killeen blinzelte. »Ja?«

»Ich hatte uns schon aufgegeben. Wir saßen bloß herum und starrten auf den Boden, bis Sie aufkreuzten.«

Er war echt überrascht. »Warum?«

»Jocelyn hat versucht, uns beisammenzuhalten. Das hat einfach nicht geklappt.«

Killeen sagte nichts, und sie fuhr fort. »Wir sind Ihnen gefolgt, weil Sie einen Traum hatten, an den wir glaubten. Das ist immer der einzige Grund, die Heimat zu verlassen.«

»Die Träume sind verflogen.«

»Jaa, das wissen wir. Wir sind nicht blöde.« Sie sah ihn mit zusammengezogenem Mund ernst an.

»Und Cyber sind schlimmer als Mechanos.«

»Sie haben aber doch noch mehr als einen Traum in sich.«

Killeen war wieder überrascht. »Was?«

»Sie werden schon einen Weg finden. Das wissen wir.«

Er wußte nicht, was er sagen sollte, und vertuschte dies, indem er aufstand. »Komm mit, du könntest mir das Gelände zeigen.«

Ihr weiter Mund schien wegen seiner Unbeholfenheit eine leichte Heiterkeit zu unterdrücken. Sie sagte feierlich: »Yessir.«

Nach allen Regeln, die er gelernt hatte, war es idiotisch, in einem so großen Lager herumzutrödeln, das aus der Luft oder sogar aus der Umlaufbahn deutlich zu erkennen war. Lagerfeuer bei Nacht, Rauchfahnen bei Tage, regelmäßige Anordnungen von Zelten – all das war den Mechanos wohlbekannt. Cybern vermutlich auch.

Er ging zu den Latrinen des Bishop-Lagers, die bereits stanken, und prüfte zunächst, ob die an der einen Seite angebrachte Haltestange auch hielt. Als Junge hatte er mehr als einmal an einem Graben ohne Stange gehockt und die Balance verloren. Die Stange hier war ein langer metallkeramischer Arm von irgendeinem Mechano-Gerät, der an den Enden auf Y-Gabeln gelagert war. Sie trug sein volles Gewicht, als er sich hinhockte und sein tägliches Ritual vollzog – wie immer nach dem Frühstück. Die Bishops hatten längst ihre Scheu bei solchen Sachen verloren und keinen Sichtschutz um den Graben gebaut. Selbst in der lange verlorenen Zitadelle hatte Heimlichkeit kaum eine Rolle gespielt.

Dann ging Killeen über die Kante des nächsten Grates und sah, daß der Stamm dort anders empfand.

Einige hatten aufgestellte Schirme, einen sogar mit Dach. Aber weiter unten im Tal sah er einen vom letzten Regen angeschwollenen kleinen Bach, der erst Trinkwasser lieferte und im weiteren Verlauf als Kloake diente.

»Einfach idiotisch«, sagte Besen, die ihn weiter führte.

»Der Bach?« fragte er.

»Allerdings. In einigen Sippen ist schon Dysenterie aufgetreten. Wenn in einem so großen Lager eine Seuche ausbricht, wird sie sich hübsch rasch verbreiten.«

»Gibt es schon Anzeichen dafür?«

»Ich habe Gerüchte gehört.«

»Laß es mich wissen, wenn du mehr hörst!«

»Schwer, aus ihnen mehr herauszuholen.«

»Warum?«

»Sie reden immer über Rechtschaffenheit und wie sich alles zum Guten wenden wird, wenn sie den wahren Weg gehen.«

»Vielleicht setzen ihnen einige Aspekte ziemlich hart zu.«

Besen blickte über das Tal und sagte: »Jaa. Nach der Zeit der Hohen Bogenbauten zu schließen, sieht das wohl so aus.«

Killeen war überrascht und erfreut. »Die meisten jungen Leute kümmern sich nicht genügend um Geschichte, als daß sie sich an so etwas erinnern könnten.«

Sie schaute ihn an. »Wie ist so etwas möglich? Es ist doch der einzige Weg, in all diesem einen Sinn zu finden.«

»Gewiß, wenn man Zeit hat. Wir sind jetzt ziemlich gehetzt.«

Sie zog die Augenbrauen zusammen. »Wenn wir vergessen, wer wir sind – wozu soll man dann noch weitermachen?«

»Stimmt.« Killeen war irgendwie stolz über ihre ruhige Beharrlichkeit. Der Stamm könnte vielleicht

Seiner Hoheit zum Opfer fallen; aber er war sich ziemlich sicher, daß dies bei den Bishops nicht eintreten würde.

»Besen … Ich freue mich, daß du mit Toby zusammen bist. Er und ich, wir kommen jetzt recht gut miteinander aus.«

Sie lächelte. »Für uns alle sind das rauhe Zeiten.«

»Die Zeit, wenn ein Junge loszieht und seinen eigenen Weg geht, nun …«

»Ich weiß.«

»Ich … ich weiß die Hilfe zu schätzen«, schloß er lahm.

»Sie machen sich gar nicht so schlecht«, sagte sie und ging wieder zu ihrer Werkstatt. Killeen schaute ins Tal und kämpfte mit seinen Gedanken. Im Grunde war seine Lage ganz einfach. Ein Hauptmann folgte den Stammesgesetzen. Aber er spürte in alledem eine große Gefahr.

»Meldung, Captain«, sagte Jocelyn dienstlich. Er hatte sie nicht kommen hören.

»Hast du dich um diese Chips gekümmert?«

»Nach ein paar Tritten in den Hintern scheint alles okay zu sein.«

»Gut. Wie sind unsere Reserven?«

»Nicht reichlich.« Sie drückte auf ihr Handgelenk, und in Killeens rechtem Auge erschien, als er blinzelte, eine graphische Aufstellung der Nahrungsbestände.

Er betrachtete die Berge. In den Trockenbetten hatten dichte Wälder gestanden. Viele waren durch Muren verschlammt. Ganze Baumreihen waren schon grau und tot. »Wir sollten wohl das Gelände hier schnell ausräumen. Ihm alles entnehmen.«

»Ich werde sehen, ob die Sippen gute Eßvorräte haben.«

Killeen zeigte auf den Bach, der sich durch das staubige Tal hinabschlängelte. »Wasser wird vorerst kein

Problem sein. Aber wenn jemand diesen Bach weiter unten untersucht, wird er merken, daß wir hier sind.«

»Cyber?«

Killeen machte ein finsteres Gesicht und sah auf die offen und sorglos im Tal ausgebreiteten Familien. »Schon möglich. Die Frage ist, was dabei herauskommt, wenn wir mit Cybern kämpfen.«

Jocelyn studierte sein Gesicht. *Hat er einen Verdacht?* fragte sie sich.

Er hatte Shibo von seiner Zeit in dem Cyber soviel erzählt, wie er konnte. Sie hatte ihm zugestimmt, daß es wohl nicht geraten war, die Geschichte anderen ausführlich zu berichten, solange er sie selbst nicht besser verstand.

Auf die Fragen der Sippe hatte er, ohne eigentlich zu lügen, verlauten lassen, daß er irgendwie auf dem Körper eines Cybers verstaut gewesen und dann bei sich bietender Gelegenheit aus der unterirdischen Zone entwichen war. Er konnte schwerlich die widersprüchlichen Eindrücke schildern, die ihn im Innern des Cyberleibes bedrängt hatten. Diese Erinnerungen riefen bei ihm immer noch Schauer von Übelkeit hervor. Bilder davon schossen durch seinen Schlaf. Er hatte den Tag über absichtlich schwer gearbeitet in der Hoffnung, daß die Ermüdung ihm im Schlaf Vergessen schenken würde. Aber die bedrückenden und wechselnden Träume hatten ihn wieder gequält. Das Feuer an diesem Morgen hatte ihn aus einer schrecklichen Empfindung von Ersticken in dicker Luft gerissen, die jedesmal in seine Lungen eindrang, wenn er einen tiefen Atemzug tun wollte. Wieder in die reale Welt entrückt zu sein, selbst wenn in ihr ein wütendes Feuer zu bekämpfen war, hatte er als Erleichterung empfunden.

»Haben wir eine Wahl?« fragte Jocelyn mit bekümmerter Miene. Killeen fragte sich, ob er der Sippe komisch vorkäme. Jedenfalls verhielt Jocelyn sich zu ihm etwas formell und unbehaglich. Auch Shibo war seit seiner Rückkehr mit ihm vorsichtig gewesen, als ob er gebrechlich und zugleich unzuverlässig wäre. Nun, überlegte Killeen, vielleicht war er das auch.

»Wahrscheinlich nicht. Die Cyber scheinen hauptsächlich daran interessiert zu sein, diesen Planeten auszuschlachten, allerdings ohne sich seiner Oberfläche zu bedienen.«

Er wies nach oben, wo eine leichte Wolkenschicht einige graue Punkte in der Ferne teilweise verdeckte. Flecken von Cyberkonstrukten zogen in Polarbahnen tief am Horizont ihre Kreise. Der lange Bogen des String war ein schwacher gelber Kratzer quer über den Himmel. An der Schwelle der Erkennbarkeit drehte sich etwas. Obwohl er scharf hinblickte, konnte er nur ein schwaches Gebilde auf Äquatorbahn dahinziehen sehen. Cyber beherrschten den Raum, flogen aber aus irgendeinem Grunde keine Luftangriffe gegen sie. Warum wohl?

»Sie saugen den Planetenkern aus und nehmen sich all sein Metall«, sagte Jocelyn. »Uns bleiben nur kümmerliche Reste. Dadurch werden alle Pflanzen vernichtet – und wir wahrscheinlich auch.«

Killeen lauschte kurz auf Arthur und sagte: »Meine Aspekte meinen, daß es einige Zeit keine große Änderung der Temperatur geben wird. Das große Problem sind Erdbeben.«

»Seine Hoheit sagt …«

»Schau, ein Mann, der sich für Gott hält, verdient nicht viel Vertrauen.«

»Ich meine, wir sollten an ihn glauben.«

»Ihm, oder *an* ihn?«

Jocelyn sagte bedächtig: »Ich habe ihn etliche Tage mehr beobachtet als du. Er war höchst gnädig. Schließlich waren wir doch Leute, die plötzlich vom Himmel gefallen waren und Ansprüche an seine Familien stellten – Nahrung, Unterkunft. Er hat uns geholfen, von den Shuttles wegzukommen, ehe die Cyber sie aufspürten. Er ist eine echte Führernatur.«

»Erinnerst du dich noch, wie Fanny gewesen ist? *Das* ist Führertum. Dieser Kerl …«

»Er benutzt neue Methoden«, sagte Jocelyn unerschüttert. »Dies sind schlimme Zeiten. Die alten Methoden funktionieren da nicht.«

»Sie sind alles, was wir haben.«

»Nun denn! Als Rangältester hätte er einen neuen Hauptmann ernennen sollen. Du warst fort, wahrscheinlich tot. Wenn er sich an die Gesetze gehalten hätte, würdest du jetzt nicht Captain sein.«

Ah! dachte er. »Wer denn?«

Sie zögerte und sagte dann: »Seine Hoheit hat mich gefragt, und ich übernahm die Niederlassung in ein Lager. Habe mit anderen Familien verhandelt.«

»Du verdienst eine Belobigung. Das ist vorerst alles«, sagte Killeen und salutierte knapp. Dann wandte er ihr scharf den Rücken zu, um wieder das Tal zu studieren.

Sein Ling-Aspekt brach in seine Gedanken ein:

Dieser Offizier findet am Befehlen Geschmack. Nach meiner Erfahrung stillen sogar gefährliche Zeiten diesen Durst nicht.

Killeen gab einem Stein einen Tritt und freute sich über das befriedigende Gepolter, als er den Abhang hinuntersprang.

8. KAPITEL

Die Luft im Zelt Seiner Hoheit war von süßem Weihrauch und klebrigem Schweißgeruch durchtränkt. Die fünfzehn Hauptleute hatten befehlsgemäß in Halbkreisformation vor dem breiten schwarzen Tisch steif Haltung angenommen. Über ihren Köpfen schwebte eine blaue Rauchwolke. Der widerliche Geruch drang Killeen in die Kehle und reizte ihn zu husten. Seine Hoheit runzelte bei dem Geräusch die Stirn und wiederholte seinen Befehl.

»Alle Familien werden bei diesem Angriff die gleiche Stärke zeigen. Wir schlagen gleichzeitig zu. Wir wagen alles und werden alle triumphieren.«

Killeen dachte: *Und wenn wir verlieren, wird niemand als Nachhut da sein, niemand wird unsern Hintern schützen.* Aber er wagte nicht, das laut auszusprechen.

»Wir werden unsere gleiche, siegreiche Taktik verfolgen – den Weg des rechten Handelns, der uns so weit gebracht hat. Nach dem erfolgten Angriff müssen wir so viele Cyberbauten zerstören, wie wir können.«

Killeen sagte, ehe ihn die Vorsicht hindern konnte: »Ich bedauere, aber ich kenne die richtige Taktik nicht.«

Seine Hoheit wandte sich fast lässig um und blickte Killeen direkt ins Auge. Bis dahin hatte der dunkle stämmige Mann seine Rede mit fest auf den blauen Dunst gerichtetem Blick gehalten, als ob hoch im Zelt Geheimnisse lauerten.

»Ich hatte gedacht, daß du die revolutionierenden Kampferfahrungen, die ich eingeführt habe, gelernt hättest.«

»Ich habe eure Waffen gesehen. Recht viel und sehr eindrucksvoll. Manche waren mir noch unbekannt. Aber ...«

»Hauptmann der Bishops – es ist für mich bisher nicht üblich gewesen; ich bin aber bereit, dieses Verfahren bei dem Kreis meiner Gläubigen zuzulassen – ich verstehe dein Unwissen. Als ich die Ankunft deiner Sippe prophezeite, sagte ich, daß die vom Himmel fallende Hilfe noch geformt werden müßte. Ich und meine Offiziere sind gewillt, euch zu meinen höheren Zwekken zu bilden. Des kannst du sicher sein.«

»Sehr wohl, Sir. Das weiß ich zu schätzen. Meine Sippe braucht ...«

»Vielleicht ist dir entgangen, daß niemand, wenn er mich anredet, die schlichte und kümmerliche Höflichkeitsform ›Sir‹ benutzt.«

Killeen vollzog die Geste, die er bei den anderen Hauptleuten gesehen hatte – eine Verbeugung, wobei er zurücktrat und die Hände auf den Fußboden drückte. Darin schien totale Zustimmung zu liegen.

Seine Hoheit nickte und sah beinahe gelangweilt aus. »Du hast den Frontalangriff praktiziert, von welcher Welt du auch gesandt wurdest?«

»Auf Snowglade, jawohl, aber fast nie, weil die Mechano-Komplexe ihr Gelände abgesperrt hatten. Sie schießen schnell die einzelnen ab ...« Mit einiger Anstrengung schloß er: »Eure Hoheit.«

»Ich habe ein durchschlagendes neues Verfahren für den Frontalangriff entwickelt. Dabei wird eine Sippe als erste Sturmgruppe eingeteilt. Sie muß sich früh exponieren und das Feuer auf sich ziehen. Eine zweite Gruppe überrascht dann den Feind, indem sie aus der Dekkung herausspringt. Danach greift die Hauptmacht das Nest an.«

»Diese zweite Gruppe – wie bleibt sie verborgen ... Hoheit?«

»Indem sie sich in die Tunnels der scheußlichen Cybernester schleicht.«

Killeen machte ein finsteres Gesicht und sagte nichts. Aber der kleine Mann in seiner strahlenden Uniform sah ihn vorwurfsvoll an und sagte: »Du mußt hier noch viel lernen, Captain. Meine Offenbarung, die diese prächtige Methode gezeitigt hat, hat mich unserer Siege gewiß gemacht. Es ist nicht so, als ob wir in Schatten und Ungewißheit fortschreiten würden.«

Killeen nickte. Er wußte nicht, was er sagen sollte.

»Ich sehe unseren Triumph voraus, getragen auf den Schwingen Gottes und meinen Schultern. Du siehst, Captain der Bishops, ich bin in den Kreis der Götter aufgestiegen. Als Repräsentant des Essentiellen Willens der Natur bin ich notwendigerweise göttlich auf meine eigene Art.«

Seine Hoheit erklärte dies, als ob er zu einem klugen, aber unwissenden Kind spräche. Killeen hatte Fragen zu stellen; aber etwas in den seltsam glänzenden Augen Seiner Hoheit ließ ihn schweigen.

Seine Hoheit nickte anscheinend befriedigt und brüllte dann plötzlich: »Beruft die Versammlung ein! Ich muß die Familien auf den nächsten Schritt in ihrem Schicksal vorbereiten.«

Hauptleute und Unteroffiziere eilten, ihre Familien zu alarmieren. Eine Kette bewaffneter Männer und Frauen rückte in voller, frisch polierter Montur an und eskortierte Seine Hoheit polternd und keuchend nach draußen. In ihren geschienten Kampfstiefeln ließen sie ihn wie einen Zwerg erscheinen.

Killeen schickte eine schnelle Nachricht an Jocelyn, Shibo und Cermo. Die Versammlung war draußen im Tal fast vollständig. Ihre Bishops waren in rechteckigen Blocks an der rechten Flanke der Formation angetreten. Die kurze Ansprache Seiner Hoheit an die Hauptleute hatte kaum dem entsprochen, was Killeen von Stammesbräuchen kannte. Das meiste war für ihn unverständlich gewesen. Jetzt würde sich Seine Hoheit an den ganzen Stamm wenden.

Der Stamm umfaßte alle überlebenden Sippen dieses Teils von New Bishop. Niemand sprach von den anderen Stämmen, die auf dieser Welt gelebt hatten. Offenbar hatten Mechano-Städte erst kürzlich begonnen, Menschen bei ihren Konflikten einzusetzen. Obwohl es derartige Vorfälle auf Snowglade gegeben hatte, behauptete sich in Killeens Sippe die Tradition, daß Wettbewerb zwischen Mechanos eher so war, als ob man unerwünschte Zweige von einem fruchttragenden Baum entfernte. Aber hier führten die Mechanos gegeneinander Krieg. Hatten die Cyber ihre Invasion zeitlich so abgestimmt, daß sie daraus Nutzen ziehen konnten?

Killeen ging neben der Kapitänin der Dreier zum Talboden hinunter. Nachmittägliches Sonnenlicht brach stellenweise durch die Wolkendecke. Er suchte nach der Kosmischen Saite; aber die war nicht zu sehen. Wenn sie wieder anfinge, sich zu drehen und an dem Kern zu saugen, dann wollte Killeen seine Sippe auf ebenes Gelände bringen, ganz gleich, was der Stamm tat.

Es schien lange her zu sein, daß die Siebener-Kapitänin ihn vom Zelt Seiner Hoheit fortgeführt hatte, vorbei an der lähmenden Bestattungszeremonie. Killeen erwähnte das ihr gegenüber, und sie antwortete: »Haben inzwischen noch ein paar mehr gehabt. Cyber operieren jenseits der nächsten Bergkette – was davon übrig ist. Cyberpaare haben einige geschnappt und die Körper mit diesen Eiern in ihren Eingeweiden liegen lassen.«

»Cyber könnten noch manches mehr in die Körper implantieren«, sagte Killeen vorsichtig.

Das schon verwitterte und resignierte Gesicht des

weiblichen Hauptmanns furchte sich noch mehr. »Zum Beispiel?«

»Spurenfinder. Mit deren Hilfe uns ausfindig machen.«

Sie schüttelte den Kopf. »Soviel liegt ihnen nicht daran. Sie schießen nur auf unsere Leute, wenn die ihnen in den Weg kommen. Nicht wie Mechanos – wenigstens bis jetzt noch nicht.«

»Sie haben für Mechanos gearbeitet?«

»Sicher. Das war für uns die einzige Möglichkeit zu überleben.«

»Von wo ich gekommen bin, da konnte man Mechanos nicht so vertrauen.«

»Sie sind verrückt geworden. Fingen an, sich gegenseitig kaputt zu machen.«

»Danach habe ich vorhin gefragt«, sagte Killeen zurückhaltend. »Ich habe nicht alles verstanden, was er gesagt hat.«

»Einfach die elektromagnetischen Markierungen eurer Leute integrieren, Rufcodes und dergleichen Kram.«

»Aber schauen Sie, da gibt es doch Planung ...«

»Wir gehen getrennt hinein, wenn das Team erst einmal in die Tunnels vorgedrungen ist.«

»Was ist mit Feuerschutz?«

»Dafür müssen Sie selbst sorgen. Jede Sippe schützt sich unabhängig.«

»Mir scheint«, sagte Killeen skeptisch, »es wäre besser, wenn ...«

Die Kapitänin warf ihm einen müden, zynischen Blick zu. »Mir gefällt es irgendwie so. Seine Hoheit sagt, daß man es so machen soll – fein! Auf diese Weise kann ich meine Familie schnell herausziehen, wenn es schiefgeht.«

»Aber Koordination ...«

»Sehen Sie, dieser Plan ist das Werk Gottes.«

Die Frau sagte das mit einer Stimme, die plötzlich matt und sachlich klang. Killeen öffnete den Mund, um mit einer beißenden Bemerkung zu antworten, sah aber hinter ihnen drei Offiziere gehen. Als er über die Schulter blickte, schienen sie sich für das zu interessieren, was er sagen würde. Also schloß er den Mund und nickte steif.

Er erreichte die Formation der Bishops gerade, ehe Seine Hoheit zu sprechen begann. Die Worte gelangten zu ihnen über das allgemeine Kommunikationssystem, bedient durch die zusammengeschalteten Kapazitäten eines Dreiecks von Offizieren, die dicht unterhalb Seiner Hoheit auf einer kleinen Anhöhe beisammensaßen.

Obwohl man Killeen gesagt hatte, daß der Stamm mehr als zweitausend Personen zählte, war der Anblick so vieler Leute, die in Formation angetreten mit ihren Kolonnen fast die Breite des Tals ausfüllten, eindrucksvoll. Er hatte nicht mehr so viele Menschen beisammen gesehen seit einem großen Feiertag in der Zitadelle, als er noch ein Junge war, jünger als Toby jetzt. Damals war der Anlaß ein Fest gewesen. Jetzt aber lag eine ernste, grimmige Stimmung in der Luft. Erhobene Sippenflaggen flatterten im Wind, geflickt und von der Sonne ausgebleicht.

Seine Hoheit begann mit einer gedrängten Geschichte ihrer heldenhaften Schlachten, so voller Namen und Ehrentiteln, daß Killeen nicht daraus klug wurde. Auf jeden Fall erzählte es ihm nichts davon, wie die Sippen gekämpft hatten. Killeen kam der Verdacht auf, daß Seine Hoheit sich in Wirklichkeit wenig für die wesentlichen Details von Manöver und Befehlsführung interessierte. Das zeigte sich bald, als der Mann wild mit den Armen fuchtelte und mit von Wut verzerrtem Gesicht die Bosheiten ihrer Feinde schilderte. Die Cyber ähnelten nicht zufällig Dämonen der Hölle – und sie würden bald wieder dahin zurück verbannt werden.

»Zurückweisung und Verachtung wird sie treffen! Niederlage und Züchtigung!«

Seine Hoheit kam in Schwung; und obwohl Killeen innerlich ein gewisses Maß an Kühle und Skepsis bewahrte, begann doch die Glut des Mannes in ihn einzudringen.

»Tod kommt zu uns allen. Aber er kann nicht stechen. Das Grab kennt keinen Sieg. Es ist der Ort, wo wir unseren Lohn empfangen werden.«

Die riesige Menge bewegte sich, als noch mehr lange, tönende Sprüche sich über sie ergossen. Killeen fühlte auch sich von dem beschwörungsähnlichen Rhythmus erfaßt. Zum ersten Mal begriff er, wie Seine Hoheit einen Stamm zusammengehalten hatte, der erschütternde Niederlagen erlebt hatte und jetzt einem unbegreiflichen Feind gleichgültiger Bosheit gegenüberstand.

»… wenn der kommt, der über die Welt richten wird, dann werde ich zu seiner Rechten stehen …«

Die Luft schien von neuer Inbrunst zu flimmern.

»… die Dinge aus Metall und Fleisch in elementare Substanz zurückführen! Diese Favoriten der letzten historischen Schlacht gegen uns zerschmettern! Denn wir entstammen den natürlichen Stoffen des Universums und sind mit ihm eins, und erfreuen uns seiner Früchte ohne künstliche Tricks oder Korruption des Geistes. Wir sind die Produkte der Evolution von Gott selbst. Es werden keine Ungeheuer vom Himmel fallen und diese heiligen Belohnungen ernten, wenn wir die Namen der Alten beschwören.«

Entferntes Gepolter, als ob Berge sich an einem rauhen Himmel rieben.

»Denn nach der endgültigen Befreiungsschlacht werden wir weiter gehen. Wir werden den allerheiligsten, majestätischen Himmelsbesamer rufen und gespeist und gefördert werden!«

Licht schoß durch die Wolken. Etwas Silbriges rührte sich in der Höhe.

»... um uns von dem Übel dieses Ortes zu befreien. Diese Verschlinger von Welten werden stürzen, so wie die Mechanos vor ihnen gestürzt sind. Glaubt an mich ...«

Ein Zyklon zertrennte die Wolkenballen, Killeen fühlte, daß die Menge aufmerksam wurde.

»... auf Erden ... wie es ist ... im Himmel!«

Blaue Bänder kamen in großen Bögen herab. Ein Netzwerk loderte in der Luft. Aus einem Himmel, der entleert schien, stieß eine Hitzewelle herab. Aber Killeens Sensorium bebte vor bleicher, rasender Verwirrung.

»Dein Reich komme! Dein Wille geschehe! Bosheit, die durch höchsten Willen zusammengeballt ist, wir flehen ...«

Killeen spürte eine sich verstärkende Präsenz; aber die Luft zeigte nur transparente, flackernde Lichterscheinungen. Killeen entsann sich, solch immenses Flimmern schon einmal gesehen zu haben. Es hatte das ferne Firmament erhellt in jener Nacht, als der Cyborg ihn freiließ.

»Was ... was ...?« krächzte seine Hoheit. Sein Rhythmus war gestört. Er starrte auf das Schauspiel in der Höhe.

Und eine Stimme, die Killeen vertraut war, erscholl flatternd und zunächst im Flüstern der Winde fast verloren:

> Ich suche einen bestimmten Menschen. Gib mir ein Zeichen, wenn du dies hören kannst. Ich spreche auf magnetischen Schwingen und bringe Botschaften ganz aus dem Zentrum dieses Bereichs.

Die Stimme Seiner Hoheit erdröhnte voll von unverhohlener Überraschung und Freude. »Hier bin ich! Ich habe dein Wort mit Schwert und Wagemut dargebracht ...«

Nein, du bist nicht derjenige. Ich bin beauftragt, dies nur dem dafür ausersehenen Menschen zu übermitteln. Meine Füße stecken in Plasma. während diese Arme bis in eure bitterkalten Zonen reichen. Mach mir den ausfindig, der Killeen heißt! Ich spreche für seinen Vater.

9. KAPITEL

Eine Welle raschelnder Unruhe lief durch das Tal. Die Reihen der versammelten Familien schwankten. Füße scharrten nervös und wirbelten Staub auf, der sich wie eine sichtbare Antwort erhob. Gesichter wandten sich nach oben, um das Netzwerk aus Schatten ausfindig zu machen, das federleicht am Himmel tanzte.

»Was?« Die Stimme Seiner Hoheit war schwach und angestrengt im Vergleich mit der volltönenden Kraft, die aus der mit Streifen durchsetzten Luft donnerte. »Ist es … Gott? Gott spricht auf diese Weise?«

Ich suche ein Wesen der Klasse, die, wie ich sehe, hier versammelt ist. Ich habe die Welt viel weiter abgesucht, als es meine Pflicht ist, und habe recht wenig von euch kleinen Dingern gefunden. Gewöhnlich sind solche niedrigen Formen zahlreich; aber ihr seid in diesen geschützten Enklaven selten. Ich habe untersucht – diese rohen, kalten Planeten aus uninteressanter langsamer Materie.

»Ich spreche hier für die ganze Menschheit!« schrie Seine Hoheit.

In Killeens Sensorium schien die menschliche Stimme in einem übergreifenden Netz stiller Wellen zu verschwimmen. Das wiederholte massive Anschwellen war wie ein sich aufwölbendes und dann wieder entgleitendes Gitter. Er erinnerte sich an den mathematisch erzeugten Ozean, den er im Griff des Intellekts der Mantis befahren hatte.

Bist du der, den ich suche? Du strömst, wie ich merke, einen scharfen Geruch aus, der dem seinen ähnelt. Aber deine Essenz ist weniger regelmäßig gestaltet und zeigt die tieferen Farbtöne röstender Gase. Nein, du bist es nicht. Mach dich fort!

Seine Hoheit verzog den Mund in finsterem Zorn. »Du bist nicht Gott! Du kommst von den Cybern. So muß es sein. Gib es zu! Hau ab, stinkender Dämon!«

Killeen hielt sich unsicher zurück. Dies war genau die Stimme, die ihn vor Jahren auf Snowglade gerufen hatte. Sie hatte ihm geraten, die Zitadelle der Bishops nicht wieder aufzubauen und nach der *Argo* zu suchen. Nachdem die Bishops die *Argo* unter einer verwitterten Bergflanke gefunden hatten, hatte Killeen weiteren Kontakt mit der Stimme erwartet, mehr Befehle; aber in den zwei Jahren der Reise mit der *Argo* war nichts geschehen. Er sehnte sich danach zu antworten.

Aber hier? Die Stimme würde von allen vernommen werden und könnte enthüllen, was Killeen als nächstes tun sollte.

Er versuchte sich vorzustellen, was Seine Hoheit daraus machen würde, besonders, da das rote Gesicht dieses Mannes schon von Wut und Frustration gezeichnet war. Die Entgegennahme der Botschaft könnte es Killeen geradezu unmöglich machen, danach zu handeln, wenn Seine Hoheit die Information irgendwie für seine eigenen Zwecke verdrehen wurde.

So viele von euch kleinen Dingern, jedes mit anderem Aroma und anderer Gestalt. Ärgerlich! Die Schöpfung ist mannigfaltig, aber so trivial – wozu soll diese Vielfalt dienen, diese endlos vervielfachten Schattierungen und Nuancen? Es sieht nach alledem nicht so aus, als ob ihr Winzlinge Werke echter Kunstfertigkeit wäret. Das macht meine Aufgabe doch noch schwieriger.

»Flieh, du übler Agent! Oder wir werden dich zermalmen!« Seine Hoheit legte die ganze beachtliche Kraft seiner Kehle in dieses Gebrüll.

Willst du es etwa mit mir aufnehmen? Einem Wesen, das aus den widerstandsfähigsten Feldern besteht? Meine magnetischen Außenbezirke könnten dich kleine lästige Raupe zu Staub zermalmen. Die Entladung meines allerträgsten Gedankens würde Tausende wie dich vernichten. Aber das macht nichts. Mir kann nicht daran liegen, den Sumpf übler Gerüche und vermanschter Figuren auszuloten, den eure unreife Rasse darstellt. Ich kann nicht eine Legion solcher Typen durchwühlen, bloß um eine unklare Botschaft auszurichten. Ich gehe.

Der Himmel wurde allmählich wieder klar. Der Druck in Killeens Sensorium ebbte ab.

»Nein! Warte!«

Er sprang in die Luft mit ausgestreckten Armen, als ob er die entweichenden Linien blauer Strömung über ihnen festhalten wollte. »Ich bin Killeen! Hier!«

Das zarte Strahlungsmuster hielt inne und vibrierte. Killeen sah, wie es neue Fühler nach unten streckte, den gekrümmten Linien des planetaren Magnetfeldes folgend.

Du bist es also. Ich spüre deinen schwachen Geruch und dein schräges Selbst. Gut – ich werde dieser Suche und Verpflichtung müde. Ich habe diese Weisung von einer Macht empfangen, die dem Fresser noch näher ist als selbst ich. Obwohl mein Haupt in den Bereich kühler, träger Welten wie dieser hinaufreichen kann, stehen meine vielen Füße auf einer streng geordneten Ebene sturmdurchschnittenen Plasmas, der Akkretionsscheibe, die den Appetit des Fressers in ihrer Glut speist. Von weit innerhalb meines erschütterten Bereichs kommt dieser Katalog von Fragen, die ich jetzt stellen werde.

Killeen sah Seine Hoheit an, als diese Worte herabströmten. Der Mann war von Wut außer sich. Seine Augen quollen hervor. Seine Lippen verzerrten sich. Er fletschte die Zähne. Sein Kinnbacken wackelte hin und her. Aber er erteilte keine Befehle. Killeen nahm entfernt von seiner Sippe Aufstellung, damit sein Sensorium so sauber sein konnte, wie nur möglich.

»Sag mir – beim letzten Mal hast du etwas gesagt, wonach mein Vater da wäre. Was …?«

Das erste ist eine Frage: Wie geht es Toby?

Jeder Zweifel, den Killeen über die Bedeutung dieses merkwürdigen Satzes vor Jahren gehegt hatte, verschwand jetzt. Wer sonst als Abraham konnte zuerst nach seinem Enkel fragen?

»Ihm geht es gut. Er wächst wie Unkraut. Steht hier direkt neben mir. Schau, ob du sein …«

Ja, ich nehme eine schwächere Aura wahr, die der deinen irgendwie ähnlich ist. Ich werde sie durch Magnetlinien, die in Spiralen bis ins Zentrum reichen, zurückschicken. Sie wird in das Gewirr von Geometrien gespiegelt werden, wo etwas Dunkles harrt. Dort befindet sich nahe meinem Fußpunkt ein Dunst aus Antimaterie, der irgendwelchen künstlichen Quellen entspringt. Daher kann ich nicht präzise Übermittlung so schwacher Daten garantieren, wie eure dürftigen Auras sie darstellen.

»Mein Vater ist hier bei dir? Sag ihm, wir brauchen …«

Nein, nicht hier bei mir. Alles, was ich weiß, ist die Gewißheit, daß er weiter innen gelebt hat, irgendwo in von der Zeit durchtobten Wirbeln.

»Gelebt *hat?* Lebt er auch jetzt noch?« Killeens Stimme wurde angespannt.

Formen wie du selbst scheinen sich dort herumzutreiben, aus Zwecken, die man mir nicht offenbart hat. Ich kann nicht sagen, ob diese spezielle Einheit existiert. Die Tatsache, daß sich dort so belanglose primitive Wesen befinden, ist für mich ein größeres Geheimnis als alles in deinen Mitteilungen, du kleiner Geist. Aber ich will dich nicht mit Fragen behelligen, die du nicht begreifen kannst. Paß also auf! Die nächste Botschaft lautet: Wende die Schiffscodes der *Argo* auf die Vermächtnisse an!

»Vermächtnisse?« rief Killeen. »Aber wir verloren doch …«

Schweig, kleiner Geist!

»Unser Schiff ist weg!«
Unbeeindruckt rührte sich das elektromagnetische Wesen in der Höhe weiter. Es warf Schimmer leuchtenden Grüns in die nahen Wolken und drängte sie zurück, so daß sich das ganze Himmelsgewölbe öffnete. Die Cirruswolken in der Höhe verschoben sich, als ob sie den düsteren Himmel dahinter beißen wollten.

Die Botschaften, die zu übermitteln mir aufgetragen wurde, sind keine einfachen Feststellungen, sondern vielmehr mikroskopische Intelligenzen – Fragmente des Geistes, der sie gesandt hat. Daher muß ich auf dieses Pünktchen warten, um eine Antwort für dich zustande zu bringen. Jetzt sagt es: Dann bist du verloren.

»Aber das ist …«
Seine Hoheit schrie: »Hauptmann der Bishops, ich befehle dir, abzulassen! Unterhaltung mit diesem Werkzeug der Korruption wird unseren ganzen Stamm verwirren und uns alle in die Irre führen.«
Killeen warf Seiner Hoheit einen Blick zu und tat ihn

mit einer Handbewegung ab. Er versuchte nachzudenken. Sein Vater war …

»Ich warne dich!« Die Stimme Seiner Hoheit wurde drohend. »Sich einzulassen mit …«

»Cermo! Einigeln!«

Die Bishops lösten ihre Formation und bildeten eine nach außen gerichtete, wohlgeordnete Phalanx. Die Luft sang, als sich ihre Sensorien nach außen konzentrierten und die konfusen Felder der anderen Sippen kreuzten.

Killeen sagte in ruhigem Ton: »Ich will keinen Zwischenfall provozieren. Das ist kein Teufel oder Gottesmörder. Laß uns in Ruhe!«

»Ich befehle …« Aber Seine Hoheit brach mitten im Satz ab, als er den Druck des massierten geballten Bishop-Feldes spürte.

Die Waffen wurden von den Schultern genommen, gespannt und auf die wichtigsten Ziele gerichtet – angefangen mit Seiner Hoheit.

»Wir Bishops fordern einen Moment Zeit. Hört auf mich! Ich beschwöre die alten Gesetze, deren erste und am meisten verehrte Sippengeheimnis sind.«

Im Tal schwelte Unbehagen. Die anderen Sippen rührten sich nicht. Seine Hoheit ballte die Fäuste, sah aber nur zu, als Killeen sein Sensorium wieder gen Himmel richtete.

Ich sollte diese Ungeheuerlichkeiten nicht kundtun, bis du vom Zugriff der mechanischen Intelligenzen frei wärest. Darum habe ich auf dem Schiff nicht zu dir gesprochen. Es wird bewohnt von mechanischen Formen, die den Schlüssel zu den Vermächtnissen nicht bekommen sollten.

»Die *Argo* hatte Mechanos an Bord?« Killeen hatte gewußt, daß einige kleine Formen nach der erfolgreichen menschlichen Rebellion auf Snowglade der Gefangennahme entgangen waren. Er hatte aber gemeint, sie wären machtlos und unbedeutend.

Mechanos sind durchdringend. Sie sind der Staub, der zwischen den Sonnen schwebt.

In der sonoren Stimme, die durch Killeens Sensorium drang, war immer eine Note der Sympathie.

»Schau, gibt es eine Möglichkeit, wie mein Vater uns helfen kann? Wir sind hier in der Falle. Einige andere Lebensformen reißen den ganzen Planeten in Stücke. Wir können auf keine Weise frei kommen, wenn uns nicht etwas so Mächtiges wie du hilft.«

Ich bin ein Bote, aber kein Retter.

»Sprich mit meinem Vater, falls er noch lebt! Schickt uns Hilfe!«

Der kleine Geist. den ich befragen kann, übermittelt dir sein lebhaftes Mitgefühl, wenn dir das ein Trost sein kann. Aber sonst nichts. Auf jeden Fall stehen ihm meine Kräfte nicht zur Verfügung.

Die bunten Bänder begannen zu verblassen. »Verlaß uns hier nicht!«

Lebwohl!

»Nein!«

Aber es war fort.

Killeen stürzte erschöpft zu Boden. Eine schwere Depression befiel ihn wie eine Wolke; und er keuchte, als ob er gelaufen wäre. Die Welt verlor an Farbe.

Shibo zog ihn hoch. Hände stützten ihn. Toby legte

ihm einen Arm um die Schultern und führte ihn vorwärts. Die Bishops hielten immer noch ihre defensive Igelformation. Die Luft war gespannt, während die anderen Familien sie beobachteten, die Hände in der Nähe ihrer Waffen.

Shibo sagte: »Es wird wiederkommen. Gib nicht auf!«

Killeen schaute ringsum auf die kahle, staubige Ebene und die Reihen zerlumpter Leute, die sie erfüllten. »Richtig, richtig«, sagte er automatisch, ohne den Worten zu glauben.

Die Stimme Seiner Hoheit dröhnte: »Wir haben es erschreckt, seid dessen sicher! Das Wesen ist vor der ihm von uns gezeigten Solidarität geflohen.«

Killeen schüttelte den Kopf und sagte nichts. Er erwartete sofortige Strafe von Seiner Hoheit; aber der dunkle Mann starrte ihn bloß an. Ein leerer, glasiger Blick kam in seine Augen.

Seine Hoheit wandte sich von den Bishops ab und begann, mehr aus der alten Litanei zu intonieren. Killeen gab ein Zeichen, und die Bishops lösten die Igelformation auf, um wieder gerade Reihen zu bilden. Aber die kritische Spannung auf der Ebene, obwohl gedämpft, verschwand nicht.

Neben Killeen flüsterte Toby: »Der Bursche wird das nicht vergessen.«

Besen fügte hinzu: »Vielleicht hat ihn das Ding am Himmel erschreckt. Mich hat es das sicher.«

»Es ist nicht einfach, jemanden zu erschrecken, der schon Gott ist«, bemerkte Shibo zynisch.

Killeen hörte sich stumm den Rest des Gottesdienstes an. Die Worte rannen an ihm vorbei wie Regentropfen auf einer Fensterscheibe.

Als die Zeremonie beendet war, führte er die Bishops von der Ebene. Sie marschierten zackig, obwohl ihre Augen eingefallen und abgelenkt waren. Er bemerkte das bittere Raunen seitens der anderen Sippen. Einige

Leute riefen Schmähungen und Drohungen. Er ließ alles vorübergehen. Er dachte an das Gesicht seines Vaters.

Als sie an der Gruppe von Offizieren um Seine Hoheit vorbeikamen, warf der Mann Killeen einen scharfen tadelnden Blick zu. »Wir sprechen uns später, Captain«, war alles, was er sagte. Dann wandte er sich jäh ab und stolzierte davon.

Killeens Grey-Aspekt sagte:

Diese Hoheit da ... hat einen schiefen und hungrigen Blick. Solche Leute sind gefährlich ... wie die Alten sagten.

Killeen nickte, aber im Vergleich zu dem, was die Bishops gerade verloren hatten, erschienen die Meinungen gewöhnlicher Menschen geradezu trivial.

FÜNFTER TEIL

KOSMISCHE SAAT

1. KAPITEL

Die Dämmerung drang durch trübes Gewölk und warf blasse Lichtstreifen auf die Bergflanke, wo sich die Bishop-Sippe zurückzog, Killeen blieb stehen und blickte nach hinten. Die Nachhut hatte gerade die Ausläufer der Bergkette erreicht, wo sie anhalten und die rückwärtige Verteidigung übernehmen sollte.

»Anhalten, bis wir den Gipfel räumen!« sendete er an Cermo.

– Jawohl –, antwortete Cermo mit minimaler Energie. Sie sendeten möglichst schwach, um Entdeckung durch verfolgende Cyber zu vermeiden. – Die Munition wird knapp. –

Killeen antwortete nicht, weil es nichts gab, das er hätte tun können. In der Hauptformation der Sippe, wo er sich befand, gab es keine Munition mehr. In Anbetracht dessen, daß die Cyber aus jeder Richtung angreifen könnten, hatte es keinen Sinn, entweder die Vor- oder die Nachhut zu verstärken.

Cermo war gezwungen gewesen, Waffen und Energiespeicher einzusetzen, um die kleinen röhrenförmigen Dinger zu erwischen, die der Sippe nachsetzten. Diese Kreaturen waren so groß wie Hunde und schienen Miniatur-Cyber zu sein, mit rötlichen Schilden und in Aluminium steckenden Beinen. Unbewaffnet waren sie der Sippe gefolgt seit der Katastrophe an den Magnetkraftwerken. Und sie hatten sich auch als geschickt erwiesen. Sie blieben zurück und zerstreuten sich, wenn Cermo Leute gegen sie ausschickte, wodurch weitere Verzögerungen eintraten.

Schon ein einziges der Cyberinsekten konnte ihre Position melden; und es gab Tausende von Verstecken in dem unübersichtlichen Tal, das sie gerade verlassen hatten.

Killeen ging die steile Bergflanke hinauf. Er hatte Blasen an den Füßen und belastete leicht hinkend mehr den linken. In seine Beinröhren war Wasser geraten und in die Socken gerieselt. Alle Stiefel- und Kompressortechnik der Welt konnte nicht den Druck von seinen wunden, entzündeten Fersen nehmen.

Das Wasser war aus Geysiren gekommen, die jäh einem sandigen Canyon entsprungen waren, den sie nach der Schlacht mit voller Geschwindigkeit durchquert hatten. Es war keine Zeit gewesen, um anzuhalten und nachzusehen. Daher hinkten jetzt Dutzende seiner Sippe mit der gleichen Behinderung.

– Ich habe Jocelyns Piepser erwischt –, sendete Shibo. Sie war schon jenseits des Gipfels und führte die Vorhut. Killeen bestätigte mit einem kurzen Triller. Er hoffte, daß die Cyber, wenn sie ihn mitbekamen, darin keine menschliche Stimme erkennen würden.

Diese Nachricht ließ etwas Freude aufkommen. Jocelyn führte den anderen Teil der Sippe, der während des Kampfes abgeschnitten worden war. Ihr Rückzugsplan funktionierte also. Sie hatte einen Weg entlang parallelen Berggraten gefunden und zog durch die niedrigen Canyons auf der anderen Seite. Wie geplant hinterließ sie einen Melder. Dies bedeutete, daß sie nicht gezwungen waren, irgendwelche Cyber zu umgehen, woraus wiederum folgte, daß die Aliens den Bishops überhaupt nicht nachsetzten. Zwar nur ein geringer Hinweis, aber Killeen gestattete sich grimmig diese Hoffnung. Hoffnung war jetzt ebenso lebenswichtig wie Energie.

Aber dann übermittelte Shibo: – Noch mehr Tote –, und Killeens Stimmung wurde düster.

Er schaltete seine Energiereserven ein und sprang die

letzte Steinplatte vor dem Gipfel hinauf. Ein roter Sonnenuntergang schnitt für einen Augenblick durch die trübe Wolkendecke und warf kräftige Schatten in die zerklüfteten Trockentäler drüben. Keuchend erreichte er den Gipfel. Er dehnte sein Sensorium kurzzeitig aus und erwischte Shibos grünes Pilotsignal. Bei stärkerer Vergrößerung sah er, wie ihre Abteilung nach den Seiten ausschwärmte, um dort Verteidigungspositionen zu beziehen.

Killeen ging auf volle Kraft und begab sich in mehreren Schubstößen den steilen Hang hinunter. Seine Kompressoren ächzten, und er fing mit den Gelenken den größten Teil des Stoßes auf, aber seine Füße schrien vor Qual.

Seltsam lockeres Blattwerk bedeckte die Täler. Er arbeitete sich langsam hindurch. Spindelförmige Bäume bildeten über ihm einen Baldachin, als er im Schatten an Sippenangehörigen vorbeikam. Die zähen, verkrümmten Stämme steckten noch in dem zerfurchten Boden. Sie hatten schon begonnen, sich wieder aufzurichten und in neuen Vertikalen den Himmel zu suchen. Obwohl Bergrutsche und neue, erodierende Wasserläufe breite Schneisen in den nachgiebigen, stillen Wald geschnitten hatten, schien das Leben sich doch beharrlich wieder durchzusetzen. Scharfe Krallenspuren bezeugten, daß große Tiere überlebt hatten, obwohl Killeen solche nur selten aus großer Entfernung zu sehen bekam. Sie hüteten sich vor Mechanos, Cybern und Menschen gleichermaßen.

Killeen fand Shibo am Fuße einer Erhebung sitzen und nach oben blickend. Er folgte ihrem Blick und sah einen Körper, der an einem großen knorrigen Baum hing. »Einer der unseren?«

»Nee«, antwortete sie. »Sieht wie einer der Buben aus.«

Als sie sich dem Baum näherten, folgten ihnen einige

Sippenangehörige. Der hagere Leichnam der Frau baumelte an einem geknüpften Strick. Der ganze Brustkorb und Bauch waren geschwollen von einer jener glasigen, undurchsichtigen Blasen, die Killeen schon früher gesehen hatte. Aus den Brustwarzen troff eine milchige Flüssigkeit.

»Scheint bald so weit zu sein, daß sie aufplatzt«, sagte Shibo.

»Stimmt. Wie lange ist es her, daß Jocelyn hier vorbeigekommen ist?« fragte Killeen.

»Ich schätze, ein paar Stunden. Ihr Piepser ist schon verstummt.«

»Wo war der?«

»Da unten, wo ich gesessen habe.«

»Also hat sie es entweder so gelassen, damit wir es sehen können ...«

»Oder irgendwer hat es beim Piepser hinterlassen.«

»Ja – nachdem sie weitergegangen war.«

Shibo schaute ihn an. Ihre Backenknochen schienen ihre gebräunte Haut straff und blank zu machen. »Wer denn wohl?« fragte sie unsicher.

Killeen versuchte, sich in die Denkweise eines Cybers hineinzuversetzen. »Warum hat Jocelyn diesen Hinweis gegeben? Es wäre doch wahrscheinlicher gewesen, wenn sie uns davon weggewiesen hätte.«

Shibo nickte. »Also hat wohl ein Cyber ihren Piepser gefunden und dies hinterlassen.«

Killeen trat zurück und sah, wie Ameisen über das Gesicht des Leichnams liefen, während er sich langsam im Wind drehte. »Ich frage mich, ob er hier aufgehängt wurde, um uns einen Schrecken einzujagen.«

»Siehst du das?« Shibo zeigte hin.

Die Hände und Füße waren durchbohrt. Aus den blutigen Wunden ragten grüne Stengel hervor, die in voll geöffneten gelben Blüten endeten. Die Blumen schienen aus dem Fleisch der Frau herauszuwachsen.

Killeen durchfuhr eine kalte Übelkeit. Er erinnerte sich an die grotesken Skulpturen der Mantis. Hier war das gleiche Horrorschauspiel. »Warum hat ein Cyber das getan?«

»Pflanze und Tier in Kombination«, sagte Shibo.

»Irgendeine Botschaft?«

»Warum wurde das gemacht?«

»Der Haken bei den Aliens ist, daß sie alien sind.« Er spuckte ärgerlich auf den Boden. Warum gestalteten bloß Mantis und Cyber diese aus Menschen und Pflanzen zusammengesetzten ›Kunstobjekte‹?

Ein Mann trat zu der Leiche und wollte mit dem Messer die Seile zerschneiden.

»Nein!« Killeen stieß seine Hand weg.

»Ich wollte bloß ...«

»Nicht anrühren!«

»... es herunterholen und in das darin lebende Ding stechen.«

»Es ist wahrscheinlich markiert. Wenn du es abschneidest, geht ein Alarm los, und Cyber kommen hierher.«

Der Mann machte ein ärgerliches Gesicht. »Wenn ihr es da drin wachsen und dann herauskommen laßt, wird es einen Cyber mehr geben.«

»Nee«, sagte Shibo. »In uns züchten sie ihre kleinen Gehilfen, aber nicht ihresgleichen.«

Der Mann blinzelte. Dann machte er ein mattes, nichtssagendes Gesicht und wandte sich um. Killeen schaute hinab zum Waldrand, wohin sich Bishops nach dem Kampf schließlich zurückzogen. Sie ließen sich fallen, ohne sich auch nur an Bäume zu lehnen. So lagen sie da, mit ihrem Gepäck als Kopfkissen.

»Wir sind so ziemlich erledigt«, sagte er nachdenklich.

»Hier können wir nicht bleiben«, erklärte Shibo. »Die Cyber kennen diese Stelle.«

Killeen nickte. »Sie könnten zurückkommen.«

Er überlegte, ob es für Cyber schwieriger wäre, sich bei Nacht zu bewegen und zu suchen. Wahrscheinlich nicht, da er sich erinnerte, daß ihre natürlichen optischen Sinne am besten im Infrarot arbeiteten. Dies bedeutete, daß die zunehmende Dunkelheit der Bishop-Sippe hier keinen Vorteil bot.

Er begab sich mitten in die zusammenströmende Menge und setzte sich hin. Der Schmerz in seinen Beinen ließ wohltuend nach. Die Beben hatten die meisten der merkwürdigen dreieckigen Blätter auf den Waldboden gestreut und damit ein herrlich weiches Ruhelager geschaffen. Die Stiefeltritte näherkommender Bishops machten gar kein Geräusch, und die abklingende Abenddämmerung tauchte die Szene in ein mildes, heiteres Licht.

Seine Füße schrien nach Entspannung. Aber er wagte nicht, die Stiefel auszuziehen aus Sorge, daß er nicht wieder hineinkommen würde, wenn die Füße anschwollen. Er war versucht, sein Sensorium zu expandieren, um eine rasche Zählung der Köpfe durchzuführen; aber die gehängte Leiche hatte ihn gegen auch das schwächste elektromagnetische Spürgerät mißtrauisch gemacht.

Und auf jeden Fall kannte er schon ungefähr die Größenordnung ihrer Verluste. Die Bishop-Sippe hatte beim Sturm die äußere Flanke gebildet. Das war eine relativ wenig gefährliche Position, die einen klaren Fluchtweg bot. Sie waren vorgestoßen, nachdem die Vorauseinheiten aus ihren Verstecken in den Cybertunneln sprangen. Die Schlacht hatte sich auf der Ebene unterhalb der Gebäude der Magnetgeneratoren abgespielt. Jene Einheiten waren direkt zwischen den Cybern aufgetaucht.

Killeen war Zeuge des Schicksals dieser tapferen Familien geworden. Beim Angriff mußte mindestens eine

Familie gegen einen Cyber stehen. Der erste Ansturm hatte zwei Cyber erledigt, und es sah gut aus. Die Männer und Frauen ergossen sich in die Ebene, wie von einem plötzlichen lautlosen Wind angetrieben. Killeen war es nicht möglich gewesen, Anzeichen von Mikrowellen oder optischen oder auch nur kinetischen Waffen zu entdecken. Die Leute fielen mitten im Vorrücken, wie von einem unsichtbaren Riesen erfaßt und in den Boden gerammt.

Der Vorstoß kam zu einem plötzlichen Halt, Familien sammelten sich wieder hinter den gefallenen und rauchenden Cybern. Selbst da wurden sie noch ab und zu von einem gezielten Schuß hingestreckt. Sie versuchten einen Sturm auf die Magnetgeneratoren, die über den schlammfarbenen rechteckigen Hügeln aufragten. Aber sie fielen zu Dutzenden. Ihre erstickten Schreie tönten durch die Sprechgeräte.

Die Bishops reagierten auf das schmetternde Angriffssignal Seiner Hoheit. Noch mehr Familien strömten über die entfernten Hügel. Sie schwärmten aus und bewegten sich in ruckartigen Sprüngen zwischen dem Sichtschutz durch Trockentäler und Ansammlungen von Bäumen und Felsblöcken. Das Schlachtfeld war eine graue Lavafläche, wie sie eine Magma speiende Vulkanöffnung hinterließ, die kürzlich das Leben hier ausgetilgt hatte. Ob zufällig oder mit Absicht, konnte Killeen nicht sagen. Die Cyber hatten schon Tunnels in den kaum abgekühlten Lavasee gebohrt. Risse in der Kruste boten etwas Schutz, als der Stamm herunterstieg und die vier restlichen Cyber unter Beschuß nahm.

Wären es Mechanos gewesen, so würden die gezielten Feuerstöße Beine weggerissen und Antennen ausgebrannt haben. Die Cyber hielten an, als ob sie die Lage neu beurteilen wollten. Dann schossen sie weiter auf menschliche Einzelziele, als ob sie nichts weiter als ein Sommerregen getroffen hätte.

Killeen war in der Mitte seiner Sippe gelaufen. Er sah die ersten Angehörigen fallen und befahl allen, sich hinzulegen. Sie hatten einen mächtigen Feuerstoß auf den nächsten Cyber gerichtet. Es war ihnen gelungen, einige Anhängsel wegzupusten. Aber schon die natürliche, von Warzen bedeckte Haut wies alle Schüsse ab.

Killeen konnte das nicht glauben, bis er nacheinander drei Bolzen in die freiliegende Mittelpartie des Dings abfeuerte. Erst nachdem alle versagt und sich in schwache blaue Lichtspuren aufgelöst hatten, bemerkte er den leichten Schimmer, der über dem Cyber hing, und hörte das Knistern ionisierender Luft in seinem Sensorium.

Daraufhin befahl er den Rückzug. Seine Hoheit war sofort in seine Sprechverbindung eingedrungen, hatte ihn beschimpft und eine neue Attacke verlangt. Killeen hatte kurz gezögert, während rings um ihn Bishops fielen. Das Chaos des übrigen Schlachtfeldes hatte sein Sensorium bestürmt und ihn mit seinen Todesschreien und flehentlichen Bitten geblendet.

Er mußte dem Druck jahrhundertealter Sippentradition widerstehen, dem absoluten Gesetz, wonach ein Oberer des Stammes unbedingten Gehorsam erheischte, besonders in dem Kampfgetümmel, wo es auf Bruchteile von Sekunden ankam. Killeen hatte schmerzerfüllt innegehalten. Und das war der Moment, in dem er sah, wie Loren, ein Junge von Tobys Alter, plötzlich in Stücke gerissen wurde. Irgend etwas hatte ihn in die Brust getroffen und zu einer blutigen Blüte verwandelt. Obwohl Loren sich in dem Schutz einer Lavaspalte befand, konnte der glatte Fels nicht abhalten, was die Cyber einsetzen mochten.

Also befahl er den Rückzug. Ähnliche Befehle schienen in seinem Gerät leise hörbar zu werden. Sie kamen wohl von anderen Hauptleuten, aber er war sich nicht sicher. Er hatte für den Hauptblock der Bishops für einigen Feuerschutz gesorgt; aber streng befohlen, daß niemand versuchen sollte, Gefallene zu bergen. Sie hatten auf dem Feld elf Leute verloren, und noch mehr, die sich durch die Trockentäler und über den Grat hindurchkämpften. Aus dem Rückzug war fast eine wilde Flucht geworden. Und während dieser ganzen Zeit hatte er die polternden Verwünschungen Seiner Hoheit ignoriert.

Das einzig Gute bei alledem war, daß die Kinder, schwangeren Frauen und älteren Sippenangehörigen alle beim Train waren. Dies war eine Verbesserung gegenüber ihren Zusammenstößen mit Mechanos auf Snowglade. Indessen machten die Fähigkeiten der Cyber das mehr als wett.

Killeen machte sich kurz Gedanken über das nächste Mal, wenn er Seine Hoheit treffen würde. Würde der Mann befehlen, ihn zu pfählen wie die leidenden Überreste von Menschen, die er beim Stammeslager gesehen hatte? Das schien recht wohl möglich. Nichtsdestoweniger mußte sich die Bishop-Sippe zu dem vereinbarten Sammelpunkt begeben. Ohne den Stamm würde die Sippe in dem offenen Lande kaum zurechtkommen. Sie wußten einfach zu wenig über diese Welt, um lange zu überleben.

Einen Augenblick wog Killeen sein persönliches Schicksal gegenüber den Bedürfnissen der Sippe ab. Er hatte von der Taktik Seiner Hoheit schon genug gesehen. Sie wurde ruinös gegen Cyber eingesetzt und war gegen Mechanos vermutlich auch nicht sehr wirksam. Immerhin hatte Seine Hoheit mit verbündeten Mechanos Siege errungen. Und nach Killeens Insubordination auf dem Schlachtfeld würde Seine Hoheit die Bishops künftig ins dickste Kampfgewühl schicken, wo er sie kontrollieren konnte – mit oder ohne Killeen als ihrem Anführer.

Er seufzte, und Shibo an seiner Seite warf ihm einen klugen nachdenklichen Blick zu. Sie wußte, was ihm solche Sorgen machte, sagte aber nichts. Er nahm einen Fruchtriegel und biß in die festen, süßen Körner. Cermo erschien mit der Nachhut. Killeen machte ein mürrisches Gesicht – das übliche Zeichen, wenn er nicht in der Stimmung war zu sprechen. Er mußte nachdenken.

Im Zweifelsfall mußte er sie zum Rendezvous führen. Das sollte auf einem Berggipfel stattfinden, offenbar einer Stelle, die mit den verehrten lokalen religiösen Symbolen zu tun hatte. Dort konnten sie auch mit dem Train zusammenkommen. Danach würden sie, falls sie sich entschlossen, die wahnsinnige Führerschaft Seiner Hoheit aufzugeben, sich mit vollem Gepäck und vollen Bäuchen davonmachen. Das war es wert, sein persönliches Schicksal aufs Spiel zu setzen. Schließlich konnte kein echter Captain anders entscheiden.

Sein Arthur-Aspekt bemerkte:

Man sollte religiöse Inbrunst, sogar rasenden Fundamentalismus angesichts einer solchen Kalamität erwarten, wie diese Leute sie erduldet haben. Sei dessen bewußt, daß ihre Glut eine darunter liegende Furcht widerspiegelt, die sie wohl kaum beherrschen können. Sie sind aus ihren Heimen entwurzelt worden ...

»Wir auch«, murmelte Killeen.

Ja, aber wir haben jahrelang im Komfort der *Argo* gelebt.

»Wir sind nicht verrückt geworden, nicht einmal in den bösen Zeiten auf Snowglade.«

Und was war mit Hatchet? War er unausgeglichen?

Killeen erinnerte sich an das angespannte, verschlossene Gesicht Hatchets. »Nee, bloß einfach böse. Dachte, er könnte mit den Mechanos einen Handel abschließen, während die ihn die ganze Zeit benutzten und einen Zoo für uns alle planten.«

Ich möchte solche Unterscheidungen nicht überbewerten. Beachte aber, daß der Stamm auch offenkundige Siege über die Mechanos errungen hat, als die Konflikte zwischen den Städten ihnen einen Vorteil boten. Allerdings folgte das verheerende Auftreten der Cyber. Dazu die Ausschlachtung ihres Planeten. Ihre heftige Reaktion, ihr Bedarf nach einem perfekten Führer, der ihre Hoffnungen verkörpert und ihnen sagt, daß er in Gottes Namen spricht – ein solcher Effekt liegt durchaus im Bereich menschlicher Reaktionen.

»Machst du Ausflüchte? Dieser Bursche sagt, er wäre *Gott*.«

Ich lege nur dar, daß der Stamm noch leistungsfähig sein kann und daß es für die Sippe nicht das Beste wäre, ihn zu verlassen.

Ärgerlich rief Killeen seinen Ling-Aspekt auf und fragte ihn: »Was meinst du?«

Ein kluger Kapitän bedient sich der Faibles seiner Vorgesetzten. Ich ...

»Faibles?«

Eine leichte Charakterschwäche. Stabsdisziplin ist wichtig; und ich kann keinen Kommandeur tadeln, der einen Kapitän maßregelt ...

Killeen stieß die kleine Stimme wieder in ihren Schlupfwinkel zurück und stand auf. Sie konnten abrücken, ehe das Licht völlig verschwand. Die Ruhe hatte seinen Füßen wieder ein Gefühl zurückgegeben. Er würde eine Weile marschieren müssen, ehe sie wieder taub wären.

Zerfurchte Gesichter sahen ihn erwartungsvoll an. Besonders eines, das der Frau Telamud, schien vor Energie zu sprühen. Sie stand auf und machte einige steife Schritte. Mit offenen und blinzelnden Augen schaute sie sich um. Versuchsweise neigte sie sich zur Seite und beugte dann die Knie, als ob sie ihre Stoßgelenke ausprobieren wollte. Dann machte sie wieder einige Schritte. Ihre Zunge kam heraus, als ob sie die Luft kosten wollte. Sie atmete heftig. Ein Mann stand auf und fragte sie, ob sie sich wohl fühlte. Killeen vermutete einen Fieberanfall. Telamud schaute sich um, als ob sie niemand von ihnen jemals gesehen hätte. Killeen befürchtete, sie geriete in einen Aspektsturm, in dem die Intelligenzen sie überwältigten. Sie zitterte noch stärker. Aus ihrem offenen Mund kam ein gurgelndes Geräusch. Dann fiel sie steif zu Boden.

Telamuds Freunde untersuchten sie, schlugen ihr ins Gesicht und versuchten, sie zum Bewußtsein zu bringen. Langsam kam die Frau wieder zu sich, verwirrt und aschfahl. Sie konnte nichts sagen, schien aber immerhin gehen zu können.

Als Killeen sich umsah, begannen Tropfen durch das Dach aus Laub und Zweigen in der Höhe zu rieseln. Es war ein blaßgrüner Regen, fremdartig und kalt. Seine Schleier bewegten sich wie leichte Gardinen zwischen den Bäumen.

Die Familie lag wie tot hingebreitet. Einige hatten schon Verpflegung aus ihren Päckchen geholt, als ob man sich für die Nacht niederlassen wollte.

»He, es regnet«, sagte jemand schläfrig.

Ein anderer antwortete: »Habe nie gedacht, daß ich Regen nicht würde leiden können. Habe auf Snowglade nie genug gekriegt. Aber jetzt ...«

»Wasser oben, Wasser unten«, sagte Killeen. »In meinen Marschblasen ist mehr, als aus diesem Himmel kommt.«

Ein Mann rief: »Er wird die Cyber drinnen halten, wette ich.«

Killeen schüttelte den Kopf. Diese eitle Logik war unbegründet, aber die Stimme des Mannes verriet große Erschöpfung. Er rief seinen Vorrat an alten Geschichten auf und sagte: »Erinnerst du dich an Jesus? Den großen Hauptmann? Nun, ich bin noch größer, weil ich auf mehr Wasser gehe, als er es tat.«

Der schwache Scherz löste Gelächter aus, und er redete einigen zu, daß sie aufstanden. Sie waren zu müde, um großen Widerstand zu leisten. Aber Killeen wußte, daß er nicht viel mehr aus ihnen würde herausholen können, ehe ihre Reserven erschöpft waren. Sonst würde er eine offene Rebellion gegen sich haben.

»Los!« rief er. »Marsch! Heute abend doppelte Rationen.«

Die Stimmung hob sich etwas, und die Kolonne rückte langsam ab in die zunehmende Finsternis.

2. KAPITEL

Quath verfolgte die Nichtser mit seltsam gemischten Gefühlen.

Sie freute sich über die wilden Vorstöße, die sie machen konnte, wenn sie von einer in Panik fliehenden Gruppe zur nächsten raste, sie zerfetzte, in die Luft jagte und auslöschte. Das war eine Erfüllung ihres Plans und machte ihr Spaß.

Andererseits durchzuckten sie launische Anwandlungen. Sie empfand flüchtigen Schmerz, wenn die Nichtser starben. Sie litt an Anfällen von fiebrigem Zittern, wenn sie voller Furcht flohen.

Das beunruhigte sie, machte ihre Waffen zum Teil langsamer und verschob ihr Ziel. Daher rief Beq'qdahl: #Du schießt zu weit. Korrigiere dich!#

#Ja, ja#, antwortete Quath. Sie hoffte, daß kein Füßler bemerkt hatte, wie durcheinander sie war.

#Verfolgt sie!# riefen alle bewaffneten Füßler. Quath schloß sich ihrem Sturm an.

Ausgezackte Grate hinauf, durch graue Mechano-Ruinen und ausgeplünderte Wälder und hinab in die verwüsteten Steppen dieser zerstörten Gegend jagten sie die stupiden, blöden Nichtser.

Quaths raffinierter Plan hatte geklappt. Ihr gefangener Nichtser sollte, wenn er dort freigelassen wurde, wo man annahm, daß die größten Horden von Nichtsern herumstreiften, sofort seine Gefährten aufsuchen. Ein winziges, an ihm befestigtes Gerät gab mehrere Male täglich ein Ortungssignal. Quath hatte diese verfolgt und ihr Vorhaben erraten, wonach sie wieder einige

Magnetfeldstationen angreifen würden, die die Bewegungen des Kosmischen Kreises steuerten.

Und nun war die für sie aufgestellte Falle zugeschnappt und Tausende dieses Ungeziefers gefangen. Während Quath durch eine Mechano-Fabrik eilte, um versteckte Nichtser aufzuspüren, sprang Tukar'ramins Stimme mit aller Gewalt in ihre Aura.

Sie sagte: *Du bist wirklich von einem wilden und schlauen Schlag. Ich habe beobachtet, wie dein bewundernswerter Plan verwirklicht wurde. Paß aber auf, daß du dich bei diesen brutalen Kämpfen nicht selbst in Gefahr bringst!*

#Wir haben verstärkte Waffen, o du Gewaltige. Sei nicht besorgt!# antwortete Quath.

Ich kann dir auch eine gute Nachricht bringen. Die zweite von den codierten Tafeln, die du aus dem Schiff der Nichtser geholt hast, ist jetzt so gut wie ganz entziffert. Es ist wirklich wertvoll.

Quath merkte, daß Beq'qdahl, die an einem benachbarten Hang steckte, von gelber Eifersucht troff. Sie tat so, als sie nichts merkte. #Oh? Das macht mich doppelt glücklich. Aber … wer hat sie denn übersetzt?#

Die Illuminaten.

Die Subintelligenzen von Quath brabbelten erstaunt durcheinander.

Sie haben sich geschickt einen Weg durch das Dickicht komprimierter Bedeutungen in diesen Tafeln gebahnt.

#Die Illuminaten studieren sie selbst?#

Diese zwei Tafeln handeln wirklich von großen Dingen.

#Sprichst du jetzt direkt zu ihnen?#

Ja, über die Weite des Meeres der Sonnen. Ich habe von allen diesen Illuminaten Anweisungen mit der Geschwindigkeit erhalten, die das Licht in diesem System braucht. Zwei sind hier und überprüfen unsere orbitalen Konstruktionen. Sogar jetzt noch debattieren sie miteinander.

#Kennen die Illuminaten die Antworten auf die Fragen, die mich so sehr quälen und beschäftigen?# platzte Quath heraus.

Quath …

#Was ist mit dem Tod? Hat das, was wir tun, einen Sinn, der über unseren Tod hinausreicht?#

Die Antworten, an die wir alle glauben – die Summation –, haben die Illuminaten selbst formuliert. Diese Weisheit ist in der Tat uralt. Jetzt beschäftigen sie sich nicht mit solchen Dingen. Sie denken darüber nach, wie unser großes Ziel vollendet werden kann. Erinnerst du dich daran, was ich dir früher über deine Natur gesagt habe?

Verwirrt hielt Quath inne, um nachzudenken. Gleichzeitig pflügte sie sich durch eine Gruppe verkrümmter Bäume, deren Rinde abgeschält war – etwa von Nichtsern verzehrt? Sie suchte nach Zielen. Aber Beq'qdahl hatte schon die beiden Nichtser erledigt, denen Quath nachgesetzt hatte, und posaunte jetzt aus Geltungsbedürfnis laut ihren kümmerlichen Sieg hinaus. Quath machte kehrt und lief eine Böschung hinunter. #Natürlich erinnere ich mich an alles, was die Tukar'ramin mir eingegeben hat. Ich bin ein Philosoph, sagst du.#

Du gehst an dieses Thema nur zögernd heran?

#Ja … Ich frage mich, warum ich ausgesondert wurde.#

Die schicksalsträchtige Kombination von Genen. Wir verkörpern Eigenheiten jener alten Rasse, die in uns ständig an die Oberfläche kommen.

#Ich wäre lieber ein reiner, zorniger Kämpfer!#

Du kannst nicht irgend etwas in reiner Form sein Quath. Das ist das Vermächtnis jener verlorenen Spezies – jeden Aspekt des Lebens in gemilderter Form anzusehen.

#Aber ich mag es so nicht!#

Das spielt keine Rolle. Dein Schmerz, deine Unentschlossenheit, deine Suche nach höheren Antworten – das ist deine Heimsuchung, deine Mühe und dein Geschick.

#Ich hätte lieber Gewißheit.#

Gewißheit ist das Los derer, die keine Fragen stellen. So sind die Füßler fast alle. Wir haben die materielle Welt gemeistert und wissen, wie sie wirkt. Aber wir rätseln nicht an den Fragen herum, die dich, Quath, beschäftigen.

#Ich wollte, ich wäre wie du!# rief Quath in seltsamer, einsamer Wut.

Als Philosophin solltest du jetzt wissen, daß die vor langer Zeit eingepflanzten Merkmale sich in dir in unvorhersehbarer und verwirrender Weise manifestieren werden. Außerdem werden sie mit dem Alter zunehmen. Du könntest die angeborenen Züge von Wesen früherer Zeiten aufweisen, oder eine Kombination dieser mit Füßlern.

#Ich sehe keinen Weg zur Beantwortung meiner Fragen.#

Es gibt andere, vielleicht größere, Aufgaben, Quath. Von solchen Dingen bringe ich Kunde. Die Tafeln, die du mir gebracht hast, enthalten für die Illuminaten genügend Information, um ein kühnes Abenteuer anzugehen, etwas, das die Füßler nie zu unternehmen gewagt haben: eine Reise ins Wahre Zentrum der Galaxis.

#Aber alle Texte sagen, daß das unmöglich wäre, wie du selbst bemerkt hast. Die Mechanos verfügen dort über enorme Kräfte.# Quath kletterte durch ein schlammiges und zerklüftetes Gelände. Große Erdbeben hatten dieses Gebirge gründlich heimgesucht.

Die Tafeln sprechen von einer Zeit, als organische Wesen – vielleicht die einzigen, die ihre Gene mit den unseren vermählten – sich nahe an das Schwarze Loch genau im Zentrum herangewagt haben. Es gibt vielleicht einen Weg hinein, der von Behinderung durch Mechanos frei ist. Es wird aber alle unsere Ressourcen erfordern.

Quath blieb neben einer Schlucht stehen. In dem Wald drüben waren die Menschen, die sie verfolgte. Das von ihr eingesetzte Signal blitzte eine Mikrosekunde lang auf. Also war ihr Nichtser in dieser Gesellschaft. Aber sie konnte jetzt nicht an die Jagd denken.

#Ich bin mit Leib und Seele bei so einem Unternehmen dabei.#

Das könnte auch wirklich notwendig sein.

Irgend etwas im Ton der Tukar'ramin ließ Quath fragen: #Wir ... könnten im Galaktischen Zentrum viel lernen?#

So hofft man. Die Mechanos verheimlichen ihre Aktivitäten im Bereich der inneren Lichtjahre. Seit Jahrtausenden haben die Illuminaten über deren ständiges Ansammeln von Pulsaren und ihre verborgenen Experimente nachgedacht. Wir können kaum hoffen, solche Wesen zu eliminieren, wenn wir nicht ihre tiefsten und vielleicht gefährlichsten Fähigkeiten kennen.

#Ich habe nur dürftige Fähigkeiten. Ich weiß nichts von ...#

Du hast etwas, das wir haben müssen.

#Was? Wie ist das möglich?#

Dein Nichtser.

#Ich ... ich weiß nicht ...#

Ich habe deinen kleinen Passagier gründlich gescannt, als du noch im Nest warst.

#Ich ... ich wollte ...#

Quath, du mußt wissen, daß ich deine inneren Widerstände und finsteren Überlegungen ergründe. Wir hatten schon lange keinen Philosophen mehr im Nest. Ich beschloß, dich deinem inneren Kompaß folgen zu lassen.

#Mein Nichtser ...#

Vielleicht hättest du ihn dir als Schoßtier gehalten. Das haben Füßler schon früher gemacht. Es ist kein Verbrechen. Tatsächlich ist der Umstand, daß du dieses Ungeziefer heimlich behalten hast, reichlich Hinweis auf das mysteriöse Wissen, das, oft ungebeten, zu einem Philosophen kommt. Kümmere dich gut um dein Schoßtier!

#Nein, ich ...#

Ja?

#Ich habe ihn nicht.#

Was?

#Ich benutze ihn, um die anderen Nichtser zu verfolgen.#

Durch die projizierte Aura der Tukar'ramin schoß Alarm. *Die Illuminaten selbst brauchen ihn jetzt. Er war ein Anführer auf dem Schiff, das sie hergebracht hat – einem Fahrzeug, das wir haben müssen!*

#Aber ich ...#

Finde ihn!

Mit diesem Befehl verflog die Aura der Tukar'ramin, als ob eine Bö sie mitgenommen hätte. Quath spürte, wie eilig es die Tukar'ramin hatte, diese Information irgendwohin in der Ferne weiterzugeben.

Bei dieser plötzlichen Wende hätte sie sich eigentlich in gehobener Stimmung befinden müssen. Die Tafeln, die sie und Beq'qdahl fanden, hatten sich jetzt als wichtiger erwiesen denn jeder märchenhafte Traum. Ihr Nichtser war wegen dieses Schiffs jetzt irgendwie eine Schlüsselfigur. Ihr Vergehen – das Verbergen des Nichtsers und die Unterlassungslüge gegenüber der Tukar'ramin – war leicht abgetan worden.

Dennoch fühlte sie sich trübselig und verwirrt, als sie rasch auf den Wald vor ihr zuging. Wenn die Illuminaten nicht wußten, wie sie auf ihre Fragen antworten sollten, welche Autorität unter allen Füßlern konnte es dann? War es möglich, daß die schreckliche Vision eines völlig leeren und sinnlosen Universums nicht beantwortet war, selbst auf höchster Ebene?

Ruhelos strebte Quath mit ihrer Aura nach vorn, in der Hoffnung, einen leisen Hauch ihres Nichtsers zu erhaschen. Ihn zu finden würde nicht leicht sein, wenn sie sich auf die wenigen kurzen Signalblitze verließ, die ihr Spürsender an einem Tage ausgestrahlt hatte. Sie hatte das Gerät in die primitive Ausrüstung gesteckt, die er trug – elementare Zusätze wie eine grobe Parodie auf die glatten Beine der Füßler.

Sie hatte nie gedacht, daß sie diesen speziellen Nichtser würde wiederfinden müssen. Nur die Bande, zu der er gehörte. Wie ärgerlich!

Sie spürte einen elektrischen Geruch von Nichtsern, der aus der dichten Blättermasse vor ihr kam. Hier im Freien war schwer zu merken, welcher davon zu ihrem gehörte. Sie verstärkte die Signale – und schnappte nach Luft.

Überall häßliche Horizontale und Vertikale. Gleichmäßiges gedämpftes Licht. Und in diese dumpfen Wahrnehmungen mischte sich eine Sturzflut von Reizen.

Stille Farbeindrücke von Erschöpfung und Schmerz. Bittere rote Gerüche von Furcht. Gelbe Farbtöne der Scham.

Rasselnder Stolz. Tönende laute Verwirrung. Bitterer Neid, fahle Bosheit und unverständliches schlammiges Verlangen.

Alles brodelte unerkannt unter einer öligen Schmiere von Sinnesempfindungen. Es war schwer zu glauben, daß diese Nichtser sich so wenig ihrer selbst bewußt waren.

Kryptisches Halbwissen schwamm durch diese Geister. Sie litten ständig unter Nadelstichen ihrer Sinne. Ihre Gedankengänge wurden ständig unterbrochen von Botschaften, die im Detail ihre Umgebung, ihren Hunger, ihre ständigen sexuellen Signale (selbst im Zustande der Erschöpfung!) – ihre konfuse, muntere, kleine Welt betrafen.

Quath konzentrierte ihre Aura eifrig auf einen stecknadelkopfgroßen Punkt und richtete sie auf einen bestimmten Nichtser, der einige Hügel weiter vorn war. War das der ihre?

Sie konnte es nicht sagen in dem Wirrwarr schneller grober Wahrnehmungen. In dem stickigen Sumpf konnte sie nicht einmal seine Subintellekte isolieren. Sie hielt sorgfältig seine Muskeln starr und ließ ihn sich aus der Hockstellung erheben. War das ein vertrautes Gefühl?

Eine seiner oberen Gliedmaßen drückte ein weiches Ding ans Gesicht. Nein – ins Gesicht. Ein schrecklicher salziger Impuls sagte ihr, daß das ein Mund war, vielleicht sogar sein wichtigster. Sicher erfreute er sich eines enorm erweiterten Geschmackssystems, denn die Nahrung warf durchdringende Bächlein lavaheißer Galle über das ganze Innere des Mundbeutels.

Seine Genossen starrten den Nichtser an. Sie erkannte, daß sie es alarmierend fanden, wenn die Nahrung aus dem Mund auf den Boden gespien wurde, wo sie vielleicht das Blattwerk verbrennen könnte. Diese Nichtser waren mager. Die Vergeudung von Speise würde Mißtrauen erwecken. Sie durfte sie nicht erschrecken, ehe sie nicht ihren eigenen Nichtser gefunden hatte, weil sie sonst vielleicht alle in Panik fliehen würden. Quath zwang das Ding, das Zeug hinunterzuschlucken, bloß um den Geschmack loszuwerden.

Was könnte diese primitive Lebensform tun? Sie war in ihren Nichtser nicht auf diese Weise eingedrungen. Das erleichterte sie. Neugier trieb sie weiter.

Sie ließ es auf einem Fuß stehen, dann auf dem anderen. Die Empfindung der Instabilität auf zwei Füßen war merkwürdig erheiternd. Sie ließ einen Fuß einen Schritt tun, fing dann den Körper ab, als er zu fallen begann, und hob danach das andere Bein an, um es mit dem ersten zusammenzuführen. Dieses Spiel mit dem Bewirken von Unheil durch Fallen und Abfangen bescherte ihr eine angenehme Erregung.

Sie machte immer noch mehr Schritte. Die Beine beförderten die Stöße nach oben, und sie lernte rasch, diese mit den umständlichen Knien abzufangen. Die einzige Wirbelsäule fühlte sich an, als ob sie sich auf einem gefederten Untergestell von Hüften und Hinterbacken bewegte.

Noch schlimmer – unten am Rücken tat es weh. Die Muskeln waren dort fest verknotet, als ob das ein ständiger Zustand wäre. Was für eine kümmerliche Konstruktion! Und sie hatten so wenig Phantasie, daß sie derart lästige Schmerzen ertrugen!

Sie drehte den Kopf und sah eine erstaunliche Proportion von etwas, das, wie sie wußte, sich außerhalb des Nichtsers befinden mußte, aber die feine Struktur vermissen ließ, die Quath kannte. Es war auch von Emotionen überlagert.

Dieser Nichtser konnte schwerlich etwas sehen, ohne sofort darauf zu reagieren. Das Vorbeigehen an einem niedrigen Busch mit kleinen roten Beeren löste alsbald einen argen Hunger aus. Der schattige Himmel da oben mußte nach Bedrohungen abgesucht werden. Eine feuchte Brise kroch in seine primären Nüstern, und Visionen von Regen ließen Warnsignale ertönen. Ein nahes Gesicht weckte Erinnerungen an glücklichere Zeiten, Gelächter, ein warmes Feuer …

Aber Quath erkannte, daß dieses sich nähernde Gesicht Töne absonderte, die ihrem Nichtser unangenehm waren. Das Gesicht gab schnelle Alarmsignale. Eine Falte genau unter der oberen Haargrenze. Der einzige Mund öffnete sich. Die Lippen wurden etwas röter und ließen deutlicher Zähne erkennen. Eine Verengung des Raums zwischen den Haarhecken über den Augen.

Offenbar ging Quath mit diesem Nichts nicht gut um, trotz ihrer aufregenden Entdeckung des Gehens auf zwei Füßen. Sie glaubte, es ganz geschickt gemacht zu haben. Wie gut konnte eine so rudimentäre Konstruktion überhaupt laufen?

Der sich nähernde Nichtser sagte etwas Unverständliches. Seine primäre Botschaft lag in dem Timbre der Sprache, der höher wurde, als die rohen akustischen Stöße schneller kamen. Quath wollte diese Leute nicht wegscheuchen, ehe sie eine Chance gehabt hatte, sie zu studieren. Und es gab bei ihnen irgendein tieferes Element, das sie nicht ergründen konnte. Selbst verklemmte Subintelligenzen hätten inzwischen zum Vorschein gekommen sein müssen. Die beiden mußten erstaunlich integriert sein.

Sie ließ die Sache auf sich beruhen und entschloß sich, den Nichtser zu verlassen. Jedenfalls kein Grund, seine Genossen zu alarmieren. Sie löste sich sanft. Im nächsten Augenblick befand sie sich wieder in ihrer eigenen Elektroaura.

Jetzt ergoß sich Regen gegen sie, wärmend und irgendwie angenehm. Er erinnerte sie an die quälend lockenden Nahrungsströme im Nest. Sie badete in der sanften Liebkosung durch Wind und Luft. Dann kroch sie müde weiter. Diese Aufgabe, ihren speziellen Nichtser zu finden, könnte sich als schwierig erweisen. Sie bedauerte, ihm nicht eine kräftige kontinuierliche Bake mitgegeben zu haben. Sie fürchtete sogar, daß selbst ein wenig gewitztes Wesen das schließlich bemerken würde. Na schön – sie kroch weiter durch den Wasserschwall.

3. KAPITEL

Es war Sonnenuntergang, bis sie die letzten Vorberge überwunden hatten und über die eigentliche Bergflanke kletterten.

Killeen sah, wie eine rötliche Sonne hinter der nächsten Bergspitze des Gebirges im Süden versank. Er hatte Zeit gebraucht, um seine Sinne diesem Planeten anzupassen und zu merken, daß er mildere Jahreszeiten hatte als Snowglade. Die geringere Schwerkraft und kürzeren Tage störten seinen Rhythmus. Dies machte sich bei allen bemerkbar, wie er dachte, als er die Nachhut der Bishops sich den Hang aus grauem Granit heraufmühen sah. Ein kühler Wind war nach dem Gewitter der vergangenen Nacht aufgekommen und machte das Marschieren noch schwerer. Wenn erst einmal Wasser in die Beinlinge eingedrungen war, ging nichts mehr richtig, bis sich eine Gelegenheit bot, um anzuhalten und am Metall zu arbeiten. Aber dafür war bisher keine Zeit gewesen. Killeen hatte gewitzelt, befohlen und Späße gemacht, um seine Leute durch Schlamm und verwüstete Wälder in Gang zu halten.

Jetzt blickte er zurück, um Ausschau nach verfolgenden Cybern zu halten. Seine Füße verlangten danach, der Stiefel entledigt zu werden. Er machte einen Kompromiß, indem er sich hinsetzte und den Druck milderte. Er hätte vor Schmerz gern gestöhnt; aber Cermo kam in der Nähe vorbei, und Killeens Gefühl für Disziplin verschloß ihm den Mund.

Das Land war durch die Erdbeben aufs neue zerrissen worden. Ein Fluß grub sich emsig ein neues Bett, da er aus seinem alten vertrieben war. Die Geologie schien ihr Tempo beschleunigt zu haben, wie in Furcht vor noch größeren Katastrophen. Der Regen hatte zahllose neue Rinnsale mit Schlamm verstopft, die sich wie Hände mit schlangengleichen Fingern über das Tal zogen und braune Seen speisten. Ertrunkene Gruppen hoher, dünner Bäume ragten aus dem Wasser, und die tiefstehende Sonne bestrahlte ihre dem Untergang geweihten Wipfel.

Wir befinden uns in Nähe des Äquators und haben daher nicht unter den kühlenden Auswirkungen des Strings gelitten. Er scheint einen Teil der Atmosphäre abgeschält zu haben, so daß die Isolation gegen die Kälte des Weltraums schwächer geworden ist.

»Ich dachte, die Landstürze würden eine Erwärmung bewirken«, antwortete er seinem Arthur-Aspekt.

Der Verlust an Luft hat eine größere unmittelbare Wirkung. Tiefenwärme muß aus dem Innern diffundieren. Indessen können wir bald eine neue Entnahme aus dem Kern erwarten. Beachte, wie der String mit höherer Energie pulsiert!

Killeen schaute zum dunkler werdenden Himmel auf und erkannte die rasiermesserscharfe Kurve vor den verschwommenen Farben der interstellaren Wolken. Sie hatte sich den ganzen Tag über nicht bewegt, was bedeutete, daß die Cyber sie mit dem Planeten zusammen rotieren ließen. Wenn sie sich zu drehen begann, müßte man auf Erdbeben oder Schlimmeres gefaßt sein.

Nur für Leute, die in Städten oder Zitadellen leben, sind Erdbeben eine Gefahr. Im freien Gelände wären Erdrutsche am bedrohlichsten; und ich nehme an, daß der größte Teil von lockerem Boden schon losgerüttelt worden ist.

»Vielleicht, sofern nicht dieser ganze Berg entscheidet, daß er sich im Tal wohler fühlen würde.«

Er hörte, wie kleine Steine den benachbarten Hang herunterpolterten, und sah, als er sich umdrehte, Shibo von der Vorhut zurückkommen.

»Vor uns Wachposten des Stammes«, meldete sie. Sie hatten Funkstille gehalten, seit sie die freie Höhe des Berges erreicht hatten, weil Empfangsgeräte, die auf optische Sicht arbeiteten, sie aus großer Entfernung wahrnehmen könnten. Das bedeutete viel schwächeren Informationsfluß, aber Killeen war hier schon sehr mißtrauisch. Jeder Kiesel konnte eine Bake der Cyber sein, die nur darauf wartete, daß jemand mit dem Fuß darauftrat oder auch bloß in der Nähe hinsetzte.

Er befahl: »Die Truppe appellfähig machen! Sie sollen uns in tadelloser Formation mit einsatzbereiten Waffen einmarschieren sehen.«

Er war stolz auf die Bishops, als sie durch die Reihen des Stammes zum Scheitel des Berges zogen. Die Stammesfamilien hatten sich auf den Granitplatten unterhalb des Gipfels ausgebreitet; aber Killeen hielt nicht an, um das Lager aufzuschlagen. Er führte seine Leute direkt ins Zentrum, wo das große Zelt schon stand und sich in dem kalten Wind blähte. Killeen ließ sich von seinen Leutnants flankieren und verlangsamte ihren Schritt nicht, bis sie die weite Lichtung ganz auf der Höhe des Berges erreichten, wo das Zelt laut flatterte.

Seine Hoheit kam zu ihnen heraus. Neben seinen Offizieren stehend, machte er mit ausdrucksloser Miene ein steinernes Gesicht, als Killeen traditionsgemäß salutierte.

Ohne den Gruß zu erwidern, sagte der Mann scharf: »Du hast dich entgegen meinem Befehl zurückgezogen.«

»Ich hatte den Eindruck, daß meine Sippe überrannt werden würde«, sagte Killeen formell.

»Wer könnte schneller rennen als die, welche so schnell den Rücken zeigen?«

»Wir haben große Verluste erlitten. Acht ...«

»*Alle* Familien haben solche Verluste gehabt«, sagte Seine Hoheit und wiederholte diesen Satz noch einmal laut, mit Betonung jedes Wortes. Die Leute hörten es und kamen angerannt.

Killeen sah, daß die Bishops durch die Überzahl der Stammesleute umzingelt wurden. Es würde eine Show werden.

»*Das* ist der Weg ... dem wir folgen *müssen* ... wenn wir diese Ungeheuer *besiegen* wollen.« Seine Hoheit stieß diesen langen Satz genüßlich und laut wie eine Fanfare aus. Sein Gesicht verriet Leidenschaft und Ekstase, als er sich Killeen zuwandte. »Andere Sippen haben keine Bauchschmerzen wegen ihrer Toten bekommen. Sie begraben ihre Helden einfach und machen gehorsam weiter.«

»Wir haben niemanden begraben«, sagte Killeen vorsichtig. »Sie sind auf dem Schlachtfeld zurückgelassen worden.«

»Ha! Die Neuner haben über ein Dutzend Tote angebracht.«

»Wie viele Leute haben sie dadurch verloren?«

Ein Rauschen ging durch die zusammenströmende Menge. Seine Hoheit runzelte die Stirn.

»Wir zählen Verluste dieser Art nicht getrennt. Alle sind für die edle Sache gefallen.«

»Ich würde lieber beim Angriff getroffen werden, als beim Einsammeln von Leichen.«

»Das sieht dir ähnlich, Hauptmann. Ich habe bemerkt, daß du wenig Respekt vor unseren durch die Zeit geheiligten Methoden hast. Ebenso fehlt dir jeder Sinn für deine Übertretungen.«

Killeen wollte etwas erwidern, hielt sich aber zurück. Dies sollte eine öffentliche Demütigung werden. Oder noch Schlimmeres. Er suchte nach einer Möglichkeit, den kleinen Mann zu besänftigen, dessen Gesicht starr wie Glas aussah.

»Ferner habe ich bemerkt, daß du der Respektlosigkeit gegenüber Meiner Heiligkeit nahe gewesen bist. Ich bin bis jetzt so gütig gewesen, dies deiner Herkunft von einem fremden Stern zugute zu halten.«

Killeen konnte nicht umhin zuzustimmen: »Jawohl, das könnte es sein.«

Die Augen Seiner Hoheit verloren den seltsamen leeren Ausdruck. Eine düstere Miene verengte sie zu drohenden Schlitzen. »Vielleicht meinst du, daß die Gesetze Gottes nicht für fremde Sippen gelten?«

Killeens Anstrengung, seine scharfe Erwiderung zu unterdrücken, verkrampfte ihm die Kinnbacken. Dann sagte er langsam: »Natürlich nicht. Eure Sprache unterscheidet sich von der unseren. Ich habe Mühe, sie zu sprechen. Vielleicht drücke ich mich unklar aus. Bedenke, daß wir Menschen lange Zeit getrennt waren. Wie ...« Wieder biß er die Zähne zusammen und fuhr dann fort. »Wie könnte jemand auf den Gedanken kommen, daß ich es an Respekt vor Seiner Hoheit fehlen ließe? Vor dem größten Genius in der Geschichte unserer Rasse?«

Der kurze, dunkle Mann nickte, als ob dieses üppige Kompliment eine nüchterne Tatsache wäre. Killeen war erleichtert zu sehen, daß diese plumpe Schmeichelei nicht den leisesten Verdacht weckte. Ein solches Gerede war offenbar die regelmäßige alltägliche Kost für diesen Mann, der sich für Gott selbst hielt.

»Du hast eine seltsame Art, deine Verehrung zu zeigen, Hauptmann. Die Schlacht verlief günstig.«

»Sie haben uns wie Fliegen zerquetscht.«

»*Jede* Schlacht verlangt von uns ihren Tribut. Darin liegt ja gerade der Ruhm! Nur durch große Opfer können wir große Siege erringen. *Das* ist es, was den kurzsichtigen Älteren und Heerführern vor mir entgangen ist, und dem nur durch Göttliches Eingreifen in Gestalt meiner Person begegnet wurde.«

»Ich sehe, Eure Hoheit.«

»Es sind unsere Kühnheit, unserer heiliger Zorn, unsere Göttliche Furchtlosigkeit vor tödlichen Wunden und dem Tod selbst, was uns über die Ungeheuer und Dämonen stellt, die unsere Mutterwelt heimsuchen.«

Dies rief ein Gebrüll der Zustimmung seitens des Stammes hervor. Mit glühenden Augen und grinsend war der Mob hypnotisiert. Die Nasenlöcher vibrierten vor Ungeduld. Killeen stimmte zögernd in ihre Hochrufe ein, und ebenso machten es seine Leutnants. Aber Seine Hoheit bemerkte es und hielt jäh die Hand hoch, um die Menge zum Schweigen zu bringen.

»Ich sehe eine Langsamkeit bei dir, Hauptmann. Ein Widerstreben, die Gebote Meines Heiligen Selbst zu befolgen.«

»O nein, ich ...«

Die Augen Seiner Hoheit blitzten: »O nein?«

»Nun, ich ...«

»Der Gott des Heiligen Zorns mag dieses ›o nein‹ nicht. Besonders aus dem Munde eines Hauptmanns, der davonläuft. Ich meine, du hast es viel zu oft ausgesprochen. Knien!«

Sofort und geschickt stießen Offiziere Killeen auf die Knie nieder, so daß er nach vorn zu Boden fiel. Jemand drehte ihm die Hände fest auf den Rücken, damit er sich wider Willen verbeugen mußte. Er schaute zu den Anhängseln auf, die an dem breiten Scharlachgürtel Seiner Hoheit baumelten. Das eine war ein kleiner geschnitzter Menschenkopf, der grinste. Ein anderes war wohl ein Stück vom Schild eines Mechanos, das wie ein langer Stiel aussah, dem ein großer Keim entsproß.

»Ist dir klar, daß diese auf dem Feld zurückgelassenen Toten von den Cybern benutzt werden?«

»Jawohl.« Killeen traute sich nicht, mehr zu sagen. Zu leicht konnte sich Sarkasmus einschleichen.

»Sie infizieren unsere heldenhaften Toten mit Eiern. Dämoneneiern!«

»Jawohl.«

»Und doch, obwohl du diese widerliche Tatsache kennst, wagtest du es, ungehorsam zu sein.«

»Ach, ich habe nur an die Sicherheit meiner Sippe gedacht.«

»Und was wirst du empfinden, wenn du Dämonen über die Berge kriechen siehst, Dämonen, die aus den von dir zurückgelassenen Toten geboren wurden?«

Killeen wußte hierauf nichts zu sagen und beugte daher bloß den Kopf.

»Ein Teil meiner Göttlichkeit drängt darauf, dich aus unserer Sache auszumerzen. Ich könnte dich zum Pfahl verurteilen, damit du hier bleibst, bis die korrupten Säfte aus dir ausgeströmt sind.«

Die Menge murmelte in animalischer Erwartung. Killeen sah, wie Toby die Hand fester an sein Gewehr legte, und schüttelte leicht den Kopf. Widerstrebend nahm sein Sohn die Hand wieder weg. Killeen fing einen Blick von Shibo auf und sah etwas, das er nicht abwenden konnte. Sie stand still und bedrückt da, in einer Weise, die er nur zu gut kannte.

»Wir Bishops«, sagte er eilends, »ereifern uns für deine Sache.«

»Wirklich? Trotz des Himmelsdämons, den wir alle erlebt haben?«

»Ein tiefer Hunger. Jawohl, jawohl.« Er zwang sich laut zu rufen: »Zeige uns die Gerechtigkeit!«

Schrilles Pfeifen und Hohngeschrei kam aus der Menge.

Ein verwirrter Ausdruck huschte über das Gesicht Seiner Hoheit, als seine Augen ausdruckslos wurden. Seine Lippen zitterten, und er blickte nach oben, als ob er göttlichen Rat suchte. Der Mob raschelte. Ein kalter Wind fuhr über den Berggipfel.

Schließlich sagte Seine Hoheit: »Aber manchmal ist Edelmut weise. Gnade kann ebenso von mir strömen wie Strafe, Hauptmann.«

Die Menge murrte voller Enttäuschung.

»Allerdings kann ich nicht zulassen, daß eine Sippe unter der Führung eines solchen Hauptmanns leidet.«

Killeen machte den Mund auf und dann wieder zu. Die Launen des Mannes wechselten so rasch, daß er da nicht mitkam.

»Also! Ich werde einen neuen Hauptmann für die Bishops ernennen. In Zeiten der Heimsuchung – und dies ist gewiß eine solche – beanspruche ich dieses Recht. Du« – er zeigte auf Jocelyn – »wirst der neue Hauptmann sein. Tritt vor!«

Jocelyn machte einen Schritt vorwärts und salutierte zackig.

Hände ließen Killeen los und halfen ihm auf die Füße.

»Ich erwarte *sofortigen* Gehorsam in allen Dingen.«

»Zu Befehl, Eure Hoheit!«

»Wir beginnen sofort mit der Planung für unsere nächste Schlacht, ein großes Ringen, das die Flut gegen die Legionen der Ungeheuer richten wird. Und diesmal sollen die Bishops an der Spitze sein.«

»Sehr wohl, Eure Hoheit«, sagte Jocelyn. »Es ist uns eine Ehre.«

»Seid bereit, Bishops!« rief Seine Hoheit. »Und heute abend feiert ihr zusammen mit euren edlen frohgemuten Stammesgenossen die künftigen Siege!«

Er entließ sie mit einer Handbewegung. Sie trat zurück und verbeugte sich. Die Menge brüllte halbherzig und begann sich zu zerstreuen. Die Bishops sahen einander unbehaglich an.

Jocelyn kam dahin, wo Killeen immer noch stand, ohne sich zu rühren. Erst als sie dicht bei ihm Haltung annahm, merkte er, daß er sich wieder in die Reihen einordnen mußte. Stumm machte er kehrt und ging. Hinter ihm fuhr Seine Hoheit fort mit der Ankündigung eines religiösen Ereignisses. Die Idee, an diesem Abend ein Fest zu feiern, nachdem jede Familie so schwere Verluste erlitten hatte, gab Killeen ein bitteres Gefühl. Sippenmitglieder, schockiert durch den plötzlichen Führungswechsel, starrten ihn an, als er an ihren streng ausgerichteten Karrees vorbeiging. Einige in der Formation salutierten heimlich, und andere nickten respektvoll. Die Welt erschien Killeen klar und frisch, während er auf blasenbedeckten Füßen weiterging.

4. KAPITEL

Quath eilte eine steile, kahle Klippe hinauf. Sie hätte sich nicht so exponieren sollen, aber sie mußte diese Gebirgspässe eilig nach ihrem Nichtser durchsuchen. Sie hatte geglaubt, ihm auf den Fersen zu sein, aber dann war sie auf eine große Schar gestoßen und hatte sich wegschleichen müssen, um nicht entdeckt zu werden.

Die Tukar'ramin stimmte zu, daß sie es vermeiden sollte, die Nichtser zu alarmieren, bis sie sicher war, den richtigen zu verfolgen, denjenigen, der über die alten Kenntnisse zur Bedienung des Schiffs verfügte. Um zu vermeiden, daß ihr Mann in den Scharmützeln erwischt wurde, in denen sich ihre Füßlerkameraden auf die fliehenden Nachzügler stürzten, hatte die Tukar'ramin alle Attacken abgeblasen. Jetzt galt alle Aufmerksamkeit Quaths Suche.

Aber wo war der Nichtser? Seine Bake hatte sich nicht pünktlich gemeldet. Wahrscheinlich war sie defekt.

Diese Komplikation machte Quath zu schaffen. Sie richtete ihre Elektro-Aura nach vorn und empfing Witterung von Nichtsern im Gebirge. Ja, sie versammelten sich hier. Was für eine Gelegenheit! Die Füßler konnten dieses Ungeziefer zu Tausenden vernichten, sobald Quath ihren Fang in Sicherheit hatte.

Während sie den kahlen, kantigen Felsen emporkletterte, bot sich ihr ein umfassender Rundblick auf die Bergspitzen der ganzen Gebirgskette. Sie unterdrückte die schwelende Panik in ihren Subintelligenzen, die die

Höhe bewirkte. Nur ihr sicherer Zugriff rettete sie, nicht ihrer eingewurzelten Höhenangst zu erliegen.

Seltsamerweise hatte hier am Äquator des Planeten der Siphon-Effekt die Kruste noch mehr geschädigt. Er hatte die tragenden Basaltmassen zusammengedrückt, Spaltenrisse erzeugt und das Material in die Fundamente der Gebirgskette geschoben. In großer Entfernung sah sie, wie ein Vulkan rußige Brocken in die ohnehin mit herumwirbelndem Staub erfüllte Luft spie. Durch die Wälder und das Gestrüpp des Plateaus hatte die Lava breite Schneisen gebrochen. Minen der Mechanos waren eingestürzt. Ihre Schienenwege waren zertrümmert und begraben.

Alles gut und schön, aber der Schutt lieferte dem Ungeziefer unzählige Verstecke. Quath klammerte sich mit sechs Beinen an einen hohen Bergvorsprung. Die Hauptmenge der Nichtser hatte sich bei der nächsten Bergspitze gesammelt; und sie hoffte, daß sie so stumpfsinnig wären, wie es in der Schlacht geschienen hatte. Sonst könnten sie sie hier entdecken.

Quath! kam der Anruf der Tukar'ramin. *Ich bringe eine sehr schlimme Nachricht.*

#Mein Nichtser?# Quath brach alarmiert die Funkstille. #Hat ihn jemand umgebracht?#

Nein, viel schlimmer. Unter den Illuminaten ist Streit ausgebrochen.

#Was ...? Wie ...?# In Quath herrschte das Chaos. #Aber die bewahren doch die höchste Weisheit unserer Gattung!#

Allerdings.

#Wie können sie da uneinig sein?#

Das kann ich selbst nicht ergründen, Kleine, und ich bin viel erfahrener als du. Dies ist das erste Mal, daß ich überhaupt zu Verhandlungen von Illuminaten Zugang gehabt habe. Wenn man einen kleinen Bruchteil des Stromes anzapft, empfindet man riesige, dahingleitende Konjekturen wie Gezeiten in der eigenen Seele. Bitte mich nicht, es zu beschreiben, denn das kann ich nicht. Konflikt tobt zwischen ihnen wie ein Zerschmettern von Sonnen am Firmament meines Geistes. Ich ... ich muß erst noch mein erschüttertes Gleichgewicht wiederfinden.

#Ich verstehe#, sagte Quath, obwohl das nicht stimmte. Die Signale der Tukar'ramin enthielten einen nagenden Unterton von Zweifel und blasser Angst.

Einige Illuminaten widersetzen sich jedem weiteren Vordringen ins Galaktische Zentrum. Ihre Zahl wächst stürmisch.

#Aber ... warum ...?# Quath zitterte ob ihrer Kühnheit, an ein so großes Wesen wie die Tukar'ramin eine Frage zu richten, die die noch viel höheren Majestäten der Illuminaten betraf.

Sie spüren einen umfassenderen Plan dahinter. Vielleicht will uns ein Artefakt der Mechanos ins Zentrum ziehen.

#Aber das ist doch unser historisches Ziel, wie du einmal gesagt hast.# Quath bemühte sich, ihren Einwand in die eigenen Worte der Tukar'ramin zu kleiden.

So hat man mir gesagt, und bis zu diesem Moment habe ich nie daran gezweifelt. Quath, du bist Philosophin. Du kennst nicht die wundervolle Sicherheit, deren wir unbeschränkte Intelligenzen uns erfreuen ...

Quath nahm einen Schimmer von dem wahr, was die Tukar'ramin empfand. Diese Sicherheit erschüttert zu sehen durch das Schauspiel interner Differenzen zwischen den Illuminaten mußte eine schreckliche Erfahrung sein. Quath empfand Sympathie für die Tukar'ramin; und plötzlich wurde ihr bewußt, wie sehr sie selbst sich von der Quath ihrer einfachen Tage im Nest entfernt hatte. Etwas anderes als makellose Ehrfurcht für die Tukar'ramin zu empfinden, wäre für sie noch vor Tagen undenkbar gewesen.

Andere Illuminaten glauben, daß es unsere wahre historische Bestimmung ist, uns dieser kümmerlichen Nichtser zu bedienen, die infolge eines verhängnisvollen Unglücks einen Schlüssel zu der inneren Region besitzen. Die gedämpften Trägerfrequenzen der Tukar'-ramin klangen düster und verschwommen, durchsetzt von Stellen blassen Zweifels.

#Welchen Plan sehen die Illuminaten in all diesem?#

Sie sind sich nicht einig. Sie haben alle diese Vorkommnisse untersucht, und manche meinen, daß die Nichtser als Teil eines größeren Vorhabens hierhergeschickt worden sind.

#Welcher Art?#

Ein Konzept, das wir nicht völlig verstehen. Manche Mechanos stellen aus unerklärlichen Gründen Dinge her. Sie nennen das ›Kunst‹. Solche Werke haben anscheinend keinen praktischen Zweck.

#Dann brauchen wir uns darüber keine Sorgen zu machen#, sagte Quath sachlich.

Nicht unbedingt. Manche Illuminaten meinen, die Nichtser wären in dem uralten Vehikel gekommen, um bei der Beilegung der Konflikte zwischen den Mechano-Städten zu helfen.

#Dann wären sie also unsere Feinde.#

Vielleicht. Wie wir haben die Mechanos ein hierarchisches Befehlssystem. Die Wesen, die diese Welt vor unserer Ankunft beherrscht haben, standen auf der Seinsleiter der Mechanos auf tiefer Stufe. Es war nur ein Ausläufer, eine Operation an der Peripherie des Interesses der Mechanos.

Quath unterdrückte ihre jähe Erschütterung bei dieser Mitteilung. Bis dahin hatte sie immer geglaubt, daß ihre Bemühungen hier sehr wichtig wären, daß sie überall die Mechanos in Schrecken versetzten.

In solchen Fällen muß die Kontrolle auf die lokale Ebene delegiert werden, und vom Ansporn durch Wettbewerb zwischen Untereinheiten muß reichlich Gebrauch gemacht werden.

#Bitte etwas deutlicher!# Quath signalisierte Verwirrung.

Leistungssteigerung ergibt sich aus sorgfältig gesteuertem Konflikt. Denk daran, Kleine, wie ganz anders deine Bemühungen waren, als du durch Rivalität mit deiner Schwester Beq'qdahl angestachelt wurdest.

Wie wenig war Tukar'ramins Aufmerksamkeit entgangen! Hatte sie jedes Detail in Quaths Leben gesteuert?

Diese Anwendung von Bestrebungen zwischen verschiedenen Arten ist fast universell. Die Mechanos hatten einen einheitlichen Plan für diese Welt. Aber individuelle Städte und Komplexe der Mechanos bekamen die Erlaubnis – und wurden sogar ermuntert –, in Wettbewerb um Ressourcen und herausfordernde Rollen einzutreten. Sogar die Zellen aller Lebewesen verhalten sich so. Sie rempeln sich an, suchen Nährstoffe und höhere Aufgaben. Delikate chemische Gleichgewichte halten den Prozeß unter Kontrolle. Wenn es gut geht, gedeiht der ganze Organismus.

#Die Mechanos waren auf diesem Planeten schwach. Willst du sagen, daß dieser Prozeß hier versagt hat?# Quath dachte an die vielen makabren Anzeichen für Kämpfe zwischen Städten auf der Oberfläche des Planeten. Solche Narben sahen keineswegs ›wohl geregelt‹ aus.

In der Tat. Bei Mechanos als lebenden Dingen besteht eine Gefahr bei einem solchen Prozeß. Die Spannungen können in gierige Exzesse überborden. So etwas ist als Krebs bekannt. Ein wildes Aufschäumen von Ego, von blinder Aggression eines Teils gegen das Ganze. Mechano-Intelligenzen mittleren Niveaus begannen, sich auf dieser Welt mit tödlichem Ernst zu bekämpfen. Sie benutzten neue, bösartige Waffen gegeneinander.

Quath begriff jetzt: #Die Nichtser!#

Von Tukar'ramin ging ein Grollen der Befriedigung aus, begleitet von etwas anderem ... vielleicht einer Andeutung von Respekt?

In der Tat, du junges Ding. Dein Scharfsinn gefällt mir. Nichtser hatten sich in den Zwischenräumen der Mechano-Kultur lange eingenistet, ohne mehr als lästig zu sein. Gelegentlich wurden sie sogar von kleineren Mechano-Einheiten für unbedeutende Zwecke eingesetzt; zumeist aber sah man sie als Ungeziefer, das mit dem Fuß zertreten werden muß. Bis der Krebs kam. Da erwiesen sie sich für die eine kriegführende Seite als überaus nützlich. Das Ergebnis war katastrophal. Das Bündnis schwächte die Macht der Mechanos in diesem System.

#Eine Schwäche, die wir ausgenutzt haben.#

Genau so. Darum haben die Illuminaten gewagt, unsere Expedition mit der kostbaren Großen Saite hierher zu schicken, so nahe am Rande des Machtbereichs der Mechanos.

Quath hatte den Eindruck, etwas vom Sinn dieser Geschichte zu verstehen. Sie war ungeheuer und furchterregend. #Haben nicht größere Geister, tiefer im Kern, diesen Rückschlag bemerkt?#

Sicher. Aber der Krebs breitete sich so schnell aus, und unsere Macht hat sich auf dieses System so rasch niedergelassen, daß wir uns einrichten konnten, ehe sie etwas zur Ausrottung des Krebses tun konnten. Mit der Saite zu unserer Verfügung haben wir alle Expeditionen abgewehrt, die ausgeschickt wurden, um diese widerspenstige Kolonie der Mechanos zu ›heilen‹. Und die Illuminaten erwarteten, daß die Wirtschaft jeden wirklich kräftigen Gegenschlag verhindern würde. Dieser Außenposten war zu unbedeutend, um ein derart großes Unternehmen zu verdienen.

#Die Illuminaten sind ungeheuer weise.#

Dennoch! Mechanos von anderswo könnten versucht haben ihren Brüdern hier Hilfe in subtilerer Form zu schicken, wobei sie sich heimtückischer Taktiken bedienten, um Medizin durch unseren Sperrgürtel zu schmuggeln.

Quath ging ein Licht auf. #Die *anderen* Nichtser! Die, welche in dem kleinen Schiff gekommen sind. Sie wurden als *Medizin* geschickt –, um es mit dem Krebs aufzunehmen?#

Das ist es, was einige Illuminaten denken – jene, die das Vehikel als ein tödliches Geschoß sehen, eine biologische Waffe, auf den Weg gebracht von unseren Feinden, mit Agenten an Bord, die unserer Sache schaden. Darum habe ich Anweisung erhalten, sie auszutilgen. Darum habe ich zunächst dich und deine Schwester gegen sie losgeschickt, um sie ein für allemal zu vernichten.

Tukar'ramin machte eine Pause und fuhr dann leiser fort.

*Aber jetzt behaupten *andere* Illuminaten, daß diese seltsamen Wesen in ganz anderer Weise etwas Besonderes darstellen. Ihr Schicksal sei irgendwie mit dem unseren verknüpft. Das ist alles sehr verwirrend. Die Indizien auf ihrem Schiff deuten in beide Richtungen. In ihrem Flugprofil und Bordgerät kommen deutlich Mechano-Konstruktionen zum Ausdruck. Aber jene alten Tafeln, die du gefunden hast, haben viele Illuminaten zu der Ansicht veranlaßt, daß es da um viel mehr gehen könnte.*

Quaths Subintellekte wirbelten vor der Kompliziertheit der Möglichkeiten. Sie fühlte sich an die merkwürdigen widerstreitenden Emotionen erinnert, die sie empfunden hatte, als sie die Nichtser auf der rauhen Oberfläche des Planeten gejagt hatte. #Ich … Was sollen wir also tun?#

Sie entdeckte, daß ein Echo ihrer Konfusion deutlich von der Tukar'ramin zurückkam. Das verwirrte sie noch mehr als alles andere.

Kleine Quath, dies ist eine Krise, wie ich sie noch nie in meinem langen Leben erfahren habe. Ich gehorche der Mehrheit jener Illuminaten, die in Hörweite sind und über diese Dinge urteilen können. Da diese Mission an sich schon ein Abenteuer war, besteht diese Majorität aus etlichen, die darauf setzen zu wagen, zu handeln und schnellen Vorteil aus den in den alten Tafeln angedeuteten Gelegenheiten zu ziehen.

#Aber warum ...?#

Tukar'ramin schüttelte ihre mächtige Gestalt und verwarf die Frage, ehe sie gestellt war.

*Was ich weiß, ist *wie*. Die groben Gesetze von Materie und Licht, von sturer Mechanik und zarten thermodynamischen Strömungen.*

#Ja, natürlich. Und die kennst du gründlich.#

*Ich weiß nicht, *warum*. Darin liegt keine Stärke unserer Rasse, wie du jetzt begreifen mußt, kleine Philosophin.*

#Fürchtest du die peitschenden Winde der Unentschlossenheit?#

Natürlich. Auch dir ist das früher so ergangen. Aber ich habe beobachtet, wie die Gene der alten, toten Rasse in dir aufgetaucht sind, sich sammeln und ausbreiten. In diesem kritischen, wirbelnden Chaos wirst du besser wissen, was zu tun ist.

#Im Konflikt steckt Niederlage. Wenn die Füßler über die Spaltung bei den Illuminaten nachdenken ...#

Ja. Dann sind wir verloren. Nur unsere einheitlich gestimmte Wildheit hat uns die Macht über diese und andere Welten verliehen.

#Ohne sie werden wir ein Opfer der Mechanos#, sagte Quath mit absoluter Überzeugung.

Dann wollen wir diese Sache entscheiden, ehe uns der heulende Sturm des Zweifels befällt! Finde deinen Nichtser, und laß uns die Sache hinter uns bringen!

Quath trompetete als Antwort ein Lied des Mutes, scharf wie eine Fanfare. Der schmetternde Klang war zeremoniell. Aber er war auch seltsam packend, sogar jetzt, da sie die Falschheit all solcher Gesten erkannte angesichts der immensen Fragen, die die Füßler umgaben und jedes Leben einkreisten.

Mit neuer Entschlossenheit erkletterte sie eine brüchige Böschung. Dicht unterhalb des Gipfels fand sie eine Felsenspalte, der Versammlung der Nichtser so nahe, wie sie kommen konnte, ohne sich zu verraten.

Geschickt sondierte sie die Nacht. Ein Hauch von Mechano-Gedanken begegnete ihr, vermischt mit Schmerz und in Agonie getaucht. Wahrscheinlich, wie sie meinte, das letzte seiner Art in diesem Gebiet. Es schien sich in der Nähe zu befinden. Vielleicht beobachtete es auch die Nichtser. Seine typischen mißtönenden Zickzackmuster waren irgendwie in ein Gezeter von Nichtsern eingetaucht, wodurch das Auffinden erschwert wurde. Also wollte sie sich erst später darum kümmern.

Sie sondierte noch einmal. Stimmen, bleicher Hunger, zaghafte Musik – und plötzlich zog ihre Elekto-Aura sie in das Feld eines Nichtsers. Seine Art ähnelte der des ihren; aber Quath war nicht sicher, ob er identisch war. Es war ein dünnhäutiges Ding, reizbar, mit Schmerzflecken am ganzen Körper. Es hatte dieselben klobigen, aber geschickten Hände, die erstaunlich langen Beine mit unmöglich kleinen Fußballen, um darauf zu balancieren. Es strahlte Gefühlstöne aus, die mit ihrem Timbre durch die Luft klirrten. Mit einem Mal begriff Quath.

Dieser Nichtser hatte das gleiche Aroma wie ihr eigener, weil er vom gleichen Geschlecht war. Wie schockierend seltsam, die Geschlechter so unterschiedlich zu machen! Warum? Dieser hier war größer, gewichtiger, mit dem 1,8fachen Verhältnis von Muskelmasse zum

Körper wie der letzte Nichtser, in den sie eingetreten war. Was war der Zweck – Spezialisierung der Funktion durch abgeänderte Körper?

Nein. Sie merkte sofort, daß diese Unterschiede von der natürlichen Herkunft des Nichtsers herrührten. Welcher Selektionsdruck würde zu solchen Divergenzen bei den Geschlechtern zwingen? Welchen Vorteil könnte das möglicherweise bieten? Im Gegenteil, Quath konnte in so einer Disposition unmittelbare Konflikte erkennen. Sie hatte einfach nie vermutet, daß die starken Aromen der Nichtser sexuelle Differenzen bedeuteten – so stark, daß sie sogar die Luft zwischen ihnen zu würzen schienen.

So hatte sie also diesen Nichtser irrtümlich für den ihren gehalten, weil auch er dem Moschusgeruch nach männlich war.

Sie hielt seine Muskeln halbsteif, wie er es anscheinend wünschte. Mit einiger Anstrengung ließ sie den unnötig komplizierten Apparat von Knochen und zugeschalteten Muskeln sich zusammenziehen und strecken. Es gelang ihr, ein Werkzeug an sein Gesicht zu bringen. In Höhlungen des Kopfes stiegen Gerüche auf, wo Kennblitze warme Begrüßungsschreie auslösten.

Sie ließ das halbautomatische System des Nichtsers Nahrung in den primären Mund bringen. Sie gestattete ihm zu kauen. In ihrer Elektro-Aura explodierten Sinnesklänge, die sie als die Geschmacksempfindungen deutete, über die sich diese Kreatur freute. Das Aroma des Kauens von Nahrung schwamm hindurch, baute Noten über Submelodien und schuf so eine kleine Sinfonie dankbaren Gesangs.

Drei weitere seiner Art waren in der Nähe beisammen. Eine primitive nackte Oxidation sprühte gelbheiß am Zentrum der kleinen Gruppe. Der Nichtser badete in seiner infraroten Ausstrahlung.

Akustische Muster spielten durch den Kopf des Nichtsers. Quath merkte, daß das ihr einziges Kommunikationsmittel auf kurze Distanz war. Hatten sie dies als nostalgischen Tribut für ihre frühen Formen beibehalten? Oder – ein aufregender Gedanke – standen sie noch auf einer so primitiven Stufe?

Quath versuchte, die Subintelligenzen dieses Nichtsers zu ordnen, fand aber einen Brei. Wo waren die Kerne hilfreicher Intelligenz? Das innere Gebrabbel war zu verwirrend, um eine Sortierung zu ermöglichen. Sie wandte sich praktischeren Dingen zu.

Der Nichtser konnte nicht sprechen, ohne daß Quath mehr Kontrolle bekam. Wie war eigentlich ein Gespräch auf diese altertümliche akustische Art?

Sie gab munter den Mund frei. Wölbte die Lippen. Bog die fette, weiche Zunge so, daß sie – während Quath sich jetzt darauf konzentrierte, sie zu steuern – anzuschwellen schien, um den ganzen Mund auszufüllen.

»Speise gut«, sagte der Nichtser.

Quath vergewisserte sich, daß diese Worte einen einfachen Sinn hatten. Weniger Gefahr von Irrtum auf diese Weise. Die beiden Worte waren im Geist des Nichtsers aus dem Sumpf von Begriffen heraus natürlich erblüht. Quath hatte sie sorgfältig geprüft, als das Nervensystem des Nichtsers begann, dem Mund Anweisungen zu erteilen, um die Töne abzusondern.

Zwei Wörter, so ziemlich die einfachste mögliche Mitteilung. Ein guter Anfang. Sie paßten zu den elementaren grammatischen Regeln der Sprache, die erstaunlich eindimensional waren, mit fast keiner Methode, um in parallelen Dimensionen des Gesprächs Sinnvarianten hinzuzufügen. Es war fast so, wie mit einem dienstbaren Insekt im Nest zu reden.

Aber dieses Experiment schien in den Gesichtern der anderen Nichtser Züge von Beunruhigung zu wecken.

Sie beschloß, diesen Irrtum näher zu klären, was es auch sein mochte.

»Mund fühlt falsch«, meldete der Intellekt des Nichtsers. Stimmte etwas nicht mit Quaths Kontrolle? Die anderen Nichtser zeigten weit aufgerissene Augen, etwas offene Münder und mehr von ihren seltsamen, archaisch weißen Zähnen.

»Feuer ist gut«, ließ sie den Nichtser sagen. Vielleicht würde das Problem geklärt, wenn der Satz etwas komplizierter wäre. Sie achtete mit besonderer Sorgfalt darauf, daß Lippen und Zunge sich weisungsgemäß verhielten.

Bei seinen Gefährten sah Quath unter der blassen Haut mehr Verschiebungen von Muskeln und Sehnen. Diese einfachen Signale bekundeten Spannung, aber sie verstand sie nicht richtig zu deuten. Kleine Furchen bei den Augen vertieften sich. Mundmuskeln nahmen schiefe Positionen ein. Ja, ein Mangel an Symmetrie sollte wohl Besorgnis ausdrücken. Oder Ärger, möglicherweise mit Einbeziehung von Drohungen? Das war alles so verwirrend.

Und sie plapperten auf sie los. Die akustischen Signale kamen in so vermischten Formen, daß Quath nicht einmal sagen konnte, ob sie die gleiche Sprache redeten wie der Nichtser, in den sie eingedrungen war.

»Ich fühle mich nicht so gut«, ließ Quath den Nichtser sagen.

Sie ließ ihn sich auf seine riskanten zwei Füße erheben und fortgehen. Die anderen folgten nicht sofort. Gut. Quath wollte nicht, daß diese primitiven Wesen Verdacht schöpften, was da geschah.

Das Gerassel akustischer Kompliziertheit, das sie verfolgte, bestätigte Quaths Verdacht. Jedes dieser Dinger redete eine Art idiosynkratischer Eigensprache. Ihre Münder waren so unelegant und ungeschickt gebaut, daß jede geringfügige Verschiebung von Muskeln und Knorpeln die Worte veränderte.

Wie wenig wirkungsvoll! Jedes Wort mußte im Schnellgehirn einzeln gespeichert und markiert werden, mit einem erinnerten Wort von irgendeinem Individuum kombiniert und dann mit den anderen Wörtern in ihren primitiven linearen Sequenzen integriert werden – alles, um die Bedeutung zu erfassen.

Das würde enormen Raum an Subintellekt binden. Kein Wunder, daß sie nie über ein eindimensionales Sprachschema hinaus fortgeschritten waren!

Sie starteten mit dem Anfang einer Wortfolge und mußten hilflos durch jede einzelne Tongruppe marschieren, ehe sie das Ganze verstanden. Aber das war wesentlich in Anbetracht der endlosen Mühe, die sie haben dürften, um in der richtigen Reihenfolge die unendliche Mannigfaltigkeit der Äußerungen herauszufiltern und zu übersetzen, die in ihre knubbligen kleinen Ohren drangen. Welchen vorstellbaren Sinn konnte es haben, daß diese nie endende Variation zugelassen war?

Was auch immer der Grund sein mochte, die Nichtser waren immer noch besorgt. Einer von ihnen stand auf und rief hinter dem her, von dem Quath Besitz ergriffen hatte. Sie entschloß sich, den kleinen Geist lieber freizulassen, als zu versuchen, die Lage zu korrigieren.

Aber als sie den kleinen Geist loslassen wollte, wollten sich ihre Verbindungen nicht lösen.

Sie zerrte. Nichts.

Kräftiger. Sie konnte sich trotzdem nicht freimachen.

Aus ihren Subintellekten suchte eine trübe Vorstellung in das Oberbewußtsein aufzusteigen. Dafür hatte sie keine Zeit. Sie mußte freikommen, ehe die Nichtser begriffen. Denn dann könnten sie in ihrer kümmerlichen Wut diesem Nichtser Schaden zufügen. Falls Quath dann noch präsent war, könnte das Trauma an ihrer eigenen Elektro-Aura zurückfluten und ihr selbst schaden.

Sie brauchte etwas, um sich von der merkwürdig klebrigen und lästigen Aura des Nichtsers loszureißen. Sie ließ die Hände über den Körper gleiten auf der Suche nach einem nützlichen Werkzeug. Ah – dort!

Dann hatte sie eine sehr gute Idee. Sie führte sie schnell aus.

5. KAPITEL

Als einfaches Mitglied der Sippe beteiligte sich Killeen sofort an den Arbeiten, die für das Aufschlagen eines Lagers nötig waren. Der Versorgungszug hatte dürftige Vorräte einen Teil der Granithänge heraufgeschafft, und nun mußte jede Familie ihren Anteil zu ihrem Lagerplatz emporbringen. Der Wind wurde mit Anbruch der Nacht stärker und kälter. Das Zelt Seiner Hoheit beherrschte die breite Kuppe des Berges. Sein Stab errichtete davor eine Art Altar.

Killeen und Shibo schlugen ihr kleines Zelt in einer engen Nische im Windschatten auf. Toby und Besen waren in der Nähe. Sie alle teilten sich die spärliche Nahrung und überlegten, wie die fremdartig gewürzten Ingredienzen zu kochen wären.

Ein großer Teil des Nachschubs für den Stamm war aus Lagern der Mechanos gestohlen worden. Das Zeug war pappig und limonengrün. Killeen vermutete, es handle sich um ein Nährmittel zur Speisung und Schmierung der teilweise organischen Komponenten von Mechanos. Um es leidlich eßbar zu machen, waren Gewürze hinzugefügt worden. Ein dürftiger Lohn für einen schweren Marschtag. Als Bishops protestierten, sagten Stammesoffiziere geheimnisvoll, daß es später am Abend mehr zu essen geben würde. Schon markierten kleine Feuer den Gebirgshang mit flackernden orangefarbenen Punkten. Killeen gefiel das nicht, und er wollte seinen Leuten Einhalt gebieten.

»Was machst du?« fragte Jocelyn neben ihm.

Ohne zu überlegen, sagte Killeen: »Hier in der Höhe

kann jeder mit Infrarot diese Feuer von unten her wahrnehmen. Sie werden sich gegen den Himmel abzeichnen.«

»Seine Hoheit hat für heute abend Feuer erlaubt. Eine Feier steht bevor.«

»Trotzdem meine ich …«

»Du bist nicht mehr Hauptmann«, sagte Jocelyn scharf.

»Ich … schau, wir beide wissen, daß die Ernennung eines Captains eine Sippenangelegenheit ist. Dieser Wahnsinnige hat keine Macht über …«

»Er ist der Anführer. Du hast ihn gehört. Er hat Vollmacht für den Notfall beansprucht. Und du tust, was man dir sagt.« Jocelyn verschränkte die Arme und lächelte kalt.

Nach ihrem Blick zu schließen, hatte Killeen den Verdacht, daß Jocelyn schon gutwillig einige der speziellen ›priesterlichen‹ Aspekt-Chips erhalten hatte, wie Seine Hoheit ihm bei seiner Ankunft angeboten hatte. Sie sollten ausgetauscht werden für das, was der Führer ›irrelevante‹ Aspekte aus neuerer Zeit genannt hatte. Das Tragen von Aspekten war nach alter Tradition eine so persönliche Angelegenheit, daß sogar das messianische Oberhaupt nicht mehr tun konnte, als dieses Tauschgeschäft ›angelegentlich zu empfehlen‹. Killeen hatte es geschafft, höflich abzulehnen. Gespräche mit anderen Hauptleuten hatten ihn überzeugt, daß solche Chips den Fanatismus der Jünger Seiner Hoheit verstärkten.

Hörte Jocelyn vielleicht gerade jetzt neue mächtige Stimmen, die sie zu Eifer und Gehorsam aufriefen? Wenn ja – seit wann waren solche Aspekte in jedem Mitglied der Bishop-Sippe installiert? Wie viele würden dann die Willenskraft zu unabhängigem Denken aufbringen? Unter den Einheimischen war die allem Anschein nach selten. Als er sie ruhig ansah, sagte Jocelyn ärgerlich: »Und ich werde dir dankbar sein, wenn du die Chips für taktische Systeme auslieferst.«

Das war zumindest vernünftig. Ein Hauptmann zog damit in den Kampf. »Willst du sie gleich?«

»Ich werde einen Techniker schicken, der sie heraus- holt.«

Killeen sah sie fortgehen und fühlte eine Unruhe im Bauch.

Eine Enthebung vom Kommandoposten kann ernste psychologische Konsequenzen haben ...

Er unterdrückte Ling klugerweise, ehe die alte Sternenschiffskapitänin sich über sein unbefriedigendes Verhalten als Befehlshaber verbreiten konnte. Killeen hatte dafür andere Geister zur Verfügung.

Auf einem Felsen sitzend und in Erwartung des jungen Technikers, der ihn seiner letzten Privilegien berauben würde, gedachte Killeen trübselig der anderen Bishop-Kapitäne, die er gekannt hatte. Fanny – so sicher und befähigt –, die in seinen Armen gestorben war. Die alte Sally – die ehrenhaft und graziös in den Ruhestand getreten war, um Platz zu machen für jemanden, der offenbar ein geborener Führer war ... Abraham.

Ja, Abraham selbst. Dessen Lächeln entspannt war. Dessen Lachen erdhaft und ansteckend war. Dessen Zuversicht unerschütterlich war. Der die Bishop-Sippe durch rauhe Zeiten zermürbender Armut geführt hatte und geschickt die Ränke der vernichtenden Mechanos vereitelt hatte und ihnen zeigte, wie die verschlingende Wüste aufzuhalten war, und die Bemühungen der Sippe geleitet hatte, bis ihre Zitadelle die Blüte von Snowglade wurde.

Abraham hatte von der Mechano-Zivilisation wenig Notiz genommen und präzise, erfolgreiche Kommandounternehmen geleitet, die den Mechanos nicht mehr wegnahmen, als gebraucht wurde. Er hatte nur soviel geholt, daß er einen Standard aufrechterhalten konnte, der – wenn auch erheblich niedriger als die Hohen Zitadellen zu Arthurs Zeiten – Würde und Anstand gewährte. Einen, in dem sogar Luxus nicht fremd war. Killeen entsann sich, an seinem Geburtstag nie ein aromatisches Vollbad entbehrt zu haben. Nicht, solange sein Vater am Leben war.

Unfair. Das Unheil hatte Abraham und allem, was er geschaffen hatte, ein so unfaires Ende gesetzt. Denn sie hatten *nichts*, nichts Ungewöhnliches getan, um eine so übermächtige Aufmerksamkeit seitens der Mechanos anzulocken. Und dennoch kamen titanische Kräfte herab, um sie zu zerschmettern.

Warum? Warum? Diese Frage hatte Killeen seit Jahren gequält. An jenem Tage geschahen Dinge, die Killeen immer noch nicht verstand. Sinneswahrnehmungen … bizarre Farben am Himmel. Schnelle Wolken und Flimmern, wie er es weder zuvor noch danach je gesehen hatte. Es war so gewesen, als ob sich die ganze Natur mit den Mechanos in ihrem Ansturm verbündet hätte.

Aber Abraham hatte weitergekämpft. Nie schlappmachen. Mut zusprechen. Niemand verlor das Vertrauen in ihn, selbst zuletzt, als er die Nachhut stark hielt und damit Leutnant Fanny eine knappe Chance bot, Überlebende in ein rauhes Exil zu führen.

Nie hat jemand das Vertrauen zum Vater verloren. Diese Worte hallten in ihm wider. *Selbst in der Niederlage war er alles, was ein Mann sein sollte.*

Killeen fühlte sich elend und ließ den Kopf in die Hände sinken. Er roch beißenden Rauch und wußte, daß der nicht von den Kämpfen des heutigen Tages herrührte. Vielmehr stammte er von jenem lang vergangenen Tage, an dem er an der Seite seines Vaters hätte sterben müssen. Sein Sensorium hatte unbemerkt die Assoziation des Geruchs hervorgerufen.

Warum ... beharrst du auf dem Gedanken ... daß er tot ist?

Killeen riß den Kopf hoch, zum Teil deswegen, weil er davon überrascht war, daß sich sein Grey-Aspekt ungerufen meldete, um eine persönliche Bemerkung zu machen. Er blinzelte.

... Die magnetische Entität sagte ...

Er schüttelte den Kopf. »Ich glaube das, was ich gesehen habe. Ich sah, wie ein Geschoß alles ... *wegnahm*, was von der Zitadelle übrig war. Ein Blitz – und es war weg. Abraham ist tot. Und bald werden wir es auch sein.«

Killeen merkte, daß er laut gesprochen hatte. Er blickte sich um und sah, daß Toby ihn über den Weg hinweg anschaute. Um seines Sohnes willen bemühte er sich um eine straffere Haltung. Er versuchte, eine fröhlichere Miene zu machen, als ihm zumute war. Das war ihm teilweise gelungen, als ein magerer Bursche mit Instrumenten und kalten Händen erschien, um ihm die Kommando-Chips zu entfernen. Er saß still und machte keine Bewegung, als der Techniker seinen Nacken aufklappte und Teile von Sensorien herausnahm, die ihm so vertraut geworden waren wie die Nerven seiner Hände. An den jetzt leeren Stellen entstand ein taubes Gefühl.

Er hatte eine gute Position, um zuzusehen, wie Jocelyn mit einem Strafkommando und einem Bishop-Mann namens Ahmed den Berg heraufkam. Dem Mann wurden die Hände gefesselt, und Jocelyn peitschte ihn aus. Von dem jungen Techniker erfuhr Killeen, daß Ahmed gegenüber einem Mitglied der Siebener eine abfällige Bemerkung gemacht hatte, die Seine Hoheit mitbekam.

Normalerweise würde man so etwas unbeachtet lassen. Die Bishops würden es nicht leicht haben, soviel war klar.

Killeen sah schweigend zu, wie Jocelyn Ahmed schlug. Er erinnerte sich daran, wie schmerzlich er solche Dinge auf der *Argo* empfunden hatte. Es war nicht leichter, jetzt dabei zuzusehen, aber zumindest brauchte er sich nicht verantwortlich zu fühlen.

Er hatte vage daran gedacht, mit Jocelyn ein Abkommen zu treffen, da er wußte, daß sie Schwierigkeiten haben würde, eine Sippe anzuführen, die so viel durchgemacht hatte. Es war unklug, in einer Notlage den Captain zu wechseln; und ihre Lage übertraf jede Schwierigkeit, an die er sich erinnern konnte, sogar die schlimmsten Tage auf Snowglade.

Jetzt erkannte er in ihren blitzenden Augen und dem zusammengepreßten Mund eine Frau, die auf genau einen solchen Moment gewartet hatte und sich nicht den kleinsten Teil ihrer Autorität würde abschwatzen lassen. Er fragte sich sogar für einen Augenblick, ob er genauso gehandelt haben würde, wenn ihre Rollen vertauscht gewesen wären. Aber das war gleichgültig.

In diesem Augenblick fühlte er, wie das Gewicht der Kapitänswürde von ihm genommen wurde. Der Schock und der Kummer über den Verlust verschwanden. Er konnte jetzt wieder bloß ein anderer Bishop sein. Er konnte sich mehr um Toby und Shibo kümmern und vielleicht der Katastrophe entgehen, die er jetzt immer näher kommen fühlte, eine dunkle Präsenz, die an diesem verheerten Platz lauerte.

Der Junge mit den kalten Händen war fertig. Killeen stand erleichtert auf und ging davon.

Shibo und Toby kochten das grüne Zeug über einem knisternden Feuer. Es schmeckte viel besser, als es eigentlich hätte dürfen – ein Zeichen dafür, wie müde und hungrig sie alle waren. Killeen weichte seine Füße in einem warmen, salzigen Bad auf und hoffte, damit seine Blasen zu lindern. Allein schon der Genuß war der Mühe wert. Diese an Wasser reiche Welt hatte ihre eigenen Vorzüge. Seine Jahre an Bord der *Argo* hatten nicht nur seine Füße weich gemacht. Er dachte sehnsüchtig an den Komfort des Schiffs, die üppigen exotischen Speisen und die einfachen, aber entscheidend wichtigen Dinge wie Wärme und Licht. Er studierte die hageren Gesichter ums Feuer. Wie schnell waren sie doch alle vom Himmel heruntergeworfen und wieder in die desperate Existenz gezwungen worden, die sie auf Snowglade erlebt hatten. Shibo hatte sie beisammengehalten, aber ihre Träume waren für immer zerronnen.

Es ließ sich nicht vermeiden, über die Schlacht zu diskutieren, und zunächst taten sie dies fast leidenschaftslos. Ihre Stimmen waren leise, düster und waren getragen von der angesammelten Schwere von Erinnerungen, die zu frisch waren, um schon bewältigt worden zu sein.

Zuerst analysierten sie die Verteidigung der Cyber – ein verhältnismäßig neutrales Thema. Besen sagte: »Wenn sie wissen, woher der Hauptangriff kommt, können sie die Schüsse blockieren.«

»Dann sollten wir gleichzeitig aus verschiedenen Richtungen feuern«, erwiderte Toby.

»Schwierig«, meinte Shibo. »Ihre Schirme bewegen sich zu schnell.«

»Immerhin können wir es versuchen«, sagte Besen.

Killeen freute sich, daß Toby und Besen sich ohne Soufflieren durch die notwendigen Lektionen hindurchgearbeitet hatten. Sie wurden schnell erwachsen. Besen besonders würde in einiger Zeit einen guten Leutnant abgeben. Sie war entschlossen. Und Toby verbesserte sich unter ihrem Einfluß. Killeen dachte daran, wie ein Junge erst von Sex angelockt wurde und danach irgendwie daraus lernte. Er fühlte eine stille Genugtuung, daß Toby aus den Wirrnissen der Teenagerzeit herauskam. Sowohl er wie Besen hatten den Horror der Schlacht gut abgeschüttelt.

Aber dann sagte Toby ruhig: »Wer hat mit dem Laufen angefangen?« Und Shibo sah Killeen an.

»Wie meistens hat die Panik hinten begonnen«, sagte er ruhig.

»Wieso denn?« fragte Besen.

»Die Leute dort hinten haben einen besseren Überblick und können sehen, was passiert.«

Sie sagte nachdenklich: »Man sollte meinen, daß es bei der Front beginnt.«

»Niemand an der Front hat nachgegeben«, erklärte Killeen.

Toby blinzelte. »Du meinst, daß Loren den Rücken gezeigt hat?«

»Nee«, sagte Killeen leise. »Er stieß nach links vor, um einen besseren Winkel gegen einen Cyber zu bekommen.«

Erleichterung glitt über Tobys Gesicht. »Gut: Es hieß, er hätte seinen Strahler weggeworfen und wäre davongelaufen.«

»Nee. Ein Cyber hat ihn gerade in dem Moment getötet, als er sich in einer vermeintlich guten Deckung befand.«

Besen und Toby seufzten. Ihre Gesichter verloren etwas von dem nagenden Kummer. Killeen verstand, daß der anscheinend unbedeutende Punkt von Lorens Verhalten in den Augenblicken vor seinem Tod ihnen ebenso bedeutsam erschienen war wie sein Tod selbst. Die seltsame und doch so sehr menschliche Moral des Schlachtfeldes bewahrte sie vor der brutalen Gewalt ihres Kummers. Sie klammerten sich an die Hoffnung, daß ein gutes Verhalten auch einen guten Tod bedeutete. Er beneidete sie um diese jugendliche Abwehrhaltung. Sie würde nicht lange währen.

Killeen war in seine eigenen trüben Gedanken versunken, als Toby plötzlich sagte: »Mampf gutt.«

Killeen sah ihn an. Er dachte, daß er den Mund voll hätte.

»Nauze tutt wee.«

Killeen warf ihm einen irritierten Blick zu und argwöhnte einen Ulk. Shibo und Besen wirkten besorgter.

»Feur is gutt.« Über Tobys Gesicht zuckten Krämpfe wie Gewitterwolken im Sturm. Dann stand er wacklig auf. Seine Augen rollten in die Runde. »Mir is mies.«

Auf stocksteifen Beinen machte der Junge einige unbeholfene Schritte vom Feuer weg. Killeen rief: »Du solltest dich besser hinlegen. Dieser Fraß ...«

Toby angelte sein Messer aus dem Gürtel. Das war ein kostbarer Besitz, die Klinge aus abgenutztem, aber flexiblem blauem Stahl, ebenso lang wie der Fuß des Jungen. Tobys Mund arbeitete, während er auf die Klinge hinunterblickte, als ob er sein Spiegelbild darin studierte. Dann ging er mit zwei steifen Schritten zu einem dicken Baum mit rauher Rinde, der schräg aus der Wand der Schlucht herausragte. Unverzüglich holte Toby mit dem Messer in der rechten Hand aus und drückte seine linke Handfläche auf den Baum.

Killeen sah, was er tat, einen langen Moment im Zeitlupentempo, ehe es geschah. Er sprang vorwärts und begann zu schreien.

Toby stieß das Messer heftig in seine Hand und nagelte sie damit an den Baum.

Als Killeen ihn erreichte, brüllte Toby aus vollem Halse. Als er keine Luft mehr hatte, keuchte der Junge und schrie dann weiter. Blut befleckte ihm Wangen und Haar. Ein feines rotes Rinnsal tröpfelte an dem Baum herab und folgte den Rissen in seiner Borke.

Tobys rechte Hand zuckte jetzt wieder zum Griff der

Waffe, aber ohne Effekt. Er schrie sich heiser und japste, schnappte nach Luft und schrie aufs neue – verloren und jetzt sogar hoffnungslos.

»Loslassen!« brüllte Killeen. Er packte Tobys rechte Hand, die das Messer herauszuzerren suchte. Die Klinge war bis zur Hälfte in den Baum getrieben.

»Laß mich das tun, Sohn! Ich werde es schaffen.«

Durch einen glasigen, wirren Schimmer in seinen Augen schien Toby doch seinen Vater zu erkennen. Er öffnete den Mund zum Atmen und kreischte dann wieder.

»Du verdrehst es!« brüllte Killeen. Tobys Zerren am Griff hatte diesen verkantet, so daß die Hand noch mehr zerschnitten wurde.

Der Blutstrom gerann. Er erreichte den Boden und fing an, eine Pfütze zu bilden.

Killeen rief Shibo zu: »Haltet ihn!«

Sie und Besen legten rasch ihre Arme um Toby, der angefangen hatte, schreiend und japsend im Stehen vor und zurück zu pendeln, wobei er sich die Hand noch mehr zerfleischte. Sein Geheul wurde rauher, und Killeen hörte, wie sein Sohn sich die Kehle wund schrie.

Vorsichtig löste er Tobys Finger von dem Griff.

»Leid! Leid!« schrie Shibo – ein alter Klagefluch.

»Toby – wie … was …?« fing Besen an und brach dann in Tränen aus.

Aus Tobys gequälter Kehle kamen Seufzer. Sein Mund war verzerrt, er konnte aber nicht sprechen.

Killeen konzentrierte sich und riß mit einer einzigen Bewegung das Messer aus dem Baum.

Toby brach zusammen. Die Frauen legten ihn auf den Kies, wobei sie die gerinnende Blutpfütze vermieden.

Killeen warf das Messer beiseite und holte seinen in der Nähe abgelegten Rucksack. Darin fand er in einer Tasche ein organiformes Tuch. Das schnitt er mit seinem Messer in Streifen. Toby zappelte unter den Händen der Frauen, stöhnte, schluckte und stieß unzusammenhängende Schreie aus. Andere Bishop-Leute kamen angerannt.

Killeen machte einen Knebel und band die Hand ab, während die Frauen Toby weiter am Boden festhielten. Dann machte Shibo den Verband wieder auf und legte ihn noch einmal besser an.

Toby atmete schnell und flach. Sein Gesicht war aschfahl.

»Mein Sohn – mein Sohn«, sagte Killeen. Der Junge starrte nach oben in die Nacht, wo rötliches Licht aus fernen Molekülwolken zwischen den Sternen sickerte. »Mein Sohn, was …?«

Besen hatte zu weinen aufgehört, während sie sich zu dritt mit der Hand beschäftigten. Jetzt fing sie wieder an, leise zu schluchzen. Killeen hatte einen trockenen Mund, und er konnte das Kupferaroma des Blutes nicht aus der Nase bekommen.

»Ich … irgendwas … hatte eine Idee. Tu das!« Toby stieß die Worte zwischen rissigen weißen Lippen aus.

»Deine Idee?« fragte Shibo.

»Ich … weiß nicht.«

»Wie war sie denn?«

»Etwas Großes … glatt. Beinahe blank.«

»Wie *sah* es denn aus?« fragte Besen und hielt ihre Tränen zurück.

»Ich … groß, drückte auf mich. Aussehen …?« Toby machte ein finsteres Gesicht und starrte in den Weltraum.

»Oh, warum, warum …?« fing Besen an.

Killeen gebot ihr mit einer Handbewegung Schweigen. Er nickte Toby zu. »Nun also, mein Sohn. Wie sah es aus?«

»Sah so … so blank aus. Und … kein Gesicht. Überhaupt kein Gesicht.«

6. KAPITEL

Das wilde Bergland mit seinen schroffen Felszacken behinderte Quath bei ihrer Flucht. Scharfe Steine knabberten an ihr. Sie stolperte einige Male und konnte sich kaum abfangen. Frisch an die Oberfläche getretene Mineralien hatten sich zu schwarzen Fächern verbreitert, nachdem sie vom letzten Erdbeben freigelegt worden waren. Quaths Intellekte rasselten vor durchdringender Konfusion; und ihre einzige Reaktion war, sich zu bewegen, zu laufen, zu fliehen.

Es war ziemlich knapp hergegangen. Sie wäre beinahe gefaßt und festgenagelt worden, in den Geist des Nichtsers gezogen, in den sie eingedrungen war.

Aber das war *unmöglich*. Ihr Geist war wohl geordnet, vielfältig, fähig, ungeheure Mengen von Wissen aufzurufen, mentale Ressourcen in einer Mikrosekunde zu rekrutieren. Mit der verfügbaren Masse konnte er jeden simplen, linearen Geist eines Nichtsers überwältigen. Als sie ihren Nichtser in sich trug, hatte sie dessen Geist nur gestreift. Sie war voreingenommen und hatte nur losen Blickkontakt gehabt. Die Beherrschung ihres zweiten Nichtsers war ähnlich einfach gewesen. Und jetzt erkannte sie, daß jedesmal eine unerwartete Schranke gefallen war.

Alle ihre Verrenkungen und verletzenden Hiebe hatten sie nicht von dieser letzten, offenkundig unterlegenen Intelligenz befreien können. Bei dem Versuch, sich herauszuziehen, merkte sie, daß ihre Selbst-Aura in eine sumpfige, saugende Bodenschicht eingetaucht war. Sie war klebrig und dick, ein schlammiger Matsch aus verklebten, unbewußten Impulsen, Erinnerungen und knorrigen Subsystemen.

Hier war es, wo dieser Nichtser in Wirklichkeit lebte. Quath hatte diesen groben, klebrigen Zug in einem umwerfenden Moment tiefer Überraschung gespürt. Die oberen Schichten des Geistes waren sanft und angenehm, wie kühle, glatte Gänge unter den linearen Beschäftigungen des Bewußten – während tief unten, in Räumen, die ummauert waren und sich zu nüchternem Zweck verzweigten, ein komplexes, zähes Labyrinth fremdartiger Macht lauerte.

Oder waren es mehrere Geister? Quath war sich nicht einmal sicher, ob der Nichtser eine einzige Intelligenz war.

Seine höchsten Niveaus schienen eher eine passive Stufe als eine steuernde Entität zu sein. Dort, auf einer weiten Ebene oberhalb des sirupartigen Breis, kämpften Parteien des Unbewußten miteinander. Ein Abgrund gähnte.

Instinkte sprachen ruhig und wirkungsvoll, ohne je zu verstummen. Emotionen flammten stechend heiß auf. Sie hechelten und schmachteten. Immer riefen sie die höhere Intelligenz von ihren Überlegungen fort.

Würzige Hormone kamen hoch – nicht um Informationsblöcke oder holistische Bilder zu übermitteln wie bei Quath, sondern um den Blutstrom mit dringenden Forderungen zu durchfluten.

Organe fern vom Gehirn antworteten auf diese chemischen Botschafter, indem sie andere Hormone in den pulsierenden Strom pumpten und alkalische Stimmen dem Gebrabbel zufügten.

Ideen tauchten aus diesem Sumpf auf wie Kristalltürme, kühl schimmernd. Aber bald waren sie mit dem aromatischen chemischen Dreck bespritzt – Blut auf Glas.

Diese Elemente vermischten sich und rangen miteinander. Kämpfende Heere stießen zusammen und lieferten sich wilde Scharmützel. Gespenstische Spritzer dekorierten die zerbrechlichen Bollwerke analytischen Denkens. Ein brodelnder Sumpf platschte hungrig an den ernsten Festungen der Vernunft und untergrub zermürbte Bastionen, während neue gebaut wurden.

Aber irgendwie gingen aus dieser inneren Schlacht nicht nur Konfusion und zerstreute Unschlüssigkeit hervor. Irgendwie ergab sich ein einzelner zusammenhängender Block, der die vitalen, eifrigen Parteien dominierte. Seine Aktionen nutzten alle diese Myriaden von Einflüssen, ohne jeweils einem lange die Oberhand zu lassen.

Quath staunte über die reine Energie hinter den unablässigen Zusammenstößen; und gleichzeitig empfand sie ein Gemisch von Erkennen, verbrämt mit Widerwillen.

Die innere Landschaft des Nichtsers war weit komplexer, als sie sein sollte. Kein Wunder, daß er nicht den technologischen Hochstand der Füßler erreicht hatte! Er mühte sich in einem heulenden Sturm voran. Jede scharfe Wahrnehmung wurde durch zügellose Winde der Leidenschaft abgestumpft.

Aber im gleichen Takt hatte er eine merkwürdige Art, auf der Oberfläche dieser zerrissenen alchemischen Querströme zu gleiten. Daraus ergaben sich eine gewisse Balance und ungewöhnliche Beharrlichkeit. Es war so ähnlich, wie sie gingen: nach vorn fallend und sich immer wieder fangend, indem sie den Fall mit dem anderen Bein abfingen. Das ergab eine schaukelnde Kadenz, in der die heikle Natur des Wesens selbst widertönte.

Nicht ein einzelner Geist ... und keine vielfältigen, miteinander verbundenen Intelligenzen, wie Quath.

Sie wußte, daß sie die Tukar'ramin verständigen sollte. Diese Entdeckung kam völlig überraschend und hatte Konsequenzen, die Quath nicht ausloten konnte. Aber jetzt war sie unfähig, klar zu denken. Ihre kleineren Intelligenzen drängten in unterschiedliche Richtungen. Sie winselten und krümmten sich. Quath brachte sie zur Ruhe und faßte den eisernen Entschluß, sich von den Nichtsern weit genug entfernt zu halten, um nicht entdeckt zu werden. Sie mußte erst mehr über sie lernen.

Spinnweben des Nichtsers hingen immer noch an Quath. Sie wischte sich ihr Blickfeld frei und beseitigte schimmernde Spuren von Zweifel. Die ganze Luft ertönte von skeptischen Winden.

In zappelnder Verwirrung stapfte Quath weiter voran.

7. KAPITEL

Killeen schlief fest, als der erste harte Stoß durch den Berg lief. Er wurde sofort wach und rollte sich aus dem Zelt. Er kam auf die Füße, als Shibo ihm folgte. Ein zweiter Stoß warf ihn um.

In der Verwirrung brauchte er einen Moment, um seine Optik zu justieren. Seine Augen durchliefen automatisch ihre empfindlichste Funktionsweise, weil er sie auf Sicht bei Nacht eingestellt gelassen hatte. Aber dadurch blendete ihn die Landschaft wie unter einer Mittagssonne.

Der Glanz ging in Stufen zurück. Nachdem die Farben und Schatten wieder deutlich geworden waren, erstrahlte das ganze Himmelsgewölbe in üppigem Gold.

Der Siphon. Der String drehte sich wieder und sog das reiche Erz aus dem Zentrum des Planeten. In der Tiefe zusammenstürzendes Gestein sandte mächtige Wellen aus. Killeen fühlte mit den Fußsohlen das langsame, pulsierende Aufsteigen kolossaler Bewegungen in Tausenden von Kilometern Tiefe.

»Raus!« rief er über die Sprechanlage. »Verlaßt die Schluchten und begebt euch ins freie Gelände!«

Er und Shibo hatten mit ihrer vollen Stiefelausrüstung geschlafen. Sie nahmen ihr Gepäck auf und waren schon dabei, das Trockental zu verlassen, als er sah, daß Toby und Besen noch da saßen, um ihre Stiefel anzuziehen.

»Laßt das!« rief er. Der Boden schwankte unter ihm und machte es schwer zu stehen. »Lauft barfuß!«

Toby warf seinem Vater noch im Halbschlaf einen unsicheren Blick zu. Sie hatten ihn mit den kümmerlichen medizinischen Mitteln behandelt, die die Sippe noch gegen den Schmerz und die Infektion seiner Wunde besaß.

Killeen nahm Tobys Pack auf, und Shibo ergriff den von Besen. »Los, vorwärts!« schrie sie.

Ein Steinblock von Mannsgröße donnerte den Abhang herunter. Er rollte glatt durch zwei Zelte oberhalb von ihnen. Dann sauste er mit dumpfem Gepolter vorbei. Dabei abgesplitterte Stücke überschütteten sie mit Grus. Er riß ihre Zelte mit.

Sie liefen den Abhang hinauf, bis sie die Geröllhalde erreichten. Killeen half Toby dort, wo kürzlich abgelagerter Staub den Weg schlüpfrig machte. Der Junge war noch benommen und umklammerte seine linke Hand. Killeen achtete auf die herunterpolternden Steine und führte Toby zur Seite.

Das gleichmäßige Glühen des Himmels erleichterte es, den Schutt und die Felsblöcke zu vermeiden, die an ihnen vorbeirumpelten. Nicht jeder war so schnell und glücklich. Aus der Tiefe der Schlucht ertönten jähe Schmerzensschreie.

Sie machten Halt, als sie auf einer freien Felsplatte angelangt waren. Die große, vorspringende Bergspitze aus Granit und die geknickte Kuppe darüber schienen schon alles lose Gestein abgeschüttelt zu haben. »Kommt hier zusammen!« rief Killeen über die Sprechanlage.

– Halt den Mund! – brüllte Jocelyn wütend. – Bishops, kommt zu meiner Stelle! –

»Jocelyn, diese Strecke ist frei«, sagte Killeen.

– Haltet euch in meiner Richtung! Trefft euch nicht bei Killeen! – Der Boden bebte und schüttelte sich endlos. Bishops krochen und rannten die Flanken des Gebirgssattels hinauf und mieden Schluchten, die Gesteinslawinen anzogen. Killeen sagte nichts mehr im Kommunikationssystem.

Jocelyn klammerte sich in der Nähe an einen steilen Kamm. Der wirkte sicher, solange die Bergschulter darüber nicht ins Rutschen kam. Einige Bishops kamen zu ihr. Die meisten begaben sich zu dem Gelände unter Killeen. Die Beben ließen allmählich nach. Jocelyns Platz hielt. Nach einer Weile kletterte sie langsam herunter und führte ihre kleine Gruppe über den Sattel. Sie gelangte auf die freie Felsplatte, wo sich jetzt mehr als hundert Bishops so verteilt hatten, daß sie den fallenden Steinen leicht ausweichen konnten.

»Du untergräbst meine Kapitänswürde«, sagte Jocelyn keuchend, als sie herankam.

Killeen schüttelte den Kopf. Er getraute sich nicht, etwas zu sagen. Von weiter unten kamen polternde Geräusche und Rufe. Ein tiefes, leises Grollen stieg vom Berg auf, als ob der ganze Planet kläglich um Luft rang.

– Sammeln! Sammeln! – ertönte der scharfe Ruf Seiner Hoheit.

»Marsch!« schrie Jocelyn die Bishops an.

»Es ist sicherer, hier zu bleiben«, sagte Killeen.

»Du wirst tun, was Seine Hoheit befiehlt!« fuhr ihn Jocelyn an.

Toby und Besen hatten ihre Stiefel angezogen und ihre Rucksäcke in Ordnung gebracht. Alle vier setzten sich über eine von Bergrutschen gezeichnete Granitfläche in Bewegung. Die Beben wurden etwas leiser, als ob das Geknabber am Zentrum des Planeten aufgehört hätte. Killeen studierte den schimmernden goldenen Vorhang über ihren Köpfen, konnte aber keine Zeichen von herausgeholtem Kernmetall erkennen. Etwas Dunkles bewegte sich hoch oben, nur eine Schramme vor dem Leuchten, nicht mehr.

Als sie an der nächsten breiten Felsschulter ankamen, sprach Seine Hoheit schon zu den Familien, die sich unordentlich vor ihm versammelten. »Dies ist nur ein neuer Versuch der gegen uns losgelassenen Dämonen und Teufel, ein mißlungener Versuch, uns zu zerstreuen und unseren einzigen noch verbliebenen Faden der Hoffnung zu verfehlen. Bald wird der Kosmische Sämann kommen, wie meine Aspekte berechnen. Seid bereit!«

Die anderen Sippen fingen an, knorrige Äste und Buschwerk für ein großes Feuer zu sammeln. Sie torkelten und fielen hin, wenn der Boden bebte, machten aber weiter. Killeen und die anderen sahen mißtrauisch zu.

Dann schrie Seine Hoheit: »Schaut! Unser Augenblick ist gekommen.«

Killeen blickte nach oben. Ein dünnes Band hing über dem Berg, nur als schwarzes Segment vor dem Glühen zu erkennen. Es bewegte sich. Die fast gerade Linie wurde langsam kürzer und breiter.

Killeen hatte den Eindruck, daß er längs etwas blickte, das viel größer war, als es schien. Das Band krümmte sich leicht mit fast träger Grazie. Das filigranartige Glühen dahinter erhöhte noch den Eindruck, daß sich das Band rasch bewegte und wie ein schwarzer Finger über den Himmel glitt, der sich geschickt und heiter drehte. Killeen fand, daß es absurderweise wie ein Stock aussah, der so hoch geschleudert worden war, daß er, so sehr er herumwirbelte, nie wieder herunterkommen würde.

Dann kam der Ton hinzu. Erst glaubte Killeen, eine tiefe Baßnote zu vernehmen, die durch seine Stiefelsohlen aufstieg; aber dann merkte er, daß der langsame, schwere Klang vom Himmel herunterdrückte. Er wurde stärker, ein einzelner Ton, der sich in einen Chor wechselnder Obertöne spaltete und dann immer tiefer in Frequenzen absank, die man mehr fühlte als hörte. Die Wellenlängen standen in Resonanz mit seiner vollen Körpergröße, so daß er mit dem ganzen Körper lauschte. Es war wie der Ansturm großer Wellen unmittelbar aus dem Himmel. Angetrieben durch Lichtgezeiten, hämmerte er auf die kleinen Kieselsteine von Planeten und Sternen und überspülte sie in Gießbächen.

Irgend etwas kam vom Himmel heruntergeklettert.

Die langsamen, rollenden Noten bewirkten lang nachhallende Ängste. Der Fels unter ihnen hatte sein uraltes Versprechen von Solidität verraten, und jetzt öffnete das seltsame dunkle Band über ihnen seinen Abgrund des Zweifels. Killeen fragte sich, ob das Ding irgendein Werk der Cyber sein könnte, so wie die Kosmische Saite. Falls ja, gab es kein Entrinnen. Es war deutlich herunter zu ihnen auf die kahle, freiliegende Kuppe des Berges gerichtet. Er spürte die ungeheure Größe des Dinges, ohne ein Detail darin erkennen zu können.

Dann hörte er summende Töne, die in der Luft schwebten. Sie stiegen auf wie das Geräusch von Wind, der durch große Bäume streicht, als ob das riesige Ding da oben durch eine Windsbraut glitte, als ob es aus Holz und Blättern bestünde.

Seine Hoheit schrie etwas – religiöse Phrasen, die ineinander verschwammen und für Killeen wenig Sinn ergaben.

»Schaut, ein Sämann ist ausgezogen zu säen. Und den Erwählten wurde zuteil, die Mysterien des himmlischen Königreichs zu erfahren, das der Sämann gebracht hat. Und allen mechanischen Dingen wurde das *nicht* gegeben!«

Plötzlich sah Killeen, daß das sich oben allmählich ausdehnende Band langsam herunterbog und mit seinem langen, sich verjüngenden Ende direkt auf den Boden zeigte. Auf sie.

Jetzt, da es näher kam, konnte Killeen beim Himmelsleuchten Einzelheiten erkennen. Große Sehnen zogen sich wie Kabel nach unten, unterbrochen durch knotige Schwellungen, wie die Wirbel eines gigantischen Rückgrats. Es brummte. Das Ding sauste vom Himmel auf sie herab und stieß grelle Töne aus. Straffe Seile spalteten die Luft mit hartem Knall. Eine Sinfonie von Knacklauten und gedehntem Knallen ertönte und bildete einen Katarakt von Lärm …

… und etwas platzte in den Fels neben ihnen. Es riß auf und übersprühte Killeen mit einem aromatischen Saft, der sich in seinem Bart festsetzte. Er prallte zurück, aber der Geruch war angenehm, süß und überladen.

Noch ein Ding schlug in den Berg, dann noch eines. Sie bombardierten die ganze Gebirgsgegend. Familien schrien vor Vergnügen, nicht vor Angst, als noch mehr der großen, länglichen Gebilde auf sie herabregneten.

Killeen wurde sich unbestimmt bewußt, daß er keine Furcht empfunden hatte, als das Band auf sie zuraste. Irgendwie hatte er rasch gemerkt, daß es keine Cybermaschine und keine Bedrohung war.

Immer noch regnete es mit Getöse vom Himmel. Aber es ebbte jetzt ab. Killeen sah, wie sich die lange dünne, leicht gekrümmte Linie wieder abwandte. Es hatte so ausgesehen, als ob sie fast geradewegs herunterkäme und den Himmel wie ein Speer durchbohrte, als ob sie einen Finger der Anklage – oder des Winkens? – auf die Menschheit richten wollte, die sich auf dem Berggipfel zusammengedrängt hatte.

Nachdenklich ging er zu dem nächsten heruntergefallenen Objekt. Das eiförmige Gebilde war aufgeplatzt und hatte überall Flüssigkeit verspritzt. In dem Saft steckten auch kleine graue Kugeln. Killeen hob einige auf und roch etwas leicht Süßes. Ohne Bedenken schwand seine normale Vorsicht, und er biß in eine hinein. Ein angenehmer, öliger Geschmack erfüllte seinen Mund.

»Nein! Nein!« Ein Dreier rannte auf ihn zu. »Heb das auf – zum Kochen!«

Killeen sah zu, wie der Mann die geplatzte Frucht aufhob und damit fortstolperte, kaum fähig, das Gewicht zu tragen. Überall liefen die Leute auf dem Berg los, um sie einzusammeln. Andere schürten die Feuer. Einige hatten die Früchte schon auf Stöcke gespießt und brieten sie über tanzenden Flammen.

Killeen ließ sich von dem Jubel mitreißen. Der durch seinen langen Rückzug und den Mangel an Nahrung deprimierte Stamm brauchte ein Fest. Ohne zu fragen, warum, wußte er, daß dieses buchstäblich vom Himmel bescherte Manna gut und gesund war. Das kräftige, berauschende Aroma direkt vom Bratspieß versprach Genüsse für Nase und Mund. Selbst die weiteren Erdbeben machten ihm nichts aus.

Er sah, wie die dunkle Klinge, die den Himmel zerschnitten hatte, weiter zurückwich und sich beim Aufsteigen etwas krümmte. Sie hatte in ihrer größten Erstreckung nur wenige Zeit verweilt, als sie über dem Berggipfel schwebte, wie um einen Segen zu spenden – was sie ja auch getan hatte.

8. KAPITEL

Quath fühlte, wie sich durch den kalten Berg eine massive Präsenz herabsenkte.

Sie hatte Zuflucht gesucht in einer Felsspalte, jenseits derer die Nichtser lauerten. Von diesem Ausguck konnte sie ihre Emissionen und Streustrahlungen empfangen. Die Leute dachten naiverweise, daß ihre kleinen Blasen elektrischer Wahrnehmung, auf ein Minimum gedämpft, den Füßlern entgehen könnten. Quath durchdrang die winzigen, schwachen Sphären leicht und inspizierte das glühwurmartige Leuchten darin.

Aber auf diese Weise konnte sie wenig herausholen, das ihr nützte. Bestimmt erfuhr sie nichts, das über ihre schockierenden Offenbarungen hinausging, die sie beim Verweilen innerhalb des Nichtsers empfangen hatte. Durch die kühle Luft glitten Bächlein von Nichtser-Gedanken und setzten sich in Quaths Elektro-Aura fest, wie kleine Flaggen in der Brise der Wahrnehmung flatternd. Und die Bake, die sie in ihren Nichtser eingesetzt hatte, schwieg weiter.

Immer noch zögerte sie, sich dem Berggipfel zu nähern. Ein neues Ereignis könnte sie voll alarmieren, zerstreuen und die Suche noch schwieriger gestalten.

Dann hatte sie den ersten hohen, zarten Ton fern im Westen herunterschallen gehört. Der Diskant glitt auf der Luft. Ihm folgten dröhnende Baßklänge. Sie rollten wie gleichmäßiger Donner dahin. Die Tonquelle senkte sich und näherte sich mit einer Geschwindigkeit, die Quath erst für eine Illusion hielt. Dopplerbilder stießen rasch auf sie zu. Alte Angst kam auf.

Die Füßler stammten von im Boden wühlenden Wesen ab. Höhen bewirkten bei ihnen akute, beklemmende Panik. Darum machten sie keine Jagd auf Feinde in der Luft, wie erfolgreich das auch hätte sein können. Die Füßler hatten Jahrtausende gebraucht, bis sie imstande waren, das Gefühl des Falls im Orbit zu ertragen. Erst genetische Veränderungen hatten ihnen die Raumfahrt ermöglicht... obwohl dadurch nicht der ständige Schrecken verschwand, der mit Tiefflug über Gelände verbunden war, mit der entsetzlichen Vorstellung eines möglichen Absturzes. Quath und die anderen schafften es, sich für kurze Strecken zu erheben, nur durch Übergabe der Kontrolle an einen Subintellekt, wobei das Vorhaben auf distanzierte mechanische Bewegungen reduziert wurde.

Aber dieses Ding! Es stürzte herab, als ob es keinen hemmenden Luftwiderstand gäbe. Ein Schiff?

Nein. Die dunkle Linie umspannte einen Quadranten des Himmels. Ein herabstürzendes Stück einer Konstruktion der Füßler? Unmöglich – die braunen und grünen Farbtöne paßten nicht zu den riesigen grauen Labyrinthen, die sie bauten.

Es kam herunter. Quath brach das Schweigen ihrer Aura und rief Tukar'ramin.

Die anschwellende Intelligenz kam sofort und flimmerte in der frischen Luft.

Ich verstehe deine Panik. Wenn ich nicht mit gewichtigeren und eiligeren Dingen beschäftigt gewesen wäre, hätte ich dich gewarnt.

#Wird es auf mich stürzen?# fragte Quath und bemühte sich, Haltung zu wahren.

Nein. Es wird überhaupt nicht den Boden berühren.

#Mechano-Werk? Ist es Mechano-Werk? Ich sollte es abschießen ...#

Mach keinen solchen Unsinn! Hier.

In Quaths Aura brach ein blühender elektrischer

Kern des Wissens, dick und sprühend. Daten stürmten wild auf sie ein.

Sie verschlang sie und verwandelte die rotierende Kugel von Induktionsströmen in lesbare Hormone. Gerüche und Aromen erblühten, dicht bepackt mit erstaunlichem Detail.

#Das ist so reichhaltig!#

Es kommt ungefiltert von den Illuminaten.

Die Ehre, einen so heiligen Kern zu empfangen, verblüffte Quath. Sie kostete versuchsweise. Eine erstaunliche zentrale Tatsache überflutete sie wie ein eisiger Strom: Das Ding da oben war lebendig.

Seine Geschichte war in einem muffigen Gewölbe vermutlich dürftigen Wissens begraben gewesen, wie Quath schockiert feststellte. Bestimmt hatte keiner der Füßler viel von diesem Ding gesprochen. Als sie die Schichten hormonaler Implikationen abhob, wurde die Crux indessen noch eindrucksvoller.

#Warum hat man uns das nicht gesagt?# schrie Quath, als die Geschichte des Dings in sie einsickerte und ihre Subintelligenzen die zahllosen Nuancen sondierten.

Wir haben es nicht für lebenswichtig gehalten, antwortete die Tukar'ramin. *Es ist gewiß ein merkwürdiges Objekt. In der Zukunft könnte es für uns von Nutzen sein.*

#Von Nutzen ...!# Quath war von der offenkundigen Sorglosigkeit der Tukar'ramin enttäuscht und schockiert. Dann griff ihr charakterologischer Subintellekt ein und erinnerte sie daran, daß sie schließlich doch nur ein erst kürzlich mit einer Ergänzung bedachtes Mitglied des Nestes war. Ihre große Beförderung, die Enthüllungen über ihre philosophischen Komponenten – das bedeutete nicht, sie könnte das Urteil der Tukar'ramin ohne weiteres in Frage stellen. Sie sog die seltsam kühle Präsenz ein, die Stimme der Illuminaten selbst.

Oben kam das Ding durch Donnerschläge und nächtliche Wirbel herunter. Es hatte angefangen als Saat-Tier, weit draußen am Rande dieses Sonnensystems. Es war damals eine dünne Stange langsamen Lebens, die in bitterer Kälte ums Überleben kämpfte. Von ihr gingen Fäden aus, die einen filigranen Spiegel hielten, der viel größer war als die Stange selbst. Schwaches Sonnenlicht wurde von dem Glimmerspiegel reflektiert und auf den lebenden Kern gebündelt. Es erwärmte ihn genug, um eine lauwarme, anhaltende Strömung von Flüssigkeiten aufrecht zu erhalten.

In dem weit jenseits des Zielsterns herrschenden Dunkel wartete die Stange und beobachtete. Vorbeiziehende Molekülwolken besprühten sie mit Staub; und dieses schmutzige Mahl genügte – wenn auch knapp –, den gelegentlichen Schaden durch kosmische Strahlung wettzumachen.

Filigrane Muskelfasern hielten diesen Spiegel in Stellung und bildeten das Gerüst für späteres Wachstum. Selbst in so weiter Entfernung von dem Stern blähte das Sonnenlicht die große, aber sehr schwache Konstruktion auf. Eine leichte Rotation lieferte ausrichtende Spannung durch gekreuzte Sparren.

Das matte, aber gebündelte Sternenlicht fiel auf Photorezeptoren, die die Energie in chemische Formen wandelten. Das Saat-Tier brauchte sich nicht rasch zu bewegen. Daher genügte dieser schwache Kraftstrom, um es auf seine Jagd zu schicken.

Kein Verstand segelte in diesem bitterkalten schwarzen Klumpen. Es war auch keiner nötig – vorerst.

Der Folienspiegel spielte eine andere Rolle. Als im Laufe der Dekaden das Bett aus Photorezeptoren wuchs, wurde das vom Spiegel entworfene Bild breiter. Gelegentlich zuckten kontraktile Fasern. Der gewichtslose Spiegel kippte zur Seite und krümmte sich zu einem kunstvollen, geneigten Paraboloid. Langsame Oszillationen liefen über das Feld aus Glimmermosaik. Lässig liefen schwingende Bilder des Sterns zu den Kanten und entsandten lange Wellen durch das Gestell. Die schimmernden Flächen fingen schwache Strahlung ein und verdichteten sie. Alsbald lieferten die Rezeptoren ein laufendes Bild des Raumes in der Umgebung der näherkommenden Sonne.

Lange Zeit geschah in dem erweiterten Bild nichts Bemerkenswertes. Nur der fleckige Hintergrund und träge lumineszierende Spritzer in den Molekülwolken. Vor diesem Lichtgeplätscher konnte die Beute des Saat-Tieres wirklich verblassen.

Aber schließlich fand das Tier einen verdächtigen kleinen Lichtfleck. War das ein Eisball? Alte Instinkte kamen allmählich ins Spiel.

Es wuchsen spezielle Lichtempfänger, die leichte Schwankungen im Spektrum analysieren konnten, die von dem entfernten, matten Punkt herrührten. Der eine Photorezeptor fand die ionisierten Fragmente von Wasserstoff und Sauerstoff. Ein anderer durchsuchte das Dickicht spektraler Maxima nach Kohlendioxid, Ammoniak und Spuren noch komplexerer, wenn auch weniger stabiler Formen.

Der Erfolg stellte sich nicht gleich beim ersten Versuch ein, nicht einmal beim zehnten. Das Saat-Tier verlangte von der fernen Beute nicht nur einen dünnen, verdampfenden Hinweis auf Eis; sondern der Kopf des Prä-Kometen mußte sich in einer Bahn bewegen, die für das Tier erreichbar war.

Schließlich genügte ein anvisierter Lichtfleck allen in alter Zeit genetisch programmierten Anforderungen, und das Saat-Tier setzte sich in Marsch. Es begann eine lange, mühsame Jagd. Himmelsmechanik, Ballistik, Entscheidungen fällen – alle diese komplexen Wechselwirkungen waren aktiviert bei dem gravitätischen Tempo, das der konstante Lichtdruck der Sonne zuließ.

Große Segel wuchsen und wurden entfaltet. Das Ding fing den Photonenwind ein, lavierte und kurvte.

Jahrhunderte vergingen. Das kleine Bild der Beute wuchs und wurde zu einem taumelnden, unregelmäßigen Klumpen aus Staub und Eis.

Jetzt kam ein kritischer Zeitpunkt: Kontakt. In Zellen und Fasern, die eigens für diese besondere Aufgabe konstruiert waren, sammelten sich Daten an. Drehmoment, Drehimpulse, Vektoren – alle Abstraktionen wurden schließlich auf molekulare Schablonen, Anordnungen von Ionen und Membrane reduziert. Quälend langsam führte das Tier Berechnungen durch, die für jedes Wesen, das Bewegungen beherrscht, nur zweitrangig sind. Aber es konnte seine unbegrenzte Zeit dehnen, um auch das geringste Risiko zu vermeiden.

Schlanke Fasern wurden ausgestreckt. Sie fanden Halt auf dem langsam rotierenden Eisberg. Alle Ranken ergriffen gleichzeitig den vorgesehenen Punkt. Das Tier schwenkte in eine langsame Gavotte ein und spulte Haltefäden ab. Die leichte zentripetale Beschleunigung aktivierte chemische und biologische Prozesse, die lange geschlummert hatten.

In dem kalten Balken regte sich so etwas wie Hunger.

Sein Segel reflektierte mit zahllosen Glimmerzellen das Licht des fernen Sterns auf die Beute. Dieser geduldige Spieß aus Sonnenstrahlen blies einen Nebel aus sublimiertem Eis fort. Das Tier zerrte an seinen Haltetauen, um nicht von dem Gas weggekippt zu werden. So hielt es präzise den Brennpunkt.

Ein Rohr senkte sich herab. An verschiedenen Stellen in seinem Innern hatte restliche Radioaktivität das Wasser-Eis geschmolzen und kleine Taschen mit Flüssigkeit gebildet. Das Saat-Tier streckte eine hohle Ranke aus.

Der erste Schluck köstlicher Flüssigkeit in dem halmdünnen Stengel bereitete dem Saat-Tier eine jähe Freude – sofern ein Konglomerat aus sich vermehrenden, aber gefühllosen Zellen eine so komplexe Reaktion erleben kann.

Noch mehr Ranken überbrückten die Lücke. Sie verankerten das Tier an dem Eisball und lieferten schubweise Material für das weitere Wachstum des Segels. Die glitzernde, silbrige Folie sandte stechendes Sonnenlicht in das Bohrloch. Die chemischen Schätze explodierten zu Nebeln.

Nahrung! Reichtümer! Viele Jahrtausende des Wartens waren belohnt worden.

Dünne, durchscheinende Filme fingen das hervorquellende Gas ein. Eifrige Zellen absorbierten es. Nährstoffe strömten in den Kern des Saat-Tieres. Nach einem unvorstellbar langen Winter kam der Frühling.

Schließlich war das konische Loch tief genug im Eis, um Schutz vor Meteoriten und sogar den meisten kosmischen Strahlen zu bieten. Der Balken zerrte an neuen kontraktilen Fasern. Sein Nest war sicher eingetieft. Munter ging er auf Wanderschaft. Jede Bewegung wurde sorgfältig verfolgt. Durch quälend prüfendes Ziehen an den Fasern wurde der dichte, dunkle Achsenbalken sicher in die Grube hinabbefördert. Hier würde er nun für immer hausen.

Der Abstieg der zentralen Achse, die jetzt mächtig anschwoll, löste neue Reaktionen aus. Das Tier brachte rauhe Knötchen hervor, aus denen blasse, zarte Wurzeln sprossen. Komplizierte Molekülverbindungen kamen ins Spiel. Obwohl es nicht über so etwas wie echte Absicht verfügte, begann sich das Tier auf sein nächstes großes Abenteuer vorzubereiten – den Sturz zur Sonne.

Noch wurde es von keiner Intelligenz geleitet. Die rohe Borke und der dunkelbraune Leib enthielten genetische Baupläne, aber keinen Verstand.

Wurzeln stießen durch das Eis. Komplexe Membrane zuckten. Die bei ihrem Erkunden entstehende überschüssige Wärme erschmolz einen Weg. Dann sogen sie die dünne Flüssigkeit heraus, bildeten mehr Gewebe und rissen Spalten auf. Ein Bruchteil des langsamen Reichtums arbeitete sich zum Zentralkörper zurück, wo sich weitere detaillierte Baupläne in ihrer molekularen Majestät entrollten.

Schürfende Wurzeln suchten nach seltenen Elementen, um noch komplexere Strukturen zu bilden. Es wuchsen immer größere Segel. Der Eisball, der ein gewöhnlicher Komet geworden wäre, erlebte geduldige und vorsichtige Sondierungen. Das Tier konnte sich ohne Eile in acht nehmen, um keiner unerwarteten Gefahr zu begegnen.

Smaragdgrüne Fächer krochen über das schmutzige Eis der Oberfläche. Nach hundert Jahren ähnelte der taumelnde Eisberg einem verkrusteten Schiff, dessen Bewuchs aus Muscheln und Pflanzen durch keine Schwerkraft behindert wurde. Saft strömte träge in weite Zellulosekanäle. Kontraktionen brachten wärmende Flüssigkeit zu Stengeln, die in den Schatten gerieten.

Dieser sich ausdehnende ledrige Wald schwoll und schwankte vor träger Energie. Er reckte große Stämme hoch in die Finsternis empor. Dicke, braune Bäume wuchsen im Wettbewerb zur Sonne. Blätter sprossen, runzlig und limonengrün.

Nur die immer geschwellten Segel konnten den Drang der Baumstämme nach außen hemmen. Wenn ein Stamm die Segel beschattete, lief ein Signal durch die Ranken nach unten. In dem störenden Baum ebbte der Saft ab, und das Wachstum hörte auf.

Die Stämme waren nicht einfach gestaltet. Im Eis suchten schürfende Wurzeln nach Kohleflözen. Obwohl die Pflanzen in der Höhe unmöglich kunstvolle Windungen und Blüten aufwiesen, war das ein unbedeutender Schnörkel im Vergleich mit der raffinierten Kompliziertheit, die sich auf dem molekularen Niveau der schürfenden Wurzeln abspielte.

Sie gewannen Kohlenstoffatome und richteten sie exakt aus, so daß sich Graphitkristalle bildeten. Kleine Mängel im Zusammenfügen wurden durch eine gedrängte Menge von Donor- und Akzeptormolekülen behandelt. Große Graphitfasern wuchsen mit planmäßiger Sorgfalt untadelig glatt.

Zahllose andere Arbeitsmoleküle beförderten die Graphitstränge unter die Baumrinde. Im Verlauf von Jahren verschmolzen sie und lieferten strukturelle Stützen weit über den tatsächlichen Bedarf der Pflanze in Schwerelosigkeit hinaus. Die Fasern warteten als Reserve, denn die zugewachsene Eiswelt schwang sich ständig nach innen, der Sonne zu.

Inzwischen war der Wald zur vielfachen Größe des Eisballs angewachsen, dem er entstammte. Der Stern vor ihm war nicht mehr bloß ein greller Lichtpunkt. Das Einatmen des sanften Photonenstroms hatte nach Jahrtausenden das Kometentier in den Bereich der Planeten gebracht.

An Bord beschleunigte sich das Tempo. Kleine, spindelförmige Kreaturen erschienen, die nach kürzlich aktivierten genetischen Skizzen gebildet waren. Sie trieben sich im Laubwerk herum und erledigten unzählige Konstruktions- und Reparaturarbeiten.

Einige sahen wie vakuumfeste Spinnen aus, die sich mit klebrigen Fußsohlen an große ledrige Blätter klammerten. Sie konnten unter dem bleichen Licht der fernen Sonne Fehler im Wachstum finden oder Schäden durch eingedrungene Meteoritenkörper. Gemäß Anweisungen, die nur in ein paar tausend Zellen vorlagen, legten diese schwarz gepanzerten Kreaturen den Finger in allerhand Probleme.

Wenn unter den verzwickt programmierten Routineaufgaben ein Problem auftauchte, fanden sie den nächstgelegenen Kupfersaum zwischen den großen Stämmen. Das waren supraleitende Verbindungen. Durch Herstellen von Kontakt konnten die Spinnen sich roh, aber ohne Informationsverlust mit dem Kerntier in Verbindung setzen.

Auch elektrische Energie floß gleichmäßig durch die Fäden und lud die inneren Kondensatoren und Batterien der Spinnen. Obwohl für ihre Aufgaben biologisch fest verdrahtet, konnten die Spinnen für temporäre Probleme kompliziertere Anweisungen empfangen und speichern. Das größere Tier im Kern war nur ein größeres Beispiel für solche Methoden. Komplex und reich an Hilfsquellen, war es trotzdem noch keine autonome Intelligenz.

Es kam der Zeitpunkt für stärkere Manöver. Dies wurde im Kerntier verzeichnet und ergab eine Antwort, die als ein Zeugnis für hohe Originalität hätte dienen können. Auf dem einen Fleck an der Oberfläche, den die Pflanzen freigelassen hatten, begannen sich Silikate zu sammeln. Spinnen und borkige Schwämme bildeten zusammen keramische Rüssel und Tanks, verbunden durch mit Ton ausgekleidete Röhren. Sorgfältig gehorteter Sauer- und Wasserstoff verbanden sich in der Verbrennungskammer. Ein elektrolytischer Funke löste eine kontinuierliche Explosion aus. Das Kometentier bewegte sich wieder auf die Sonne zu.

Indessen war sein Ziel nicht der feurige innere Bereich. Sein Eisvorrat wäre dort zerschmolzen, wodurch das Tier ausgeweidet worden wäre. Die Sonne konnte nie ein naher Freund sein.

Statt dessen beschrieb es eine allmählich nach innen verlaufende Spirale. Mit der Zeit drohte die in dem rohen Raketentriebwerk erzeugte Hitze den Kometen zu stark zu erwärmen. Als das Schmelzen einsetzte, ging das Tier zu kleineren schwammigen Knollen über, die wie parasitische Säcke hoch auf den großen Bäumen wuchsen. Diese kombinierten Wasserstoffsuperoxid mit Enzymkatalase und bliesen ihren kaustischen Dampf sicher von der kostbaren Eisreserve fort.

Das Tier verfolgte einen besonders reichen Asteroiden, den die Sonnenspiegel herausgefunden hatten. Nahe den Photorezeptoren wuchsen Zellulosebeutel und füllten sich mit Wasser. Diese dicken Linsen lieferten scharfe Bilder, die das Kometentier benutzte, um geschickt neben seiner neuesten Beute anzudocken.

Es erforderte mehr als ein Jahrhundert unablässiger Arbeit, den torkelnden, an Kohlenstoff reichen Berg aufzubrechen. Es erschienen größere Spinnen aufgrund tieferer Anweisungen. Sie brachen mit der Wildheit von Preßlufthämmern Mineralien aus dem Asteroiden. Krabbelndes Kleinzeug beeilte sich mit der langsamen, gleichmäßigen Herstellung immenser Graphitfäden.

Aus silbrigen Silikaten stellten die unzähligen Spinnenschwärme einen reflektierenden Schirm her. An kontraktilen Fasern hielt er die gelegentlichen Sonnenstürme energiereicher Protonen ab, die in den Kometenwald eindrangen. Das Tier setzte seinen Spiralweg nach innen fort. Seine Hauptsorge war, die zarteren Gewächse zu schützen und Eisverluste zu verhindern.

Das Tier wuchs jetzt durch Kombination. Graphitfäden verzwirnten sich mit lebendem Gewebe längs einer einzigen Achse. Was als ein dünner Balken begonnen hatte, vervielfältigte diese Form jetzt in riesigem Maßstab.

Das schlanke, eisengraue Ding wuchs allmählich, wobei penible Spinnen beim Weben halfen. Allmählich schrumpfte der Asteroid. Der Balken wurde riesengroß. Er war in der Mitte am dicksten, wo jetzt das Kerntier im Innern lebte. Selbst kosmische Strahlen konnten nicht durch das schützende Eis und Eisen dringen, um den genetischen Hauptcode zu beschädigen.

Dann strömten wieder chemische Dämpfe aus keramischen Kammern geringer Schubleistung. Jetzt wurde ein neuer Trick eingesetzt: elektromagnetischer Antrieb. Durch Induktionsspulen liefen Ströme. Sie stießen durch einen Geschützlauf eiserne Bolzen aus. Dieser Massenantrieb warf Materie ab, die das Tier nicht brauchte. Er puffte wie ein langsames Maschinengewehr.

Das Aggregat ging auf eine neue Reise, die weniger Energie kostete. Aber dennoch mußte es bis zum nächsten Asteroiden noch viele Umläufe ausführen.

Es vergingen Jahrhunderte, in deren Verlauf der immer länger werdende Balken noch mehr dieser kleinen Gesteinswelten verzehrte. Sonnenöfen, die aus den silbrigen reflektierenden Folien gemacht waren, schmolzen, legierten und vakuumformten exotische starke Träger für den Balken. Aber die Hauptkunst war das ständige Abspulen von Graphitfäden, die sich mit denen verbanden, die schon längs des großen Balkens lagen.

Es vergingen viele Jahrtausende, ehe die letzte Stufe in dem Heranwachsen des großen Tieres zur Reife begann. Die letzten, kompliziertesten Gene tief im Innern des biologischen Originalsubstrats fingen an, sich zu vermehren.

Intelligenz liegt letztlich im Auge des Zuschauers. Die nachfolgenden Aktionen wären Beobachtern als offenkundiger Beweis für Problemlösen und Kreativität in solchem Maße und mit solcher Schnelligkeit erschienen, daß sie die Führung eines beachtlichen Intellekts demonstriert hätten.

Vielleicht waren die Zellen, welche das riesige Balkentier noch weiter zur Sonne lenkten, jetzt wirklich ein Intellekt. Hier führen Unterscheidungen zu Definitionen, nicht Daten.

Das Tier hatte schon lange zuvor sein endgültiges Ziel festgelegt: ein Planet mit reichlich flüssigem Wasser.

Inzwischen war das Tier ungeheuer lang. Es war zu einem Drittel vom Radius des Zielplaneten angewachsen. Trotzdem war es für das Auge eines Planetenbewohners fast unsichtbar, weil die ausgedehnte braunschwarze Konstruktion nur etwas dicker war als das ursprüngliche Kometentier. Tatsächlich hing ein Eisblock immer noch genau am Zentrum des immensen Kabels. Die Vorsicht gebot dem Tier, immer eine Reserve zu haben.

Als der Planet von einem Punkt zu einer Scheibe anschwoll, entfalteten sich aber noch mehr Spiegel – eine Vorsichtsmaßnahme gegen eine Verteidigung durch etwaige Bewohner. Aber niemand trat gegen das Tier auf den Plan. Mechanos waren noch nicht auf die Welt gekommen; und das niedere Leben, das dort vermutlich lebte, widmete der dünnen, dunklen Linie am Nachthimmel nicht einmal flüchtiges Interesse.

Indessen liefen momentan einige kleine Asteroiden über die Scheibe des Planeten. Stets auf der Hut, richtete das Tier seine großen Spiegel aus. Das störende Ungeziefer schmolz zu Schlacke.

Das Tier bewegte sich immer auf der Seite der Vorsicht. Aber sein größter Trick stand jetzt erst noch bevor.

Mit bedächtiger Entschlossenheit fingen Massentriebwerke auf der ganzen Länge an zu feuern. Sie stießen langsam die letzten Reserven nutzloser Schlacke ab und verminderten dabei den orbitalen Drehimpuls. Der Planet besaß keinen Mond. Daher konnte das Tier nicht durch wiederholte nahe Vorbeiflüge den Impuls bremsen. Statt dessen führten es Jahrzehnte sorgfältiger Navigation näher an die Welt heran.

Schließlich kam der große Augenblick. Das dicke Ende des Balkentiers rührte die ersten Atome der Atmosphäre auf. Dies schickte komplexe Signale durch die supraleitenden Fäden, welche den Balken umgaben. Eine Art Hochstimmung löste noch schnellere molekulare Veränderungen aus.

Es kostete die dünne Luft. Das war ein Reichtum

neuer Art: milde Gase, Wasserdampf, Ozon. Besonders breite Blätter fingen winzige Mengen ein und sammelten sie in großen Adern. Proben erreichten das Kerntier und wurden für gut befunden.

Das Land unten strotzte von Leben. Dies war das lange verheißene Paradies, nach dem das Tier gesucht hatte. Jetzt nahm es das volle Unterfangen seiner Reife in Angriff.

Der große Balken fing an, sich zu drehen.

Wie du jetzt selbst siehst, unterbrach die Tukar'ramin Quaths Meditation, *kennen die Illuminaten viele solcher Objekte.*

Quath hatte die weitgespannte Geschichte des Tiers im flimmernden Bruchteil eines Augenblicks in sich aufgenommen. Das massive Ding stürzte immer noch vom Himmel herab, umrahmt vom Glühen des rotierenden Kosmischen Kreises.

#Ist es sicher? Wird der Kosmische Kreis es nicht töten?#

Nein, der Kreis bewegt sich viel weiter draußen. Dein Signal zeigt übermäßige Ströme von Alarm. Warum?

#Ich habe Angst um es!#

Angst?

#Es … es ist riesig. Aber es lebt. Um so zu fliegen …#

Mach dir keine Sorgen! Dieses Objekt war schon hier, als wir kamen. Die Mechanos hatten von diesem seltsamen rotierenden Ding keinen Gebrauch gemacht. Vielleicht begriffen sie nicht, daß es lebendig war. Sonst hätten sie es wohl getötet.

#Wer hat es gemacht?#

Diese sich selbst fortpflanzende Form breitet sich von Natur unter den Sternen des Galaktischen Zentrums aus. Seinen Ursprung kennen wir nicht.

#So ungeheuer! Welchen Zweck hat es?#

Keinen, den wir feststellen können. Was weiß nacktes Leben von Zweck, Quath?

#Leben bewegt sich immer vorwärts, wenn auch nur, um sich auszubreiten.#

Das tun diese Gebilde vermutlich auch. Man hat andere in der Nähe anderer Planeten gesehen. Wir haben uns nicht die Zeit genommen, sie genauer zu studieren.

#Das müssen wir aber! Sie sind riesiger als alles, was ich je gesehen habe.#

Du irrst dich bestimmt. Der Ton der Tukar'ramin war plötzlich kühl.

Quath sagte diplomatisch: #Ich meine, außer dir.#

Vergiß nicht die Illuminaten! sagte die Tukar'ramin formell.

#Nein, natürlich nicht. Aber doch ...#

Ihr Gespräch hatte einige Mikrosekunden gedauert, als Quath gebannt nach oben blickte. #Es ist ... wundervoll.#

Keineswegs, sagte die Tukar'ramin herablassend. *Solche Strukturen sind ein ziemlich unbedeutendes Element in der Grundgleichung dieser Welt. Ich habe Neuigkeiten für dich ...*

#Nein! Du siehst in diesem Ding nur *Größe*. Ich sehe *Majestät* ...#

Ein Sturm von Emotion brach auf Quath los. Der Schrecken und das Erstaunen, die sie kürzlich so stark empfunden hatte, schwollen zu einer umwerfenden Woge an, die sie in jähen, zerrenden Strömungen zu ertränken drohte. Endlich merkte sie, was sie von allen übrigen Füßlern unterschied. Ehrfurcht – einfach und doch unendlich weit. Reinigend und göttlich wurde sie von ihr durchdrungen.

Komm, Quath, paß auf! Zwischen den Illuminaten besteht eine schwerwiegende tiefe Spaltung. Einige Illuminaten haben hier Füßler ergriffen.

#*Ergriffen?* Aber eine so erhabene Präsenz bräuchte doch nur ihren Willen kundzutun; und jedes Füßlerwesen würde sich freudig in tiefer Dankbarkeit hinknien, um zu dienen.# Quath wiederholte diesen abgenutzten liturgischen Spruch, während ihr Obergeist von glühenden, lang unterdrückten Impulsen schwirrte.

Das akusto-magnetische Profil der Tukar'ramin nahm Farbtöne und Aromen an, die Quath nie zuvor erlebt hatte. *Es besteht ein heiliger Konflikt. Selbst wenn die Illuminaten uneins sind und miteinander streiten.*

Diese inhaltsschwere Enthüllung wirkte auf Quath tief erschütternd. #Und sie ... *kämpfen?*#

Ich verstehe nicht, was da geschieht. Einige Füßler aus unserem eigenen Nest reagieren nicht auf meine Weisungen. Sie erledigen Aufträge, von denen ich nichts weiß.

Quath fragte scharf: #Zu welchem Zweck?#

Manche Illuminaten meinen, wir sollten dieses Ziel nicht weiter verfolgen und uns noch nicht zum Galaktischen Zentrum aufmachen. Sie sagen, wir dürften das auf keinen Fall tun, wenn wir uns auf das unzuverlässige Wissen stützen, das aus einem primitiven Nichtser-Vehikel stammt.

#Und diese Illuminaten arbeiten gegen uns?#

Ja, das nehme ich an. Bekümmerung und Unglaube hallten durch das reiche Spektrum der Tukar'ramin.

#Wer? Wo?#

Viele, und überall.

#Hier? Ich bin dabei, den Nichtser zu fangen, den wir suchen, wenn ich ihn nur aus ihren Schwärmen hier in der Nähe herausfinden kann. Gib mir Zeit ...#

Die haben wir nicht. Finde ihn! Aber hüte dich vor anderen aus unserem Nest – die arbeiten jetzt für Instanzen, die ich nicht feststellen kann.

#Das werde ich tun#, sagte Quath ernst entschlossen.

Aber ihre Forschheit war nur eine Maske für ihre turbulente innere Welt. Sie starrte zu der massiven Präsenz empor und murmelte vor sich hin: #All dieses Gerede von Illuminaten, Wesen, die ich nie gesehen habe, und jetzt kämpfen sie miteinander! In welchem Maße sind sie größer als dieses wirbelnde Ding, das ich kaum begreifen kann? Dessen Majestät ich mit jeder Pore und Membran meines Wesens spüre. Nein, da besteht ein Irrtum. Die anderen sehen schiere Größe, und das ist der Angelpunkt ihrer Welt. Was ich suche, ist *Sinn*. Danach dürste ich weit mehr, als ich den verdammten Nichtser brauche.#

Die schwache Luft wurde von köstlichen Tönen erfüllt.

9. KAPITEL

Killeen wachte kurzatmig und schlapp auf. Er rollte sich herum und fand sich neben Shibo. Sie hatte sich in Kochlöffelhaltung an ihn gekuschelt, und er gab sich dem Moment lässigen Wohlbehagens hin. Es dauerte eine Weile, bis die unruhigen Geister seiner Aspekte an seiner süßen Trägheit knabberten und die Fragen stellten, die er am Vorabend beiseitegeschoben hatte.

Die Saat-Frucht – das war es. Ihr reiches Aroma hatte ihn gefangengenommen und alle ärgerlichen Stimmen verstummen lassen. Seine lange geübten Instinkte der Wachsamkeit und nervöser Vorsicht waren dahin.

Während der Feier hatte Shibo ihm gesagt: »Gut für dich, für uns alle.« Als er nur schwach zustimmte, hatte sie fröhlich gelacht und sein Gesicht in die feuchte Hülse einer Saatfrucht gestoßen.

Das wüste Bankett hatte sich stundenlang hingezogen. Die Frucht wurde gebacken und gekocht über den Feuern der Familien. Gesänge waren über die Gebirgslandschaft erschollen. Von den Feuerstellen waren spontane Klagelieder für die kürzlich Gefallenen erklungen. Die Töne strotzten vor Wut und gingen in Ausbrüche mutwilliger Energie über. Als die üppige Saatfrucht zu wirken begann, traten an die Stelle der Gesänge die leisen, sanften Balladen aus alter Zeit. Diese Familien hatten eine große Vergangenheit hinter sich. Ihre Stätten waren durch Arbeit und Opfer geheiligt gewesen, ihre Zitadellen und reichen Felder waren jetzt aber verloren und zerstört. Dennoch sangen sie weiter angesichts frischer Niederlagen.

Auch Alkohol hatte es gegeben. Die kostbaren kleinen Flaschen, welche manche bei sich hatten, ähnelten sehr denen, die die Sippen von Snowglade so liebevoll geschätzt und verziert hatten. Killeen ließ den Branntwein mit fruchtigem Aroma immer vorbeigehen, wenn er an der Reihe war, obwohl sein Mund bei dem kräftigen Geruch wässerte. Er hatte noch einen steilen Weg vor sich.

Seine Hoheit hatte die Familien schließlich, als die allgemeine Orgie in faule Erschöpfung und Betrunkenheit überging, beisammen. Killeen hatte mit halbem Ohr auf die von dem Mann herausgebrüllten Worte gehört in der Hoffnung, sie würden erklären, was sich in der Nacht zugetragen hatte. Seine Hoheit sprach von dem Himmels-Sämann, und so war es auch. Die Saaten kamen bei jedem Abstieg herunter.

Religiöser Jargon verdunkelte die rhythmischen Beschwörungen Seiner Hoheit. Rollende Phrasen beschrieben den Himmelsbesamer als Quelle der Verbundenheit der Menschheit mit allen Naturkräften. Der Stamm fühlte sich irgendwie selbst als Teil vom Lebenszyklus des himmlischen Sämanns. Der kleine, aber befehlsgewandte Mann sagte, daß die üppigen Gaben mit der Reife des unendlich fruchtbaren Bodens wiederkehren würden. Das Kennzeichen des Lebens waren seine verwobenen Einheiten, die alle in das Eine führten. Es gab viel lautes, unbestimmtes Geschwätz über den Himmelsbesamer als das lebende Bindeglied des Stammes mit der Zeit der Kandelaber, als Gottes eigener Bote, als das Lebewesen, welchen kein Mechano vernichten könnte. Das Verzehren seiner Saat war ein religiöser Akt, eine heilige Kommunion mit den erhabenen Quellen des Reichs des Lebens.

»Blut und Leib mächtigerer Bereiche wurden uns hier beschert«, hatte Seine Hoheit mit rollenden Augen und Strömen von Schweiß im Gesicht gekreischt. »Nehmt!

Eßt! Und rüstet euch für den morgigen Marsch, für kommende Siege!«

Diese Mitteilung von weiteren vorgesehenen Schlachten hatte die Familien beruhigt und ihre sinnlose Feier gedämpft. Seine Hoheit benutzte wieder den Trick, sein Skelett aufleuchten zu lassen. In der bewölkten Nacht war der Effekt noch unheimlicher als in einem Zelt. Killeen wunderte sich, wieso jemand über elektrische Techniken verfügte, der dafür so wenig alltägliche Anwendung hatte. Vielleicht ergab es sich zusammen mit irgendeiner größeren Geschicklichkeit.

Allerdings hatte Killeen auf Snowglade keine solchen menschlichen Fähigkeiten gesehen. Die Mantis hatte ähnliche Tricks vorgeführt, als Killeen zeitweise in deren Sensorium eingebettet war. Die Menschheit hier mußte solche Fähigkeiten in der Vergangenheit benutzt haben, vielleicht als eine Tradition zur Stärkung der Führerschaft. Er mußte einräumen, daß die sich deutlich abzeichnenden leuchtenden Knochen eine seltsam eindrucksvolle Präsenz boten. Andere Stämme, so erinnerte er sich, waren bisweilen ebenso fremdartige wie treue Verbündete.

Killeen hatte auch große Achtung vor ihrer Art, die endlose Begräbnishymne vorzutragen, die ihren Rückzug umhüllte. Der abschließende ernste Gesang Seiner Hoheit

Sämann, Sorger,
Geber, Grämer

sprach von einer langen, traurigen Geschichte, die den Himmelsbesäer in die Schicksale der Menschheit einband.

Diese Familien hatten sich mit ihren Verlusten abgefunden, auch den Männern und Frauen, die einfach in die Ferne starrten und denen man sagen mußte, was als nächstes zu tun war. Sie überließen die Verwundeten der Fürsorge der Alten und Jungen, all derer, die nicht kämpfen konnten – im Zentrum der Sippenformation eingeschlossen. Auch dies alles erinnerte an die von alters her bewährte Praxis auf Snowglade, an Bräuche, die in Fleisch und Blut übergegangen waren.

Killeen lag in der scharfen, kühlen Morgenluft und schaute zu den jagenden Staubwolken auf, die von den Erdbeben aufgewirbelt worden waren. Die Kosmische Saite war während der Feier stehengeblieben. Der Berg krachte und rumorte noch, als ob er das menschliche Ungeziefer auf seiner Braue abschütteln wollte. Zwischen dahintreibenden schmutzigen Wolken erhaschte er Spuren von dem Blau darüber und suchte nach einer dünnen, schnellen Linie. Nichts. Das Rätsel des Himmelsbesamers beschäftigte ihn noch immer.

Er rief seinen Grey-Aspekt auf. Die kratzende Stimme antwortete nach längerer Zeit.

Ich glaube ... müssen sein ... Windmühlen ... wie sie unsere Historiker nannten ... Lebende Kabel ... gewachsen im interplanetaren Raum ... selbst zwischen den Sternen ... oder in Molekülwolken.

»Wie leben sie im Weltraum?«

Die Stimme der alten Frau ließ Verwunderung und Bedauern erkennen.

Legende ... alles verloren ... weiß nicht, warum gemacht ... Einige Textbruchstücke ... scheinen anzudeuten ... entwickelt aus Asteroiden-Aberntern ... oder manche sagen ... aus kometensteuernden Vehikeln ... Müssen dann mindestens ... aus dem Zeitalter der Kandelaber stammen ... vielleicht sogar noch älter.

»Was tut es *hier?*«

Sucht nach Planetenoberfläche ... legt Samen ... Dies ist seine Fortpflanzungsphase ... Muß Zugang zu Bioreichtum haben ... Nicht genug in Kometen ... so etwa glaubten Historiker ... Lange Zeit vor der Ära ... meiner Vormütter ...

Abrupt erschien in Killeens linkem Auge eine Karte der Bahn des Himmelsbesamers. Er vermutete darin die Geschicklichkeit Arthurs, aber die Stimme kam immer noch von Grey.

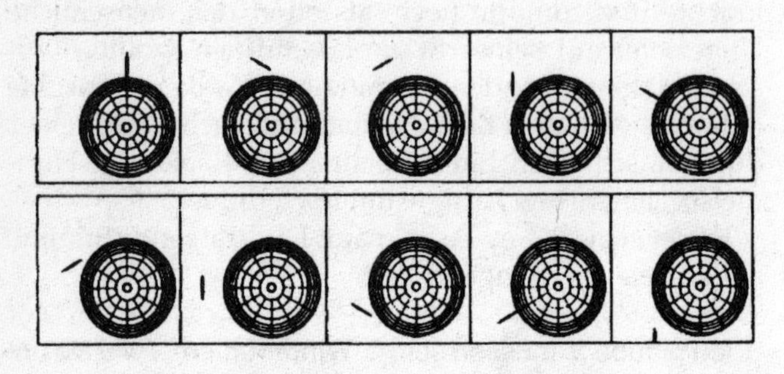

»Kommt es glatt durch die ganze Atmosphäre?« Killeen konnte diese Einzelbilder einer ruckweise angehaltenen Simulation kaum glauben.

Ich muß sagen, ich finde diese Information reichlich zweifelhaft. Grey muß blöd sein. Bedenke nur die technischen Schwierigkeiten eines solchen Projekts! Die erforderliche Materialstärke! Ferner ist kein Planet eine vollkommene Kugel. Wölbungen würden jedes derartige in Umlaufbahn befindliche Kabel anziehen und in Länge und Breite driften lassen. Überdies müssen starke Torsionsschwingungen auftreten infolge seines Durchgangs durch die Atmosphäre. Und wie kann ein solches dynamisches System die atmosphärische Bremsung überwinden? Nein – es würde bald auf den Boden prallen.

»Wie erklärst du denn das, was wir gesehen haben?«

Ich formuliere in diesem Augenblick ein Modell. Das macht natürlich Arbeit.

»Schau, du führst bloß die Berechnungen aus, nicht wahr?«

Nach einer Pause sagte Arthurs gereizte Stimme:

Ich kann diese vagen Erinnerungen natürlich nicht widerlegen, aber ich muß darauf hinweisen, daß die Geschwindigkeit eines solchen Dinges beim Eintritt in die Atmosphäre mehr als ein Kilometer in der Sekunde betragen würde ...

»Na ja, das erklärt die dumpfen Geräusche, die wir gehört haben.«

Du verstehst nicht, worauf ich hinauswill. Wie könnte eine Pflanze solchen Kräften widerstehen? Ich finde es unmöglich zu glauben ...

Killeen ließ die schwache, oft gestörte und schwer akzentuierte Stimme Greys durchkommen.

Viele Historiker ... sogar die von den Kandelabern ... haben dasselbe gedacht ... Aber wir erfuhren, daß ... Sternenfahrer von ihnen sprachen ... sich wie Windmühlen drehend ... über Welten von Gras und Wald ... unter fernen Sonnen ...

»Zu welchem Zweck?«

Begriff der Motivation ... in Biologie ... komplex ... Leben sucht sich fortzupflanzen ... so viel seiner Umgebung ... zu erfüllen ... wie es kann.

»Aber dies Ding – es lebt im *Weltraum.*«

Könnte erfüllen ... mit der Zeit ... die ganze Galaxis.

»Es scheint, daß Mechanos dazu besser imstande wären. Sie können Vakuum und Kälte ertragen.«

Stimmt ... und vielleicht in Entgegnung darauf ... irgendwie ... irgendwer ... hatte biologische Materialien gemacht ... könnten kosmische Strahlen überleben ... unter Sternen dahintreiben ... sich verbreiten.

»Wer?«

Historiker der Kandelaber ... haben von frühesten Menschenwesen ... im Galaktischen Zentrum zu alten Zeiten ... gesprochen ... Dachten vielleicht ... Feuerräder ... machten sie ...

»Das konnten sie machen – ich meine *Menschen?*«

Wir waren so groß ... nicht wie mein Zeitalter ... roher, jämmerlicher Bogenbauten ... die nicht größer waren ... als dieser Berg hier ... nur winzige Dinge ... verglichen mit den Kandelabern ...

»Oh … ich kann es mir vorstellen.« Killeen versuchte, sich eine Stadt zu denken, so ausgedehnt wie die großen Felsplatten, die sich in der Ferne ringsum ausbreiteten. Wenn *die* das waren, was Grey für kleine, triviale Konstruktionen hielt … »Die Kandelaber, gewiß, waren das Beste, was wir je gemacht haben, daher …«

O nein, niemals ... Das waren größere Werke ... viel größer früher ... in den Großen Zeiten ...

Killeen zweifelte, ob der den unzusammenhängenden Erinnerungen des kleinen Aspekts glauben dürfte. Vielleicht wiederholte Grey bloß alte Geschichten. Die Menschheit hatte jetzt schon lange hauptsächlich nur von gefledderter Nahrung und pompösen Lügen gelebt.

Er schüttelte den Kopf und stand auf, wogegen seine Gelenke protestierten. Zeit, sich um seine Pflichten zu kümmern. Dann traf ihn wieder die erstaunliche Tatsache, daß er nicht mehr Hauptmann war. Er empfand zugleich Erleichterung wegen der ihm abgenommenen Bürde und Depression wegen seiner verminderten Rolle in der Sippe. Alles in allem hob sich das wohl auf.

Dies bedeutete, daß er für den Moment Sippenangelegenheiten vergessen konnte. Er stand auf, ohne Shibo aufzuwecken, und ging nachzusehen, wie es Tobys verwundeter Hand ging.

10. KAPITEL

Quath lag da und wartete auf die heranrückenden Füßler. Sie kamen durch ein langes, zerklüftetes Tal herauf, in dem staubiger Dunst eine trübe graue Decke bildete. Gruppen der merkwürdigen Spindelbäume behinderten die Sicht, aber Quath konnte sie deutlich an den blassen, pulsierenden Elektro-Auras erkennen, die sie bei ihrer Kommunikation notwendigerweise ausstrahlten.

Hier auf den unteren Berghängen war das Land zerwühlt. Alle Menschen hatten sich auf höheres Gelände zurückgezogen. Eine ominöse Ruhe herrschte bis unten hin über dem Gesteinsschutt. Die Trümmer zerbrochener Hügel lieferten zahllose Verstecke für Feinde.

Waren hier draußen schon Füßler, die von den Parteien der Illuminaten geschickt waren? Die Tukar'ramin hatte gewarnt, daß welche kommen würden. Dann war ihr Signal in den atmosphärischen Störungen untergegangen.

#Hallo, stehenbleiben!# rief sie laut. Die Gruppe war noch weit entfernt, aber sie war vorsichtig.

#Was? Wer ist da?#

Quath spürte scharfe Ausstrahlungen und erkannte eine vertraute Signatur. #Beq'qdahl! Hat dich die Tukar'ramin geschickt?#

#Ja. Sie vermutete, du könntest in Bedrängnis sein, Einfüßlerin.#

#Ich habe einen bestimmten Nichtser verfolgt und habe ihn schon fast im Griff.# Quath setzte ihre hochauflösenden Sensoren ein. #Und du?#

#Ich bin gekommen, um dir zu helfen.#

#Und die anderen?#

#Die marschieren unter meiner Führung.#

#Können deine feurig blauen Knöchlein eine solche Kompanie leiten?#

#Bedenke, daß ich hoch aufgestiegen bin, wie du auch.#

#Hoch genug, um die Anweisungen der Tukar'ramin direkt auszuführen?#

#Gewiß. Wir können benötigte Feuerkraft einsetzen.#

Quath fühlte plötzlich Beklemmung, als ihre Subintellekte begriffen, was in Beq'qdahls anscheinend harmlosen Worten lag. Die Tukar'ramin war nicht erreichbar. Eine Mauer heißer Störungen war zwischen Quath und dem großen Nest im Süden herunter gekommen.

Quath sagte neckisch: #Feuerkraft? Du Bodenwühlerin, ich habe es nicht nötig zu töten.#

#Du jagst doch, oder nicht? So etwas ist immer gefährlich.#

#Ich jage, um jemanden zu fangen.#

Beq'qdahls schimmernde Sprechweise nahm einen vorsichtigen Ton an. #Sehr wohl. Wir können die Nichtserbanden scheuchen und auf dich zutreiben.#

#Das ist ein zu großes Risiko#, sagte Quath steif.

Beq'qdahl entsandte ein Aroma trockenen Humors. #Für Leute wie uns, alte Wühlerin?#

#Nein – für die Nichtser. Sie werden stehen und sterben, ehe sie sich weiter zurückziehen. Sie sind schon in die Ecke getrieben.#

#Nichtser ergreifen vor uns die Flucht. Das ist ein ewiges Gesetz.#

Beq'qdahl prahlte entweder wegen der sie umgebenden Füßler oder verbarg hinter ihrer lässig arroganten Haltung eine List.

#Sie werden auf uns eindreschen#, sagte Quath.

#Laß sie nur!#

#Denk an eine frühere Schlacht, die wir geliefert haben!# erklärte Quath scharf.

#Damals waren wir unvorbereitet.#

#Und die Nichtser waren weniger verzweifelt#, entgegnete Quath.

Beq'qdahl strahlte gequälte Heiterkeit aus. #Nichtser sind definitionsgemäß immer verzweifelt. Und du brauchst doch nur einen einzigen, nicht wahr? Den Rest werden wir austilgen.#

Quath traf ihre Entscheidung. #Komm näher, Beq'qdahl! Ich verliere dein Signal. Da gibt es einige Störungen.#

#Ja, das rieche ich hier auch. Vermutlich eine Schwierigkeit hinten im Nest.#

Die geduckten Konturen der Füßler bewegten sich rasch. Sie schienen um die Vorsprünge und Spalten zu fließen, die den Talboden verunzierten. Quath konnte sie von einem günstigen Beobachtungsplatz aus sehen. Sie fand Beq'qdahl und erkannte in ihr ihre alte Freundin und Rivalin.

#Bleibt da stehen!# schrie Quath. So sehr sie sich bemühte, konnte sie doch nicht vermeiden, daß ihre Trägerwelle schwankende Untertöne aufwies.

#Was?# Verriet Beq'qdahls Hormontönung Gereiztheit oder lag darin das dunkle Aroma von Heimtücke?

#Wenn du Nichtser suchst, solltest du dich nach Westen wenden.# Quath hoffte, daß diese List sie ablenken würde.

#Wir registrieren Nichtser auf dem Kamm des Berges, nicht hier unten.#

#Die habe ich in der Falle. Noch einen Abend der Untersuchung, und ich fange meinen Nichtser.#

Das war nur zum Teil gelogen. Quath spürte sogar jetzt den schwachen, summenden Hauch ihres Nichtsers oben auf dem Berg. Sie konnte seinen berauschenden und verlockenden Geruch überhaupt nicht loswerden. Ein beunruhigender Umstand. Aber sie brauchte noch Zeit, um ihn genau zu lokalisieren. Und dann mußte sie einen Weg ersinnen, ihn zu fangen, ohne einen Kampf zu provozieren, der ihn statt dessen töten könnte.

#Wir sind sicher, daß er sich dort oben befindet#, sagte Beq'qdahl ruhig.

Eine ihrer Gefährtinnen mischte sich ein: #Laß uns vorbei, du Kleistermampferin! Wir wollen hier Beute machen, und nicht quatschen.#

Bei dieser Beleidigung knackte Quaths Rüssel ärgerlich. Die sie gekränkt hatte, befand sich in ihrem Zielbereich. #Vorsicht, Vierfüßler!#

#Laß uns sie auf dich zutreiben, Verehrte und Ermüdete!# fügte die Gefährtin noch hinzu.

Quath zeigte ihnen grobe Verachtung. #Ich kann schneller laufen als alle ihr Mistformer. Und ihr werdet nicht vorbeikommen.#

Plötzlich stieß Beq'qdahl eine scharfe, gallige Schmähung aus. #Aus dem Weg, Blasenlutscher!#

#Nein!# Quath zielte auf Beq'qdahl, begann, ihre Kondensatoren zu laden ... und merkte, wie sie ein seltsames Widerstreben überkam.

#Du hast immer die Früchte meiner Mühen gestohlen!#

Quath entgegnete nur: #Komm nicht näher!#

#Oder mich von hinten angestoßen.#

#Keine weitere Warnung!#

Die Füßler schwärmten zu einer Angriffsformation aus. #Jetzt!# rief Beq'qdahl wild.

Quath versuchte, auf das sich nähernde Bild Beq'qdahls zu schießen ... und konnte es nicht.

Sie drehte ihre Antennen. Die Gefährtin, die sie angebrüllt hatte, erschien in ihrem Visier. Sie schickte einen scharfen Bolzen ins Ziel. Dessen oberer Rückenschild explodierte zu herumfliegenden Stücken.

Beq'qdahl stieß nicht einmal einen Wutschrei aus. Sie duckte sich in eine Grube, als ob sie schon die ganze Zeit einen Konflikt erwartet hätte. Quath verlor alle Füßler außer Sicht, als sie gebückt losliefen und widersprüchliche Aura-Signale aussandten.

Quath unterdrückte das Verlangen, auf momentan sichtbare Ziele zu schießen. Man hätte sie dadurch anpeilen können. Wenn sie Stille bewahrte, würde sie sie vielleicht fernhalten. Sie wußte, daß sie hier, über soviel freies Gelände, nicht erreichbar war.

Als die Gegner erkannten, daß sie in einer mißlichen Lage waren, wurde Quath beschimpft: *Schließmuskelpartner! After von allem!*

Diese schrillen, beleidigenden Töne verdrängte sie in ihren Subintellekt. Sollten die Gegner einen Ausrutscher begehen und etwas Aufschlußreiches sagen, würde dieser Teilbereich von ihr die ganze Quath alarmieren.

Sie hatte jetzt ein großes Ziel. Dessen Dringlichkeit durchdrang sie wie die jähen, beißenden und unerklärlichen Sandstürme der alten Heimatwelt der Füßler. Etwas Urtümliches packte ihre Phantasie, ein glühendes Verlangen, das weit hinausging über ihre Verpflichtung gegenüber der Tukar'ramin oder sogar den fernen, geheimnisvollen Illuminaten. Quath mußte den Nichtser ausfindig machen.

11. KAPITEL

»Die Bishop-Sippe wird den Flankenangriff ausführen«, sagte Seine Hoheit sehr dramatisch.

Die Morgensonne schien gegen die zerlumpten Wände des großen Zeltes zu drücken. An diesem Tag würde es an den Berghängen warm sein, aber hier oben bewahrte das Zelt noch die Kühle der Nacht. Die Hauptleute und Unteroffiziere der versammelten Stammesfamilien standen in Paradeaufstellung vor seiner Hoheit, der hin und her schritt.

Killeen erinnerte sich an den riesigen Schreibtisch, hinter dem Seine Hoheit sich geräkelt hatte, als er ihn zum ersten Mal sah: Ohne Zweifel war er vom Train aufgegeben worden. Sogar die requirierten Mechano-Transporter hatten Mühe, auf den Berg zu kommen; und kein menschlicher Arbeitstrupp hätte den Tisch soweit heraufzerren können. Noch unwahrscheinlicher war es, daß jemand sich überhaupt zu einem solchen Versuch bemüßigt gesehen hätte.

»Ich werde natürlich den Hauptteil der Streitmacht leiten. Nachdem die Bishops den Feind abgelenkt haben, werde ich den letzten, tödlichen Schlag führen.« Der Mann hielt inne, stampfte mit den Füßen auf und sah seine Offiziere forschend an. »Verstanden?«

Jocelyn, die neben Killeen stand, sagte: »Wir Bishops fühlen uns geehrt, die erste Chance gegen den Feind bekommen zu haben.«

Das Gesicht Seiner Hoheit, das von Konzentration angespannt gewesen war, glättete sich. »Euch wird eine

Gelegenheit zuteil, euer jämmerliches Verhalten bei der letzten Aktion wieder gutzumachen.«

»Sei versichert, daß wir es tun werden«, antwortete Jocelyn und senkte leicht den Kopf.

Die Augen Seiner Hoheit zeigten dabei Freude. Dann wurden sie leer, als er in Verzückung geriet. »Dies ist die Gelegenheit, auf die wir gewartet haben. Die abscheulichen Cyber-Dämonen sind in dem breiten Tal östlich konzentriert, wie unsere Kundschafter gemeldet haben. Wenn ihre Aufmerksamkeit talabwärts gerichtet ist, werden sie sich sicher zusammenrotten, um die Bishops anzugreifen. In diesem Augenblick können wir unser Feuer massieren. Sobald wir einen Durchbruch erzielt haben, kann der ganze Stamm hindurchströmen. Danach können die Bishops sich losmachen und uns im nächsten Tal treffen, hinter dem östlichen Gebirgskamm.«

Die Kapitänin der Siebener sagte: »Woher wissen wir, daß wir sie hart genug schlagen können? Es könnten dort viele Cyber sein, und wir würden ...«

»Je mehr, desto besser«, sagte Seine Hoheit heftig. »Sie werden auf dem Gelände dicht gedrängt und mit gezieltem Feuer verwundbar sein. Wir können sie um so leichter schlagen, als wir von oben her kommen.«

»Jawohl!« rief ein anderer Hauptmann. »Je mehr wir sie treffen, mit um so weniger Gegnern müssen wir später kämpfen.«

Das ganze Zelt bebte bei dem lauten zustimmenden Gebrüll der anderen Offiziere. Seine Hoheit nickte und belohnte sie mit einem schmalen Lächeln. »Wir kennen ihre Zahlen nicht, aber wir wissen, daß unsere Sache heilig ist. Wir werden letztlich siegen!«

Killeen konnte sich nicht beherrschen zu sagen: »Es sind achtundzwanzig.«

Völlige Stille. Seine Hoheit zog die Augenbrauen hoch. »Oh? Du bist durch das Tal patrouilliert?«

»Nein. Aber ich … ich kann sagen, wie viele es sind.«

»Schaust du mittels Göttlicher Offenbarung?« Seine Hoheit schien eine echte Frage zu stellen, als ob es sich um eine plausible Erfahrungsquelle handeln würde.

Killeen fing einen bedeutungsvollen Blick seitens der scharfnasigen Frau auf, die Kapitän der Siebener war. Sie schüttelte ganz leicht den Kopf.

»Nein. Ich habe bei der Beobachtung des Tales eine zuverlässige Zählung durchführen können.«

Killeen bemerkte jetzt den starren Blick in den Augen Seiner Hoheit und erriet den Grund dafür. Natürlich – der Mann hielt sich für Gott. Daher wäre jede andere Person, die eine direkte Verbindung zum Unendlichen beanspruchte, ein Rivale. Killeen dachte an die Männer und Frauen, die gepfählt und in der Sonne zurückgelassen worden waren. Vielleicht hatten einige von ihnen zu ihrem Unglück eine besondere Rolle spielen wollen.

»Sehr gut. Aber ich meine, daß selbst eine Person mit deiner geringen Erfahrung und Mangel an Fähigkeiten auf dem Schlachtfeld den Irrtum in deinen Aussagen erkennen sollte. Du zählst nur die Feinde, die sich offen zeigen. Wir wissen aber, daß die Dämonen sich oft im Boden eingraben, wie sie es der Lehre zufolge tun müssen, da sie Agenten der Unterwelt sind. Darum hast du nur einen Bruchteil von ihnen gezählt.«

»Ach ja, Eure Hoheit«, sagte Killeen.

»Ich entschuldige mich für den Ausbruch dieses Offiziers«, sagte Jocelyn.

»Wir verstehen«, erklärte Seine Hoheit großmütig.

»Seien Sie versichert, Hoheit, daß wir Bishops den Kampf hart und sicher führen werden«, fügte Jocelyn energisch hinzu.

»Sehr gut. Es ist nicht nötig, daß wir hierbleiben, eingekesselt von diesen Dämonen. Der Sternensäer wird nicht bald zu diesem Berggipfel zurückkehren, wie mir meine rechnerischen Aspekte mitteilen. Er verbreitet seinen heiligen Reichtum rund um den Gürtel dieses Globus, hundert Abstiege an einem einzigen Tag. Nachdem unsere Verpflegung vollständig ist, erfüllen wir nun *unsere* erhabene Mission.«

Der Mann trug vor, als ob er zu Kindern spräche. Seine Augen waren nach oben in die Zeltspitze gerichtet.

»Hoheit, wir erbitten Euren Segen für den Kampf«, sagte der Hauptmann der Neuner in einem abschließenden Ritual.

Killeen kniete sich mit den übrigen hin und nahm den hochtrabenden Singsang entgegen. Er enthielt Hinweise auf verlorene Schlachten und vor langer Zeit gefallene Städte – alles für ihn ohne Bedeutung. Aber irgendwie klang darin die gleiche traurige Wahrheit, die er als Junge bei den Anrufungen in der Bishop-Stadt erfahren hatte. Mochte sich dieser Stamm in seiner Verzweiflung an diesen drolligen kleinen Mann geklammert haben, so war die Qual der Leute vielleicht sogar noch größer als die jener, die auf Snowglade gelitten hatten. Hier hatte die Menschheit sich erfreut an etwas, das sie für eine Art Sieg über die Mechanos hielt, und wobei sie tatsächlich Städte zerstört hatte. Aber es waren nur die noch tödlicheren Cyber gekommen, um das Werk zu vollenden. Wenn man hochgehoben und dann wieder zu Boden geschmettert wurde, war der Schaden doppelt so groß. Vielleicht war verständlich, daß man sich so in Religion und zu einem tyrannischen Anführer flüchtete.

Als Killeen aus dem Zelt trat, trafen ihn die Seitenblicke der anderen; und ihm wurde klar, wie knapp er einem Todesurteil entgangen war. Seine Hoheit duldete keine Konkurrenz.

Er hatte sich gedrängt gefühlt, ihnen von den eigenartigen Wahrnehmungen zu berichten, die ihn jetzt unablässig durchströmten. Es war, als ob er von einer feuchten, schleimigen Wolke ganz verschluckt würde.

In lockeren Gespinsten erblickte er ein dunkelfarbenes Gelände. Hindurch liefen riesige Cyber, deren blanke Haut Strahlungen aussandte. In hohler, stoßender Sprache erklangen Bruchstücke durchdringenden Geredes.

Killeen kannte das Tal, das sie versuchen würden zu durchqueren: Er kannte es in einem tiefen, auf der Haut kribbelnden Sinne. Selbst wenn er jetzt die Augen schloß, konnte er spüren, wie Cyber hindurchzogen. Aber wieso?

Er glaubte es zu wissen. Allerdings konnte er nicht erraten, was die Antwort zu bedeuten hatte.

Ohne Zweifel wäre die Antwort Seiner Hoheit völlig klar gewesen, wenn er im Zelt davon gesprochen hätte. Göttliche Offenbarung, ja. Und dann würde Killeen jetzt hoch auf diesem kahlen Berg seine letzten Seufzer ausstoßen – einen zugespitzten Pfahl im After, den er sich durch sein eigenes Gewicht tiefer und tiefer in die Gedärme trieb.

12. KAPITEL

Quath wußte, daß sie sich jetzt still verhalten mußte, eingezwängt in der Realität rauhen Geländes und massiver Felsklippen. Sie mußte die Füßler beobachten, welche Beq'qdahl in der Ebene unten anführte. Langsam kamen sie näher heran. Nur Quaths weitreichende Schüsse hielten sie in Schach.

Aber die verworrene Innenwelt lockte ...

Sie hatte den einen Nichtser gefunden. Dessen war sie sich jetzt sicher. Langsam näher kommend und die kleinen blassen Sphären ihrer getrennten Persönlichkeiten leicht in Kontakt bringend, war Quath schließlich auf denjenigen gestoßen, der den Geruch und Biß hatte, die sie wiedererkannte. Der Nichtser, in den sie früher eingedrungen war, hatte gewiß eine Ähnlichkeit erkennen lassen, war aber nicht derselbe gewesen. Dieser Umstand war an sich schon aufregend; aber sie hatte nicht genügend Zeit, um die unzähligen Verzweigungen in diesen Untersystemen zu verfolgen.

Quath sah jetzt, daß sie bei jeder nahen Begegnung einen anderen Weg in die Nichtser hinein kennenlernte. Jeder Eintritt erbrachte neue Perspektiven. Und Fallstricke. Die Portale ihres Nichtsers hatten Quath irgendwie angesteckt.

Zunächst war es wie eine trübe Strahlung gewesen, die durch düstere, altersschwache Erinnerungen herabkam. Vergilbte Gestalten vermoderten und verschwanden, Gardinen teilten sich, Spinnweben erhoben sich von schimmernden, stahlharten Fakten wie klingender

Staub unter dem Abrieb ... die sich ihrerseits erbarmungsloser Zeit auflösten.

Im Innern des Nichtsers, ja ... Aber wo?

Quath hatte das Gefühl gehabt, durch einen breiten Hof zu schreiten gleich dem, welcher zu der großen Andachtshalle des Nestes führte. Die Wände warfen ein Geflecht von Schatten auf Steine; nur der Fußboden war überhaupt nicht aus Steinen, sondern von Knochen, weißen Schädeln, abgenutzten roten Schilden, Skeletten von Brustkörben und Beckenknochen gebildet. Diese federten, als sie darüberstapfte und sich in eine weite, düstere Vergangenheit begab. Leere Augenhöhlen schienen ihrem schwankenden Vorrücken zu folgen. Geflüster und Worte stiegen wie Blasen von der Straße der Knochen auf. Einige waren scharf und bitter, aus Kehlen gerissen, die noch voller Sehnsucht waren. Quath konnte diese verzerrten Klänge nicht deuten. Plötzlich erkannte sie, daß sie von Füßlern der Vergangenheit kamen, die Blut und Mark und Verlangen und Historie in einen festen akustischen Knoten zusammengefügt hatten.

Der Boden, auf den sie trat, wurde weich wie Fleisch. Sie quälte sich hilflos vorwärts. Jeder schreckensvolle Schritt sog sie knietief in die klebrige, morastige Vergangenheit. Mit einem Mal fiel sie. Lähmendes Entsetzen durchfuhr sie wie glühender Schmerz.

Nein! riefen ihre Subintellekte. Sie landete in weichen Federn.

Hier unter der Straße der Toten lag ein Labyrinth schwüler Finsternis. Seine verwinkelten Gänge zerteilten sich wie Finger zu gewebeartigen Mustern. Quath versuchte zu folgen. Sie lief jetzt hastig.

Obwohl sie wußte, daß sie irgendwie nur in die Falschheit der Elektro-Aura eines anderen eingetaucht war, konnte sie sich nicht freimachen. Es war wie zu jener Zeit, da der Nichtser sie festgehalten hatte, nur viel schlimmer. Sie war jetzt nicht auf die gleitenden Erfahrungen eines einzelnen Nichtsers fixiert, sondern gefangen in einem Sumpf tiefen Verlangens und kollektiven Mysteriums.

Schließlich kamen die watschelnden Dinge zu ihr. Sie hatte ihre Füße auf den abgewetzten Ebenholzböden klatschen hören, nicht als Verfolger, aber immer näher. In der dumpfigen Finsternis, die aus den Wänden zu kriechen schien, ragten sie empor. Durchdringende und verzehrende Schatten, ausgehaucht von ferner Vorzeit.

Quath wich vor ihnen zurück. Stieß hart gegen eine brüchige Ecke. Stolperte weiter.

Obwohl sie nur zwei Beine hatten, waren diese Nichtser schneller, als sie erwartet hatte. Sie rückten in der bedrückenden Stille näher. Dann sah sie ihre Gesichter. Ihr wurde alles klar.

#Tukar'ramin!# rief sie.

Der Berghang, den sie hinabglitt, ließ vor ihr Steine zersplittern wie Herolde, die das Nahen einer Königin verkünden. #Tukar'ramin!#

Das Erlebnis hatte in ihr tiefe Spuren hinterlassen; aber jetzt war die Welt nicht mehr so verwischt wie zuvor. Eine harte Klarheit drang aus der gefrierenden scharfen Luft auf sie ein.

Ich fühle dich schwach.

#Hier! Hier bin ich! Verenge dein Spektrum, und wir können den elektrischen Sturm durchdringen.#

Ich habe versucht, Verstärkungen zu schicken; aber die wurden blockiert und sind in Hinterhalte geraten. Beq'qdahl und andere haben dein Gebiet isoliert. Sie dienen einer törichten Gruppe der Illuminaten. Sie suchen ...

#Ich weiß, ich weiß. Vergiß sie! Ich habe eine Entdeckung gemacht.#

Laß nicht ihre Bedrohung außer acht!

#Ich kenne jetzt die Quelle der philosophischen Gene.#
Was? Wie konntest du ...
#Es sind diese Nichtser!#
Unmöglich. Kleine Nichtser konnten nicht ...
#Sie waren damals keine Nichtser. Sie wurden von den Mechanos so zertrampelt, daß sie jetzt nur noch wenige Hilfsmittel haben. Aber vor langer Zeit kannten sie unsere Vorfahren. Damals sind die philosophischen Elemente in uns eingegangen.#
Bist du in sie eingetaucht?
#Tief! Und ich habe meine Ursprünge gefunden.#
Ich ... ich verstehe. Das ist noch seltsamer, als ich mir vorgestellt hatte.
#Vorgestellt? Du hast diese Nichtser geahnt?#
Von Anfang an habe ich komplexe Elemente unter dem oberflächlichen Geplapper ihrer Geister gespürt. Es war seltsam. Dieser Umstand und die Ankunft von noch mehr Nichtsern in einem Schiff. Das alles hat meine schlummernden Vermutungen geweckt.
Quath hatte geglaubt, daß dieser Tag keine weiteren Überraschungen mehr bringen würde, aber ihr kam eine durchschlagende Idee. #Die Station! Du hast mich und Beq'qdahl dorthin geschickt. Du kanntest mich als Philosophin und ...#
Ja. Falls es irgendwelche unverborgene Aspekte dieser mutmaßlichen Nichtser geben sollte, wußte ich, daß du von allen Füßlern sie am besten würdest herausfinden können.
#Du hättest mir die wahre Natur meiner Aufgabe mitteilen sollen!#
Nein. Dein Geschick liegt im Formulieren von Fragen – und die kann man nicht festlegen.
#Aber ... aber – wenigstens eine Andeutung! Das hätte mir viel Sorge und Mühe erspart.#
Besorgtheit ist dein Los.
#Ist es das, was bedeutet Philosoph zu sein?#

Das mußt du selbst herausfinden. Die Gene manifestieren sich auf mannigfaltige Weise.

Quath fühlte sich leer und hilflos. #Mit solchen Nichtsern verwandt zu sein … Wie viele von ihnen habe ich schon getötet …#

*Quath, ich verfüge über große, gewichtige Bestände an Information und reiche technische Fähigkeiten, die die deinen weit übertreffen. Aber ich habe nicht und *kann* das seltsame Talent nicht haben, das du an den Tag legst.*

#Aber … was *bedeutet* es denn, mit diesem Ungeziefer verwandt zu sein?#

Ich kann keine Antwort wagen.

#Wer denn sonst?#

Du selbst.

#Nein, es gibt andere#, sagte Quath mit plötzlicher Überzeugung. #Die Nichtser.#

13. KAPITEL

In diesem Augenblick, als er den Kampf sehen konnte, aber noch nicht mitten drin war, hatte Killeen ein Gefühl, als ob ihm Angst in die Kehle dränge und sie zuschnürte.

Obwohl er sich schon früher in Hunderte von Kämpfen gestürzt hatte, kehrten alle die alten Empfindungen wieder. Furcht vor Verletzung oder Tod. Hier jetzt käme eine schwere Verwundung dem Tode gleich – nur langsamer, beim Transport im Nachschubzuge, mit Erschütterungen und Blutverlust.

Noch akuter war Killeen von der Angst eines Mißlingens durchdrungen. Jetzt zu versagen würde alles sinnlos machen, was sie bisher gewagt hatten. Im Falle einer Niederlage wäre ihre lange Suche nach einer Zufluchtstätte für die Menschheit, wie auch immer sie sein möge, vereitelt und würde nie wieder zustande kommen.

Er wußte, wie er das Gefühl des Erstickens bezwingen konnte. Sobald er in Aktion war, würden Ausbildung und Instinkt ihn beherrschen. Aber während seine Augen die dürre zerrissene und in allen Spektralfarben flimmernde Ebene absuchten, gab es noch eine winzige Chance, sich zu verdrücken. Der rationale Teil seines Wesens verlangte nach irgendeinem Grund, innezuhalten und nachzudenken. Schließlich hatte Captain Jocelyn ihm die Aufsicht über die Reserven übertragen und ihn deshalb hier gelassen. Tags zuvor hatte sie mit Recht die administrativen Chips beansprucht, die einem Hauptmann den vollen Überblick über alle Sippenbewegungen gaben.

Und vor wenigen Augenblicken hatte Jocelyn die Reserven ihrer persönlichen Befehlsgewalt unterstellt. Cermos Vorrücken da unten war zum Stehen gekommen. Jocelyn wollte das Patt offenbar dadurch brechen, daß sie rasch mehr Kräfte in die Angriffsspitze warf. Sie hatte diese nach rechts ausbiegen lassen, eine enge Schlucht hinab, die gute Deckung vor den riskanten, weitreichenden Schüssen der Cyber bot.

Sie hatte Killeen ausdrücklich nichts unternehmen lassen. Sehr wohl. Er konnte sich an der Attacke beteiligen, wenn die Sippe die langen Hänge hinunter in das Gewirr der Vorberge kam.

Oder er konnte einfach hier bleiben. Das sagte ihm die leise, heisere Stimme der Vernunft. Wenn er zurückblieb, könnte er die Bishops im Versorgungszug schützen. Auch das war eine lebenswichtige Aufgabe …

Er hatte seit Jahren nicht so empfunden. Es war für den Augenblick auf düstere Art genußreich, Verantwortung loszusein und den leichteren Weg vor sich zu haben. Außerdem war es sicherer.

Killeen seufzte. Er war jetzt ein anderer Mensch. Vielleicht nicht weiser, aber sich dessen bewußt, wie er sich fühlen würde, wenn er einen solchen Traum verwirklichte.

Nachdenklich richtete er seinen Blick ins Tal. Er konnte sich nie im Hintergrund halten, wenn diejenigen, die er liebte, kämpften.

Er entdeckte ein fliehendes Cyberziel und schoß. Kein Anzeichen für einen Treffer. Aber das machte nichts. Sein Training drängte ihn, vorwärts von einer Deckung zur anderen zu springen; und so tat er auch.

Die Bishop-Sippe war über die ganze Flanke des Berges verteilt. Sie bewegten sich hinab durch die Wälder aus Spindelbäumen, welche an den Hängen gediehen. Schräge nachmittägliche Sonnenstrahlen warfen störende Schatten. Seine Hoheit hatte darauf bestanden, die

Aktion zu beginnen, obwohl nicht mehr viele Stunden Tageslicht blieben. Natürlich hatte sein göttlicher Ratschluß über den Rat seiner Offiziere gesiegt.

Killeen hatte das Tal drüben von einer Gruppe mächtiger Felsblöcke oberhalb der Baumgrenze aus beobachtet. Als er in den Wald eindrang, blickte er durch die merkwürdigen regenschirmartigen Zweige nach oben und suchte den Himmel ab. Kein Zeichen irgendeines Vehikels. Das war tröstlich. Die Cyber schienen den Vorteil von Mechanos in der Luft nie nachzuahmen.

»Cermo! Halte dich nach links! Du kannst durch die Einschnitte in den Bergen dort drüben Flankenfeuer geben.«

– Jawohl –, antwortete Cermo über Funk. – Wir haben hier einige Infrarot-Stöße erhalten. Niemand verwundet. –

»Kein Sinn, geblendet zu werden. Feuer dämpfen!«

– Schon geschehen –, entgegnete Cermo steif.

Killeen besann sich darauf, den Offizieren freie Hand zu lassen. Jocelyn war Captain, auch wenn Cermo und Shibo sie nur widerwillig anerkannten. In der Hitze des Gefechts würden die Offiziere wahrscheinlich noch auf seine Anregungen reagieren, als ob es Befehle wären.

Er lief durch den dichten Wald mit langen, hüpfenden Schritten, deren Geräusch durch den lehmigen Boden gedämpft wurde. Die Wälder schienen mit verhohlener Erwartung auf die Schlacht zu lauschen. Frische Kraftreserven für seine Beinlinge verliehen ihm einen Schwung, der ihn rasch hinuntertrug, ohne auch nur Deckung zu suchen. Die einzige nützliche Information, die sie aus der vorangegangenen katastrophalen Schlacht gewonnen hatten, war die, daß die Cyber immer noch viel Energie auf Mikrowellenimpulse verwendeten. Mechanos sahen die Welt hauptsächlich im Mikrowellenbereich; und vielleicht nahmen die Cyber von den Menschen darum dasselbe an. Oder aber, so meinte er, sie schätzten ihre menschlichen Gegner so niedrig ein, daß sie sich nicht bemüßigt sahen, ihre Waffensysteme zu ändern.

Er brach aus der Deckung über den Vorbergen, als heisere Töne durch die Sprechanlage kamen. Jocelyn schrie der Hauptformation zu: – Igelt euch ein! – Killeen sah, wie sie schnell eine steile Böschung überquerte. Die Reserven waren aus dieser Entfernung nur flüchtige Punkte.

Nach links gewandt sah er, wie Cermos Gruppe gleichmäßig durch die Bresche in einem steilen Hügel an der Bergflanke feuerte. Erdrutsche hatten in diesem Gelände zerklüftete Deckungsmöglichkeiten geschaffen, und Cermo nutzte diese geschickt aus.

Aber Cyber konnten dasselbe tun, wie er feststellte, als eine entfernte Gestalt zusammenbrach. Killeen zwinkerte dreimal, und in sein linkes Auge sprang eine elektronische Vergrößerung. Ein grober Blauschimmer verblaßte um das gefallene Sippenmitglied. Zeichen eines Treffers mit Mikrowellen-Halo.

– Papa! –

Der schrille Ton in Tobys Stimme bereitete Killeen jäh Angst. Konnte die gefallene Gestalt – aber nein, Tobys Kennbake flackerte in einem Trockental weiter östlich. »Jaa«, antwortete Killeen.

– Shibo ist weiter unten abgeschnitten. –

»Wo?«

– Kann ich nicht sagen. Cyber haben eine Art statischen Schirms errichtet. –

Killeen hielt nach Shibo Ausschau und fand keine farbcodierte Spur. Das Zentrum seines erweiterten Sensoriums war eine graue Fläche. »Halt still!«

Er rannte mit voller Wucht los und dämpfte sein Sensorium auf das absolute Minimum, als er den Berg hinunterstürmte. Zwischen dem Gebüsch und den stämmigen Bäumen zirpten fröhlich Insekten, ungeachtet des stechenden Todes, der durch die Luft schwang.

Toby hatte sich an den Rand einer engen Grube geduckt. Als Killeen auf lockerem Kies landete, griff ein Mikrowellenstoß zwischen sie und zerstreute sich zischend.

»Hier unten.« Toby deutete hin. »Siehst du? Hitzewellen.«

Aber die flackernden Bilder auf der nächsten Bergflanke waren unscharf, nicht wie durch Luftbrechung verursacht. »Falsches Bild«, sagte Killeen.

»Schwer zu sagen, wo der Cyber steckt.«

»Ich wünsche, wir wüßten mehr über ihre Tricks.« Killeen blickte auf Tobys verbundene Hand. Jocelyn hatte entschieden, daß der Junge hinter der Gefechtslinie bleiben und Reservemunition tragen sollte. »Wie fühlt sie sich an?«

»Nicht schlecht. Gut, daß es nicht meine rechte Hand war. Könnte dann nicht schießen.«

»Halte dich zurück! Du wirst heute nicht schießen müssen.«

Toby biß sich gelassen auf die Lippe. »Meinst du?«

Auf Snowglade hätte Killeen seinem Sohn ohne weiteres eine optimistische Bemerkung gemacht. Hier ... »Wir halten hier für die ganze Sippe die Stellung. Wenn die Cyber uns erwischen, dürfte der Rückzug schwierig sein.«

»Das habe ich mir auch gedacht.«

»Nicht Kapitän zu sein, hat den Vorteil, daß man weniger herumrennen muß.«

Toby grinste. »Fast so gut wie eine kaputte Hand.«

»Kaputter Captain, könnte man sagen.« Killeen legte Toby die Hand auf die Schulter. »Paß auf und bleib dicht bei mir! Wir werden einander Deckung geben.«

Toby nickte wortlos. Seine Augen verfolgten das Blickfeld seines Sensoriums. »Ich wünsche, ich wüßte, wo der Cyber steckt.«

»Laß uns in der Runde suchen!«

Sie benutzten die übliche Schieß- und Manövriertaktik. Der eine ließ einen raschen Infrarotpuls los, während der andere in die Deckung sprang, die durch den Bild-Nacheffekt gebildet wurde. Auf diese Weise gewannen sie schnell an Boden und verließen die letzten Gruppen von Regenschirmbäumen. Dichtes Buschwerk im Hügelgelände dahinter bot tausend Nischen für einen Menschen, sich zu verbergen, aber nur wenige Stellen, die für einen Cyber groß genug waren. Toby sauste von einem Schlupfwinkel zum anderen viel schneller, als es sein Vater konnte. In dem Verhalten von Killeens Sohn lag auch eine gewisse Prahlerei trotz der Jahre, die Toby auf Snowglade bei der Flucht verbracht hatte.

»Links kriege ich etwas!« rief Toby.

Killeen arbeitete sich durch einige Sträucher und erreichte schwer keuchend seinen Sohn. Durch eine sumpfige Lichtung sah er, wie sich eine große Gestalt in den Bäumen drüben bewegte.

»Noch nicht schießen!«

»Glaubst du, daß ein einziger Cyber diesen ganzen Schirm hervorbringt?«

»Schon möglich.« Aber die Kreatur schien so gut getarnt bleiben zu wollen, wie sie konnte. Sie schoß nicht, selbst als ein entfernter Bishop, der nach unten hin feuerte, einen Moment lang sichtbar wurde.

»Was tut er? Horchen?«

Killeen flüsterte: »Oder er wartet auf etwas.«

»Auf was denn?«

»Möchte vielleicht Seine Hoheit zum Abendessen haben.« Toby lachte. Killeen setzte sich hin und beobachtete, wie der Cyber eine entfernte Felsplatte hochkletterte. Der graue Spalt in Killeens Sensorium wurde enger.

Er sah, wie auffällige Stoßtrupps der Bishops sich durch das hüglige Gelände zum Tal hin bewegten. Dies Unternehmen sah recht plausibel aus, um die Cyber aus der Reserve zu locken. Aber wie lange konnten sie weitergehen, ohne abgeschnitten und systematisch aufgerieben zu werden? Killeen gab Toby einen vom Frühstück aufgesparten, an Zucker reichen Nahrungsbrocken und stand auf. »Laß uns von hier aus nach links gehen! Halte dich geduckt! Keine hohen Sprünge.«

»Jawohl. Besen ist bei Shibo, wie du weißt.«

Ein scharfes Summen fuhr an Killeen vorbei. Beide warfen sich flach zu Boden.

»Verdammt!« Killeen spie Dreck aus. »Etwas ganz in der Nähe.«

Toby sandte einen Feuerstoß zu der letzten Stelle, wo sie den Cyber gesehen hatten. »Scheint so, daß wir einige Mühe haben«, sagte er.

Sie krochen fort und stießen mit ihren schweren Beinlingen und Schutzschienen gegen Steinbrocken.

Killeen machte Halt und untersuchte sein Schulterpolster. Etwas beunruhigt fand er darin ein sauber hineingebranntes braunes Loch. Der Laserstrahl hatte keine wichtigen Kontrollsysteme beschädigt. Zu seiner Überraschung empfand er keine Furcht, sondern nur Heiterkeit.

»Schalte dein Sensorium aus!« sagte er knapp.

Sie durchquerten eine Senke, die halb mit frisch hereingetragenem Erdreich und kleinen Steinen gefüllt war. Ein Hinweis auf die letzten Erdbeben. Der Cyber befand sich auf der gegenüberliegenden Seite. Er hatte eine röhrenförmige Hülse aus blanker, feuchter Haut, die zu schwitzen schien. Einlagen aus poliertem Metall und brauner Keramik bildeten auf der verkrusteten Haut ein Fleckenmuster.

Toby schoß zuerst darauf und verbrannte seine hintere Antenne. Killeen wußte, daß ihnen bis zum Gegenschlag nur ein Moment blieb. In seinem Geist blitzte ein jähes Verstehen der tieferen Schichten des Cybers auf, ein scharfes, sicheres, aber unverlangtes Bild. Er griff sich ein Geschoß aus seinem kostbaren Vorrat und ließ es auf der gedrungenen Handlafette einschnappen. Dann zielte er auf eine Vorwölbung mitten in dem blanken Rückenschild und löste den Schuß ohne Bedenken aus. Der kleine, vogelähnliche Zylinder sprengte eine kleine Luke weg – anscheinend unwichtig; aber Killeen wußte, daß dort die zentralen Steuerorgane für die Sender dicht unter der Oberfläche verliefen. Sofort verschwand der graue Schirm aus seinem Sensorium.

»Komm weiter!« sagte Killeen, ohne abzuwarten, was der Cyber tun würde. Als sie fortkrochen, schien der Cyber in eine Art von Krämpfen zu verfallen und sprühte einen gelben elektrischen Fleck aus. Killeen merkte, daß das Ding gelähmt war, und fragte nicht, woher er das wußte.

Nicht weit entfernt blinkte Shibos Bake. Sie krochen durch zwei Gebüsche und rannten über eine mit dunklem Bruchgestein bedeckte Fläche. Besen bewachte die Flanke ihrer Gruppe und hätte Toby erwischen können, als er heranstürmte. Shibo näherte sich von der anderen Seite und rief beim Laufen Befehle. Killeen atmete so schwer, daß er nicht sprechen konnte. Er sah sie nur fragend an.

»Allmählich gibt es Treffer«, sagte sie ruhig; aber Killeen konnte an ihren schmalen, zusammengezogenen Lippen die kleinen Anzeichen von Besorgnis erkennen.

»Zwei haben wir schon kampfunfähig gemacht«, sagte Besen vergnügt.

»Großartig!« meinte Toby und schaute sich vorsichtig um. »Wir haben einen erwischt.«

»Aber Cyber bleiben nicht am Boden liegen«, sagte Shibo.

»Reparieren sie sich selbst?« fragte Killeen, obwohl er die Antwort schon irgendwie kannte.

»Allerdings, und zwar schnell«, sagte Shibo.

Toby erklärte: »Mechanos haben das manchmal gemacht. Die Mantis ...«

»Nicht so schnell«, sagte Shibo.

»Kommen wir voran?« fragte Killeen.

»Etwas.«

»Das geht alles zu leicht«, meinte Killeen.

Shibo sah ihm ins Gesicht. »Du meinst, wie kommt es, daß wir sie diesmal treffen.«

»Und daß sie uns auch verfehlen.«

»Hier ist etwas.«

»Nun ja.«

»Dein Cyber?«

»Scheint so. Kann nicht sagen, wie.«

Sie schüttelte den Kopf. »Verstehe ich nicht.«

»Ich auch nicht.«

Sie spähten alle zwischen zwei Felsblöcken in den Talboden hinab. Cermos Gruppe strömte durch die letzte Reihe von Hügeln vor der staubigen Ebene. Jocelyn manövrierte die Reserven durch ein Gewirr von Trockentälern, das gute Deckung lieferte. Die Igelformation war zerfranst, aber im Vorrücken. Jocelyns Kriegslist würde die Reserven zur Vorhut machen, sobald sie aus dem dichten Buschwerk herauskamen. Killeen konnte mit seiner stärksten Televergrößerung die entfernten Gestalten eben gerade erkennen.

»Wir haben jetzt Cyber in unserer Mitte«, sagte Toby und erzählte den Frauen von dem Ausstrahler des Schirms, den sie getroffen hatten.

Shibo nickte. In der Nähe prasselte ein Infrarotstrahl. »Wird nicht lange dauern, bis Jocelyn die Ebene erreicht.«

»Seht ihr weitere Cyber kommen?« fragte Besen. Ihr rundes Gesicht bewahrte ein Grinsen, das ab und zu ohne erkennbaren Grund zu einem breiten Lächeln wurde.

Niemand antwortete zunächst, als sie den schwärzlichgrauen, holprigen Talgrund, der sich bis zum Horizont erstreckte, durchmusterten. Von der Gebirgskette herab verlief ein breiter neuer Fluß zum Zentrum, gespeist von mehreren Zuflüssen.

Zerstörte Mechano-Fabriken bedeckten den einst ebenen Talboden. Verfallene Mauern standen wie vorstehende Zähne da und warfen spitze Schatten in der späten Sonne des Nachmittags. Offenbar hatten Cyber hier früher eine große Schlacht ausgefochten; denn Mechano-Gehäuse bedeckten den Boden. Ausgebrannte Mechano-Panzer jeder Klasse fingen an zu rosten. Killeen kam der unbehagliche Gedanke, daß die Cyber dieses Terrain recht gut kennen mußten.

Ihm war auch nicht recht wohl bei dem Eifer, mit dem Besen sich nach Kampf sehnte. Die Jahre an Bord der *Argo* hatten ihm vielleicht einen sentimentalen Anstrich gegeben, der noch eine Weile vorhalten würde. Die Bishop-Sippe war jetzt wieder zu einer grimmigen Räuberbande geworden. Daran müßte er sich wohl gewöhnen.

»Zwei habe ich ausgemacht«, sagte Shibo. Sie schickte das Bild in die Apparate der anderen. Verschwommene Gestalten schwirrten und tanzten in dem zerklüfteten Gelände nahe dem breiten, schlammigen Fluß. »Sie pfuschen irgendwie an unseren Sensorien herum.«

Toby sagte: »Ich bekomme bloß Striche und Spritzer.«

»Wo?« wollte Killeen wissen.

»Über das ganze Tal verbreitet. Sie bewegen sich langsam, aber ich kann keine feste Ortung von ihnen bekommen.« Toby fummelte ärgerlich an den Kontrollen in seiner Kragenplatte.

Killeen sah die gleichen unregelmäßigen Andeutungen. Falls jedes kurze Aufblitzen einen Cyber bedeutete und kein Trick war, dann rückte der Feind näher auf sie zu, und zwar in großer Anzahl.

»Laßt uns da hinuntergehen«, sagte Shibo. Sie schickte einen Anruf zu ihrer Gruppe, die auf den Hügeln in der Nähe verteilt war.

Schwache Anrufe meldeten Killeen, wie die Sache drunten verlief, ohne daß er sein Sensorium erweitern mußte. Halbherziges Geschrei und das zerhackte *pang-pang-pang* von Mikrowellensalven der Sippe verrieten Unsicherheit und Konfusion. Als er sich dann bewegte und nach Zielen suchte, machte er automatisch die Bestandsaufnahme, die niemand, der einmal Kommandeur gewesen war, je ausließ. Wie viele Verluste bis jetzt? Bewegten sich die Schützenlinien gleichmäßig? War eine Vorpostenstellung durch einen Flankenangriff gefährdet? War die Igelformation nahe genug, so daß die Abstände zwischen einzelnen Trupps gegenseitige Unterstützung zuließen? Paßten die taktischen Gruppierungen zum Gelände? Boten die sich ständig verlagernden Feuerlinien eine Lücke für den Feind?

Die Cyber waren schwerer einzuschätzen. Wie anhaltend war ihr Feuer? Hielten sie sich zurück? Die umherhuschenden Gestalten rückten deutlich talabwärts vor und versuchten, die vorgeschobene Verteidigungslinie unter Cermos Befehl abzuschneiden.

Aus irgendeinem Grund war ein stetiges Vorrücken ohne Hast viel furchterregender als ein schnell vorgetragener Angriff. Aber das Vorrücken der Cyber war heimtückisch und schien in anderen Richtungen zu verlaufen, als Killeen erwartete. Indessen zogen die Bishops die Hauptstreitkräfte von dem Angriffspunkt des Stammes für den Ausfall ab.

Aus dem zerklüfteten Tal kamen geräuschvoll spitze Bolzen herauf. Jocelyns Vorhut strömte in die Ebene hinab. Eine Bruchlinie verlief gerade durch den Talboden, und schon waren Wasserläufe dort zusammengekommen. Von den steilen Böschungen ergossen sich Katarakte und gruben sich in die frisch entblößten Bodenschichten ein. Der neu entstandene Fluß zeigte wie ein schmutziger Finger zum Horizont. Vor diesem Bild sah Killeen die geisterhaft wabernden und nebelhaft kurz aufleuchtenden Lichter, welche Cyber sein könnten.

»Zeit, daß der Stamm losstürmt«, sagte er.

Shibo nickte. »Cyber kommen schnell heran.«

Plötzlich wurden ihre Sprechgeräte lebendig: An alle! Jocelyn schrie: – Shibo, ich habe Seine Hoheit dreimal angerufen und bekomme keine Antwort. –

»Bist du sicher, daß du durchkommst?« fragte Shibo.

– Müßte wohl. Ich kann seine Trägerwelle empfangen. –

»Hast du den Startcode eingegeben?«

– Natürlich. Die Cyber schließen uns ein. –

Killeen sagte besorgt: »Sie ist da unten recht exponiert.«

»Laßt uns gehen!« sagte Shibo.

»Wir sind hier zur Flankendeckung«, sagte Killeen und war bemüht, seine Stimme neutral zu halten.

Shibo leckte sich die Lippen. »Wenn sie überrannt werden, brauchen sie keinen Seitenschutz mehr.«

»Wir können Feuerschutz geben, wenn sie sich zurückziehen.«

Shibo preßte die Lippen zusammen. »Los!«

Sie folgten ihr durch die letzten Bergausläufer. Killeen stimmte Shibos Entscheidung zu, als er das Feuer sah, welches die Schützenlinie der Bishops traf. Die Cyber benutzten nur wenige Projektile; daher waren vom Kampf hauptsächlich nur Leuchtspuren im Infrarot, Ultraviolett oder Mikrowellenbereich zu erkennen. Die Strahlstöße trafen Bishop-Leute und setzten ihre Systeme matt. Manchmal drangen sie kräftig genug ein, um zu töten. Cermo erhielt viele Treffer, und Jocelyn hatte es schon umgehauen. Zum ersten Mal war Killeen wirklich froh, daß er nicht das Abzeichen des Kapitäns trug.

– Könnt ihr etwas vom Stamm hören? – fragte Jocelyn wieder.

»Nein«, antwortete Shibo.

Killeen fluchte leise. »Kampf ohne Sprechverbindung ist immer Mist.«

Shibo schaltete ihr Funkgerät ein. »Hoheit, hören Sie mich?«

Zu Killeens Überraschung antwortete die ruhige Stimme des Mannes sofort. – Ja. Ich habe die Situation verfolgt. –

»Warum, zum Teufel, stoßen Ihre Familien nicht in das Tal vor?«

– Die Cyberdämonen sind viel stärker, als ich erwartete. Ich halte es für unklug, meine Hauptmacht zu binden, ehe ihre volle Stärke bekannt ist. –

»Volle ...« Shibo japste vor Verblüffung. »Wir werden hier unten abgeschnitten.«

– Bedauerlich, gewiß. Aber ich muß erst mehr erfahren. –

»Wir können sie nicht mehr lange aufhalten«, sagte Shibo.

– Die Dämmerung senkt sich herab. Ich meine, daß ich nur unter ausreichendem Schutz durch Dunkelheit agieren werde. –

Shibo warf Killeen einen raschen Blick zu. Er sagte: »Rückzug!«

»Jocelyn!« rief Shibo. »Hast du das gehört?«

– Ich, ich habe etwas mitbekommen. Ich kann nicht glauben ... –

»Glaube es lieber! Er wird seine Bewegungen vornehmen, wenn *er* es will, ganz gleich, was wir geplant haben.« Shibos Gesicht war eine erstarrte Maske der Wut.

– Was ... was können wir tun? – Jocelyns Stimm war von Erschöpfung gezeichnet.

Toby mischte sich ein. »Papa? Drei Cyber!«

Killeen folgte Tobys Hinweisen in seinem Sensorium. Drei flimmernde Bilder verhärteten sich zu substantiellen Formen. Die blassen Geister kamen genau hinter ihrer Stellung die Hügel herab. »Verdammt!« meinte Killeen.

Shibo erfaßte es sofort und sagte: »Sie haben hier die höhere Position. Kommen rasch näher.«

Jocelyn funkte: – Wenn wir uns zurückziehen, werden wir im Dunkeln bergaufwärts kämpfen müssen. –

Cyber sahen im Infrarot am besten. Wenn sich der Boden abkühlte, würde die Wärme menschlicher Körper sich vom Hintergrund abheben. Sie hatten geplant, das Tal bei Einbruch der Nacht zu durchqueren und auf der entfernten Gebirgskette Stellungen zu halten. Dann würden die Cyber keine günstigen, sich bewegenden Ziele haben. Statt dessen müßten sie hangaufwärts eine dichte, wohlgeordnete Front angreifen.

– Laßt uns Stellung im Tal beziehen! – erklärte Jocelyn heftig.

Shibo runzelte die Stirn und sah Killeen an. »Warum?«

– Seine Hoheit muß seinen Vorstoß bald machen. Wir werden in günstiger Position sein, können aufschließen. –

Killeen sagte: »Vorausgesetzt, er hat das vor.«

– Warum sollte er nicht? – fragte Jocelyn hitzig.

»Könnte sein, weil er uns opfern will. Wir sind Fremde. Wir haben ihm schon Ärger gemacht. Wenn uns die Cyber töten, kostet das ihre Zeit.«

Shibo nickte langsam. Besen und Toby machten starre und grimmige Gesichter.

– Ich … ich weiß nicht, ob ich dem zustimme. – Jocelyns klarer Befehlston war ins Zögern abgesunken.

Toby sagte: »Papa, es sieht so aus, als ob noch zwei weitere Cyber hinter uns gelangt wären.«

Killeen prüfte das nach und sah, wie sich die Falle schloß. »Jocelyn dürfte wohl recht haben. Wir haben jetzt keine Wahl mehr.«

»Und nicht viel Zeit«, sagte Besen. Ihr Gesicht war angespannt und ihre Augen geweitet.

Shibo warf Killeen einen verzweifelnden Blick zu. Er antwortete: »Denk jetzt nach! Es muß doch einen Ausweg geben.«

Ohne ein Wort fingen alle an, auf die Hauptstreitmacht zuzulaufen. Vor ihnen schossen Bishops, flohen und fielen.

14. KAPITEL

Quath kannte im Kampfeslärm nur ein Gebot: den Nichtser. *Ihren* Nichtser.

Der Ausfall der Nichtser war die Bergflanke hinab in beträchtlicher Entfernung von Quath erfolgt und überraschte sie durch seine Schnelligkeit. Beq'qdahl und ihr Haufen waren losgezogen, um sie abzuschneiden. Quath hatte zugesehen, wie sie unten über das breite, zerfurchte Tal eilten.

Ihr eigenes Vorankommen über die breiten zerbrochenen Gesteinsschichten war langsamer. Sie rief bei der Tukar'ramin um Hilfe.

Hier herrscht das Chaos, Quath'jutt'kkhal'thon. Meuterei durchsetzt unser Nest. Die schweren, düsteren Moschusdüfte der Tukar'ramin schossen mächtig durch Quaths Elektro-Aura.

#Ich brauche Hilfe!#

Wisse, daß ich das verstehe. Aber ich bin hier belagert in dem, was einst meine große Provinz war.

#Schick dann wenigstens ein paar!# Quath sandte verzweifelte Notfäden aus.

Ich kann nicht mehr entbehren. Ich habe schon zweimal Hilfe geschickt, aber beide Gruppen gerieten in Hinterhalte. Die abtrünnigen Füßler, die nach der Pfeife der separatistischen Illuminaten tanzen, blockieren die Passagen in der Nähe. So eine Ketzerei! Welch ein Verrat!

Quath kletterte über ausgeweidete Mechano-Körper und zerdrückte sie rücksichtslos. Sie zweifelte nicht daran, daß die Tukar'ramin recht hatte, aber allein durch Klugheit konnte sie sich jetzt nicht leiten lassen. #Was sollen wir tun?#

Bleib deinem Befehl treu! Die glorreichen Illuminaten, die Führer des rechten Weges – sie sagen noch immer, daß die Nichtser des alten Schiffs gefunden werden müssen.

#Ich kann den wichtigsten Nichtser erreichen#, antwortete Quath. #Was dann?#

Du mußt mit ihm entweichen. Zu ihrem betagten Schiff zurückkehren.

#Schick ein Shuttle! Ich kann andocken …#

Die Landefelder der Raumfähren sind von den abtrünnigen Füßlern besetzt. Die sind überall!

Quath erkannte, daß sie die Ereignisse viel zu eng gesehen hatte. Sie hatte über Fragen von Schicksal und Tod gegrübelt, während rings um sie ohne Zweifel Füßler konspiriert und Pläne geschmiedet hatten. Aufstand gegen die Tukar'ramin! Noch schlimmer – die Revolte war durch eine Spaltung unter den Illuminaten gespeist. Dieser Gedanke machte ihr immer noch den Kopf schwindeln.

#Kannst du nicht ein Shuttle schnappen?#

Ich kann mich kaum noch hier im Nest rühren. Dieses Eingeständnis wurde von einer unheilschwangeren düsteren Stimmung getragen.

#Beq'qdahl hat eine Menge. Ich kann sie nicht lange beanspruchen.#

Du bist besser ausgerüstet als diese Gruppe. Bedenke, daß sie sich in aller Eile für ihre schmutzige Unternehmung versorgt haben!

#Selbst wenn ich meinen Nichtser in dem Getümmel des Kampfes fangen kann, werden sie mich sicher bis zur Erschöpfung verfolgen.#

*Quath, ich *kann* dir nicht helfen.*

Diese düstere, hormonträchtige Mitteilung ernüchterte Quath, während sie sich den Berghang hinabmühte. Schon sprangen und huschten Nichtser zwischen den niedrigeren Vorbergen umher. Ihre Beweglichkeit machte sie zu schwierigen Zielen. Diese hier waren schneller und geschickter als die Banden, die sie vor langer Zeit erschlagen hatte, bei der Verteidigung der Verräterin Beq'qdahl.

Jetzt erkannte sie Beq'qdahl als einen blassen Nebel, der um einige zerstörte Mechano-Bauten schlich. Also hatte sie gute Verteidigungsmöglichkeiten. Quath würde sehr viel List und Geschick brauchen.

Sie sandte einen Kegel elektrischer Erkundung zu den Nichtsern hinunter. Jetzt, da ihre eigenen kleinen Auras einsatzbereit pulsierten, konnte sie tiefer eindringen. Das tat sie – und prallte zurück.

Wie konnte sie dies übersehen haben? Die vielen Aromen der Nichtser teilten sich in zwei Gruppen auf. Keine grobe Einstellung, wie digital/analog oder akustisch/magnetisch, sondern in altertümlicher Differenzierung: Sex.

Sie hatte gewußt, daß diese Nichtser noch den rudimentären Mechanismus besaßen, den die einfache Evolution gezeitigt hatte. Sie hatte das zuvor erfahren, als sie in den weiblichen Nichtser eingedrungen war. Jetzt erkannte sie, warum sie unfähig gewesen war, sich einfach aus dieser sumpfigen Klammer zu lösen. Für die Nichtser war Sex ein echtes Urgestein. Es definierte sie kraftvoll. Quaths Unfähigkeit, diese urtümlichen Knoten im Geist der Nichtser zu lösen, hatte sie beinahe reingelegt.

Hatte sie es nicht gelernt, solche primitive und verblendenden Kräfte in der Persönlichkeit zu verbannen? Die Füßler hatten schon seit langem das Männliche als irrelevant angesehen, das leicht durch genetische Maßarbeit zu ersetzen war. Einige männliche Exemplare wurden auf der Heimatwelt noch in Reservaten gehalten, aber nur aus historischem Interesse.

Aber bei den Nichtsern vernebelte der penetrante Beigeschmack von Sex jede Wahrnehmung, jedes Urteil. Wie konnten sie in einem solchen heulenden Sturm überhaupt denken?

Quath trieb durch die wirren Gerüche und Harmonien des Nichtserpacks, als dieses in den Kampf zog. So viele widerstreitende Emotionen! Und auch nicht an Subintellekte delegiert. Statt dessen kämpften und hetzten Myriaden von Impulsen auf der offenen Bühne des jeweils einen Verstandes. Im Innern jedes Nichtsers brüllten Parteiungen und stießen zusammen. Instinkt, Vernunft, die ganze bunte Gesellschaft hormonverstärkter Emotionen – all das atmete in den Schleiern von Sex, das jeden stürmischen Moment würzte.

Welch unmögliche Komplexität! Kein Wunder, daß sie so altertümlich wirkten. Ihr Innenleben bestand aus Szenen endloser Konflikte.

Dieser Umstand vernebelte ihre Suche noch mehr. Aber gerade, als sie am Verzweifeln war, erschnupperte sie ihren Nichtser. Er war hier – und heil! Ihre Antennen nahmen Spuren von ihm da unten auf, wie er sich schnell bewegte.

Seine Aura vermischte sich mit der von jemand anderem – dem Nichtser, den Quath kurz zuvor besetzt hatte. Die beiden umkreisten einen Füßler. Quath polterte hinunter. Wenn sie in Reichweite kommen könnte …

Die beiden Nichtser hatten offenbar vor, den Sechsfüßler anzugreifen. Quath war zu weit entfernt, um diesen zu treffen, ohne die Nichtser zu verletzen. Also probierte sie statt dessen an den aromatischen Schichten des Geistes ihres speziellen Nichtsers herum und suchte nach einem Einlaß.

Da! Schnell injizierte sie ein Stück von Wissen über den Sechsfüßler. Das würde den Nichtser erschüttern, aber vielleicht konnte er die Daten in sich aufnehmen.

Ja – sie beobachtete, wie die Nichtser den Füßler mit

Schüssen, die ihn kampfunfähig machten, sauber erledigten.

Gut! Sie hatte ihnen etwas helfen können. Aber wäre es nicht klüger gewesen, ihn einfach zu packen und wegzulaufen?

Nein, da war noch etwas. Als sie in die tieferen Regionen der Elektro-Aura ihres Nichtsers eindrang, fühlte sie elastische Kontaktfäden. Er war mit anderen dort verbunden. Das Netz vibrierte und schwang in einem seltsamen Gesang tiefer Emotion und tierischen, smaragdenen Instinktes.

Als die Nichtser den Berg hinunterstürmten, bemühte sich Quath, diese neue Seite der Angelegenheit zu verstehen. Obwohl sich jeder Nichtser für durchaus individuell hielt, lagen unter seinem Bewußtsein starke, zähe Bindungen. Diese arbeiteten munter allein für sich, sehnten sich aber nach Vereinigung. Das war es, warum Sex für sie so attraktiv war. Den Nichtser von den anderen zu trennen, würde ihn schwer verletzen. Während die von der Tukar'ramin erhaltenen Befehle deutlich genug besagten, daß sie ihn aussondern sollte, erkannte sie jetzt, daß das nicht funktionieren würde. Nichtser lebten nicht nur mit dem Kopf allein.

Als sie diesen Nichtser aus der Umlaufbahn herunterholte, hatte sie kaum etwas von seiner Tiefe erspürt. Sie hatte den Schmerz wegen der Trennung von seinesgleichen ignoriert. Jetzt wurde ihr bewußt, daß Nichtser-Bindungen, wenn sie beschädigt wurden, alles zerstörten.

Die beiden Nichtser trafen auf andere. Der eine erzeugte einen scharfen Dorn, der in das summende Selbst ihres Nichtsers drang. Da gab es echte Resonanz. Ihr Nichtser empfand eine Sinfonie aus Verlangen, schwer befrachtet mit dem komplexen Moschusaroma von Sex.

Nein, sie konnte ihn nicht aus diesen seltsamen Bindungen lösen. Sie müßte einen besseren Weg ausfindig machen.

Inzwischen dröhnten donnernde Schüsse und ratternde Fehltreffer durch die Vorberge. Quath lief verzweifelt zum Talboden, wo eine Schlacht begann.

Einer von Beq'qdahls Bande zielte auf ihren Nichtser da unten. Quath schickte einen knisternden Feuerstrahl in diesen Füßler. Er stürzte und fing an zu qualmen.

Gut! Dieser Füßler war für Quath ein Fremder gewesen; und sie konnte den Tadel wegwischen, der aus ihren Subintellekten aufstieg. Aber in dem Tal befand sich Beq'qdahl, und Quath wußte nicht, was sie da tun sollte. Sie fühlte, wie ein harter, zäher Knoten in ihr aufkam. Sie versuchte, ihn hinunterzudrängen, aber ihre Subintellekte wollten die dicken Fasern nicht annehmen. Der Knoten quirlte in ihr wie eine blutige, rote Zyste. Konnte sie wirklich ihresgleichen töten, um einen Nichtser zu verteidigen?

Quath konnte den harten Knoten nicht lösen. Sie lief weiter.

15. KAPITEL

Als Killeen an Jocelyns kleinen Stoßtrupp herankam, zügelte er seine Schritte. Es wäre schlecht gewesen, Hast oder Besorgnis zu zeigen. Das würde andere beunruhigen.

Dann fiel ihm ein, daß er wie ein Hauptmann dachte. Zu Beginn der Schlacht hatte er diese Freiheit genossen; jetzt erschien sie ihm als schales Vergnügen.

»Melde mich zur Stelle«, sagte er einfach, als er Jocelyn erreichte. Sie kauerte hinter der zerbrochenen Mauer einer Mechano-Fabrik und horchte in ihr Funkgerät. Ihr Gesicht war verzerrt und von Dreck verschmiert, aber ihre Augen zuckten von nervöser Energie. Sie hatte ihn von Shibos Stellung, die den Hügel beherrschte, herunterbefohlen.

Jocelyn sah ihn gequält erleichtert an. »Killeen – gut.« Sie schien ihre Worte aus einem inneren Konflikt herauszerren zu müssen. Schwer atmend setzte sie sich auf ein umgekipptes Mechano-Gehäuse. Überall lagen Trümmer von der Fabrik herum. »Ich … ich fürchte, Seine Hoheit hat gegen den Ausfall entschieden.«

Killeen sagte nichts, sondern nickte bloß.

Überrascht fragte Jocelyn: »Glaubst du etwa, das hat er getan, weil wir uns das letzte Mal entfernt haben?«

»Der Kerl ist verrückt. Es hat keinen Sinn, ihn verstehen zu wollen.«

Jocelyn zog den Mund zusammen und erwog offenbar die Möglichkeiten, die ihr zur Verfügung standen. Ein Mikrowellenstrahl zischte dicht vorbei. Killeen sah, daß die Cyber aus dem Bergland näher herangekommen waren und Deckung durch welliges Gelände abschnitten. Die Bishop-Sippe hatte eine Schützenlinie längs des Flusses gebildet. Jetzt manövrierten sie zwischen dem Geröll an der tiefen Bruchkante. Die Dämmerung streckte von jedem Vorsprung lange blaue Finger aus. Während die Sippenmitglieder sich von den Löchern und trockenen Senken entfernten, machten ihre Schatten sie zu noch auffälligeren Zielen.

Killeen sah, wie sich eine laufende Frau unter Feuerschutz der Sippe zurückzog. Ein Ultraviolettstoß traf sie unten am Rücken und badete sie in einer Wolke greller Leuchtkäfer. Im Dunkeln verglühten blaue Funken. Es war Lanaui, eine alte Freundin. Zu weit entfernt, als daß er etwas hätte tun können. Er arbeitete sich vorwärts, schaute hin und hoffte, daß der Schuß nicht ihre Hauptsysteme beschädigt hätte. Es krachte und dröhnte, als die Sippe Cyberziele beschoß. Lanaui bewegte sich. Sie rollte herum und humpelte zu der Deckung durch einen ausgebrannten Mechano-Transporter. Aus ihrer Art zu gehen konnte Killeen entnehmen, daß ihre Energiesysteme tot waren. Jetzt standen ihr für die Flucht nur gewöhnliche menschliche Muskeln zur Verfügung. Ein Cyber würde sie leicht einholen.

Jocelyn biß sich auf die Lippe. »Was können wir tun?«

Er sagte wohlbedacht: »Wir können die Hügel nicht erreichen, jedenfalls nicht ohne Deckung durch den Stamm.«

»Das ist auch meine Meinung.« An ihrer steifen Haltung merkte er, daß es ihr schwer fiel, ihn auch nur um Rat zu fragen.

»Wir können aber auch nicht weiter vorrücken.«

»Allerdings nicht.«

Mikrowellen prasselten durch Killeens Sensorium. In der Nähe duckten sich Sippenangehörige, aber er lehnte sich nur gegen die zerstörte Fabrikmauer. Er fürchtete, daß seine Beine den Dienst verweigern würden, wenn er sich hinsetzte.

»Die Nacht kommt, und wir werden durch die Infrarotstrahlung unserer Körper deutlich erkennbar sein.« Killeen spürte, wie irgendwie eine Idee einströmte. Und die einzige ihm bekannte Möglichkeit, sie fernzuhalten, war zu sprechen und seinem Unterbewußtsein freie Bahn zu lassen.

Jocelyn verfolgte angespannt die Konturen der Schlacht in ihren Augen. Es fiel ihr schwer, auf dem laufenden zu bleiben, als Teile der Bishops sich zu dem rauhen, mit Löchern durchsetzten Terrain zurückzogen, das die Erdbeben kürzlich aufgerissen hatten. »Richtig! Sollten wir vielleicht die Schnellsten losschicken und den Rest in Deckung belassen?«

Dies widersprach allen Kampfregeln der Sippe, und das wußte sie auch. Sie sah Killeen kurz scharf an.

Der sagte kurz angebunden: »Sie würden uns glatt tothetzen.« Warum sollte er sie wissen lassen, wie sehr dieser Vorschlag ihm mißfiel.

»Ich … ich meine, daß wir hier in der Klemme sitzen. Wenn wir unsere Stellungen über Nacht halten können …«

»Ausgeschlossen. Wir wissen nicht einmal, ob Cyber überhaupt schlafen. Wenn sie uns festgenagelt haben, können sie herbeirufen, was immer sie wollen.«

»Dann … dann …«

Da es keinen Sinn hatte, noch mehr Trübsal zu blasen, verbarg er sein Unbehagen dadurch, daß er sein Sensorium auf Infrarot umschaltete. Das könnte ihm eine Vorstellung davon geben, wie Cyber ihre Lage sahen. Er erinnerte sich an die in ihrem Nest verbrachte Zeit, wie sie Objekte automatisch so deuteten, als ob durch den Fußboden Licht käme. Aber offenbar hatten sie sich auch gut der Oberfläche angepaßt.

Als die Nacht sich vertiefte, leuchtete der Boden stärker, heller als die Fetzen der Molekülwolken in der Höhe. Dies war so ähnlich wie die Beleuchtung im Nest und gab ihnen vermutlich einen weiteren Vorteil. Die kühlen sprudelnden Ströme waren jetzt dunkler als das Land. Die bewaldeten Hügel hielten ihre Wärme gut fest und glühten wie weiche grüne Teppiche. Er wandte sich der Bruchlinie zu und sah eine leichte Aufhellung, wo offenbar Lava nach unten strömte. Wie um seine Vermutung zu bestätigen, vibrierte der Boden leicht, wie ein Tier, das eine Fliege abschüttelt. Jenseits der Spalte konnte er das schwarze Band sehen, welches von dem neuen Fluß gebildet wurde. Es schäumte so, als ob es darüber erregt wäre, dunkel und rasch dahinlaufend ein frisches Bett durch das Tal zu graben.

»Warte!« sagte er. »Warte nur einen Augenblick!«

Er hielt vorsichtig Ausschau in die Nacht. Ein Cyber hatte sich links von ihnen bewegt und war jetzt verschwunden. War er außer Sicht, oder hatte er sein Sensorium nur so geschickt eingestellt, daß er ihn jetzt völlig verfehlte?

Er gab einen kurzen Mikrowellenstoß in die Richtung ab, wo er seiner Meinung nach sein könnte, und kroch dann um die abgebrochene Steinplatte herum, hinter der er Deckung gesucht hatte. Shibo war schon auf dem Rückzug zur nächsten Linie. Killeen lief kräftig an dem Vorsprung entlang und bog dann ab zu einer Vertiefung im Boden. Irgend etwas zischte an ihm vorbei, als er den Abhang hinunterkroch. In seine Beinschienen drang Schlamm ein, und er mußte anhalten, um ihn zu entfernen. Als er nach oben schaute, hatte Shibo einen weiteren Rückzug angeordnet.

– Neue Reihe, Toby! – rief Shibo.

Killeen sah, wie die Bake seines Sohnes sich in Richtung auf den Fluß zurückbewegte. Der Junge rannte schnell.

– Carmen! – sendete Shibo.

Die Frau rannte aus der Deckung los. Sie mußte über den Körper eines gefallenen Bishops springen, der erst vor kurzem getroffen worden war. Der Schutzanzug des Mannes ließ keine Lebenszeichen erkennen, so daß niemand versucht hatte, die Leiche zu bergen. Sie ließen jetzt alles zurück, sogar Verpflegung und Munition. Sie bildeten die Nachhut und mußten als solche leicht beweglich und schnell bleiben.

»Gleich kommen wir dran!« rief Killeen Jocelyn zu.

– Laß uns ein bißchen Zeit! – erwiderte sie.

»Wir haben nur noch verdammt wenig«, sagte er.

Fast die ganze Bishop-Sippe war evakuiert. Aber zwischen den Fabrikmauern und auf dem löchrigen Erdreich lagen viele Tote – viel zu viele.

– Killeen! – verlangte Shibo.

Er rappelte sich mit seinen müden Beinen auf und rannte in die trockene Senke. Bis zur nächsten Schützenlinie war ein anstrengender Lauf, und seine Augen wurden durch Erschöpfung getrübt. Am Rande des Blickfeldes tanzten blaue Flecken. Die kühle Luft schnitt ihm in die Kehle.

Er stolperte über einen Vorsprung scharfer Steine und rollte sich in die trockene Senke dahinter. Er gelangte zu einem Haufen von Mechano-Schrott. Beim Rollen war seine Sicht wieder auf normal umgesprungen, und er lag einige Zeit keuchend in totaler Finsternis da. Dann schaltete er wieder auf Infrarot um. Shibo hockte in der Nähe; schaute ihn aber überhaupt nicht an.

– Besen! – sendete sie.

Killeen erhob sich auf die Knie. Seine Hilfsmotoren winselten ebenso laut wie er selbst. Der dreckige Boden war überall eingedrungen, und er mußte den Kragen seines Anzugs säubern, um zu sehen, wie Besen aus einer Fabrikruine herankam. Sie hatte die Senke fast erreicht, als etwas Orangefarbenes ihren Helm traf. Sie schien vorwärts zu stürzen und fiel heftig zu Boden. Sie bewegte sich nicht mehr.

– Toby! – sendete Shibo, als ob nichts passiert wäre.

Killeen erreichte Besen und tippte in die Tastatur auf ihrem Rücken. Alle laufenden Daten standen auf Null.

Toby trottete lässig in die Senke. Ein Mikrowellenstrahl summte harmlos über seinen Kopf hin.

Er erblickte Besen. »Was … was …?«

»Sie ist …« Killeen brachte es nicht über sich, es auszusprechen.

Shibo sendete: – Harper! –

Toby kniete sich neben Besens Körper und hob ihren Arm hoch. Sie lag mit dem Gesicht nach unten da. Als er sie herumrollte, konnte er ein feines Netz von Sprüngen in der Frontscheibe ihres Helms erkennen. Es waren elektrostatische Risse. Durch sie hindurch sah er ihre Augen, die noch offen standen. Sie blickte ihn an, als ob sie eine Frage stellen wollte. Eine Frage, die, wie Killeen wußte, Toby nicht würde beantworten können.

Harper kam keuchend heran. Sie hockte sich nieder und gab sofort einen Ultraviolettschuß dahin ab, woher sie gekommen war.

Shibo sendete: – Jocelyn! Alle drin. –

Jocelyn antwortete: – Bleibt dort und haltet euch bereit! –

Shibo kam tief geduckt herüber. Toby sagte benommen: »Sie kann doch einfach nicht …«

»Es war ein Volltreffer«, sagte Killeen und bedauerte sofort seine Grobheit.

»Nein, nein!« Toby hantierte an ihrem Helm.

»Laß sie!« sagte Shibo.

Toby löste den Halsring, gab ihm eine Vierteldrehung und hob den Helm ab. Die Verbindungen zu Besens Hals rissen sich aus ihren Steckdosen, aber es kam kein antwortendes Zucken des Körpers. Die Augen standen weit offen.

Toby berührte ihr Gesicht. »Besen, hör zu! Wach auf! Mach schon! Wach auf, Besen!«

»Toby …«, sagte Killeen dumpf. »Menschen haben kaum jemals eine Systemschädigung wie diese überstanden.«

»Sie ist nur betäubt. Das ist alles. Wir werden ihr ein Stimulans geben, und sie ist wieder in Ordnung.« Toby fing an, Besens Wangen zu massieren.

Shibo sagte: »Prüf ihre Daten nach!«

»Nur weggetreten, das ist alles.« Mit tastenden Fingern langte Toby herum und drehte Besens Kopf. Er und Killeen mußten ihren Rucksack abnehmen, um einen klaren Blick auf ihre inneren Monitore zu bekommen. Der digitale Kreis oben an ihrem Rückgrat war gleichförmig blau. Durch jedes Fenster glitten Zahlen in sinnloser Folge.

Shibo sah sie an und blickte dann zurück auf die Hügel, wo sich die Cyber befanden. »Sieht schlimm aus«, sagte sie.

»Nein, nein!« Toby rieb das Gesicht schneller und kräftiger. »Sicher ist sie überbelastet worden. Aber das ist auch alles.«

»Man könnte ihr ein Stimulans geben«, sagte Killeen und griff nach seinem Päckchen. Er mußte diese Geste machen, obwohl es die letzte Ampulle war, die er hatte.

»Es wäre gewagt, das so ohne weiteres zu tun«, sagte Shibo. »Systeme brauchen Reaktionszeit.«

»Ich werde sie zurückholen«, sagte Toby. »Sie muß nur Blut in den Kopf bekommen …«

»Hier.« Killeen schraubte die Stimulationsampulle Besen an den Kopf.

Toby starrte in Besens starre Augen. »Du *mußt* erwachen.«

Ein Mikrowellenstrahl prasselte über ihre Köpfe hinweg. Shibo sagte leise: »Wir müssen es jetzt mit ihr riskieren.«

Toby leckte sich die Lippen. Sein Mund verzerrte sich arg. »Wenn ihre Systeme überreizt werden …«

Killeen legte seinem Sohn eine Hand auf die Schulter, wußte aber nicht, was er sagen sollte.

Tobys Hände zitterten über der Ampulle. »Wie … wie kann ich? Wenn …«

»Sie ist die Deine. Du mußt entscheiden.«

Tobys Gesicht wurde weiß. Er schaute Killeen einige Zeitlang an. Dann nahm er die Stimulationsampulle und fragte: »Welche Einstellung?«

Killeen sagte: »Am besten voll. Sie ist ziemlich weit hinüber.« Er glaubte, daß Besen höchstwahrscheinlich tot war; aber der nächste Augenblick würde das zur Genüge klarmachen. Er müßte Toby rasch wegzubringen versuchen, ganz gleich, wie sehr der Junge über dem Körper schmachten wollte.

»Okay!« Toby schob die Einstellung bis zum Anschlag.

»Mein Sohn, ich …«

Toby drückte den Auslöser. Es gab einen kleinen Stoß. Besen zuckte zusammen. Ihre Lippen öffneten sich. Sie hustete. Toby hob sie in sitzende Position, und alle sahen, wie die Anzeigen auf ihrem Rücken zum Stehen kamen. Sie zwinkerte heftig.

Alle sahen sie sprachlos an. Sie hustete noch einmal und sagte: »Ich … was …?«

Toby nahm sie in den Arm und fing an zu weinen.

Zwei Infrarotpulse schossen durch die Luft. Dicht hintereinander.

Shibo sagte: »Bringt sie zum Gehen!«

Toby und Killeen halfen Besen auf die Beine. Sie starrte die beiden leer an.

– Shibo! Beginn mit dem Rückzug! – sendete Jocelyn.

Shibo rief: »Harper, in Deckung! Carmen – los!«

Toby massierte Besen den Nacken. »Wir müssen jetzt

gehen. Nur ein Schritt, das ist alles. Hier, stütze dich auf mich!«

Shibo sagte sanft: »Toby, Besen, wir müssen jetzt los.«

»Was?« Sein Kopf zuckte empor. »Nein, sie …«

Killeen ergriff Besens andere Schulter. »Beeilt euch, wir werden abgeschnitten.«

»Ihr Rucksack«, sagte Toby.

»Laß ihn liegen!«

»Nein, warte!« Toby langte hinein. Er fummelte kurz herum und riß dann etwas los. »Dies habe ich ihr gegeben«, sagte er und hielt eine Kette mit einem kleinen gelben Anhänger hoch. »Ich möchte nicht … daß die verdammten Cyber das bekommen.«

»Gut, nimm es!« Shibo sah Killeen an. »In Deckung!«

Killeen lag an der steilen Wand der Senke und gab einen schnellen Feuerstoß ab in die Nacht hinaus. Shibo und Toby blieben mit Besen zurück. Killeen kroch zu Besens Gepäck zurück und fand ihre Waffe. Er setzte sie geräuschvoll ein und schickte einige hochenergetische Stöße auf jedes in seinem Sensorium flimmernde Ziel. Gegenfeuer zerfetzte und versengte die Kante der Senke. Er duckte sich darunter und floh unter einem jähen Anflug von Angst. Auf der ganzen Strecke bis zum Fluß war er sich nur zu bewußt, ein wie großes und verlockendes Ziel sein Rücken bot.

Er glitt das schmale Sandufer des Flusses hinab und prallte direkt auf Jocelyn. Ein Infrarotpuls huschte dicht vorbei.

»Wie viele noch?« japste sie.

Drei Bishop-Leute zerrten ein großes Mechano-Bauteil den Abhang herunter. Killeen schaute sich um und sah, wie Toby und Shibo Besen in ein merkwürdiges Gebilde aus Mechano-Blech verfrachteten, das im Wasser schwamm.

»Niemand«, antwortete er und begab sich zum Wasser.

»Drei sind das Höchste dafür. Kein Platz für dich.«

»Bist du sicher?«

»Geh dort hinunter!«

»Schau, ich möchte ...«

»Halt den Mund und rühr dich!«

»Ich ...« Killeen hielt inne.

»Du bist also dann der letzte. Hilf uns hiermit!«

Jocelyn war wieder munter und tüchtig. Wenn sie einen Plan verfolgte, arbeitete sie gut. Aber zu einem Captain gehörte mehr als das.

Drei große Männer rollten etwas auf der Kante vorwärts. Im Infrarot erschien es Killeen wie eine große Muschel. Er packte zu und half, es in das flache Wasser zu stoßen. Dieses war schneidend kalt an seinen Füßen. In der Nähe roch es nach Cybern. Mikrowellen sprühten aus dem höhergelegenen Ufer.

Große Felsbrocken trafen seine Füße, während er die Muschel festhielt. Die bockte und stieß in der schäumenden Strömung.

»Steigt ein!« sagte Jocelyn.

Killeen zögerte. Schon brachten die Leute ein weiteres Stück Blech an, das ein geschickter Handwerker zu einem rohen Becher geformt hatte. Das Metall hatte schon den größten Teil der Hitze des Tages verloren und war im Infrarot so dunkel, daß er es kaum erkennen konnte. »Wie viele noch?« fragte er.

»Nur wir«, sagte Jocelyn.

»Ich werde bleiben, bis ...«

»Geh!« Jocelyn sah ihn stur an. Ihre Gesichtszüge waren durch das infrarote Leuchten ihres Gesichts undeutlich. »Ich bin Kapitän und bleibe bis zum Schluß.«

»Zu Befehl!« Widerrede war sinnlos.

Killeen trat in die Muschel, während Jocelyn sie ruhighielt. Er legte sich ungeschickt hin. Die flache Schale ragte nur eine Handbreit über das schwarze Wasser. Jocelyn stieß ihn ab. Der Fluß riß ihn an sich, als ob er ein begehrtes Spielzeug wäre. Er trug ihn davon, schaukelte die Muschel und sprühte ihm bitterkalten Schaum ins Gesicht. Er wurde über verborgene Klippen getragen und hart niedergestoßen.

Er hielt sich so niedrig, wie er nur konnte. Sein Infrarotbild würde in dem kalten Wasser untergehen. Cyber am Ufer würden ihn leicht verfehlen. So etwa gingen seine Überlegungen.

Er wartete und klammerte sich an die glatte Innenseite der Schale, wenn der Schwall und das Getöse des Wassers um ihn aufbrandeten. Keine Schüsse zischten in der Nähe durch die Luft. Er fragte sich, wie weit die reißende Strömung ihn wohl tragen würde. Bis dahin war ihm nicht der Gedanke gekommen, daß man den Menschen der Sippe sagen mußte, wie lange sie in ihren improvisierten Booten bleiben sollten. Jetzt konnten sie irgendwo aussteigen und weit am Unterlauf dieses unbekannten Flusses landen.

Er dachte eine Weile nach, bis er den schwachen Geruch der Muschel bemerkte, in der er fuhr. Es handelte sich um die gebrauchte Hülle eines Mechanos. Er fuhr die tobenden Wasserfälle hinab in der gehärteten Haut seines ältesten Feindes.

16. KAPITEL

Quath kroch vorsichtig dahin. Sie hatte ihre Waffen inzwischen fast verausgabt. Es galt jetzt, Vorsicht und List walten zu lassen, sonst wäre der Tag verloren.

Immer noch fielen Nichtser. Von Beq'qdahls Truppe wären sie längst aufgerieben worden, aber Quath hatte in dem zerklüfteten Gelände operiert und die angreifenden Füßler von hinten erwischt. Wie ein leichter Gazeschleier war sie auf den Hängen umhergetanzt. Die Extra-Ausrüstung, die die Tukar'ramin ihr besorgt hatte, funktionierte und surrte und erzeugte mitten in der Luft Trugbilder. Wenn Füßler auf sie feuerten, lagen die Schüsse zu weit und rösteten den ohnehin geschundenen Boden.

Aber die Lage verschärfte sich. Die Nichtser waren jetzt mit dem Rücken an den Fluß gedrängt, und es gab nicht viel, das Quath für sie tun konnte.

Sie hörte Beq'qdahl aufgeregt plärren: #Die Hauptgruppe der Nichtser rührt sich! Seht ihr sie?#

Quath wandte sich dem entfernten Berg zu, wo schwache Auras von Nichtsern flimmerten. Sie hatte sich gewundert, warum diese nicht in den Kampf eingriffen.

Einer von Beq'qdahls Füßlern fragte: #Sollen wir sie verfolgen?#

In Quath kam Hoffnung auf. Aber Beq'qdahl antwortete: #Nein. Erst das Ungeziefer hier erledigen! Sonst werden wir nie sicher sein.#

Natürlich. Quath hatte vergessen, daß Beq'qdahl

nicht wußte, welcher Nichtser entscheidend wichtig war. Noch weniger hatte sie eine Ahnung davon, daß letztlich alle gebraucht werden würden, weil diese anscheinend autonomen Wesen doch stark voneinander abhingen.

#Mach sie alle fertig!# schrie Beq'qdahl.

Quath traf einen entfernten Füßler mit einem schnellen Ultraviolettstrahl. Der taumelte, verlor die Orientierung und rollte einen Abhang hinunter, wobei er zwei Beine verlor. Gut!

Als sie näher an ihren Nichtser herankam, spürte sie ein Vibrieren der glühenden Wut, die es – nein, er – empfand. Nicht auf die angreifenden Füßler, sondern auf die entfernte Hauptmacht der Nichtser.

Die Nichtser hier bei ihr waren durch ein Geflecht verbunden, dessen Fäden Quath nun immer stärker wahrnahm. Die seltsame Spannung zwischen sich und anderen zeitigte eine Bindungsenergie von echter Stärke. Sie merkte, wie die durchsichtigen Fäden allmählich ihren Geist umhüllten. Das war ein kühles, eigentümlich tröstliches Gefühl.

Und die glimmende Wut schuf Bindungsbögen zwischen ihnen. Ein Haß bis ins Mark besonderer Art, gespeist durch Verrat. Quath stellte plötzlich fest, daß die bitteren Aromen dem glühendheißen Zorn verwandt waren, den sie gegen Beq'qdahl und die anderen Verräter hegte.

Durch Quaths Stimmung stieg in den trockenen Kehlen der Nichtser ätzende Lauge auf. Sie rutschte einen frisch entstandenen Erdspalt hinab. Ihr Nichtser war vor ihr. Er fühlte sich in Bedrängnis. Die in seiner Nähe kämpften noch weiter, eingehüllt in einen Dunst beißender Erschöpfung. Verzweiflung spannte zwischen ihnen ein Netz, gelb wie Galle.

Quath sah Beq'qdahl in kurzen Sätzen vorpreschen, unter Ausnutzung der Deckung durch Felstrümmer und zerstörte Fabrik-Mechanos. Es wurde finster. Orangefarbene Flammen schlugen in der Nähe aus der Haube eines toten Sechsfüßlers.

Quath schaltete auf volle Normalsicht um. Der Boden schimmerte hellrosa. Das Gebirge in der Ferne kühlte schneller ab. Blaue Pässe versanken in Nacht. Ein purpurnes Band markierte die große Bruchlinie.

Leise kroch sie vorwärts. Ein Vielfüßler tauchte kurz auf. Sie lähmte seine Mikrowellen-Antennenschüsseln schnell mit einem Durchschuß.

Als sie sich umwandte, sah sie einen Nichtser, der sich zurückzog. Ehe sie sich auch nur Gedanken darüber machen konnte, welcher Füßler die kleine fliehende Gestalt fangen könnte, krachte ein Schuß durch die Nacht.

Zu spät! Wieder ein Nichtser verwundet oder tot.

Und das Gespinst zwischen allen diesen kleinen Kreaturen wurde heftig verzerrt. Das war es also, was sie angesichts des Todes empfanden, sofern überhaupt. Noch stärker als Quaths dumpfes Zurückprallen vor den nackten Tatsachen des Universums. Eine noch tiefere Betrübnis, durchsetzt von düsterer Sterblichkeit. Sie erkannte, daß es schlimmer war, klein und gebrechlich und doch mit der großen Nacht konfrontiert zu sein. Aber diese Wesen schafften es.

Zu spät. Viel zu spät.

17. KAPITEL

Killeen hatte in dem improvisierten Boot zu schlafen versucht, aber der flache Mechano-Schild rotierte, schleuderte und schaukelte ständig. Einmal war er eingeschlummert, aber nur, weil die Strömung ihn in einen leichten Strudel geführt hatte. Wie lange er dort im Kreise getrieben war, wußte er nicht.

Beim ersten Schimmer der Morgendämmerung paddelte er das schwankende Blechding an Land. Er watete zu einem steinigen Ufer – kalt, wund und betäubt vor Erschöpfung.

Er weitete vorsichtig sein Sensorium aus und erspähte die nebligen Flecken von Cybern. Sie waren weit hinter ihm. Schwärmten aus und durchkämmten das Flußufer. Kamen aber rasch näher.

Er begab sich wieder in das Boot zurück. Die Strömung war hier schwächer. Sie führte ihn in Stößen über Felsen, die aus dem schlammigen Wasser wie riesige, gefleckte weiße Fische aufragten.

Er durchquerte zwei rauhe Stromschnellen, ehe er das dumpfe Baßgebrüll voraus vernahm. Es klang anders als jeder Schlachtenlärm, den er bisher gehört hatte. Als er seinen Arthur-Aspekt befragte, sagte der kleine Intellekt:

> Ich hatte vergessen, daß Snowglade zu deiner Zeit so ausgetrocknet war. Ich erinnere mich an diesen Klang aus schönen Sportstagen auf den Flüssen, die einst das Tal der großen Zitadelle beglückten. Es ist ein Wasserfall – wahrscheinlich ein hoher, nach der Tonfülle zu urteilen.

Arthur lieferte ihm schnell eine Skizze. Killeen hatte Wasser immer als etwas Großartiges, Seltenes und Friedliches gesehen. Daß es toben und töten konnte, erschien ihm wie der Bruch eines stillschweigenden Versprechens. Rasch kämpfte er gegen die plötzlich anschwellende Strömung. Das Ufer war nah, aber er wurde wie ein Blatt in einer Brise dahingetragen.

Das Wasser machte seine Hände taub. Er beugte sich aus dem unbequemen Boot weit hinaus und paddelte wütend. Das Ufer kam nur langsam näher. Jetzt war er ganz von Getöse eingehüllt. Gischt schwebte direkt vor ihm. Er blickte in diese Richtung, aber ein Stück vor ihm schien der Fluß einfach zu verschwinden. Es war hoffnungslos. Der Blechschild raste schneller auf die Kante zu.

Killeen rollte sich aus dem Boot. Das Wasser war beißend kalt, als er darin versank. Sein Kopf geriet unter Wasser, als er eben Atem schöpfen wollte. Seine Stiefel stießen auf etwas Festes. Er machte Schwimmstöße gegen die Strömung, um aufrecht zu bleiben. Schon wurde die Luft knapp.

Das Wasser war eine braune Mauer. Wo war das Ufer? Die Wirbel hatten ihn so herumgedreht, daß er das nicht sagen konnte. Er machte schwere Schritte und fand, daß das Flußbett steil war. Er wandte sich aufwärts. Da er wenig Ahnung von Wasser hatte, war seine einzige Hoffnung, daß die Masse seiner Ausrüstung sein Wegschwemmen verhindern könnte.

Er rutschte aus. Einen schrecklichen Augenblick lang taumelte er. Er trat mit dem Stiefel auf einen Stein aber der rollte unter ihm weg. Das Wasser war bitterkalt. Er stieß sich mit den Armen vorwärts und geriet dann in eine Position, daß er aufstehen konnte. Das Brennen in seinen Lungen war noch schlimmer. Er drängte nach vorn in der Hoffnung, daß die Richtung stimmte. Sein Stiefel glitt aus, aber er spreizte die Arme gegen den

Strom und blieb aufrecht. Noch drei Schritte – und sein Kopf stieß durchs Wasser. Er kämpfte sich die Böschung empor und fiel auf Kies hin.

Er setzte sich auf, ließ die Nässe verrinnen und betrachtete die in der Nähe aufragende Gischtwoge. Glasig glattes Wasser schoß in den freien Raum. Bäume und Büsche tauchten aus der blanken, braunen Fläche kurz auf und entschwanden dann endgültig.

Er ging durch das Getöse und beobachtete fasziniert, wie die große weiße Säule herunterstürzte. Das Wasser verhielt sich geradezu wie Don Quijote. Binnen eines Herzschlages verwandelte es sich aus einem friedlichen, schlammigen Strom zu jähem, schönem Schaum. Er fragte sich, ob es irgendwie wirklich lebendig wäre, in gleichem Maße zu Herrschaft befugt, wie sie allem Leben zu Gebote stand, wie die Pflanzen und kleinen Kreaturen und die Menschheit.

Dann stach etwas in sein schwaches, zusammengebrochenes Sensorium. Er fuhr hoch in der plötzlichen Befürchtung, daß die Cyber ihn schon erwischt hätten.

Aber nein. Es war eine schwache Stimme. Ein Ruf zum Sammeln auf der Bishop-Verbindung.

Es verstummte, aber er hatte eine Richtung bestimmt. Dieser folgte er eine Weile auf eine Reihe verfallener Hügel zu. Die ausgezackten Steine zertrümmerter Schichten schienen seine Stiefel festzuhalten. Er taumelte und fiel beinahe hin.

– Hierher! – sendete Shibo.

Er konnte sein Such-Sensorium nicht benutzen aus Furcht, daß Cyber ihn entdecken würden, falls das nicht schon geschehen war.

– Papa! – Tobys schneller Funkstrahl genügte, ihm eine neue Richtung anzuzeigen.

Er lief einen rauhen Hang hinunter in den mutmaßlichen Schutz eines dichten Waldes. Die bekannten Regenschirmbäume standen feierlich und klar in der schwachen Andeutung der Dämmerung da. Unter ihnen fühlte er sich sicherer, gehüllt in die Überreste von Leben in diesem heimgesuchten Ort.

Seine Kraftreserven ebbten ab. Er kippte gegen einen Baum. Der Wald war schweigend und brütete vor sich hin. Dann ging plötzlich Shibo ruhig auf ihn zu. Die Last der Nacht war jäh entflohen und gegenstandslos geworden.

»Du ... du ...« Er konnte keine Worte finden, um auszudrücken, was er empfand. Dann war Toby da, und es war wie seine Rückkehr ins Lager zuvor. Die Sippe umschloß ihn in unausgesprochener Umarmung.

Er ließ sich einfach zu Boden sinken. Zeit hatte keine Bedeutung. Die Welt war unmittelbar da, ohne Vergangenheit oder Zukunft. Jeder Baum und jeder Busch gewann eine scharfe, deutliche Klarheit. Gesichter ragten auf, in denen mächtiges Lachen aufblitzte. Grelles Licht durchdrang sie alle und erhellte alles mit gleichmäßigem ewigem Glanz. Ein Mundvoll Wasser tränkte seine Kehle in lauterer Kühle. Das Abbeißen und Kauen von Rationen barst in seinem Munde wie Explosionen ungeheurer Wonne. Seine Muskeln sangen vor Entspannung. Das Streicheln von Shibos Hand, Tobys Arm um seinen Hals – das rahmte jeden Augenblick ein und verlieh ihm einen Strahlenglanz leuchtender Unmittelbarkeit.

Er hatte keine Ahnung, wie lange er so zubrachte, aber es kam der Augenblick, da die gewöhnliche Welt wieder kräftig zuschnappte.

»Steht auf!« rief Jocelyn. Sie stand inmitten des zerstreuten Haufens von Bishops. Sie sah müde aus, hatte aber eine fest entschlossene Miene. »Ich habe Seine Hoheit geortet. Sie sind auf dem Weg nach unten und folgen der Bruchlinie da oben.«

»Was ist mit Cybern?« fragte Toby.

»Mit denen werden wir besser zurechtkommen, wenn wir den Stamm mit uns haben«, sagte Jocelyn.

»Besen kann nicht mehr lange durchhalten«, versetzte Toby hartnäckig.

Besen lehnte an einem Baum. Ihre Augen waren eingesunken, das Gesicht war verzerrt.

Jocelyn nickte. »Wir werden uns abwechselnd um die Verwundeten kümmern.«

»Nicht gut für sie«, sagte Toby. »Sie werden schlappmachen.«

»Wir haben keine Wahl.«

»Warum sollen wir uns wieder mit diesen Mistkerlen zusammentun?« fragte Toby.

»Deshalb, weil ich Hilfe brauche, wenn die Cyber uns überrennen.«

»Hilfe?« fragte Toby bitter.

Killeen war stolz darauf, wie Toby sich für Besen eingesetzt hatte. Aber er wußte, daß Jocelyn sie in Bewegung halten mußte.

Niemand sagte etwas, als sie aufstanden und sich erschöpft für den Marsch vorbereiteten. Die Sippe hatte keine Zeit, sich zu sammeln und die Gefallenen zu zählen oder zu betrauern. Verzweiflung hing in dem nüchternen Schweigen.

Killeen merkte, daß seine Füße wund waren. Seine Stiefel waren wasserdicht geblieben, aber seine Beinlinge waren durchnäßt. Es war eine einfache Tatsache des Lebens im Felde, daß eine solche Entdeckung alle Freude und allen Schmerz vertreibt, die der Vortag gebracht haben könnte. Jeder neue Schmerz will gehört werden. Jedes Gelenk protestierte. Als er aufstand, war Killeen überzeugt, daß er hören konnte, wie alles an ihm krachte.

Er half Toby, den Verband an seiner Hand zu erneuern. Sie redeten nicht viel. Toby kümmerte sich alle seine Zeit um Besen, die benommen und schlapp war. Der Junge wirkte viel energischer und konzentrierter, als er früher gewesen war.

Killeen schritt die Front ab und redete einigen Bishops gut zu, die einfach ins Gelände starrten. Es gab immer Leute, die die Verluste einer Schlacht nicht verwinden konnten und sie in die nächste mitschleppten. Jahre der Flucht hatten Killeen gelehrt, daß emotionaler Druck verschwindet, wenn es erst einmal zur Aktion kommt. Ihre Spannkraft war überraschend und sogar edel. Aber wenn sie Zeit haben würden zum Grübeln, oder wenn jemand ihnen deswegen zusetzte, konnten sie völlig zusammenbrechen. Er verwarnte einige Leute, bis sie aufstanden und sich in Bewegung setzten. Das half ihm, viele Gesichter zu vergessen, die er in der Marschkolonne nicht sah und nie wieder sehen würde.

Jetzt waren alle mit ihren Kräften fast am Ende. Einige, die etwas mehr hatten, marschierten flott los, machten lange Schritte und kamen nach vorn an die Front. Killeen lächelte darüber. Es war töricht, die Reserven zu verschwenden, solange man noch frisch war. Jocelyn brüllte diese Vorhut an und ließ sie Flanken- und Spitzenstellungen einnehmen.

Der Sonnenaufgang schnitt mit gelben Streifen durch die höheren Wolkenschichten. Killeen dachte an all die Aktivität oberhalb der Dunstschicht – die riesigen Nestbauten, den Kosmischen Ring, der auf Umlaufbahn seinen nächsten Einsatz erwartete, den Himmelsbesäer, der weiter dahinquirlte und seine Keime ausstreute. Wozu? Alle diese ungeheuren Gebilde schienen ohne menschlichen Einfluß zu sein, ebenso naturgegeben und unausweichlich wie das Wetter – und gleichermaßen auch jenseits menschlichen Hoffens auf Veränderung.

Die Kampflinie der Sippe mühte sich über die Hänge aufwärts. Cermo hatte einen Techno-Treffer in Brusthöhe bekommen. Es war keine körperliche Verwundung, und er konnte noch gehen. Dann schritt er die Linie auf und ab. Er machte Späße, strahlte Sympathie aus und riß Sippenangehörige hoch, die besonders mutlos zu sein schienen. Jocelyn tat dasselbe in der vordersten Reihe.

Killeen sah all diesem beifällig zu und war merkwürdig ruhig. Oben voraus befanden sich der Stamm und der Nachschubzug. Hinter ihnen kamen die Cyber. Wenn sie diesen Tag überleben wollte, müßte die Sippe schnell sein und Glück haben.

Nachdem er die Lage einige Zeit überdacht hatte, schob er dies beiseite. Es gab nichts weiter zu tun, als sich über das zu freuen, was wahrscheinlich sein letzter Anblick eines Morgens sein würde. Er ging mit dem Arm um Shibos Schultern und stützte sich auf ihr Exoskelett. Das lud sich aus ihren Sonnenbatterien auf und half ihr, den steilen Hang zu erklimmen. Sein katzenartiges Schnurren schien auf der sich erwärmenden Luft zu schweben. Der leise, lässige Ton strömte ihm durch den Sinn. Es dauerte lange, bis er überhaupt merkte, daß es gar kein Ton war.

Ein trockenes, kühles Gewicht ruhte unmittelbar an seinem Nacken. So hatte es sich angefühlt, als er gerade einen neuen Aspekt aufgenommen hatte – einen plumpen Keil, der hinten an seinem Gehirn zerrte. Aber dies war stärker, als ob die Luft sich verdreht und in einen dunklen klebrigen Sirup verwandelt hätte. Spuren halb wahrgenommener Ideen flackerten durch die Kugel stickiger Luft. Killeen quälte sich die Schotterhänge hinauf, hielt mit den anderen Schritt und sagte nichts. Seine Aufmerksamkeit wurde von der Präsenz angezogen, die wie breiige Hitze zu brüten schien. Es kam ihm vor, als ob sich seine Arme und Beine wie in dickflüssigem Öl bewegten. In seinen Lungen war eine ruhige, gurgelnde Flüssigkeit. Die Luft schmeckte wie metallisches Blut.

»Hier ist es«, flüsterte er.

Shibo sah ihn unsicher fragend an. Er stolperte, hielt sich aber auf den Beinen.

Die massiven, absichtlichen Bewegungen waren unverkennbar. Es handelte sich um den Cyber, der ihn gefangen hatte. Und der befand sich hinter ihm.

Kein Wunder, daß die Cyber ihnen so auf den Fersen geblieben waren. Sie hatten ihm sicher irgendeine Bake eingepflanzt. Nichts Kompliziertes, nur einen Transponder, der ein verschlüsseltes Signal zurückstrahlen konnte. Der würde nicht dicker als ein Daumennagel sein.

Bei der nächsten Rast untersuchte Killeen seine Ausrüstung. Das Ding müßte irgendwo angebracht sein, wo er es wahrscheinlich nicht sehen würde ...

Schon nach wenigen Augenblicken fand er die kleine Scheibe, die links in seinen oberen Beinschienen steckte. Aber die war zerbrochen, wahrscheinlich infolge der Stürze, die er erlitten hatte. Als er einige Prüfsignale aussandte, reagierte sie nicht.

Er stieß sie fort und starrte in die zerklüfteten Hügel. Morgennebel stieg aus den großen Beständen von Bäumen mit tonnenförmigen Stämmen auf. Ihre obersten Zweige breiteten sich gleichförmig zu der charakteristischen Regenschirmformation aus. Vögel kreisten und stießen herab in die blassen smaragdenen Zwischenräume. Und die schneckenhafte Präsenz saß ihm immer noch im Genick.

Der runde Transponder war wahrscheinlich schon vor einiger Zeit ausgefallen. Jetzt folgte ihm der Cyber durch Erschnüfflung seines Sensoriums.

Dieser Gedanke ließ ihn vor Schreck erschauern. Aber da zupfte noch eine andere Erinnerung an ihm. Bei dem gestrigen Gefecht hatte er auch so eine Art leichten Gewichts gespürt. Und dies hatte den Fall so geklärt, daß er Cyber außer Gefecht setzen und ihnen entgehen konnte.

Die plumpe Präsenz schien nicht feindselig zu sein. Killeen empfand sie aber doch unbequemer, als er spürte, wie der gewichtige Keil lauerte. Bilder gingen ihm durch den Kopf wie Fresken der realen Welt, aber filigranartig zart. Sie erinnerten ihn undeutlich an seine früheren Reisen im Intellekt der Mantis. Dort hatte es riesige Höhlen getrennter Erfahrung gegeben – Volumina, die Killeen zum Zwerg machten.

Jetzt fühlte er sich am Rande eines anderen tiefen grauen Abgrunds. Dieses Gefühl ließ sein Herz rasen. Aber allmählich verließ ihn die Furcht. Er stand müde auf, lehnte sich an Shibo und ging zur nächsten Baumgruppe.

Einige Sippenangehörige suchten nach Eßbarem. Kleine Sprossen der Büsche waren genießbar, wie ihm sein Ann-Aspekt sagte. Die großen Bäume hatten rings um die Unterteile ihrer Stämme tief türkisfarbene Pilze. Eine Bishop-Frau kratzte sie mit einem Lasermesser in der einen Hand ab und verzehrte sie mit der anderen. Als sie vorbeikamen, gab sie ihnen etwas ab. Es war scharf, aber gehaltvoll.

Toby und Besen waren zu weit zurück. Besen konnte jetzt gleichmäßig gehen; sie hatte aber dunkle Ringe unter den Augen und bewegte sich unsicher.

Sie hatten gerade ein paar Schritte getan, als die Frau hinter ihnen laut schrie. Der Baum rauchte. Sie trat zurück und schaltete den Laser aus. Der Baum stieß eine dünne, weißglühende Flamme aus. Hitze wie von einer Lötlampe verströmte willkommene Wärme. Das rauchlose Feuer breitete sich rasch aus.

Die Frau starrte verdutzt auf die glühende Lanze. Toby zog sie fort und brüllte: »Lauf weg!«

Killeen zog Besen bergauf. Die Bishops brauchten einen Augenblick, um die Gefahr zur Kenntnis zu nehmen. Dann trotteten sie entschlossen los und bewegten sich mühsam bergauf, während die Flamme hinter ihnen anwuchs. Cermo brüllte Befehle.

»Was … was meinst du … was das war?« fragte

Shibo. Das Beste, was sie zustandebrachten, war ein ungleichmäßiger Trab.

»Irgendeine Art Energiequelle«, antwortete Killeen. »Mechanos müssen sie gezüchtet haben.«

»Benutzen die Mechanos Biotechnik?«

»Auf Snowglade haben das einige getan.«

»Nur Fabrikzeug. Ersatzteile für ihre Innereien.«

»Soweit wir wissen, schon. Hier haben sie es besser geschafft.«

Sie machten an der ersten Bergschulter vor dem breiten Wald Halt. Toby und Besen mühten sich den Hang hinauf. Eine Mauer aus Rauchwolken wälzte sich hinter ihnen her. Die Frau hatte einen Waldbrand ausgelöst.

Mindestens könnte der die Cyber hemmen, dachte Killeen. Er suchte nach einer Möglichkeit, die Flammenbäume gegen sie einzusetzen, während sie durch den Wald marschierten. Dieser Gedanke gab ihm einen Energieimpuls, und er überholte den von Cermo angeführt Stoßtrupp. Er grübelte noch über die Möglichkeiten, als sie auf der fernen Kammlinie eine Menschenschar erblickten.

»Hallo, Stamm!« rief Cermo voraus. »Die Bishops kommen.«

– Der Brand wird uns deutlich erkennbar machen –, antwortete ironisch eine Stimme von weitem.

»Ihr Schufte habt uns im Stich gelassen«, rief Cermo.

– Auf Befehl. Seine Hoheit sagte, es sei die einzige Möglichkeit … –

»Die einzige Möglichkeit, eure feigen Ärsche zu retten, wolltest du wohl sagen«, schrie Cermo.

– Halt's Maul! Seine Hoheit befiehlt, und du gehorchst. Sei froh, wenn du herauskommst! –

Für Killeen war das Verhalten des Stammes bizarr. Als die Bishops auf der kahlen Kammlinie angekommen waren, fanden sie geordnete Formationen im hinhaltenden Rückzug begriffen. Der Stamm kam in Richtung auf eine hohe bewaldete Bergkuppe gut voran. Obwohl man die Bishops mit einiger Herzlichkeit begrüßte, ließen doch viele kein Schuldgefühl darüber erkennen, daß sie ihre Kameraden auf dem Schlachtfeld im Stich gelassen hatten. Bishops murrten ärgerlich, und einige Stammesleute machten sich schweigend fort. Aber die große Masse betrachtete die sich voranarbeitenden Reste der Bishops mit Interesse, aber offenbar ohne sich darüber Gedanken zu machen, daß eine grobe Verletzung gewöhnlicher menschlicher Moral stattgefunden hatte.

»Die scheren sich doch einen Teufel um uns, oder?« sagte Toby hitzig.

»Das ist ihr Glaube«, meinte Besen. »Seine Hoheit hat gesagt, daß wir entbehrlich wären; also sind wir es.«

»Niemand ist so blind wie die, welche nicht sehen wollen«, sagte Shibo. Ihre Stimme war durch Erschöpfung matt. Sie hatte Besen die letzte Steigung hinaufgeholfen, und ihre Kraftreserven waren erschöpft.

Killeen sah sie forschend an, und sie sagte: »Das hat mir einer meiner Aspekte eingegeben. Ein alter Spruch vom Captain Jesus. Ich meine, wir sollten uns um alle Weisheit bemühen, die wir kriegen können.«

Die Lage hätte noch viel kritischer sein können, wenn die Bishops nicht so müde gewesen wären. Sie rasteten längs der Kammlinie, während weitere Familien in einer Keilformation vorbeimarschierten, die so weit geöffnet war, daß die Flanken gegen Cyber Schutz boten.

Öliger Rauch wälzte sich von dem Feuer, das sich unten ausbreitete, empor. Killeen beobachtete, wie die Bäume sich entzündeten und ihre Flammen hochschossen. Eigenartigerweise brannten die Bäume an Stellen des Stammes, die sich in regelmäßigen Abständen voneinander befanden. Er sah, wie ein großer Baum Feuer fing. Die erste Flamme schoß nahe dem Fuß heraus.

Dann kam eine nächste weiter oben am Stamm und direkt oberhalb der ersten. Bald waren sieben heiße Flammen gleichmäßig längs des Stamms verteilt. Der Wipfel des Baumes begann zu schwanken und kippte dann um, angestoßen durch den Schub des glühenden entweichenden Gases. Bei all seiner Erschöpfung staunte Killeen darüber.

Der Waldbrand verglomm zu Rauch, als der Baumbestand verzehrt war. Killeen empfand in seinem Geist das ständige Gewicht dessen, was er jetzt für seinen Cyber hielt. Aber er konnte nicht sagen, ob der näher kam. Rauch bedeckte das Tal wie trübes Glas und machte es unmöglich, herankommende Cyber zu sehen. Aber er roch ihre vernebelten Fußballen an der Grenze seines Sensoriums.

Die Bishops lagen nun in der stärker werdenden Morgensonne und ließen einiges von ihren Schmerzen abklingen. Besen schüttelte allmählich ihre Benommenheit ab und machte sogar einen Witz. Es war so, als ob sie sich alle darin einig wären, den Druck der Welt beiseite zu schieben und eine Spur vergangener Zeiten der Sippe wiederaufleben zu lassen.

Eine Ruhepause kann einem ziemlich lang vorkommen, wenn man sie braucht. Daher war Killeen weit weg, als in der Nähe eine laute Stimme sagte: »Also habt ihr wieder zu uns gefunden?«

Seine Hoheit stand da mit seiner Eskorte und sprach zu Jocelyn. Killeen hatte von der Unterhaltung bis dahin nichts mitbekommen; aber jetzt wurde er sofort wütend.

»Ihr habt uns im Stich gelassen«, sagte Jocelyn ruhig.

Als Killeen aufstand, sagte Seine Hoheit pompös: »Ich habe festgestellt, daß eure Abwehr mangelhaft war.«

»Wir haben viele Leute verloren.«

Seine Hoheit hustete leicht, als ein Schwall fettigen

Rauchs aus dem Tal herauftrieb. »Natürlich gibt es bei unserem heldenhaften Kampf auch Märtyrer.«

»Ihr seid davongelaufen!« Jocelyn ballte die Fäuste.

»Ich habe euer Ablenkungsmanöver benutzt, um einen Rückzug zu bewerkstelligen …«

»Ihr habt Fersengeld gegeben!«

»… aus unserer unhaltbaren Situation. Und ich erwarte, daß du dich eines respektvollen Tones bedienst, wenn du mit mir sprichst!«

»Wir hätten uns zurückziehen können, wenn ihr uns das gesagt hättet. Ehe wir den Talboden erreicht hatten.«

»Wie ich schon sagte …«

»Ich konnte euch nicht einmal mit Funkfernverbindung erreichen. Ihr wolltet nicht …«

»Jetzt reicht's!« Die Augen Seiner Hoheit flackerten unheimlich fahl.

»Ich verlange, daß …«

»Niemand verlangt etwas von *Gott*. Du wirst sofort …«

»Was heißt hier Gott? Du bist bloß ein …«

Seine Hoheit machte eine kleine Handbewegung. Einer seiner Bewacher trat schneidig vor und schlug Jocelyn gekonnt eine Pistole an die Schläfe, als ob er so etwas schon oft gemacht hätte. Sie fiel schwer zu Boden und blieb still liegen.

»Pfählt sie!« befahl Seine Hoheit. »Sie ist offenbar von den Dämonen besessen, gegen die sie gekämpft hat.«

Er schaute über die Kammlinie, wo sich Bishops versammelten. Hinter Killeen, der vollkommen still stand, hatte sich eine Menschenmenge gebildet.

»Und ich sehe auch andere unter den Bishops, die den heiligen Charakter meines Amts zu mißachten scheinen.« Dies war deutlich an die Adresse der Bishops gerichtet, um ihnen Furcht einzujagen.

Ein Bishop-Mann brüllte: »Ihr seid ein Pack von Feiglingen!«

»Für einen Gott macht ihr hübsch rasch kehrt und rennt davon«, rief eine Frau bissig.

Einige Bishops tasteten nach ihren Waffen; aber die Wachen Seiner Hoheit richteten sofort in einem Überraschungsschlag die ihrigen gegen sie. Seine Hoheit sagte wütend: »Ich glaube, ich sehe in den Augen vieler Leute hier Dämonen tanzen. Nehmt euch mit eurem wilden Gerede in acht!«

»Laß deine verdammten Hände von Jocelyn!« kreischte eine Stimme aus dem Haufen hinter Killeen.

»Na und ob!«

»Blöder Quatscher!«

»Feiger Bastard!«

»Seniler Schwachkopf!«

»Ausgefurztes Arschloch!«

Seine Hoheit machte eine leichte Geste, und zwei Leute seiner Eskorte setzten sich in Richtung auf den Haufen in Bewegung. Sie trotteten vorwärts, um zu sehen, wer da gebrüllt hatte.

Killeen sagte: »Halt sie an, oder es gibt einen Kampf!«

Seine Hoheit blickte ihn an, als ob er ein Insekt vor sich hätte. »Wolltest du den Stellvertreter Aller Lebenden Heiligkeit bedrohen?«

»Ich habe es nur angekündigt«, sagte Killeen ganz ruhig.

... und als er ausgeredet hatte, biß er fest die Zähne zusammen gegen einen in seinem Innern aufkommenden Tumult. Der Keil in seinem Hinterkopf war eine anschwellende Wunde, die zunehmenden Druck ausübte. Sein Gesichtsfeld verengte sich zu einem kleinen blauen Kegel, der auf das Gesicht des prahlerischen kleinen Mannes gerichtet war.

Seine Hoheit hob eine Hand, und die Wache blieb stehen. Er leckte sich die Lippen und schätzte die zunehmende Menge der Bishops ab. Killeen fragte sich, ob der Mann eine Schießerei auf kurze Distanz riskieren würde. Falls ja, würden sehr schnell viele Menschen sterben.

Aber dann kam wieder der seltsame leere Blick in die Augen Seiner Hoheit; und Killeen sah, daß der Mann sich hier herausreden wollte.

Reden! Endloses leeres Geschwätz! Alles, was Killeen an Wut und Kummer unterdrückt hatte, stieg ihm in die Kehle. Galle verschloß ihm den Mund. Ein Sturm brach aus der gallertartigen Präsenz im Hintergrund seines Geistes hervor und durchtobte ihn.

Seine Hoheit fuhr fort: »Wir marschieren, um wieder der Fülle göttlicher Gnade teilhaftig zu werden, wenn sie sich vom Himmel herabsenkt. Ich sage allen euch Brüdern, wendet euch ab von diesen Lästerern des unbefleckten Pfades! Eure Kapitänin Jocelyn hat schwer gefehlt. Sie hat euch viele, viele tragische Verluste auf dem erhabenen Schlachtfeld eingebracht. Macht euch von ihr frei! Laßt ...«

... und zusammengepreßte Wut durchschnitt die Luft wie sengende, jäh entfachte Glut. Killeen fühlte, wie ein drängender Impuls elektromagnetischer Energie über seine Schulter summte. Er brach hinter sich die Luft und traf Seine Hoheit mit voller Wucht in den Kopf.

Killeen duckte sich zur Seite und schlug auf den Boden. Der Cyber-Puls war von oben gekommen; und sein erster Gedanke war, dessen Herkunft herauszufinden. Aber als er nach links rollte, hatte er plötzlich das angenehme Gefühl, daß der schwere Keil hinter seinem Kopf dahinschwand. Ihm war sofort klar, daß es sein Cyber gewesen war, der den Schuß abgegeben hatte. Zwischen Geschrei und Gebrüll richtete er sich auf.

Der kleine Mann, der sich als Seine Hoheit bezeichnete, lag am Boden. Killeen war irgendwie klar, daß keine Gefahr mehr bestand. Er stand auf und trat an die zusammengebrochene Gestalt heran.

Angehörige des Stammes starrten auf ihren gefallenen Führer. Überrascht und verwirrt hielten sie Ausschau nach der Quelle dieses Mordes, sahen aber nichts.

Der Wahnsinnige wirkte im Tod noch kleiner. Wie er so still dalag, konnte Killeen sehen, daß das Gesicht seinen Ausdruck von Würde und Macht durch reine Willensanstrengung aufrecht erhalten hatte. Entspannt war es ein ganz gewöhnliches sanftes Gesicht. Aber das fiel ihm nicht so sehr ins Auge. Der Schuß hatte einen großen Teil der Schläfen Seiner Hoheit weggerissen, wo sich die Kommunikationsorgane und das Sensorium befanden. Die mächtige Erhitzung hatte das ganze schmelzbare Material aus dem Kopf herausgesprengt und etwas freigelegt, das sich darunter befand.

Über die ganze Verkleidung des Kopfes erstreckte sich eine komplizierte netzartige Einlage. Das starke Geflecht war unter der normalen Gerätschaft eingebettet.

Killeen kniete sich hin und zog daran. Er fühlte mit seinen verstärkten Nerven eine abstoßende summende Erregung. Der Dunst weckte seine Erinnerungen.

»Mechano-Technik«, sagte er. Er schälte noch mehr von der verschmorten Haut ab. Shibo hockte neben ihm. Ihre Augen weiteten sich, als sie all das sah, was den Oberteil des rauchenden Schädels umgab. Dies war mit unzähligen Verbindungen direkt in das Gehirn eingestöpselt. »Mikrotronik.«

»Keine Narben an der Kopfhaut. Schon lange drin gewesen, nehme ich an«, sagte Killeen gepreßt.

»Was … was konnte es …?«, sagte Shibo.

»Die müssen ihn erwischt haben, noch ehe die Cyber hierher gekommen sind. Von da an führte er den Stamm an, und auf diese Weise muß er es so weit gebracht haben.«

»Sie konnten auf diese Weise direkte Befehle erteilen.«

»Allerdings. Und die wurden sicher befolgt.« Killeen

blickte vorsichtig auf die Stammesangehörigen in der Nähe, aber die schienen sich alle im Schockzustand zu befinden. Sie starrten verwirrt auf den zertrümmerten Schädel. Er fragte sich, wie sich das auf ihren kostbaren Glauben auswirken würde.

»Ich nehme an, als die Cyber kamen, haben die Mechanos ihn gegen sie eingesetzt«, sagte Shibo.

»Allerdings. Darum wollte er nichts als Angriff zulassen, ohne Rücksicht auf Kosten.«

»Die sind also ...« – sie schien unfähig zu sein, es auszusprechen – »Menschen, die von Mechanos betrieben werden ...«

»Wir sind hier bloß Bauern im Schach.«

»Es muß schrecklich gewesen sein. Er war darin gefangen.«

»Armer Schelm! Schließlich war er doch nicht bloß verrückt.«

18. KAPITEL

Quath hatte ihren Schuß genau zwischen den Nichtsern hindurch gezielt. Der enge Strahl traf sauber auf den merkwürdigen, von Mechanos beherrschten Nichtser. Sie fühlte, wie die innere Mechano-Präsenz zerfiel und Trümmer davon in die Leere davonschwirrten. Gut!

Ihr Plan, den sie während der ganzen schwelenden Nacht gehegt hatte, war nur noch Augenblicke vor seiner Ausführung. Bis vor wenigen Minuten waren die Nichtser bestens in Ordnung gewesen. Sie brauchte nur zu handeln.

Aber dann war dieser Streit zwischen den Nichtsern ausgebrochen. Und noch schlimmer – das Eintreffen von Beq'qdahl in der Nähe. Quath merkte, wie ihr eleganter Plan versagte.

Die Zeit verlangsamte sich für sie. Ihre Subintellekte ordneten die Fülle möglicher Konsequenzen.

Der Mechano-Parasit war geschickt getarnt gewesen. Quath hatte ihn zuvor flüchtig gespürt, damals auf dem Berggipfel. Aber die muffigen Geister der Nichtser in seiner unmittelbaren Umgebung hatten die stahlscharfe Intelligenz verdunkelt, die schattenhaft jedesmal entschwand, wenn Quath sondierte.

In dem Augenblick der Tötung war der lauernde Mechano aufgebrochen. Quath nahm seine madenhafte Existenz wahr, die zarte, mosaikähnliche Macht, die geschickt an der Schwäche eines Nichtsers angesiedelt war. Quath reckte sich und fing den Geruch der brüchigen Stelle dieses Nichtsers ein, ein finsteres, nagendes Verlangen, schwer und mit der Pein verkrusteten Blutes.

Ja! In bitterer Ironie war dieser schwache Punkt mit der großen Kraft der Nichtser verknüpft. Wie sie wußte, entsprang ihre Weisheit einem starken Bewußtsein von Sterblichkeit. Das ließ sie jeden Augenblick als einzigartig erfassen und sogar strahlend, wenn jemand rücksichtslos hineinschaute.

Aber vor dieser unerschütterlichen Stärke flohen viele Nichtser. Ihr dumpfes Fieber trieb sie zu in phantastische Vorstellungen, als ob sie überhaupt keine Nichtser wären, sondern statt dessen die stärkste wirkende Instanz, die irgendwie mit der Verkörperung der gesamten Natur verbunden wäre. Wahnsinn! Gewiß bedeutete Weisheit, daß man seine Position in einer Hierarchie des Lebens und der Intelligenz akzeptierte. Grotesk hohe Gewalt zu beanspruchen stand allem entgegen, was das Leben lehrte.

Aber bei der Erkenntnis dieser Eigentümlichkeit bei Nichtsern wurde Quath klar, daß ihre eigenen Füßler ebenso töricht waren. Die *Wahrheiten*, die *Synthese* – waren die etwa anders? Einen Zusammenhang zwischen dem Selbst und träger Materie zu behaupten. Glauben an unsichtbare Mächte zu beanspruchen.

Die Mechanos waren so raffiniert gewesen, diese Schwäche der Nichtser zu erkennen. Mit kaltem Schauder wurde Quath klar, daß die Mechanos dann ebenso gut die tiefsten Motivierungen der Füßler ergründen müßten.

Bei solchem Wissensstand mußten die Mechanos gegenüber den Füßlern sehr im Vorteil sein. Warum hatten sie dann aber zugelassen, daß die Füßler diesen Planeten so leicht in ihre Gewalt brachten?

Quath fühlte, wie unter ihr der Boden wegrutschte in dem Sekundenbruchteil, da ihre Intellekte feine Verdachtsfäden miteinander verknüpften, die so lange gewartet hatten.

Jawohl! An den Mechanos war mehr dran, als die Füßler jemals geahnt hatten. Quaths Subintellekte spulten Rätsel ab, die sie schon lange gequält hatten:

- Ihr Hereinlassen dieser Nichtser und des alten Schiffs in den Kampf mit den Füßlern.
- Die eigenartigen Experimente der Mechanos in Nähe von Pulsaren, die nie geklärt wurden.
- Ihre Verteidigungen des Galaktischen Zentrums gegen alle Lebensformen aus unbekanntem Grund.

Natürlich, so argumentierte eine von Quaths Subintelligenzen, war hier die Energiedichte groß. Mechanos verstanden sich meisterhaft darauf, den rohen Fluß von Strömen und Photonen zu zähmen. Leben war durch so harte Energieformen leichter verwundbar. In der natürlichen Ordnung der Dinge würde organisches Leben nicht von selbst durch den alles verschlingenden Appetit des Schwarzen Lochs angelockt werden. Selbst die Füßler, die mit Keramik und widerstandsfähigen Legierungen beschichtet waren, litten unter dem beißenden Photonenhagel im freien Weltraum. Nichtser wurden durch die unablässigen Emissionen des Lochs noch weit mehr bedroht.

Aber sie kamen doch. Warum? Quath hatte dieses Geheimnis nie in seiner Tiefe erwogen. Tatsächlich hatte sie es bis jetzt nicht einmal als großes Rätsel empfunden.

Alles Leben, ob in Knochen oder Außenskelett oder weichem Fleisch angesiedelt, schien zu fühlen, daß das Galaktische Zentrum ein Ziel und ein Geheimnis barg. Vielleicht lag darin ein Hinweis auf den Sinn ihrer kurzen Passage.

Aber was suchten sie denn? Und warum?

Wußten es die Illuminaten? Die einfache Tatsache, daß diese Herrscherwesen sich über Schicksal und Nutzen eines gewöhnlichen Nichtsers entzweit hatten, sprach dagegen.

Konnten die Nichtser ein entscheidendes Stück vom Rätsel besitzen? Mit einem Mal erschien dieser Gedanke nicht völlig unsinnig.

Quath grübelte ganz kurz nach. Dann bewahrheiteten sich die uralten Lektionen. Sie richtete ihr Augenmerk nach draußen, über das rauhe Gebrüll ihrer Subintellekte hinaus.

Denn das Schlimmste war jetzt eingetreten. Beq'qdahls Bande rückte jetzt zum Angriff vor.

Quath hatte hinter den Gesteinstrümmern versteckt gelegen, oberhalb deren sich die Nichtser zusammendrängten. Deren Nachhut war schon vorbeigezogen, und ihr Ziel war nicht mehr fern.

Hier ragten die Bruchschollen wie geborstene Platten in die Luft auf. Steinplatten waren gegen einen Himmel aus Platin gerichtet. Beq'qdahl und ihre Füßler waren dazwischen durchgekrochen, bis sie nahe an die Nichtser herangekommen waren, die verwirrt herumrannten.

Quath empfing das Bereitschaftssignal von Beq'qdahl. Sie würden wüst toben. Darum mußte sie die Nichtser warnen und ihnen Zeit verschaffen.

#Halt!# rief Quath. Sie ließ das Signal durch das ganze Spektrum laufen. Ihr Nichtser würde es bestimmt wahrnehmen. Beq'qdahl sprang überrascht hoch. #Quath!#

#Allerdings, du Verräterin.#

#Du hast uns nachgestellt und Schaden zugefügt.#

#Du bist ungehorsam gegenüber der Tukar'ramin. Es gab eine Zeit, wo du lieber die Hälfte deiner Beine abgebissen hättest.#

#Es gab eine Zeit, wo du nicht närrisch warst.#

#Ach, wirklich? Vielleicht damals, als ich deiner Eitelkeit geholfen habe.#

Beq'qdahl war vorsichtig und suchte, ihren Ärger zu verbergen. #Ehrgeiz ist keine Sünde.#

#Loyalität auch nicht.#

#Ich folge den Illuminaten!#

#Einigen Illuminaten.#

#Halte dich von diesen Tieren fern, während wir unsere Arbeit tun! Dann werden wir uns mit dir beschäftigen.#

#Nein, das wirst du *sofort* tun!#

Quath schickte einen harten Strahl gegen Beq'qdahls Stimme aus. Der zersprühte zwischen den Felswänden.

Der Kampf begann. Quath lief und sprang. Sie hatte ihre Position gut gewählt. Ihre überlegene Ausrüstung erlaubte ihr, die meisten Schüsse abzufangen. Mit schnellen Impulsstößen setzte sie drei Füßler außer Gefecht. Aber ihre Bewaffnung wurde schwächer.

Beq'qdahl war es, worauf es ankam. Die anderen würden fliehen, wenn ihre Anführerin fiel. Quath holte mit einer kegelförmigen Aura aus und berührte Beq'qdahl.

Jetzt blickte sie in Beq'qdahls wahres Selbst. Ihre Ziele waren einfach. Herumzulümmeln, süßes Gebäck zu mampfen und üble Pläne auszuhecken. Ihre Schuld bestand nur in Unwissenheit und gelegentlichen Bosheiten, ausgepolstert von naivem Geltungsbedürfnis.

Schlimmer als so wäre Beq'qdahl nie gewesen, wenn nicht in der Ferne der Konflikt zwischen den Illuminaten ausgebrochen wäre. Sollte sie wegen eines solch geringfügigen, zufälligen Umstandes sterben?

Quath konnte diese Frage nicht vernünftig entscheiden. Sie wußte, wenn ihre philosophischen Gene sie in Ruhe gelassen hätten, wären solche quälenden Probleme gar nicht aufgetaucht. Sie nahm sich zusammen und eilte vorwärts.

Es kam der Augenblick, wo Beq'qdahl ohne Deckung war – und Quath konnte nicht schießen.

Statt dessen kletterte sie über die letzten hochgekippten Bruchplatten und rannte blindlings in den quirlenden Haufen schießender und fliehender Nichtser.

Geschrei, Gekreisch, Getöse. Das drang wie Mücken auf sie ein. Ihre Schilde waren hoch, und die Schüsse waren nur lästige Stiche.

Ihr Nichtser! Da! Er sandte opaleszierende Wärmewellen aus. Half einem anderen Nichtser auf seine – nein, *ihre* – Füße.

Aber Beq'qdahl hatte jetzt erkannt, wer Quaths Nichtser war. Quath sah, wie Beq'qdahl sorgfältig auf die kleine Gestalt anlegte.

Quath konnte aber immer noch nicht schießen. Das war Beq'qdahl, ihre Stranggefährtin. Beq'qdahl ...

Die siedende Präsenz ihres Nichtsers brach mit der Gewalt eines Platzregens durch Quath. Es – nein, *er* – erfaßte das flüchtige Wesen des Augenblicks. Er wandte sich um und pickte Beq'qdahl aus der zerklüfteten Landschaft heraus.

Zielte. Schoß.

Und Beq'qdahl explodierte. Flammen leckten aus ihrem durchlöcherten Rumpf.

Quath empfand einen jähen, durchdringenden Schmerz. Sie hörte aus Beq'qdahl Verzweiflung und Qual dringen, die durch das ganze Spektrum liefen.

Ihre Freundin und Rivalin starb. Das Projektil des Nichtsers hatte ihr Hauptabteil zerbrochen. In Beq'qdahls Subintellekten steckten noch Fragmente. Wenn Quath nicht eilends alle Bruchstücke rettete, deren sie noch habhaft werden konnte, würde Beq'qdahl dahinschwinden und sterben.

Bleierne Gewissensbisse plagten Quath. Aber sie hielt durch.

Hin zu ihrem Nichtser. Ungeachtet der Stiche und Pfeile der um sie tobenden Menge.

Hin zu der Vereinbarung, die sie mit dem Wirbel und Ring von Schwerkraft und Zeit getroffen hatte.

19. KAPITEL

Shibo fiel vor der ersten Salve. Die Cyber eröffneten das Feuer von der zerklüfteten Kammlinie oben aus. Ihre Zeitplanung war perfekt. Die Eskorte Seiner Hoheit war noch aufgeregt, verwirrt und suchte, in Deckung zu kriechen.

Killeen hatte gerade aufstehen wollen, als er den scharfen Bolzen an seinen Beinen vorbeizischen spürte und sah, wie er Shibo voll traf. Sie fiel von den Knien nach vorn. Kein Schaden war an ihrem Anzug zu erkennen. Also ein technisch lähmender Schuß. Er ergriff ihre Schulter und rollte sie herum.

»Knapp … diesmal«, stöhnte sie.

»Fühlst du deine Beine noch?«

»Ja.«

»Arme?«

»Na ja.«

»Bewege sie!«

Der Stoß hatte den größten Teil ihres Exoskeletts gelähmt. Es bewegte sich und zuckte in einem abebbenden Krampf. Der gerippte Rahmen winselte, summte und fiel aus. Ohne ihn hatte sie weniger Kraft, als selbst die einfachste Verstärkung von Beinlingen und Schienen verliehen. Wenn sie laufen müßte, würde sie es nicht weit bringen.

Und es sah so aus, als ob es dazu kommen würde. Die Cyber schnitten die Leibwache ab.

»Kannst du gehen?« fragte er.

»Weiß nicht. Der Kopf ist etwas wirr. Hier …«

Sie erhob sich auf einen Ellbogen und grunzte bei der

Anstrengung, auf die Knie zu kommen. Ein Schuß sauste mit lautem *Wummm* vorbei.

Killeen wollte ihr noch weiter helfen. Da drang in seinen Geist ein starker, dringender Befehl. Irgend etwas näherte sich seinem Nacken. Er empfand es als einen Kreis komprimierter Wärme. Es scharrte gegen sein Sensorium.

Er drehte sich weg. Ein Bolzen stieß durch die Luft, wo er sich befunden hatte.

Zum ersten Mal in ihrem langen Kampf mit den Cybern war Killeen plötzlich ganz klar, woher das Feuer kam. Sein Sensorium spürte dem Doppler-Effekt auf der Flugbahn des Bolzens nach und fand zwischen den Felsen einen trüben Nebelfleck.

Er erkannte sofort, daß das sein Gegner war. Ohne weiteres empfand er seine schiere Ungeheuerlichkeit. Das war ein Geist, der aus einer Stätte leuchtender Bewegungen kam, aus feuchten dunklen Stellen, aus kahlen und harten Geschwindigkeiten. All diese jähe, scharfe Sicherheit strömte aus dem schweren Keil, der hinten in seinem Geist steckte.

Er rollte sich auf die linke Seite. Der Feind spürte ihn auf durch den sich verdichtenden Dunst elektrischer Störungen, der über dem zerklüfteten Abhang lag. Ein Wirbelsturm flimmernder Bilder huschte vorbei. Er raste durch die wimmelnde Menschenmenge, als sie sich zerstreute.

Killeen tastete nach seiner letzten Projektilwaffe. Ließ sie einrasten, zielte sorgfältig …

… und fühlte, wie ihn ein zerfasertes Band von Leid und Verzagen traf. Nicht von ihm.

Die düsteren Gefühle durchzogen ihn und lähmten seine Hand. Sie ließen nur grundloses Bedauern erkennen.

Killeen holte tief Luft, um sich von der schweren, stickigen Stimmung frei zu machen.

Shibo stöhnte: »Laß mich! Hau ab! Ich werde …«

Er schoß. Der Bolzen traf genau in das Ziel, dessen er sich vorher sicher gewesen war.

Sofort wurde die Luft rein. Das Schneetreiben wirbelnder elektrischer Täuschungen war verschwunden.

Einen gedrängten Augenblick lang traf Killeen wieder eine breite Ausstrahlung der schattenblauen Last hinter seinem Bewußtsein, die ihn mit Kummer und Sehnsucht durchtränkte.

Er sah, daß Besen weiter unten gut geschützt war. Toby …

Sein Sohn feuerte sorgfältig aus einer kleinen Deckung in der Nähe. Killeen rief ihm zu: »Zieh dich zurück!« Toby kam angerannt.

»Los!« grunzte er und zog Shibo auf die Füße. Sie schwankte vor Schwäche.

Strahlbolzen zischten in der Nähe durch die Luft. Infrarotblitze zerhackten die Bilder laufender Gestalten zu Momentaufnahmen der Verzweiflung. Mikrowellen ratterten.

Und da kam etwas anderes aus der Höhe auf sie herab.

Er und Toby brachten Shibo den steilen Hang hinunter. Sie waren unterwegs zur Zuflucht einer trockenen Senke, als Killeen ein hämmerndes, sie verfolgendes Geräusch mehr fühlte als hörte. Ein mächtiges Ding kam über sie. Er hatte kaum Zeit, sich umzudrehen und einen Blick auf die verkrustete warzige Haut zu tun.

Diesmal ragte das Ding noch höher auf. Der tonnenförmige Rumpf hatte einen glasigen keramischen Schimmer. Große Gliedmaßen aus Karbo-Aluminium trugen ihn geräuschvoll vorwärts. Den Kopf konnte er nicht deutlich erkennen. In die Kruste eingelassene Antennen und Projektoren ragten wie blanke Sprosse von Unkraut aus der runzligen Hülle. Eine schimmernde Projektion umgab das Ding. Es rückte vor, um auf sie gerichtete Schüsse abzufangen.

Dann war er auf ihnen.

Ein umwerfender Stoß. Wimmelnde Hast. Vielgliedrige Finger ergriffen sie.

Sie prallten in ein elastisches Gewebe. Rempelnde Schatten hoben sie auf. *O nein!* dachte Killeen. *Noch einmal!*

Sie befanden sich im Innern des Cybers. Ein scharfer Gestank schnitt in seine Nase. Wieder fühlte er, wie sich das moschusfeuchte Gelaß um ihn schloß. Shibos Griff lockerte sich, und sie legte sich in dem schaumartigen Stoff auf den Rücken. Mit sinnverwirrender Beschleunigung wurden sie fortgerissen.

Killeen sah, daß Shibo blutete. Es war also nicht bloß ein Techno-Treffer gewesen. Er verfluchte sich selbst. Ihre Lider flatterten, und die Daten ihrer Systeme rollten sinnlos dahin. Also waren auch ihre Innereien beschädigt. Er ignorierte den stoßenden Gang des Cybers und preßte einen Schnellverband auf ihren Bauch, wo das Blut stark floß.

»Toby! Hast du eine Stimulationsampulle?«

»Nein … nein. Ich …«

»Verdammt!« Er hatte seine letzte für Besen verbraucht.

»Du … bleibst dran. Ich werde …« Er konnte nicht zu Ende sprechen, weil er keine Ahnung hatte, was er tun könnte.

Shibo hörte ihn und drehte sich um. Sie konnte nicht sprechen. Frisches Licht ergoß sich über ihre betäubten Züge.

Killeen stellte fest, daß die Wand des Cyberkörpers durchsichtig geworden war.

Der Cyber stapfte mit schlingernden Schritten vorwärts. Sie waren schon über die wild rasenden Gestalten der Schlacht hinausgekommen. Sie wurden in Sprüngen von der Kammlinie nach unten getragen. Killeen sah, wie Stammesangehörige auf den Cyber schossen, aber ohne Wirkung. Der Cyber erreichte die Baumgrenze und tauchte in den Schutz des Waldes.

Jetzt merkte Killeen, daß die scheinbare Glaswand in Wirklichkeit ein projiziertes Bild war. Er sah den Wald vorbeihuschen. Sein Sensorium funktionierte noch, obwohl es durch wandernde Streifen und Flecken getrübt war. Er griff hin – und fühlte etwas Hohes und Massives.

»Verdammt!« sagte er überrascht.

»Was?« fragte Toby. Er hielt sich an dem feuchten Gewebe fest, das sie umschloß.

»Mechanos?« Toby spreizte sich gegen die schnelle, schaukelnde Gangart fest. Die vielen Beine des Cybers stampften in einer kräftigen, rüttelnden Kadenz auf den Boden.

»Wohl nicht ...« Killeen blieb die Luft weg. Seine Kehle war wie zugeschnürt. Er konnte nicht mehr sprechen. Aufquellende Angst drang durch alle Isolierung zwischen seinem Verstand und dem der anderen.

Der Cyber war erschrocken vor dem, was er als nächstes tun mußte. Aber eine Art von Pflichtgefühl trieb das Ding rasch vorwärts.

Plötzlich kippten sie. Die Wandszene von sausendem Smaragd drehte sich nach oben. Die symmetrisch ausgebreiteten Zweige überkreuzten sich vor dem Blau darüber wie ein Kabelnetz. Und in diesem tiefen Blau wuchs ein dunkler Fleck an.

Der große lange Streifen kam wie ein Senkbolzen herunter. Die schmale Figur schwebte von Westen auf sie zu wie ein riesiger Zeigefinger. Jetzt konnten sie sehen, daß der himmlische Sämann die Farbe alten Holzes hatte. Der Länge nach war das Mahagoni von kohlschwarzen Adern durchzogen. Über die großen ausgestreckten Platten, die wie poliertes Teakholz schimmerten, ringelten sich Reben.

All dies nahm Killeen in einem Augenblick in sich auf, als seine Aspekte losschrien. Grey sagte:

Es bewegt sich ... rund um den Äquator ... und kommt so jedesmal ... zu verschiedenen Zeiten herunter ... und sät ...

Killeen spürte, wie der Cyber sich um sie sammelte. Er hielt Shibo und flüsterte Toby zu: »Hinlegen!« Gleichzeitig warf er sich flach auf das schwammige Kissen.

So groß ... ein Drittel vom Halbmesser des Planeten ... obwohl es sich dreht ... sieht für uns aus ... als ob es gerade herunterfiele ... und fast vertikal ... wieder aufstiege ...

Killeen empfand die bedrückende Angst, die den Cyber durchdrang, sein Bemühen, eine uralte Furcht zu unterdrücken. Der Konflikt wirkte so, als ob verschiedene Stimmen durcheinanderplapperten. Alte Alarme schrillten, und vernünftige Töne mahnten zur Vorsicht, während andere den Cyber unnachsichtig dazu drängten, das zu tun, was er mußte. Eine Kakophonie bedrängte es.

Nein, nicht es, sondern sie. Intuitiv spürte Killeen, daß das Ding weiblich war. Wenn auch in einem seltsam trockenen, mechanischen Sinne.

Er sandte ihr schlichte Ermutigung. Er wußte, daß sie vor einer Herausforderung stand.

Geh! sendete er. *Tu's!*

Und in den schnell schwimmenden Gedanken des weiblichen Cybers fühlte er ihren Sieg über ihre urtümlichen Ängste. Eine einzige klare Stimme erhob sich über das blöde Geschwätz.

Ihr Sieg über sich selbst wurde durch ein kehliges Gebrüll angezeigt, das unter ihrem Gelaß ausbrach. Schub preßte sie tief in die Schaumpolster. Die Cyberfrau flog.

Die Wand zeigte ein flüchtiges Bild von Bäumen, als

die dicken Stämme vorbeirasten. Die Cyberin stieg auf ihren flammenden Düsenstrahlen zwischen ihnen empor. In einem Moment neigten sie sich zur Seite und sausten über eine weite Ebene aus Blättern hin, die das Dach des Waldes bildeten. Killeen schaute auf die riesige Fläche der Welt unten, die narbig, fleckig und zerklüftet war. Die Baumwipfel waren nackt. Ihre dicken Zweige krümmten sich zu dem vertrauten Schirm-Effekt.

Die Sicht kippte wieder. Eine Drehung gab den Blick nach oben frei. Das stumpfe Ende des himmlischen Sämanns raste auf sie zu.

Aber keine Samen sprangen heraus. Statt dessen schlängelten sich lange Ranken nach draußen. Mit verwirrender Geschwindigkeit kamen sie herab.

Killeen sah, wie eine davon an der Cyberin vorbeiglitt. Sie war nahe genug, um kleinere schwarze Fäden erkennen zu lassen, die sich spiralig umeinander schlangen wie die starken Taue, die er in der Zitadelle gekannt hatte.

Dutzende dieser Ranken schossen auf den Wald unten zu und wurden in die Wipfel geschleudert. Einige blieben in den kahlen Zweigen dort hängen. An ihnen lief eine Reflexspannung entlang. Plötzlich wurden sie starr.

Killeen sah, wie von den festsitzenden Reben große Wellenbewegungen ausgingen. Er hielt den Atem an, als er sah, was gleich geschehen würde. Und ehe er wieder Luft holen konnte, war es schon passiert.

Jede dieser Reben hob sich nach oben. Gleichzeitig erreichte neben der Cyberin die Spitze des Säers ihren niedrigsten Punkt. Einige Augenblicke lang hing der große, breite Stumpf in der Luft und trieb ostwärts. Dann begann er zunehmend rascher hochzusteigen.

In diesem Moment peitschte eine Wellenbewegung die ausgestreckten Ranken. Sie rissen die Bäume in die

Höhe. Einige obere Zweige zersplitterten und gaben nach. Aber andere hielten. Mit einem jähen Ruck wurden die Bäume aus dem Boden gerissen.

Sie schossen aus dem Wald hoch und schleppten ihr Wurzelwerk hinterher. Als ob sie sich von dem Planeten freischütteln wollten, peitschten die Bäume gegen ihre Fesseln und streuten Wolken von Erde aus. Reben zogen die Bäume zurück und bildeten daraus ein großes Bündel unter dem stumpfen Ende des Sämanns.

Als dies geschah, empfand Killeen einen kräftigen Schubs. Der Bildschirm in der Wand drehte sich wieder. Sie waren jetzt an der Seite des Säers befestigt. Die Cyberbeine streckten Klauen aus und klammerten sich an seine Oberfläche.

Killeen konnte in der Nähe Büsche und Sträucher erkennen. Die Cyberin erfaßte diese Büschel. Sie bohrte auch rasch tiefe Löcher in die knorrige Fläche.

Ihm wurde sofort klar, warum. Die Luft in ihrem engen Behältnis schien ein eigenes Gewicht zu bekommen und sie herunterzupressen. Sein Arthur-Aspekt sagte:

Du solltest dich auf erhebliche Beschleunigung einstellen. Grey rechnet, daß wir binnen weniger Sekunden mehr als zwei normale Schweren werden ertragen müssen.

Eine riesige Faust quetschte Killeen auf den Boden. Sie packte seinen Brustkasten und wollte ihn nicht atmen lassen. Toby lag bleich und zermürbt auf der anderen Seite des Abteils. »Shibo …«, brachte er heraus, aber nichts mehr. Sie lag still und weiß da.

Die Zeit wurde zu einer schleppenden Folge schmerzhafter Pulsschläge verlangsamt. Killeens Sensorium füllte sich mit feuchtem Sand.

Hohle, langgedehnte Klopf- und Pochtöne hallten durch den Raum. Killeen suchte Shibos Hand zu ergreifen. Aber selbst mit seinem motorisierten rechten Arm konnten seine Finger nicht über die kleine Entfernung zwischen ihnen kriechen.

Diese Beschleunigung ist teilweise gravitativ und teilweise zentrifugal. Während unseres Aufstiegs nimmt der Anteil der Schwerkraft mit dem umgekehrten Quadrat der Entfernung ab. Aber der zentrifugale Zug ist konstant und ...

Killeen bewegte tonlos die Lippen. »Wie ... wie lange ...?«

Ich schätze nach der Beobachtung (nicht, daß Grey dabei irgendwie von Nutzen wäre; sie ist recht lückenhaft in ihren Erinnerungen), daß das Objekt etwa alle zwanzig Minuten in die Atmosphäre eintaucht. Wir sollten für ein Viertel dieser Periode beim Aufstieg weniger als zwei Ge erwarten. Das wird in etwa fünf Minuten geschehen. Indessen haben wir es vorher mit einem schlimmeren Problem zu tun. Die Effekte werden jetzt schon deutlich.

Killeen spürte einen Knall im Trommelfell.

Wir verlassen die Atmosphäre.

Es war hoffnungslos. Seine Arme waren wie Bleiklötze. Er konnte nicht seinen Helm erreichen, um an den Verschluß zu gelangen. Und er wußte auch nicht, ob die rauhe Behandlung in den letzten Tagen die hermetischen Ringe nicht beschädigt hätte.

Durch das Abteil pfiff Wind.

Der schrille Ton kam aus haarfeinen Nähten in der Wand.

Zunächst, als die riesige Hand ihn weiter zusammenpreßte, konnte Killeen keinen Gedanken fassen. Dann nahm er sich energisch zusammen und ließ eine knappe einfache Botschaft in der Front seines Geistes erscheinen.

Es kam eine summende Antwort. Wolkig, diffus, als ob sie aus mehreren Kehlen zugleich tönte. Die Cyberstimme.

Ja. Wir werden es versuchen.

Irgend etwas klatschte außen gegen die Cyberin. Ein klebriger blauer Brei quoll an den Nahtstellen entlang. Das Pfeifen hörte auf. Beißender Rauch stieg von der blauen Flüssigkeit auf. Killeen wußte, daß die Cyberin irgendeinen inneren Kleister benutzte. Der roch übel. Er fühlte einen Impuls zu husten und zu würgen. Aber die Nähte hielten. Das Zischen von entweichender Luft erstarb.

Das immense Gewicht wurde jetzt schwächer. Killeen konnte seinen Kopf ein bißchen drehen und die Schirmwand betrachten.

Draußen erstreckte sich der himmlische Sämann in schwarzblaue Leere. Er konnte seine ganze kastanienbraune Länge überblicken. Büsche in der Nähe waren flach an die rohe Borke gepreßt. Der Wind zerrte mit lautem Geheul vergeblich an ihnen.

Der Himmelssäer war ein großes Kabel, das in den ständig dunkler werdenden Himmel reichte. Ebenholzfarbene Laminierungen zogen sich daran hin. Aschblonde Segmente fügten diese wie zu einem Gitter zusammen. Sie schmiegten sich der Kurve der Rinde an, und der wilde Luftstrom konnte keine Angriffskante finden.

Das anhaltende unerbittliche Gebrüll ließ ihr Gelaß wie ein lebendiges Ding vibrieren. Das wilde Hämmern wurde noch stärker. Killeen überlegte, wie lange selbst die Cyberkraft sich noch würde festhalten können.

Plötzlich verstummte der Lärm, als ob jemand einen Schalter umgelegt hätte.

Ich glaube, wir überschreiten die Geschwindigkeit des Schalls.

Entlang des aufragenden Gebildes sah Killeen dünne Kanten in der Farbe von Hickoryholz herauskommen. Die wirkten wie die Querruder beim Flugzeug und manipulierten die Luftströmung. Lange summende Töne erreichten Killeen.

Es scheint sich wie eine gigantische fliegende Schwinge selbst zu lenken. Die Nettobeschleunigung nimmt ab, wenn wir in die obere Atmosphäre gelangen. Die Struktur entspannt sich.

Es puffte und krachte laut.

»Ich … was ist …?«, brachte Toby mit zusammengebissenen Zähnen heraus.

»Halt durch!«

»Besen …«

»Sie ist schnell.« Killeen bemühte sich, zuversichtlich zu klingen. »Sie wird aus diesem Kampf entkommen.« Shibos Wunde wurde schlimmer. Er zog ihren Verband fest, aber der Kampf mit der starken Beschleunigung machte ihn unbeholfen. Am meisten Sorge bereitete ihm die Beschädigung der Systeme. Er wünschte, daß er Toby etwas sagen könnte, um die Besorgnis zu mildern, die er in seinem Gesicht las. Er hatte keine Ahnung, wohin sie gingen.

Wenn die Cyberin sich noch weitere fünfzehn Minuten hier festhalten kann, könnten wir vielleicht abspringen. Dann werden wir ein Sechstel des Äquatorumfangs zurückgelegt haben und ganz außerhalb der Gefährdung durch andere Cyber sein.

»Na schön«, brachte Killeen heraus. »Und wir werden in den Boden geschmettert werden.«

Sicher, unsere totale abwärts gerichtete Beschleunigung wird beträchtlich sein, ungefähr 2,4 Ge. Aber im günstigsten Augenblick, wenn das Ende über der Oberfläche verweilt, können wir im Prinzip einfach aussteigen, mit nur einer seitlichen Geschwindigkeitskomponente. Vielleicht kann uns die Cyberin dann in Sicherheit fliegen.

Solche theoretischen Vorgänge schienen weit entfernt zu sein im Vergleich mit dem Rollen von Shibos Daten. Ihr Gesicht war ruhig und kalkweiß.

Draußen ging der letzte Schimmer von Blau in tiefes Schwarz über. Benachbarte Sterne stachen ihm hell in die Augen. Molekülwolken zeigten sich als zarte Schleier am Himmel.

Killeens Gedanken wurden zäh wie Sirup. Die gewaltige Faust, die ihn zu Boden gedrückt hatte, war seit einiger Zeit verschwunden. Seine Brust schmerzte von der Anstrengung des Atmens. Er fragte sich beiläufig, wie lange die Luft in dem engen Abteil für sie reichen würde.

Wir werden uns noch etwa weitere acht Minuten im Hochvakuum befinden. Ich glaube, daß ihr leicht überleben könnt.

Aber Arthur fühlte nicht den Schmerz, der immer stärker von seiner Lunge in die Arme und Beine überging. Viel mehr davon, und Shibo würde das Bewußtsein verlieren – was vielleicht keine schlechte Idee war; nur Killeen wußte nicht, was sie würden tun müssen, um zu überleben. Wenn die Cyberin versagte …

Er konnte sich nicht länger den Luxus von Spekulationen leisten. Es war allein schon anstrengend genug, überhaupt zu leben. Er wandte seine Aufmerksamkeit auf die zunehmende Anstrengung, Atem in seine Lungen zu zwingen. Sein Herz pochte in langsamen qualvollen Schlägen.

Mit bleiernen Fingern griff er nach Shibo. Ein leichtes mühsames Anschwellen verriet ihm, daß sie noch atmete.

Träge formulierte er eine Frage und stellte sie in seinem fiebrigen und ausgelaugten Bewußtsein dar.

Wir sind Quath'jutt'kkhal'thon. Wir haben dich schon früher getragen.

»Was … geschieht …?«

Wir müssen unsere Dynamik sorgfältig einstellen.

Killeen verstand nicht. Vor seinen Augen rollte der Planet als elfenbeinerne Kurve über den Bildschirm in der Wand. Weiter entfernt hing unbewegt der String als matter, bernsteinfarbener Bogen.

Er fühlte, wie die Cyberin in langsamen Schwingungen schlingerte und schaukelte. Er sah, wie große lange Schwellungen vom Zentrum des Himmelsbesäers auf sie zueilten. Wellen, die von der Turbulenz der Luft angeregt waren. Wenn sie sich an der Spitze brachen, gab es ein scharfes Knacken wie einen Peitschenknall. Die Cyberin hielt grimmig durch.

Vibrationen hatten seine Hand von Shibo entfernt. Er rollte sich herum, um sie anzuschauen, und heftiger Schmerz stach ihm durch die Schulter. Ihre Augenlider waren eingesunken. Er konnte nicht sagen, ob sie noch lebte.

Während sie höher über den Planeten aufstiegen, wurde die ganze Scheibe sichtbar. Durch wiederholtes Heraussaugen von Metall aus dem Kern waren die Konturen der Gebirge eingesunken. Flüsse gruben sich jetzt neue Betten. Seen waren in neue schlammige Becken übergeströmt und hatten kahle braune Flächen hinterlassen.

Er konnte jetzt den ganzen himmlischen Sämann sehen. Er krümmte sich wie eine dünne Schlange, die einen glatten Salto machte. Das entfernte Ende stieß gerade durch die Atmosphäre. Wellen liefen wie

Schwingungen einer langen Saite, angetrieben durch den mit Überschallgeschwindigkeit erfolgenden Zusammenstoß dieses gargantuesken Lebewesens mit seiner Lufthülle.

Während er hinschaute, merkte er, daß einige der dickeren Reben in der Nähe pulsierten. Anschwellungen in ihnen zogen sich rhythmisch zusammen. Ihm kam der Einfall, daß der Säer wie jedes Lebewesen seine Flüssigkeiten zirkulieren lassen müßte. Diese groben kastanienbraunen Röhren waren wie pflanzliche Herzen, die gegen den ewigen Zug nach auswärts arbeiteten, der durch die Rotation des Säers entstand. Irgendwo unter der gekörnten Borke mußte es auch Muskeln geben, die sich verschoben und zusammenzogen, um Massenverlagerungen in Ordnung zu bringen und die gleichmäßige Drehung des riesigen wirbelnden Organismus aufrecht zu erhalten.

Plötzlich sah er am Rande des Gesichtsfeldes Gasfahnen an dem nahen, teakfarbenen Horizont hervorschießen. Geysire von Licht fingen die Sonnenstrahlen ein. Von der Cyberin erhielt er einen Faden des Verstehens. Um sich in Rotation zu halten, atmete das riesige Ding während seiner Passage Luft ein. Dann atmete es sie aus und verbrannte die Gase vielleicht sogar, um zusätzlichen Schub zu gewinnen. Damit wurde der Impuls zurückgewonnen, den die Überschallturbulenz der Atmosphäre gestohlen hatte.

All dies fiel ihm ein, als er gegen den zunehmenden Druck auf seine Brust kämpfte. Seine Gedanken waren jetzt in der Ferne, kaum imstande, gegen das immer schlimmer werdende Gewicht das Bewußtsein zu bewahren.

Dann beanspruchte ein Stoß seine Aufmerksamkeit. Eine zweite röhrenförmige Figur kam in der Nähe vorbei, und er sah, daß auf ihr der Länge nach in regelmäßigen Abständen heiße gelbe Kugeln brannten. Er dachte an den Waldbrand. Dies waren die Bäume, welche die Ranken aus dem Wald unten herausgerissen hatten.

Bei allem beklemmenden Druck konnte er doch Überraschung empfinden. Die Wälder mit Regenschirmdachbäumen – die mußten selbst aus den Samen des Sämannes stammen. Von den einsammelnden Ranken abgerissen, waren sie jetzt in die Höhe getragen worden. Irgendein tiefer biochemischer Befehl hatte ihre Brennstoffvorräte aktiviert. Weit entfernt davon, eine Energiequelle der Mechanos zu sein, wie Killeen vermutet hatte, verbrauchten diese Bäume jetzt ihre gespeicherte chemische Energie, um sich von ihrer Mutterpflanze zu entfernen.

Ein weiterer Baum schoß vorbei. Gelbe Flammenstrahlen trieben ihn auf hohe Geschwindigkeit. Er eilte seinen Genossen nach, die bereits schrumpfende Holzblöcke waren.

Nach Rücksprache mit Grey – keine einfache Sache, das versichere ich dir – rechne ich, daß unsere Geschwindigkeit dreizehn Kilometer in der Sekunde überschreitet. In euren Begriffen ...

»Laß das technische Geschwätz!« knurrte Killeen. »Was *bedeutet* das?«

Diese Kreatur – und ich bin nicht unbedingt der Meinung, daß es sich bloß um eine Pflanze handelt in Anbetracht vieler tierähnlicher Funktionen einschließlich eines Kreislaufsystems – verbreitet seine Nachkommenschaft. Die verläßt es hier, am Scheitelpunkt des Bogens, mit maximaler Geschwindigkeit. Damit kann sie leicht die Außenbezirke ihres Sonnensystems erreichen. Von dort kann sie zu anderen Sternen treiben. Aussaat – klar und einfach.

Killeen starrte Shibo an und grübelte ohne Ergebnis nach einer Möglichkeit, den Ausfall ihrer Systeme zu reparieren. Sie wurde noch weißer.

Ich wiederhole natürlich die Spekulationen der Grey-Frau. Ich habe die Berechnungen durchgeführt, und was sie vorbringt, liegt am Rande des Möglichen.

»Also … also steckt in jedem dieser Bäume der Keim für einen neuen Himmelsbesamer?«

Killeen konnte kaum atmen. Er sah, wie die Bäume auf ihren Flammensäulen davonsausten. Um durch das Meer der Sterne zu schwimmen. Um zu weiteren Himmelsbesamern zu werden. Leben – dauerhaft und unbestreitbar. Über dem stillen Körper Shibos schwebten sie im Blickfeld.

Killeens Knochen schienen sich zu verzerren. Er tappte nach Shibo und konnte sie nicht erreichen. Entfernte Baßtöne summten durch den Körper der Cyberin, als die hölzerne Oberfläche durch Wellen angestoßen und verdreht wurde.

Plötzlich befreite sich die Cyberin aus dem Griff an der Borke. Alle ihre sichtbaren Beine zogen ihre stählernen Klauen zurück und stießen statt dessen gegen die braune Fläche. Sofort ließ das bedrängende Gewicht nach. Killeen schwebte in völliger Freiheit.

»Bist du …?« Er drückte Shibo an sich. Flatterten ihre Augen?

In völliger Stille schwang sich die Cyberin von der schlanken Silhouette des Himmelssäers fort. Das rotierende Band zeigte jetzt direkt in den verwundeten Planeten hinein.

Sie schossen auf einer Tangentenbahn an dem wirbelnden Bogen des himmlischen Sämann's vorbei. Bald hatte er sich unter ihnen gedreht und schnitt wieder als dünne Linie über das Antlitz der zerstörten Welt.

Wir sind richtig auf Zielkurs, besagten die seltsam flüssigen Gedanken der Cyberin. *Meine Schwestern haben den String stillgelegt, so daß er kein Hindernis darstellt. Wir gehen in eine Rendezvous-Bahn.*

»Wohin?«

Nahe der Station. Dort liegt dein Schiff. Auf eure Art wartet eine Aufgabe.

»Beeilung! Auf der *Argo* gibt es medizinische Vorräte …« Killeen blickte nach vorn und sah einen Schimmer, der winkte und Versprechen barg.

Aber Shibo starb, lange ehe sie die *Argo* erreichen konnten.

EPILOG

FAHREN MIT DER FLUT

Der Kapitän ging wieder auf der Schiffshülle spazieren. Es schien eine lange Zeit vergangen zu sein, seit er das letzte Mal dort gewesen war. Nur ein paar Wochen, wie ihm bewußt war. Aber Zeit wurde nicht wirklich durch das Ticken unsichtbarer Unparteiischer gemessen. Sie hinterließ ihre bleibenden Marken in der Seele.

In jener fernen Zeit hatte er die Annäherung der Station beobachtet und sich gefragt, welche Kräfte dort herrschen möchten. Er hatte darüber gebrütet, ob er die riesige silbrige Konstruktion angreifen sollte. Jetzt konnte er die Station sehen – ein platinharter Lichtfleck, der nahe der braunen Sichel von New Bishop schwebte.

Der Name ärgerte ihn. Die Bishops hatten dort dieselben uralten Schwierigkeiten angetroffen. Dieser Ort bedeutete weiteren Kampf, und nicht ein friedliches Ziel. Und Verluste. Enorme, bittere Verluste.

»Shibo«, sagte er. »Funktioniert diese Verbindung?«

Zögernd kam die leichte Stimme. – Ich … ich, jawohl. –

»Toby?«

– Papa, ich bin hier. –

Killeen dachte: *Ja, wir sind alle hier. Beisammen auf die einzige jetzt mögliche Art.*

Toby lag in der Steuerkuppel mit einer komplexen Apparatur um den Kopf. Eine Direktverbindung trug Killeen seine Stimme zu. Und Shibo … sie war jetzt nur noch ein Aspekt von Toby.

»Bist du sicher, daß dir dies nicht schaden wird?« fragte Killeen.

– Nein, Vater. Ich vertraue ihrer technischen Kunst. –

Durch Toby hatte Shibo diese Verbindung zustande gebracht. Normalerweise konnte ein Aspekt nie durch seinen Wirt sprechen. Man nannte das ›Aspekt-Sturm‹; und die Sippe würde alsbald Maßnahmen ergreifen, um die aggressiven Aspekt-Chips aus dem Nacken des Wirtes zu entfernen.

Aber dieser Fall lag anders. Killeen war direkt in Tobys Sinnesorgan für Shibo geschaltet. Die raffinierte Vernetzung war Shibos Erfindung und konnte bei vorsichtigem Einsatz die Fähigkeiten der Sippe erweitern. Wie Shibo sagte, hatte sie Verfahren modifiziert, die der Pawn-Sippe bekannt gewesen waren. Bis dahin hatte noch niemand nach einem solchen Trick verlangt, der an Sippentabus rührte.

Jetzt war es schiere Notwendigkeit. Nur Shibos geschickte Beherrschung der *Argo* konnte sie retten.

»Gibt es bessere Positionsdaten über das Cyberschiff?«

Shibos zarte Aspektstimme antwortete: – Es hat wieder ein Ausweichmanöver durchgeführt. –

»Verdammt! Was sagt Quath?«

– Sie mißt gerade etwas aus –, antwortete Toby. – Wenn du willst, kann ich sie hier zuschalten. –

»Nein, laß sie lieber arbeiten! Nach ihrer letzten Schätzung haben wir noch ein paar Minuten, ehe sie das Feuer eröffnen.«

– Die *Argo* ist bereit –, sendete Shibo zuversichtlich.

Killeen hatte immer noch Schwierigkeiten, sich an ihre Stimme zu gewöhnen. Sie war ein voll inkorporierter Aspekt und ließ jedes Anzeichen einer vollständig operierenden Persönlichkeit erkennen. Er und Toby hatten es geschafft, Shibos Körper in den Aufzeichnungsraum der *Argo* zu bringen, ehe wesentliche Schäden durch Sauerstoffverlust aufgetreten waren. Die Maschinen hatten Kalium-Mangel und digitale Anpassungsmatrizen gemeldet; aber das alles war weit entfernt von ihm, gewissermaßen unter Glas, geschehen.

Aus trauriger Erfahrung wußte er, daß manche Leute grotesk blutende Verwundungen überlebten, während andere an einer Schramme zu sterben schienen. Das hatte nicht geholfen, als Shibo ihnen entglitt und ihre Systeme einfach auf Null sanken.

Natürlich hatte Toby den Aspekt aufgenommen. Nicht bloß deshalb, weil Sippengesetze streng das Tragen einer toten geliebten Person verboten, da das Unheil herausforderte. Nein, der stärkste Grund war gewesen, daß Killeen zu geschwächt war, um Shibos Aspekt zu bekommen. Er hatte sich erst erholt, als ihre Stimme durch Toby zu ihm sprach. Sie hatte ihn getadelt und irgendwie in die Welt zurückgezerrt. Er hatte sich an ihre Stimme geklammert.

Aber es war nur eine Stimme. Er würde sie nie wiedersehen können, ihre seidige Haut berühren, den schimmernden Frohsinn in ihren Augen erblicken …

Er gebot sich Einhalt. Das war sinnlos und dumm.

Killeen hatte sich das hundertmal in den letzten paar Tagen gesagt. Seine Emotionen wurden nur durch die Notwendigkeiten des Kommandos im Zaum gehalten. Das Chaos würde nicht warten, bis sein Kummer nachließ.

Er blickte auf die Sichel von New-Bishop zurück. Immer noch flackerten auf der Nachtseite Explosionen. Der Cyberkonflikt tobte immer noch. Quaths Verbündete schienen allerdings jetzt die Oberhand zu haben.

Die Sippe hatte das Glück gehabt, dort nur einige Dutzend Verluste zu erleiden. Und nur, weil Menschen so wenig bedeuteten, hatten sie sich davonmachen können.

Cermo und Jocelyn hatten bei der Evakuierung der Sippe vom Planeten Tüchtigkeit und Tapferkeit gezeigt. In dem auf den Tod Seiner Hoheit folgenden Chaos hatten sie die Sippe zusammengehalten und sich still von dem Stamm abgesetzt.

Die Enthüllung, daß Seine Hoheit eine heimliche Marionette der Mechanos war, hatte gereicht, um die Organisation des Stammes zusammenbrechen zu lassen. Die restlichen Cyber hatten ihm weitere Verluste beigebracht; aber auch sie schienen führungslos zu sein.

Jocelyns Schneid und Cermos Zuversicht angesichts dessen, was eine totale Katastrophe zu sein schien, hatten die Bishop-Sippe in geschickter zeitlicher Planung herausgezogen. Killeen kannte recht gut die Schwierigkeiten eines solchen Manövers, welches das heikelste taktische Problem darstellte. Er hatte beide Offiziere ausgezeichnet.

All ihre Tätigkeit auf dem Boden wäre natürlich ohne die Hilfe von Quath sinnlos gewesen. Sie hatte den eleganten Flitzer auf die Oberfläche heruntergelenkt und wollte, daß die Sippe intakt bliebe.

Bei dem Krieg zwischen Cybern war eine Schar fliehender Menschen jetzt unwichtig. Die Flitzer hatten es geschafft, mit der Sippe an Bord wieder zu starten. Niemand schoß auf sie.

Einige Stammesmitglieder waren zu den Fähren geeilt, als sie die Landungen sahen. Sie hatten sich am Rande der Bishops gesammelt und darum gebeten, auch wegzukommen.

Killeen war hart geblieben. Er konnte keinem Angehörigen eines Stammes trauen, der schon von Menschen durchsetzt war, die von Mechanos besessen waren. Immerhin hatten sie die meisten Mitglieder der Siebenerfamilie aufgenommen und etwas einfaches Volk aus dem Stamm. Aber einmal an Bord, wurde jeder genau untersucht. Es zeigte sich, daß tatsächlich drei Personen in ihren Schädeln Implantate der Mechanos trugen.

Sie wurden getötet. Es war eine bittere Entscheidung

gewesen, aber er hatte sie treffen müssen. Einige Zeit quälte es ihn, daß der Entschluß insofern leichter gewesen war, als er das Todesurteil nicht selbst hatte vollstrecken müssen. Aber Cermo und Jocelyn hatten seinem Wunsch unverzüglich entsprochen. Er fand, daß sie in mancher Hinsicht härter waren, als er je sein konnte.

Wir haben eine Nachricht, die euch mit dem Ergebnis aussöhnen könnte, lautete die diffuse Mitteilung von Quath.

Die voluminöse Cyberin befand sich im Innern des Schiffs; aber das behinderte die Kommunikation zwischen ihnen nicht. Killeen wußte immer noch nicht, wie das zustande kam, und er erwartete auch nicht, es je zu erfahren.

Die Cyberin sprach nicht in deutlichen Sätzen. Killeen mußte die trüben Eindrücke, die er empfing, in etwas fassen, das wie Wörter war, ehe er sie voll verstehen konnte. Das war so, als ob man in einem Nebel umhertastete, während einem heftige kalte Windstöße ins Gesicht schlugen. Jeder Kontakt brachte neues Verstehen. Ebenso hinterließ jede Brise unbeantwortete Fragen. Und der Nebel blieb.

Killeen konnte Quath nicht folgen. »Wieso?«

Die Tukar'ramin hat jetzt in dem Kampf die Oberhand. Restliche Elemente sind auf der Flucht. Die Illuminaten vom guten Geist werden letztlich triumphieren.

Vieles davon vermittelte Killeen nur einen unklaren Begriff von den ungeheuren Ereignissen, die sich um New Bishop abspielten. Schon nach wenigen Tagen direkter Kommunikation mit Quath war ihm klargeworden, daß er nie alles würde ergründen können, was dieses Alien mitzuteilen versuchte. Viele ihrer Erläuterungen waren unverständlich. Die Illuminaten waren offenbar überlegene Intelligenzen, aber nicht darüber erhaben, Uneinigkeit mit Gewalt zu entscheiden. Killeens Aufgabe war es, dafür zu sorgen, daß deren Konflikte nicht beiläufig und unbedacht seine Sippe vernichteten.

»Wie sind wir davon betroffen?«

Die Tukar'ramin will garantieren, daß man den Zurückgelassenen deiner Art gestatten wird zu leben.

Killeen stellte Quath mehrere Fragen, ehe er sicher war, daß dies der Sinn ihrer Äußerung war. Als er schließlich davon überzeugt war, fiel ihm ein Stein vom Herzen. Wenn die Bishop-Sippe dem Stamm dafür verpflichtet war, daß er sie aufgenommen hatte, so war das durch den Verrat Seiner Hoheit gegenstandslos geworden. Immerhin war er aber froh, daß die hinterlassenen Reste der Menschheit weiterleben konnten.

»Übermittle ihnen meinen Dank«, sagte Killeen. Die Worte waren unzureichend; aber er wußte, daß Quath seine wahren Gefühle kannte und sie der Tukar'ramin übermitteln würde, wer immer das auch sein mochte.

Hoffnung keimte in ihm auf. »Bedeutet dies, daß das, was uns verfolgt, haltmachen wird?«

Diesmal war die Antwort deutlich:

Nein. Die abtrünnigen Elemente haben dieses Angriffsschiff als eine ihrer letzten Maßnahmen gegen uns gestartet. Man kann es nicht zurückrufen. Sobald es in Reichweite kommt, wird es schießen.

»Kannst du alles ablenken, was es zu bieten hat?«

Einmal, vielleicht zweimal. Nicht auf die Dauer.

Quaths Antwort war mit düsteren Vorahnungen befrachtet. Die Cyberin hoffte und fürchtete; aber unter der Oberfläche strömten andere Emotionen, die Killeen nicht benennen konnte. Sie wirkten mehr wie rasche Ausbrüche getrennter Leben, Fragmente von Möglichkeit. Er wußte nie genau, zu welcher Seite von Quath er gerade sprach. Manchmal war sie außerordentlich geduldig. Zu anderen Zeiten kam es ihm vor, als spräche er zu einem gehetzten Dienstboten, während der Hausherr anderweitig beschäftigt war.

Aber letztlich mußte sich doch die Natur der Alien langsam auftun. Andere Rätsel würden nie eine Antwort finden. Killeen verstärkte seine Optik und konnte knapp den Rand von New Bishop ausmachen.

Die Cyber-Nester erschienen jetzt riesengroß als ein weit draußen den Planeten umkreisender Gürtel. Konnten solche massiven Labyrinthe wirklich die Energie einer ganzen Sonne einfangen und zähmen? Das schien ein ungeheures Unterfangen zu sein – selbst für Kreaturen, die aus Himmelskörpern die Kerne heraussaugen konnten.

Ein noch tieferes Rätsel drehte sich am Rande von New Bishop. Eine langsame Bewegung verriet ihm, daß der Himmelssäer immer noch rotierte. Ein weiteres düsteres Geheimnis.

Er würde nie erfahren, ob dieses Ding eine natürliche Konsequenz von Leben war oder eine technische Konstruktion, hergestellt von uralten Wesen mit erschreckenden Fähigkeiten. Er konnte kaum glauben, daß es einem so mächtigen Zweck diente, indem es den zeitlosen Weisungen darin verkörperter Chemie und Genetik gehorchte. Eine solche Komplexität erschien ohne Intelligenz unmöglich. Aber Killeen mußte einräumen, daß er von Ereignissen dieser Größenordnung keine Ahnung hatte. Als Intelligenz niederer Ordnung war er sicher nicht gut darin, Grenzen zu beurteilen.

Ihn erreichte Shibos verstümmelte Stimme: – Das Cyberschiff hat etwas gegen uns abgefeuert. –

»Entfernung und Zeit?« fragte Killeen.

– Kann ich nicht sagen: Kommt schnell näher. – Ihre Stimme gab ihm immer noch einen Stich.

»Was ... was macht das Schiff?«

– Scheint wieder auszuweichen. – Der Shibo-Aspekt war flott und tüchtig. Er mußte bedenken, daß sie ihren Tod und das, was danach kam, nicht wirklich durchlebt hatte. Diese Shibo war jene Frau, deren letzte Erinnerung war, wie sie von Quath aufgenommen wurde. Diese Person würde sie für immer bleiben.

»Mannschaft an den Schleusen in Bereitschaft?« fragte er.

– Jawohl, Sir –, antwortete Jocelyn. – In Raumanzügen. –

»Kontrolliert die Abdichtung noch einmal!«

– Schon geschehen. –

»Ich sagte: *noch einmal.*«

Jocelyn hatte sich untergeordnet, seit sie und Cermo auf die *Argo* zurückgekehrt waren. Ihre Führerstellung während der Flucht der Sippe aus dem Stamm hatte die Gegnerschaft zwischen ihr und Killeen zum Teil beseitigt. Wieder an Bord, hatte sie Killeen stillschweigend wieder als Kapitän anerkannt und sich nie anmaßend verhalten. Killeen wußte aber, daß Jocelyns Ehrgeiz nur gedämpft, aber nicht verschwunden war.

Eine Pause. »Wie geht es voran?« fragte er.

– Oh, wir sind auf ein kleines Problem gestoßen. –

»Nämlich?« fragte er ungeduldig.

– Die hermetische Dichtung ist gebrochen. Wir kleben sie wieder zu. –

Der bekümmerte Ton in Jocelyns Stimme löste bei Killeen ein leichtes, vergnügliches Lächeln aus. Er hatte angeordnet, daß alle Besatzungsmitglieder, die bei wichtigen Schiffsmanövern entbehrlich waren, ständig an den von Abwasser benetzten Korridoren arbeiten sollten. Mitglieder der Siebener-Familie und andere restliche Stammesangehörige hatten rebelliert; aber er hatte ihren Widerstand eisern gebrochen.

Schließlich mußte ja jemand diese Arbeit tun. Quath war im Schiff umhergeschweift, während es verlassen war. Sie hatte die Legate gefunden, aber dabei das Deck geöffnet, wo die Installation defekt war. Jetzt bedeckte der Unrat drei Decks. Sie hatten die Störzone mit vakuumsicheren Substanzen versiegelt.

Dieses mühsame Geschäft hatte viel Arbeitskraft gebunden, die in die Einrichtung von Verteidigungsmitteln hätte investiert werden können, obwohl es unwahrscheinlich war, daß irgendwelche bescheidene menschliche Waffen bei der bevorstehenden Begegnung viel würden ausrichten können. Die *Argo* besaß nichts außer einfachen Schilden.

Die herankommenden Geschosse der Cyber würden von Quath zunächst abgelenkt werden können, aber es handelte sich sicher um intelligente Waffen. Dies bedeutete, jedes sich nähernde Projektil lernte aus Beobachtung des vorangegangenen. Wenn Quath versagte …

Killeen bemühte sich, einen Blick auf den nahenden Gegner zu bekommen. »Shibo! Gib mir das Gitternetz!«

Ihre rasche Reaktion schickte ein rechtwinkliges Koordinatenbild in sein linkes Auge. Drei blinkende rote Punkte folgten der *Argo* und schwollen rasch an.

Killeen ging wieder auf normale Sicht über. Er hatte sich entschlossen, dem Schicksal hier draußen zu begegnen, wo er mit seinen eigenen Augen sehen und urteilen konnte. Elektronische Helfer waren an sich alle eine feine Sache; aber ein gewisses Gefühl menschlicher Würde verlangte, daß er jetzt seine eigenen Fähigkeiten einsetzte. Ein Kapitän sollte sich auf seine persönliche Erfahrung verlassen.

Und es konnte auch sicherer sein, sich draußen zu befinden, wenn die Dinge schlecht liefen. Er hatte an jeder Schleuse Offiziere postiert, um die Besatzung in Druckanzügen zu evakuieren, falls der Rumpf des Schiffes aufgerissen würde. Killeen konnte sich nicht vorstellen, wie lange sie ohne ein funktionierendes Schiff würden überleben können; aber zumindest gaben ihnen solche Vorkehrungen etwas zu tun, ehe die Schlacht begann. Alles war für die Leute besser als qualvolles Warten.

Aber gerade das tat er nun, wie er feststellte. Er unterdrückte den Mißmut und ging über den leicht gekrümmten Schiffsrumpf. Der Kurs der *Argo* führte von der kleiner werdenden Sonne fort. Deren schwächeres Licht ließ die elfenbeinfarbenen Fetzen von Molekülwolken nahe erscheinen. Sie flogen jetzt auf die brodelnde Scheibe des Fressers selbst zu.

– Sie kommen schnell heran –, sendete Shibo.

»Quath?«

Wir sind in Aktion.

Killeen hielt den Atem an. Plötzlich schwenkte das erste Geschoß zur Seite. Es wackelte und strich davon.

Das erste haben wir getäuscht.

Während Quath noch sprach, zerplatzte das Projektil geräuschlos zu einer karminroten Kugel.

»Shibo?«

– Unsere Schilde halten die Ultraviolettstrahlen ab. –

»Gut!«

Aber das waren nur triviale Bedrohungen. Die Hauptabsicht der Geschosse war einfach: den Schiffskörper der *Argo* zu knacken.

Die beiden restlichen Geschosse waren in Shibos Gitternetz zu roten Scheiben angeschwollen.

Wir lenken das zweite ab.

Die eine Scheibe hüpfte ungleichmäßig. Killeen sah, wie sie wieder lautlos zu einer roten Kugel explodierte.

Wir nehmen uns das dritte vor.

»Gibt es nach diesen noch mehr?«

Bis jetzt nicht.

Dann gab es also noch eine Chance.

Wir sind … in Schwierigkeiten … Schwierigkeiten …

Zum ersten Male war Quaths Ton von widerstreitenden Eindrücken durchsetzt. Killeen war, als ob er vielfältige Intelligenzen über ein bestimmtes Ziel streiten sähe. Ehe er das begreifen konnte, empfand er eine niederschmetternde Bedrängnis.

Wir … versagen.

Hinter ihnen erhob sich der Tod. Killeen konnte schon die glatte Gestalt sehen.

»Quath, gibt es nicht …«

Nein. Es widersteht meinen Täuschungen.

Killeen starrte auf den schnell anwachsenden Punkt. In der scharfen Klarheit des Vakuums kam es ihm so vor, als ob er ihn fast berühren und wegschleudern könnte. Oder etwas auf ihn werfen. Im Weltraum konnten sogar substanzlose Dinge …

Die Idee war so einfach, daß sie ihn verblüffte.

»Jocelyn! Cermo!«

– Ja, hier. –

»Auslösen! Die Schleusen öffnen!«

– Zu Befehl! – antworteten beide zugleich.

Aus drei Öffnungen im Rumpf der *Argo* quollen Wolken hervor. Auf ein Signal hin waren die Wartungsluken in der verschmutzten Zone des Schiffs aufgesprungen. Jetzt strömte die Luft ins Freie und riß die üblen Flüssigkeiten mit sich. Alles, was noch drin geblieben war, verkochte rasch ins Vakuum.

Sonnenlicht erreichte die expandierenden Wolken. Sie wurden plötzlich zu riesigen, sich ausbreitenden Folien. Sich aufblähende gelbe Flügel schienen sich zu winden und zu spreizen, als ob die *Argo* durch Flügelschlagen gegen das Vakuum voranglitte. Sich ausdehnende filigranartige Schleier schleppten hinterher, als das Schiff sich gleichmäßig beschleunigend entfernte.

Killeen stand oberhalb der Schleusen auf dem Schiff und entging so den Spritzern. Einige Zeit lang ergossen sich die Flüssigkeiten in Sonnenlicht. Jeder Schwall machte die flatternde Schleppe noch strahlender.

»Shibo! Seitenvektor!«

Die *Argo* schlingerte. Shibo hatte auf einer Seite die Düsen gezündet. Das Schiff trieb zur Seite.

Jetzt konnte Killeen den herankommenden Gegner nicht sehen. Der leuchtende Nebel verschleierte alles.

Er hoffte, daß das Geschoß mit der gleichen Konfusion konfrontiert sein würde.

»Quath?«

Kommt rasch heran. Beschleunigt.

»Haupttriebwerk zünden!«

Um sich auf der Schiffshülle zu halten, mußte Killeen sich an einem Rohr festhalten. Die *Argo* beschleunigte heftig.

Hinter ihnen entbrannte eine Gloriole. Der Plasmaantrieb traf auf die Wolkenschleppe. Die schnellen Ionen regten sofort Resonanzstrahlung im Gas an. Wie ein Scheinwerfer in dichtem Nebel ließ der Hauptantrieb einen riesigen unregelmäßigen Klumpen von Dunst aufleuchten.

Killeen hielt sich gegen den zunehmenden Schub fest. Er hatte alles getan, was er konnte. Jetzt …

Ein gleißender Feuerball explodierte in der Nähe. Er beleuchtete den geballten Nebel noch stärker und erzeugte lumineszierende Stoßwellen.

»Fehltreffer!« schrie er.

– Verdammt gelungen! – brüllte Cermo.

Shibo lachte. Ihre zwitschernde Stimme klang ihm ins Ohr.

– Laß sie Scheiße fressen! – kreischte Cermo.

»Das haben sie auch getan«, sagte Killeen grimmig. »Shibo?«

– Keine Schadensmeldungen. –

»Es ging da hoch, wo es uns vermutete. Konnte mit all unserem ablenkenden Zeug nicht zurechtkommen.«

Gelächter tönte durch die ganze Sprechanlage. Killeen konnte nicht anders, als einzustimmen.

»Quath?«

Wir haben keine weiteren Geschosse entdeckt. Vielleicht hat dieses Ablenkungsmanöver von dir funktioniert. Die strahlende Wolke sendet Frequenzen aus, die für erhitzte organische Verbindungen typisch sind.

»Das überrascht mich nicht«, sagte Killeen. »Daraus besteht sie ja auch.«

Aber das verfolgende Schiff wird solche Emissionen als Beweis für eine aufgebrochene Schiffshülle deuten. Ein raffinierter Trick.

»Glaubst du, daß sie die Verfolgung einstellen werden?«

Es scheint so.

»Bist du sicher, daß dies die letzten gegnerischen Cyber waren?«

Das hat uns die Tukar'ramin versichert. Unser Sieg ist jetzt vollkommen. Die gerechten Illuminaten haben jetzt die Oberhand.

»Verdammt froh, das zu hören.« Killeen wurmte es immer noch, daß seine Sippe so viel erduldet hatte, bloß wegen eines Parteiengezänks zwischen fernen Aliens, die er nie kennenlernen würde.

Er ließ den Ärger abklingen. Es war unvernünftig, Unwillen gegen Wesen zu empfinden, deren Motivierungen und Ansichten so fremdartig waren. Er glaubte, Hinweise von Quath zu empfangen, war sich aber sicher, daß ihm die tiefere Bedeutung entging. Wer hätte zum Beispiel ahnen können, daß die Legate an Bord der *Argo* für einen Cyber etwas zu bedeuten hätten, wenn einfache gesprochene Sätze das nicht taten? Die Illuminaten hatten befohlen, sie von New Bishop abzuholen und wieder in die *Argo* zu schaffen. Das war gerade in dem Augenblick geschehen, als die *Argo* von der Station ablegte. Cyberschiffe hatten versucht, den Flitzer zu vernichten, der die Legate beförderte, und die Illuminaten hatten ein Schiff nach dem anderen für dessen Verteidigung eingesetzt.

Warum?

Killeen schüttelte den Kopf.

Daß er unter dem aufwühlenden Himmel leuchtender Majestät stand, besänftigte sein Gemüt. Er ging über den Rumpf und sah zu, wie die strahlende Schleppe sich zerstreute. Noch einige wenige weitere Augenblicke hier draußen würden ihn beruhigen und seine kommenden Aufgaben als Kapitän leichter machen.

Durch die Sprechanlage kam rauhes Gelächter. Sollten sie nur feiern! Die Sippe brauchte eine Entspannung. Und sie müßten auch noch genau das sie verfolgende Schiff beobachten.

Er gestattete sich ein Lächeln. Vielleicht – wirklich nur vielleicht – würden sie fliehen können.

Wohin? Er blickte auf die gähnende blauheiße Majestät der Akkretionsscheibe, die den Fresser umgab. Das war noch eine weite Reise. Sie müßten sich auf das vorbereiten, was immer auch dort lauern mochte.

Die Sippe … Soviel hatte sich geändert, seit Fanny ein Häuflein von Bishops aus Abrahams zerstörter Zitadelle in die rauhe Wildnis von Snowglade geführt hatte. Dieser Rest hatte sich mit kleinen Mengen von Knights und Rooks zusammengetan. Sie hatten ihre Welt aufgegeben und sie als Fleck in einem Meer der Nacht gesehen.

Hier jetzt war die Sippe wieder gepeinigt worden … nur um sich mit neuen Mitgliedern davonzumachen, die ihr eigenes verstörtes Erbe schleppten. Ein neues Ganzes. Vielleicht eine größere Summe.

Er wandte sich um und ging über den Rumpf zurück. Seine Stiefel stampften auf magnetische Halterungen. Die sich langsam ausdehnende Wolke wurde dünner und ließ etwas Licht durch. Er konnte eben die kleine goldene Scheibe erkennen, die weit hinter ihnen lag. Sie war weiter entfernt als der Feind; aber Quath sagte, daß sie rasch beschleunigte. Sie könnte die *Argo* bald erreichen.

Killeen versuchte sich vorzustellen, welche Vehikel die enorme Masse eines Strings befördern könnten. Nun, er würde sehen. Alles zu seiner Zeit.

Diese große Sichel würde ihnen zum Fresser folgen, sagte Quath. Die Illuminaten hatten es beschlossen. Sie hatten die Ausweidung einer Welt gestoppt, um den Ring mit der *Argo* loszuschicken. Sie hatten den Bau ihrer großen labyrinthischen Nester angehalten. Sie hatten die Arbeiten von Millionen Cybern zum Stillstand gebracht. Weshalb, wußte noch niemand.

Und danach? Da gab es immer noch das Rätsel des elektromagnetischen Wesens. Es lauerte irgendwo vor ihnen, an die Scheibe des Fressers gebunden.

Sein streifender Kontakt mit diesem Geist, hinten auf New Bishop, hatte viel vermuten lassen, aber nichts erklärt. Es hatte von seinem Vater gesprochen. Vielleicht hatte Killeen das Schicksal herausgefordert, indem er den hinter ihnen verblassenden Stern nach Abraham benannt hatte. Aber vielleicht war Abraham überhaupt ein Schlüssel für all dies. Aber wie konnte sein Vater, der bei dem Fall der Zitadelle das Leben gelassen hatte, in den Entschlüssen einer diffusen magnetischen Intelligenz eine Rolle spielen? Konnte ein solches Wesen jemanden wiederbeleben, der schon lange tot war?

Sein Grey-Aspekt erheischte Aufmerksamkeit. Ihre Stimme kam wie von weit her, als ob sie sich über den Abgrund der Zeit verständlich machen müßte, der Killeen von der Ära der Hohen Bogenbauten trennte.

Es gab Aufzeichnungen ... die ich einst sah ... unvollständig ... aus längst vergangener Zeit ... Manche sagten ... vor den Kandelabern ... sogar vor den Erstgekommenen ... von ... einer Zivilisation legendären Ursprungs ... genannt Erde. Das war auch eine Zeit ... als Menschen lebten ... unter dem Willen ... von größeren Wesen. Götter bewegten die Himmel ... bestimmten ... Schicksal von Menschen ... und Tieren ... In jenen Zeiten ... strich die Menschheit ihr Schicksal aus ... im Boden ... unter gequälten Himmeln ... wo riesige

Dinge ... in Behaglichkeit wohnten. Manche hielten diese überlegenen Wesen ... für Götter. Aber die Menschen führten immer noch ein sinnvolles Leben ... trotz ihrer kleinen Statur ... im Schema der Dinge ... Verzweifelt also nicht ... Die Menschheit hat Schwung und Begeisterung ... gefunden früher ... in den Schatten der Unermeßlichkeit ... an einem Ort namens Griechenland.

Killeen nickte. Also war auch dies nicht neu. Die der Menschheit am meisten zu Herzen gehenden Freuden und niederschmetternden Niederlagen waren nur Episoden gewesen, kleine Dramen, die sich zu Füßen größerer Wesen abspielten.

Es spielte keine Rolle, ob man diese Mächte als Götter oder als Produkte weiterer Entwicklung bezeichnete. Ihre Ungeheuerlichkeit spottete jeder Definition. Der kosmische Sämann war ein lebendiges Wesen; aber Killeen konnte nicht sagen, ob er wenigstens dachte. Vielleicht war eine solche Unterscheidung auf so hoher Ebene überhaupt nicht sinnvoll.

Er blickte in den kolossalen Himmel empor. Finger aus geballtem Feuer arbeiteten in Molekülwolken. Stürme brausten gegen die Sterne. Lichtgezeiten ergossen sich in Ebbe und Flut mit gewichtiger Majestät. Und inmitten von all diesem zog die *Argo* ihre Bahn wie ein Stäubchen.

Er flüsterte: »Shibo, ich liebe dich.«

Es schien so, als ob diese Worte neu wären und er sie zum ersten Mal spräche.

ANHANG

1 Chronologie der menschlichen Spezies (Träumende Wirbeltiere) im Galaktischen Zentrum

Diese Zusammenfassung wurde erstellt, um euch den menschlichen Standpunkt klarzumachen. Ich muß gestehen, daß das grundsätzlich unmöglich ist, auch für so vielseitig interessierte Geister wie mich, und wahrscheinlich für jedes Wesen, das nicht organischen Ursprungs ist. Indessen werde ich aber doch nach Möglichkeit die verworrene menschliche Version ihrer Geschichte darstellen, so verzerrt und unangemessen das auch sein mag.

Diese Dinge waren für uns ohne Belang bis zu den seltsamen Ereignissen beim Zusammenbruch der Bishop-Zitadelle. Einige Bemühungen um Verständnis führten zu meiner Beschäftigung mit den Menschen, die der Ausrottung entrannen.

Ich habe diese Überlebenden benutzt. Sie sind kürzlich mit einem alten Schiff früherer menschlicher Bauart aufgebrochen. Sie werden bei der Welt #1936B ankommen. Der zerstörerische Wettbewerb zwischen den Städten dort könnte durch ihren Einsatz gedämpft werden. Ich habe dafür gesorgt, daß sie von unseren Repräsentanten empfangen werden, sofern sich die Lage bis zu ihrem Eintreffen nicht weiter verschlechtert hat.

Indessen dient ihre Reise von Snowglade zur Welt #1936B zu diesem Zeitpunkt anderen Zwecken. Obwohl diese Menschen von dem größeren Zusammenhang wohl nichts wissen, könnten sie Methoden zur Gewinnung weiterer Information besitzen, die uns nützen. Angesichts unserer Unkenntnis dieser Wesen haben höhere Instanzen beschlossen, ihr weiteres Überleben zu gestatten, solange sie nicht ernsthaft lästig fallen.

(Bemerkung: Diese Notiz ist ein Auszug aus größeren Akten. Die Zeitangaben gelten für Messungen in ebener Raum-Zeit, obwohl einige wichtige Ereignisse in den gekrümmten Geometrien der Magnetosphären von Pulsaren und in der Nähe des Schwarzen Loches stattgefunden haben.)

Vorhandene Manuskripte und Datensammlungen gestatten eine vorläufige Beschreibung von Ereignissen, die bis zur gegenwärtigen Epoche reichen. Das historische Schema der Menschheit gliedert sich in Zeitabschnitte, die Stufen in dem fortschreitenden Verfall von Menschen im Galaktischen Zentrum entsprechen. Es wurden durchweg menschliche Ausdrücke benutzt, selbst da, wo sie irreführend oder unpassend sind.

2 Die Großen Zeiten

Hierbei handelt es sich um einen Zeitraum von einigen tausend Jahren, über den nur noch trübe Erinnerungen vorhanden sind. Die Menschen verkehrten damals frei zwischen den dicht gedrängten Sternen des Zentrums. Selbst zu jener Zeit mußten sie sich von der Art und Weise einer Mechano-Zivilisation fernhalten.

Menschlichen Legenden zufolge sind sie in mehreren Wellen beim Galaktischen Zentrum eingetroffen.

Zunächst kam eine kleine Gruppe, die ein Mechano-Sternenschiff gekapert hatte, das fast die Lichtgeschwindigkeit erreichte. Offenbar blieben sie einige Zeit unentdeckt wegen ihres konventionellen Fahrzeugs. Dadurch konnten sie die Methoden und Absichten von Mechanos heimlich erkunden. Durch Beobachtung von Mechano-Zivilisation daraus lernend, erreichten Menschen ein Leistungsniveau, das unter organischen Formen selten ist. Offenbar verbündeten sie sich mit benachbarten anderen organischen Formen, obwohl von diesen nichts bekannt ist.

Die Entwicklung großer Konfigurationen von Pulsaren hatte kurz vor dieser Zeit begonnen und viel Mechano-Energie beansprucht. Die Erschaffung großer Elektron-Positron-Wolken erhöhte den ohnehin schon beträchtlichen Hintergrund an Gammastrahlung in der Nähe von Pulsaren. Diese Gammastrahlen heizten Molekülwolken auf und verhinderten menschliche Exkursionen in verschiedene Gebiete. Die wenigen erhaltenen Aufzeichnungen lassen darauf schließen, daß die erste menschliche Expedition einige Vorhaben durchführte, die auch organische Zivilisationen betrafen, die nahe dem Zentrum lebten. Indessen sind diese Menschen später verschwunden.

Die zweite Forschungswelle kam direkt von der Erde. Eine ganze Flotte von Staustrahlschiffen wurde innerhalb eines Jahrhunderts nach dem von Mechanos unterstützten Krieg gestartet, der fremde Wasserlebewesen in die Ozeane der Erde eingeführt hatte.

Als dritte kam eine größere Expedition, welche die sagenhafte Galaktische Bibliothek suchte, auf die Signale hingewiesen hatten. Die Erde befindet sich 8,63 Kiloparsec vom Galaktischen Zentrum entfernt. Dies bedeutet, daß ihre Staustrahlschiffe ihre Reise zu einer Zeit begonnen hatten, als die Bibliothek sich noch selbst ankündigte. Lange vor ihrer Ankunft war die Bibliothek verschwunden, weggezaubert von unbekannten Parteien. Bemühungen, sie zu finden, schlugen fehl. Die Bibliothek soll die Archive vieler erloschener Menschenzivilisationen enthalten haben. Die Suche nach ihr mußte eingestellt werden, als die Mechanos von diesen Eindringlingen Kenntnis nahmen und sich anschickten, ihnen entgegenzutreten.

3 Das Kandelaber-Zeitalter

Hier scharten sich Menschen in großen Städten zusammen, um sich zu schützen. Erhaltene Logbücher von Sternenschiffen zeigen, daß interstellare Reisen jetzt durch Mechanos gefährdet wurden. Außerdem erhöhte sich die Strahlung in der Zone um das Schwarze Loch im Absoluten Zentrum – bisweilen auch als Wahres Zentrum bezeichnet. Dadurch wurden die Verhältnisse für organische Lebensformen überall in seiner Nähe härter.

Gelehrte studierten in jener Zeit die frühesten beim Galaktischen Zentrum bekannten Menschen. Vieles von unserem Wissen über vergangene Zeiten stammt von den eingehenden Untersuchungen, die sie damals angestellt haben. Vieles an Kunst und Literatur ist erhalten geblieben aus den Jahrhunderten, die den Übergang zu den Kandelabern markieren, obwohl das meiste davon abstrakt und für historische Zwecke nutzlos ist.

4 Die Ära der Hohen Bogenbauten

Sie kam nach dem ›Schlamassel‹ (ein umgangssprachliches Wort) – dem Exodus von den Kandelabern zu Planetenoberflächen. Mechano-Konkurrenz zwang zu diesem verzweifelten Rückzug. Auf den meisten Welten wurden die Leute wegen des Bedürfnisses nach Sicherheit in riesige Bogenbauten gezwängt – Städte, die jeweils aus einem einzigen Gebäude bestanden, technisch fortgeschritten waren und viele Züge des Kandelaber-Lebens beibehielten.

Der Planet Snowglade war ein besonders fruchtbarer Ort und wurde ausgiebig kolonisiert. Die Zuweisung von Land erfolgte nach Sippenstruktur, so wie überall. Das Trauma des ›Schlamassels‹ schürte religiösen Eifer. Man betrachtet diesen am besten als eine Art menschlicher Kunst, obwohl man hier viel interpolieren muß, um diese Ausdrucksweise rational zu formulieren.

5 Das Zeitalter der Späten Bogenbauten

Die letzten kleinen Kandelaber und Frachtschiffe wurden zu Beginn dieser Ära aufgegeben. Jeder Sternenflug hörte auf. Sogar interplanetare Reisen und Gewinnung von Rohstoffen wurden wegen der Bedrohung durch Mechanos eingestellt. Die meisten Planeten mit Pflanzenwuchs hatten bis dahin als für die Mechanos uninteressant und deshalb sicher gegolten. Aber selbst diese waren nun gefährdet. Da es sich hierbei um Welten handelte, auf denen die Bogenbauten am besten gediehen, wurde die Menschheit weiter eingeschränkt.

6 Die Ära der Hohen Zitadellen

Die Bogenbauten waren unter dem sich verstärkenden Druck der Mechanos nicht mehr zu halten. Diese berggroßen Gebilde waren lohnende Angriffsziele, mußten aber hauptsächlich infolge von Schwierigkeiten bei der Aufrechterhaltung des hohen technische Standards aufgegeben werden. Viele Leute zogen sich in die weit verstreuten und weniger auffälligen Zitadellen zurück. Plünderungen durch Mechanos hielten an, aber den größten Schaden verursachten Nebeneffekte der expandierenden Mechano-Städte, die Rohstoffe verbrauchten und die Biosphäre veränderten. Viele Bogenbauten wurden auf der Suche nach Material und Metall ausgeplündert. Zitadellen in der Ausdehnung kleiner Städte überlebten. Mechanos begannen sich damals über den größten Teil von Snowglade auszubreiten und regten dabei Prozesse an, die das Klima veränderten.

Viele von Menschen getragene Aspekte datieren aus dieser Zeit – offenbar, weil der Zusammenbruch der menschlichen Infrastruktur die Datenbasen bedrohte, welche sich in ortsfesten Rechenzentren befanden. Neue Möglichkeiten kamen auf, als die Menschheit ihre schwindende Landwirtschaft mit Methoden des Jagens und Sammelns zu ergänzen begann und mit gezielten Überfällen auf Mechano-Lagerhäuser. Die Menschen verloren allmählich ihre eigene Technik und konzentrierten sich auf das Nachahmen von Mechano-Technik. Sie waren keine potentiellen Rivalen mehr und wurden nur noch als Schädlinge und Ungeziefer betrachtet. Sie lebten am Rande der Verzweiflung.

7 Die Katastrophe (auf Snowglade)

Damit war das Schlußkapitel der Eroberung von Snowglade eröffnet. Obwohl Sippenstädte einige Zeit geduldet worden waren und Menschen gelegentlich als Hilfskräfte bei Konkurrenzkämpfen zwischen Mechano-Städten gedient hatten, war ihr Nutzen doch nur marginal. Jeweils nach Maßgabe ihrer Hilfsquellen griffen die Mechanos jede Zitadelle an. Jede Zitadelle der menschlichen Sippen fiel einzeln für sich. Ihre Überlebenden flohen ins offene Land und schlugen sich mit wechselndem Erfolg als Parasiten der Mechanos durch.

Inzwischen hatte man erkannt, daß Denix, der Stern von Snowglade, eine Bahn verfolgte, die ihn dicht an das Einzugsgebiet des Schwarzen Loches führen würde. Das hatten Mechano-Aktivitäten durch elektrodynamische Kopplung an Molekülwolken bewirkt, wobei ein magnetischer Klammer-Effekt zur Impulsübertragung diente. Dies bedeutete, daß Snowglade für menschliche Lebensformen unausweichlich bald nicht mehr bewohnbar sein würde. Diese Bahnveränderung scheint den Menschen nicht bekannt gewesen zu sein. Im allgemeinen konzentrierte sich das Augenmerk ihrer Forscher auf die großmaßstäbliche Aktivität im Wahren Zentrum.

Auf Snowglade leben immer noch einige Menschen. Die komplexen Ereignisse um die Kalamität der Bishop-Zitadelle lassen vermuten, daß einige Menschen verschont werden sollten, falls sie für die Ereignisse eines Tages irgendwie wichtig wären. Es liegt auf der Hand, daß keine der Hauptpersonen, mechano oder menschlich, mehr als einen Bruchteil des noch andauernden Rätsels versteht.